高等学校计算机基础教育教材

网络技术基础与计算思维实验教程（第2版）
——基于Cisco Packet Tracer

沈鑫剡 俞海英 许继恒 李兴德 夏雪 编著

清华大学出版社
北京

内 容 简 介

"计算机网络"是一门实验性很强的课程,大量理论知识需要通过实验验证。只有通过实验,才能更深刻地了解协议实现过程和各种协议之间的相互作用过程。本书是与教材《网络技术基础与计算思维》(第2版)配套的实验教程,以 Cisco Packet Tracer 软件为实验平台,针对教材内容设计了大量帮助读者理解、掌握教材内容的实验,这些实验也为读者运用 Cisco 网络设备设计各种类型和规模的网络提供了方法与步骤。

以本书第1版为教材的"网络技术与应用实验"MOOC 课程已经在学堂在线和中国大学 MOOC 上线,本课程于2020年被评为国家级一流本科课程。

本书适合作为计算机网络课程的实验指南,也可以作为用 Cisco 网络设备进行网络设计的工程技术人员的参考书。

本书封面贴有清华大学出版社防伪标签,无标签者不得销售。
版权所有,侵权必究。举报: 010-62782989,beiqinquan@tup.tsinghua.edu.cn。

图书在版编目(CIP)数据

网络技术基础与计算思维实验教程:基于 Cisco Packet Tracer/沈鑫剡等编著. —2版. —北京:清华大学出版社,2022.9(2024.2重印)
高等学校计算机基础教育教材
ISBN 978-7-302-61230-8

Ⅰ. ①网… Ⅱ. ①沈… Ⅲ. ①计算机网络—实验—高等学校—教材 Ⅳ. ①TP393-33

中国版本图书馆 CIP 数据核字(2022)第 109783 号

责任编辑:袁勤勇　杨　枫
封面设计:常雪影
责任校对:焦丽丽
责任印制:杨　艳

出版发行:清华大学出版社
　　　　网　　址:https://www.tup.com.cn,https://www.wqxuetang.com
　　　　地　　址:北京清华大学学研大厦A座　　　　邮　　编:100084
　　　　社 总 机:010-83470000　　　　　　　　　　邮　　购:010-62786544
　　　　投稿与读者服务:010-62776969,c-service@tup.tsinghua.edu.cn
　　　　质量反馈:010-62772015,zhiliang@tup.tsinghua.edu.cn
　　　　课件下载:https://www.tup.com.cn,010-83470236
印 装 者:三河市龙大印装有限公司
经　　销:全国新华书店
开　　本:185mm×260mm　　　印　　张:26.5　　　字　　数:616千字
版　　次:2020年4月第1版　2022年9月第2版　印　　次:2024年2月第2次印刷
定　　价:78.00元

产品编号:096252-01

前 言

"计算机网络"是一门实验性很强的课程,大量理论知识需要通过实验验证,只有通过实验,才能深刻地了解协议实现过程和各种协议之间的相互作用过程。本书是与教材《网络技术基础与计算思维(第 2 版)》配套的实验教程,以 Cisco Packet Tracer 软件为实验平台,针对教材内容设计了大量帮助读者理解、掌握教材内容的实验。这些实验由两部分组成,一部分是教材中的案例和实例的具体实现,用于验证教材内容,帮助学生更好地理解、掌握教材内容;另一部分是实际问题的解决方案,给出用 Cisco 网络设备设计具体网络的方法和步骤。

Cisco Packet Tracer 软件的人机界面非常接近实际 Cisco 网络设备的配置过程,除了连接线缆等物理动作外,通过 Cisco Packet Tracer 软件完成实验的过程与通过实际 Cisco 网络设备完成实验的过程几乎没有差别,通过 Cisco Packet Tracer 软件,学生可以完成复杂网络系统的设计、配置和验证过程。更为难得的是,Cisco Packet Tracer 软件可以模拟 IP 分组端到端传输过程中交换机、路由器等网络设备处理 IP 分组的每一个步骤,显示各阶段应用层消息、传输层报文、IP 分组、封装 IP 分组的链路层帧的结构、内容和首部中每一个字段的值,使读者可以直观了解 IP 分组的端到端传输过程及 IP 分组端到端传输过程中各层 PDU 的细节和变换过程。

教材《网络技术基础与计算思维》(第 2 版)和本实验教程相得益彰,教材为学生提供了网络设计原理和技术,本实验教程提供了在 Cisco Packet Tracer 软件实验平台上运用教材提供的理论和技术设计、配置、调试各种类型和规模的网络系统的方法与步骤,学生用教材提供的网络设计原理和技术指导实验,反过来又通过实验来加深理解网络设计原理和技术,课堂教学和实验形成良性互动,真正实现使学生掌握网络基本概念、原理和技术,具有设计、配置和运用网络的能力,了解 Cisco 网络设备,能够用 Cisco 网络设备设计、配置和调试各种类型和规模的网络系统的教学目标。

《网络技术基础与计算思维实验教程》(第 2 版)与第 1 版相比,一是使用最新的 Cisco Packet Tracer 版本,实验过程中充分利用了最新版本提供的新的功能和设备;二是对部分实验重新进行了设计,使其更加符合实际应用环境。

本书适合作为计算机网络课程的实验指南,也可以作为用 Cisco 网络设备进行网络系统设计的工程技术人员的参考书。以《网络技术基础与计算思维》为教材的"网络技术与应用"MOOC 已经在学堂在线和中国大学 MOOC 上线,于 2017 年被评为首批国家精品在线开放课程,于 2020 年被评为国家级一流本科课程。以本书第 1 版为教材的"网络技术与应用实验"MOOC 也在学堂在线和中国大学 MOOC 上线,于 2020 年被评为国家级一流本科课程。

限于作者的水平,本书错误和不足之处在所难免,殷切希望使用本书的教师和学生批评指正,也殷切希望读者能够就本实验教程内容和叙述方式提出宝贵建议和意见,以便进一步完善本实验教程内容。

作者
2022 年 2 月

目 录

第 1 章 实验基础 ·· 1

1.1 Packet Tracer 8.1 使用说明 ·· 1
    1.1.1 功能介绍 ··· 1
    1.1.2 Cisco Packet Tracer 8.1 登录过程 ·· 2
    1.1.3 用户界面 ··· 3
    1.1.4 工作区分类 ·· 14
    1.1.5 操作模式分类 ·· 14
    1.1.6 设备类型和配置方式 ··· 16
1.2 IOS 命令模式 ·· 18
    1.2.1 用户模式 ··· 19
    1.2.2 特权模式 ··· 20
    1.2.3 全局模式 ··· 20
    1.2.4 IOS 帮助工具 ·· 22
    1.2.5 取消命令过程 ·· 23
1.3 网络设备配置方式 ·· 23
    1.3.1 控制台端口配置方式 ··· 24
    1.3.2 Telnet 配置方式 ··· 26
1.4 软件实验平台的启示和思政元素 ·· 28

第 2 章 以太网实验 ··· 29

2.1 交换机实验基础 ··· 29
    2.1.1 直通线和交叉线 ·· 29
    2.1.2 交换机实验中需要注意的几个问题 ·· 30
2.2 集线器和交换机工作原理验证实验 ··· 32
    2.2.1 实验内容 ··· 32
    2.2.2 实验目的 ··· 32
    2.2.3 实验原理 ··· 32
    2.2.4 关键命令说明 ·· 33

	2.2.5	实验步骤	34
	2.2.6	命令行接口配置过程	42

2.3 单交换机 VLAN 配置实验 44
    2.3.1 实验内容 44
    2.3.2 实验目的 44
    2.3.3 实验原理 44
    2.3.4 关键命令说明 45
    2.3.5 实验步骤 47
    2.3.6 命令行接口配置过程 54

2.4 跨交换机 VLAN 配置实验 56
    2.4.1 实验内容 56
    2.4.2 实验目的 56
    2.4.3 实验原理 56
    2.4.4 实验步骤 57
    2.4.5 命令行接口配置过程 60

2.5 以太网实验的启示和思政元素 62

第 3 章 无线局域网实验 63

3.1 扩展服务集实验 63
    3.1.1 实验内容 63
    3.1.2 实验目的 63
    3.1.3 实验原理 64
    3.1.4 实验步骤 64

3.2 瘦 AP+AC 无线局域网结构实验 72
    3.2.1 实验内容 72
    3.2.2 实验目的 72
    3.2.3 实验原理 72
    3.2.4 实验步骤 73
    3.2.5 命令行接口配置过程 80

3.3 无线网桥实现以太网互连实验 81
    3.3.1 实验内容 81
    3.3.2 实验目的 81
    3.3.3 实验原理 81
    3.3.4 实验步骤 82

3.4 无线数据通信网络与无线局域网互连实验 86
    3.4.1 实验内容 86
    3.4.2 实验目的 87
    3.4.3 实验原理 87

3.4.4 实验步骤 …… 87

3.5 无线局域网实验的启示和思政元素 …… 94

第4章 IP和网络互连实验 …… 95

4.1 直连路由项实验 …… 95
    4.1.1 实验内容 …… 95
    4.1.2 实验目的 …… 95
    4.1.3 实验原理 …… 96
    4.1.4 关键命令说明 …… 96
    4.1.5 实验步骤 …… 97
    4.1.6 命令行接口配置过程 …… 102

4.2 点对点信道互连以太网实验 …… 103
    4.2.1 实验内容 …… 103
    4.2.2 实验目的 …… 104
    4.2.3 实验原理 …… 104
    4.2.4 关键命令说明 …… 104
    4.2.5 实验步骤 …… 106
    4.2.6 命令行接口配置过程 …… 112

4.3 静态路由项实验 …… 114
    4.3.1 实验内容 …… 114
    4.3.2 实验目的 …… 115
    4.3.3 实验原理 …… 115
    4.3.4 关键命令说明 …… 115
    4.3.5 实验步骤 …… 116
    4.3.6 命令行接口配置过程 …… 124

4.4 RIPv1实验 …… 127
    4.4.1 实验内容 …… 127
    4.4.2 实验目的 …… 127
    4.4.3 实验原理 …… 128
    4.4.4 关键命令说明 …… 128
    4.4.5 实验步骤 …… 128
    4.4.6 命令行接口配置过程 …… 130

4.5 RIPv2实验 …… 131
    4.5.1 实验内容 …… 131
    4.5.2 实验目的 …… 132
    4.5.3 实验原理 …… 132
    4.5.4 关键命令说明 …… 133
    4.5.5 实验步骤 …… 133

4.5.6 命令行接口配置过程 ………………………………………………… 136
4.6 ARP 演示实验 ………………………………………………………… 138
4.6.1 实验内容 …………………………………………………………… 138
4.6.2 实验目的 …………………………………………………………… 138
4.6.3 实验原理 …………………………………………………………… 138
4.6.4 实验步骤 …………………………………………………………… 139
4.7 多端口路由器互连 VLAN 实验 ……………………………………… 143
4.7.1 实验内容 …………………………………………………………… 143
4.7.2 实验目的 …………………………………………………………… 143
4.7.3 实验原理 …………………………………………………………… 144
4.7.4 实验步骤 …………………………………………………………… 145
4.7.5 命令行接口配置过程 ………………………………………………… 150
4.8 三层交换机三层接口实验 ……………………………………………… 151
4.8.1 实验内容 …………………………………………………………… 151
4.8.2 实验目的 …………………………………………………………… 151
4.8.3 实验原理 …………………………………………………………… 152
4.8.4 关键命令说明 ……………………………………………………… 152
4.8.5 实验步骤 …………………………………………………………… 153
4.8.6 命令行接口配置过程 ………………………………………………… 154
4.9 单臂路由器互连 VLAN 实验 ………………………………………… 156
4.9.1 实验内容 …………………………………………………………… 156
4.9.2 实验目的 …………………………………………………………… 156
4.9.3 实验原理 …………………………………………………………… 156
4.9.4 关键命令说明 ……………………………………………………… 158
4.9.5 实验步骤 …………………………………………………………… 158
4.9.6 命令行接口配置过程 ………………………………………………… 161
4.10 三层交换机 IP 接口实验 ……………………………………………… 162
4.10.1 实验内容 …………………………………………………………… 162
4.10.2 实验目的 …………………………………………………………… 163
4.10.3 实验原理 …………………………………………………………… 163
4.10.4 关键命令说明 ……………………………………………………… 164
4.10.5 实验步骤 …………………………………………………………… 164
4.10.6 命令行接口配置过程 ……………………………………………… 167
4.11 三层交换机互连实验一 ……………………………………………… 168
4.11.1 实验内容 …………………………………………………………… 168
4.11.2 实验目的 …………………………………………………………… 168
4.11.3 实验原理 …………………………………………………………… 168
4.11.4 实验步骤 …………………………………………………………… 169

4.11.5　命令行接口配置过程 ……………………………………… 172
4.12　三层交换机互连实验二 ……………………………………………… 174
　　　4.12.1　实验内容 …………………………………………………… 174
　　　4.12.2　实验目的 …………………………………………………… 175
　　　4.12.3　实验原理 …………………………………………………… 175
　　　4.12.4　关键命令说明 ……………………………………………… 180
　　　4.12.5　实验步骤 …………………………………………………… 180
　　　4.12.6　命令行接口配置过程 ……………………………………… 185
4.13　IP 和网络互连实验的启示和思政元素 …………………………… 187

第 5 章　Internet 接入实验 …………………………………………… 188

5.1　终端通过以太网接入 Internet 实验 ………………………………… 188
　　　5.1.1　实验内容 ……………………………………………………… 188
　　　5.1.2　实验目的 ……………………………………………………… 189
　　　5.1.3　实验原理 ……………………………………………………… 189
　　　5.1.4　关键命令说明 ………………………………………………… 189
　　　5.1.5　实验步骤 ……………………………………………………… 191
　　　5.1.6　命令行接口配置过程 ………………………………………… 193
5.2　终端通过 ADSL 接入 Internet 实验 ………………………………… 195
　　　5.2.1　实验内容 ……………………………………………………… 195
　　　5.2.2　实验目的 ……………………………………………………… 196
　　　5.2.3　实验原理 ……………………………………………………… 196
　　　5.2.4　实验步骤 ……………………………………………………… 196
5.3　家庭局域网接入 Internet 实验 ……………………………………… 198
　　　5.3.1　实验内容 ……………………………………………………… 198
　　　5.3.2　实验目的 ……………………………………………………… 199
　　　5.3.3　实验原理 ……………………………………………………… 199
　　　5.3.4　实验步骤 ……………………………………………………… 200
5.4　无线路由器静态 IP 地址接入方式实验一 ………………………… 209
　　　5.4.1　实验内容 ……………………………………………………… 209
　　　5.4.2　实验目的 ……………………………………………………… 209
　　　5.4.3　实验原理 ……………………………………………………… 210
　　　5.4.4　实验步骤 ……………………………………………………… 210
　　　5.4.5　命令行接口配置过程 ………………………………………… 211
5.5　无线路由器静态 IP 地址接入方式实验二 ………………………… 213
　　　5.5.1　实验内容 ……………………………………………………… 213
　　　5.5.2　实验目的 ……………………………………………………… 214
　　　5.5.3　实验原理 ……………………………………………………… 214

    5.5.4 实验步骤 ·········· 215
  5.6 无线路由器 DHCP 接入方式实验 ·········· 225
    5.6.1 实验内容 ·········· 225
    5.6.2 实验目的 ·········· 225
    5.6.3 实验原理 ·········· 225
    5.6.4 关键命令说明 ·········· 226
    5.6.5 实验步骤 ·········· 226
    5.6.6 命令行接口配置过程 ·········· 228
  5.7 无线网桥实验 ·········· 229
    5.7.1 实验内容 ·········· 229
    5.7.2 实验目的 ·········· 229
    5.7.3 实验原理 ·········· 229
    5.7.4 实验步骤 ·········· 229
  5.8 统一鉴别实验 ·········· 232
    5.8.1 实验内容 ·········· 232
    5.8.2 实验目的 ·········· 233
    5.8.3 实验原理 ·········· 234
    5.8.4 关键命令说明 ·········· 234
    5.8.5 实验步骤 ·········· 236
    5.8.6 命令行接口配置过程 ·········· 242
  5.9 Cisco Easy VPN 配置实验 ·········· 247
    5.9.1 实验内容 ·········· 247
    5.9.2 实验目的 ·········· 248
    5.9.3 实验原理 ·········· 248
    5.9.4 关键命令说明 ·········· 249
    5.9.5 实验步骤 ·········· 253
    5.9.6 命令行接口配置过程 ·········· 258
  5.10 Internet 接入实验的启示和思政元素 ·········· 263

第 6 章 应用层实验 **264**

  6.1 域名系统配置实验 ·········· 264
    6.1.1 实验内容 ·········· 264
    6.1.2 实验目的 ·········· 265
    6.1.3 实验原理 ·········· 265
    6.1.4 实验步骤 ·········· 266
    6.1.5 命令行接口配置过程 ·········· 272
  6.2 无中继 DHCP 配置实验 ·········· 273
    6.2.1 实验内容 ·········· 273

		6.2.2 实验目的	274
		6.2.3 实验原理	274
		6.2.4 实验步骤	274
	6.3	中继 DHCP 配置实验	278
		6.3.1 实验内容	278
		6.3.2 实验目的	279
		6.3.3 实验原理	279
		6.3.4 关键命令说明	280
		6.3.5 实验步骤	280
		6.3.6 命令行接口配置过程	288
	6.4	路由器承担 DHCP 服务器功能配置实验	289
		6.4.1 实验内容	289
		6.4.2 实验目的	290
		6.4.3 实验原理	290
		6.4.4 关键命令说明	290
		6.4.5 实验步骤	291
		6.4.6 命令行接口配置过程	295
	6.5	电子邮件系统配置实验	297
		6.5.1 实验内容	297
		6.5.2 实验目的	297
		6.5.3 实验原理	298
		6.5.4 实验步骤	298
		6.5.5 命令行接口配置过程	306
	6.6	控制台端口设备配置实验	308
		6.6.1 实验内容	308
		6.6.2 实验目的	308
		6.6.3 实验原理	308
		6.6.4 实验步骤	308
	6.7	Telnet 设备配置实验	310
		6.7.1 实验内容	310
		6.7.2 实验目的	311
		6.7.3 实验原理	311
		6.7.4 关键命令说明	311
		6.7.5 实验步骤	313
		6.7.6 命令行接口配置过程	316
	6.8	应用层实验的启示和思政元素	318

第 7 章 网络安全实验 ··· **319**

7.1 RIP 路由项欺骗攻击实验 ·· 319
7.1.1 实验内容 ·· 319
7.1.2 实验目的 ·· 320
7.1.3 实验原理 ·· 320
7.1.4 实验步骤 ·· 320
7.1.5 命令行接口配置过程 ·· 322

7.2 OSPF 路由项欺骗攻击和防御实验 ··· 324
7.2.1 实验内容 ·· 324
7.2.2 实验目的 ·· 324
7.2.3 实验原理 ·· 325
7.2.4 关键命令说明 ·· 325
7.2.5 实验步骤 ·· 327
7.2.6 命令行接口配置过程 ·· 329

7.3 DHCP 欺骗攻击与防御实验 ··· 331
7.3.1 实验内容 ·· 331
7.3.2 实验目的 ·· 333
7.3.3 实验原理 ·· 333
7.3.4 关键命令说明 ·· 333
7.3.5 实验步骤 ·· 334
7.3.6 命令行接口配置过程 ·· 340

7.4 访问控制列表配置实验 ·· 341
7.4.1 实验内容 ·· 341
7.4.2 实验目的 ·· 341
7.4.3 实验原理 ·· 341
7.4.4 关键命令说明 ·· 342
7.4.5 实验步骤 ·· 342
7.4.6 命令行接口配置过程 ·· 344

7.5 安全端口配置实验 ··· 345
7.5.1 实验内容 ·· 345
7.5.2 实验目的 ·· 345
7.5.3 实验原理 ·· 345
7.5.4 关键命令说明 ·· 346
7.5.5 实验步骤 ·· 346
7.5.6 命令行接口配置过程 ·· 348

7.6 终端和服务器防火墙配置实验 ·· 349
7.6.1 实验内容 ·· 349

		7.6.2 实验目的	350
		7.6.3 实验原理	350
		7.6.4 实验步骤	351
		7.6.5 命令行接口配置过程	355

7.7 无状态分组过滤器配置实验 355
  7.7.1 实验内容 355
  7.7.2 实验目的 355
  7.7.3 实验原理 356
  7.7.4 关键命令说明 356
  7.7.5 实验步骤 358
  7.7.6 命令行接口配置过程 362

7.8 有状态分组过滤器配置实验 364
  7.8.1 实验内容 364
  7.8.2 实验目的 364
  7.8.3 实验原理 364
  7.8.4 关键命令说明 366
  7.8.5 实验步骤 367
  7.8.6 命令行接口配置过程 367

7.9 入侵检测系统配置实验 368
  7.9.1 实验内容 368
  7.9.2 实验目的 369
  7.9.3 实验原理 369
  7.9.4 关键命令说明 369
  7.9.5 实验步骤 372
  7.9.6 命令行接口配置过程 374

7.10 控制 Telnet 远程配置过程实验 376
  7.10.1 实验内容 376
  7.10.2 实验目的 376
  7.10.3 实验原理 376
  7.10.4 关键命令说明 376
  7.10.5 实验步骤 377
  7.10.6 命令行接口配置过程 379

7.11 网络安全实验的启示和思政元素 379

第 8 章 校园网设计和实现过程 380

8.1 校园布局和设计要求 380
  8.1.1 校园布局 380
  8.1.2 网络拓扑结构 381

    8.1.3 数据传输网络设计要求 ……………………………………… 381
    8.1.4 安全系统设计要求 …………………………………………… 382
    8.1.5 设备选型和端口配置 ………………………………………… 382
8.2 交换机 VLAN 划分过程 ……………………………………………… 384
    8.2.1 创建 VLAN 和 VLAN 端口配置原则 ………………………… 384
    8.2.2 VLAN 划分过程 ……………………………………………… 385
8.3 IP 接口定义过程和 RIP 配置过程 …………………………………… 387
    8.3.1 互连的网络结构和 IP 接口 …………………………………… 387
    8.3.2 RIP 配置过程 ………………………………………………… 389
8.4 应用服务器配置过程 ………………………………………………… 389
    8.4.1 服务器网络信息配置过程 …………………………………… 389
    8.4.2 DHCP 服务器配置过程 ……………………………………… 390
    8.4.3 DNS 服务器配置过程 ………………………………………… 391
8.5 安全功能配置过程 …………………………………………………… 391
    8.5.1 保护 E-mail 服务器的分组过滤器配置过程 ………………… 391
    8.5.2 保护 Web 服务器的分组过滤器配置过程 …………………… 392
    8.5.3 保护 DNS 服务器的分组过滤器配置过程 …………………… 392
    8.5.4 保护 DHCP 服务器的分组过滤器配置过程 ………………… 392
8.6 Cisco Packet Tracer 实现过程 ……………………………………… 393
    8.6.1 实验步骤 ……………………………………………………… 393
    8.6.2 命令行接口配置过程 ………………………………………… 403
8.7 校园网设计和实现过程的启示和思政元素 ………………………… 409

参考文献 ……………………………………………………………………… 410

第 1 章

实 验 基 础

Cisco Packet Tracer 是一个非常理想的软件实验平台,可以完成各种类型和规模的网络系统的设计、配置和调试过程,可以基于具体网络环境分析各种协议运行过程中网络设备之间交换的报文类型、报文格式及报文处理流程,可以直观了解 IP 分组端到端传输过程中交换机、路由器等网络设备对 IP 分组的作用过程。除了不能实际物理接触,Cisco Packet Tracer 提供了和实际实验环境几乎一样的仿真环境。

1.1 Packet Tracer 8.1 使用说明

本节主要介绍 Cisco Packet Tracer 的功能、登录过程、用户界面及设备类型和配置方式。

1.1.1 功能介绍

Cisco Packet Tracer 是 Cisco(思科)公司为网络初学者提供的一个学习软件,初学者通过 Cisco Packet Tracer 可以用 Cisco 网络设备设计、配置和调试各种类型和规模的网络,可以模拟分组端到端传输过程中的每一个步骤,可以直观了解 IP 分组端到端传输过程中交换机、路由器等网络设备对 IP 分组的作用过程。作为辅助教学工具和软件实验平台,Cisco Packet Tracer 可以在课程教学过程中完成以下功能。

1. 完成网络设计、配置和调试过程

根据网络设计要求选择 Cisco 网络设备,如路由器、交换机等,用合适的传输媒体将这些网络设备互连在一起,进入设备配置界面对网络设备逐一进行配置,通过启动分组端到端传输过程检验网络中任意两个终端之间的连通性。如果发现问题,通过检查网络拓扑结构、互连网络设备的传输媒体、设备配置信息、设备建立的控制信息(如交换机转发表、路由器路由表等)确定问题的起因,并加以解决。

2. 模拟协议操作过程

网络中分组端到端传输过程是各种协议、各种网络技术相互作用的结果,因此,只有了解网络环境下各种协议的工作流程、各种网络技术的工作机制及它们之间的相互作用过程,才能掌握完整、系统的网络知识。对于初学者,掌握网络设备之间各种协议实现过程中相互传输的报文类型、报文格式、报文处理流程对理解网络工作原理至关重要。Cisco Packet Tracer 模拟操作模式给出了网络设备之间各种协议实现过程中每一个步骤涉及的报文类型、报文格式及报文处理流程,可以让初学者观察、分析协议执行过程中的每一个细节。

3. 验证教材内容

教材《网络技术基础与计算思维(第 2 版)》的主要特色是基于实际应用环境给出设计、实施各种类型和规模的网络系统的方法和步骤,并详细讨论该网络系统涉及的关键协议和技术的工作机制。由于网络系统是基于实际应用环境设计的,和人们实际应用中需要设计的网络系统十分相似,较好地解决了教学内容和实际应用的衔接问题。因此,可以在教学过程中,用 Cisco Packet Tracer 完成教材中每一个网络系统的设计、配置和调试过程,并通过 Cisco Packet Tracer 模拟操作模式,直观了解 IP 分组端到端传输过程中 Cisco 网络设备对 IP 分组的作用过程,以此验证教材内容,并通过验证过程,进一步加深学生对教材内容的理解,真正做到弄懂弄通。

1.1.2　Cisco Packet Tracer 8.1 登录过程

Cisco Packet Tracer 8.1 是目前较新的 Cisco Packet Tracer 版本,第一次启动时,需要完成登录过程,登录界面如图 1.1 所示。为了完成登录过程,需要在 https://www.

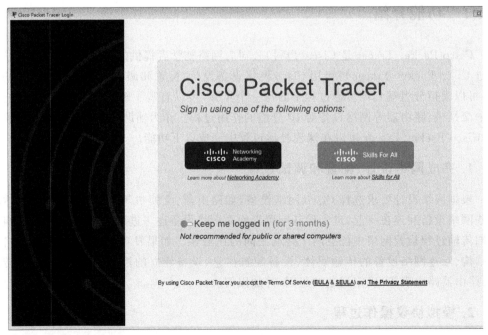

图 1.1　初次启动时的登录界面

netacad.com/上注册一个免费账号,并用该账号注册一门免费课程。单击 Networking Academy 按钮,弹出如图 1.2 所示的输入该免费账号对应的信箱地址的界面,输入信箱地址,单击 Next 按钮,弹出输入该免费账号对应的口令的界面,输入口令,完成登录过程。如果选中图 1.1 中的 Keep me logged in,三个月内,只需在首次启动 Cisco Packet Tracer 8.1 时,完成登录过程,以后再次启动该软件时,无须再次登录。

图 1.2　登录过程

1.1.3　用户界面

启动 Cisco Packet Tracer 8.1 后,出现如图 1.3 所示的用户界面。用户界面可以分为菜单栏、主工具栏、公共工具栏、工作区、工作区选择栏(逻辑工作区和物理工作区)、模式选择栏(实时操作模式和模拟操作模式)、设备类型选择框、设备选择框和用户创建分组窗口等。

1. 菜单栏

菜单栏给出该软件提供的 8 个菜单,分别是文件(File)、编辑(Edit)、选项(Options)、视图(View)、工具(Tools)、扩展(Extensions)、窗口(Window)和帮助(Help)。

1) File 菜单

File 菜单如图 1.4 所示,主要包括用于完成创建拓扑结构、保存拓扑结构等操作的命令。

新建拓扑(New):在工作区中新建一个拓扑结构。

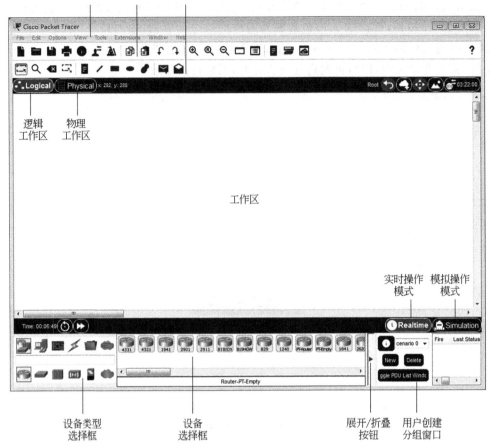

图 1.3 Cisco Packet Tracer 8.1 用户界面

图 1.4 File 菜单

打开文件(Open)：在工作区中打开一个已经存在的 pkt 文件。

打开示例(Open Samples)：在工作区中打开一个示例 pkt 文件。Cisco Packet

Tracer 提供大量示例 pkt 文件,这些示例 pkt 文件是学习如何利用 Cisco Packet Tracer 完成各种类型和规模网络系统设计过程的好素材。

最近打开文件(Recent Files):给出最近在工作区中打开过的 pkt 文件列表。

保存拓扑(Save):保存工作区中的拓扑结构。

另存为(Save As):将工作区中的拓扑结构作为新的 pkt 文件保存起来。

另存为 PKZ(Save As PKZ):在保存拓扑结构的同时,保存用户自定义的个性化的设备图标和背景。保存 pkz 文件时,需要选上全部自定义文件。

保存到公共弹夹(Save As Common Cartridge):将工作区中的拓扑结构或 pkz 文件保存到公共弹夹。

打印拓扑(Print):打印工作区中的拓扑结构。

注销登录并退出(Exit and Logout):结束当前运行过程,并注销登录。

退出(Exit):结束当前运行过程。

复位动作(Reset Activity):该版本不能使用。

2) Edit 菜单

Edit 菜单如图 1.5 所示,主要包括用于完成复制、粘贴等操作的命令。

复制(Copy):复制选中的拓扑结构。

粘贴(Paste):粘贴最近复制的拓扑结构。

撤销(Undo):撤销最近一次操作。

恢复(Redo):恢复最近撤销的操作。

3) Options 菜单

Options 菜单如图 1.6 所示,主要包括用于完成各种选项的预设操作的命令。

预设(Preference):预设各种选项。

用户配置文件(User Profile):创建用户配置文件。

算法设置(Algorithm Settings):完成与算法相关的参数设置。

查看命令日志(View Command Log):查看与命令相关的日志。

图 1.5　Edit 菜单

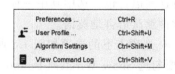

图 1.6　Options 菜单

由于可以通过 Options 菜单,完成一些对 Cisco Packet Tracer 运行过程有重要影响的选项设置过程。因此,这里对 Options 菜单做进一步介绍。选择 Options→Preferences 命令,弹出如图 1.7 所示的预设选项界面。这些预设选项中,对 Cisco Packet Tracer 运行过程有较大影响的预设选项主要包含在接口(Interface)、显示/隐藏(Show/Hide)和字体(Font)选项卡下的选项中。

Interface 选项卡下的选项如图 1.7 所示,是否勾选这些选项,会对 Cisco Packet Tracer 仿真过程产生影响。如通过勾选 Show Animation,可以以动画方式展示报文传输

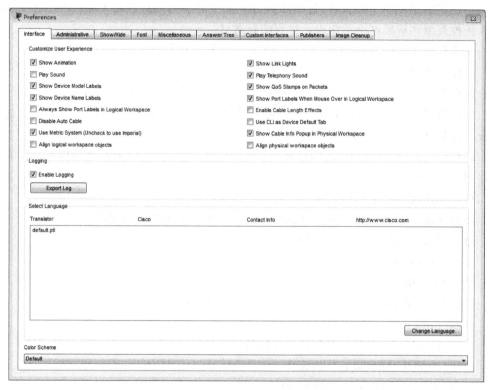

图1.7　Interface选项卡下的选项

过程。通过勾选Show Device Model Labels，可以为每一个设备显示用于标识该设备类型的标签。通过勾选Enable Cable Length Effects，使得物理工作区中两个设备之间的实际线缆长度能够对逻辑工作区中这两个设备之间的连通性产生影响。勾选Align logical workspace objects可以启动逻辑工作区中的设备对齐功能。

如果目录Cisco Packet Tracer 8.1\Languages下有多种语言包，下半部分的语言框中将列出所有这些语言包。选中其中一种语言包，单击Change Language按钮，完成语言选择过程。软件默认语言是英语。

Show/Hide选项卡下的选项如图1.8所示，为了直观显示AP和无线路由器的信号传播范围，需要勾选Show Wireless Boundary。

Font选项卡下的选项如图1.9所示，通过设置这些选项，一是可以调整字体的颜色，二是可以调整字体的大小。

4) View菜单

View菜单如图1.10所示，主要包括用于完成视图缩放和显示或隐藏工作栏操作的命令。

缩放(Zoom)：用于放大、缩小和恢复原始尺寸。

工作栏(Toolbars)：用于确定显示或隐藏主工具栏、公共工具栏和底部工具栏。

模拟操作模式(Simulation Mode)：进入模拟操作模式。

实时操作模式(Realtime Mode)：进入实时操作模式。

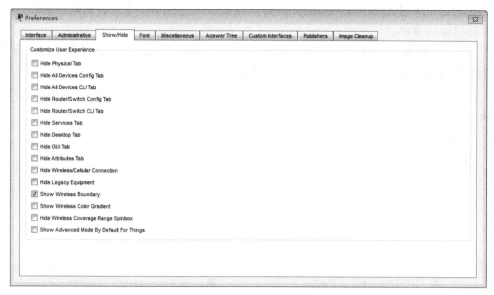

图 1.8　Show/Hide 选项卡下的选项

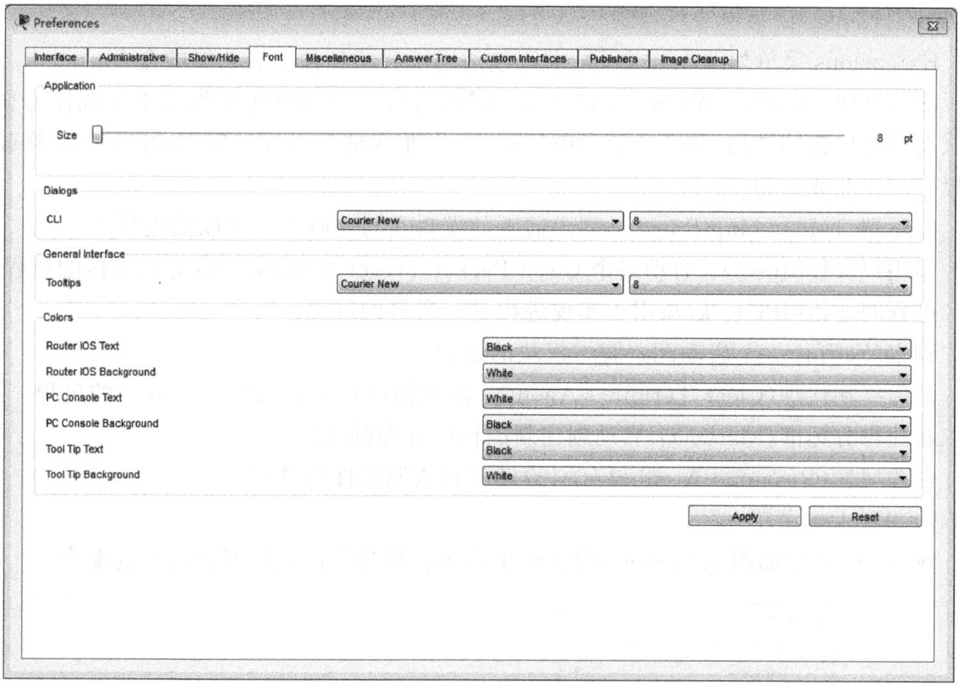

图 1.9　Font 选项卡下的选项

逻辑工作区(Logical View)：切换到逻辑工作区。
物理工作区(Physical View)：切换到物理工作区。
显示拓扑结构(Show Viewport)：显示工作区中拓扑结构区域。

显示工作区列表(Show Workspace List)：显示工作区中设备列表和链路列表。

5) Tools 菜单

Tools 菜单如图 1.11 所示，主要包括用于启动 Cisco Packet Tracer 各种工具的命令。

绘图面板(Drawing Palette)：启动绘图面板。

定制设备对话框(Custom Devices Dialog)：启动定制设备对话框，完成用户自定义设备过程。

脚本项目管理器(Script Project Manager)：启动脚本项目管理器。

簇关联对话框(Cluster Associations Dialog)：启动簇关联对话框。

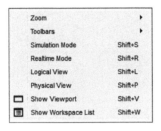

图 1.10　View 菜单

图 1.11　Tools 菜单

6) Extensions 菜单

Extensions 菜单如图 1.12 所示，主要包括用于启动各种扩展功能的命令。

活动导向(Activity Wizard)：启动活动导向过程。活动导向过程用于生成作为作业或试卷的初始拓扑结构、作业或试卷解答指南、作业或试卷标准答案等，用于自动修改学生提交的作业或试卷。

监听端口(Listening Ports)：列出监听的端口及与监听端口关联的进程。

多用户(Multiuser)：启动多个 Cisco Packet Tracer 实例，实现点对点连接的过程。

进程间通信(IPC)：启动用于实现进程之间通信的过程。

脚本(Scripting)：启动配置脚本模块的过程。

清除终端代理(Clear Terminal Agent)：启动清除设备控制台(console)的过程。

新建得分标准(Marvel)：启动创建新的得分标准的过程。

资源属性(Resource Attributes)：启动配置资源属性的过程。

7) Window 菜单

Window 菜单如图 1.13 所示，用于给出有关管理当前已经打开的窗口的命令。

图 1.12　Extensions 菜单

图 1.13　Window 菜单

进入全屏(Enter Full Screen)：全屏显示 Cisco Packet Tracer 窗口。

端口监控器(Port Monitor)：切换到当前已经打开的端口监控器窗口。

8) Help 菜单

Help 菜单如图 1.14 所示，用于给出有关使用说明的内容。

入门指南(Getting Started)：进入 Cisco Packet Tracer 入门指南网页，网页中有大量入门指南课程和资料。

使用说明(Contents)：Cisco Packet Tracer 详细的使用说明，所有初次使用 Cisco Packet Tracer 的读者必须仔细阅读使用说明。

图 1.14　Help 菜单

教程(Tutorials)：Cisco Packet Tracer 教程。以视频方式给出使用 Cisco Packet Tracer 的过程。

反馈(Report an Issue)：向 Cisco 公司报告问题。

关于(About)：有关 Cisco Packet Tracer 的一些信息。

2. 主工具栏

主工具栏给出 Cisco Packet Tracer 的常用命令，这些命令通常包含在各菜单中。主工具栏中从左到右给出的常用命令依次是新建拓扑(New)、打开文件(Open)、保存拓扑(Save)、打印拓扑(Print)、网络信息(Network Information)、用户配置文件(User Profile)、活动导向(Activity Wizard)、复制(Copy)、粘贴(Paste)、撤销(Undo)、恢复(Redo)、放大(Zoom Out)、复位(Zoom Reset)、缩小(Zoom in)、显示拓扑结构(Show Viewport)、显示工作区列表(Show Workplace List)、显示命令日志(View Command Log)、定制设备对话框(Custom Devices Dialog)和簇关联对话框(Cluster Association Dialog)。

3. 公共工具栏

公共工具栏给出对工作区中构件进行操作的工具。公共工具栏中从左到右给出的常用工具依次是选择(Select)、查看(Inspect)、删除(Delete)、调整图形大小(Resize)、注释(Place Note)、画直线(Draw Line)、画矩形(Draw Rectangle)、画椭圆(Draw Ellipse)、画任意形状(Draw Freeform)、创建简单 PDU(Add Simple PDU)和创建复杂 PDU(Add Complex PDU)。

选择工具：用于在工作区中移动某个指定区域。通过拖放鼠标指定工作区的某个区域，然后在工作区中移动该区域。当需要从其他工具中退出时，单击选择工具。

查看工具：用于检查网络设备生成的控制信息，如路由器路由表、交换机转发表等。

删除工具：用于在工作区中删除某个网络设备。

调整图形大小工具：用于任意调整通过绘图工具绘制的图形的大小。

注释工具：用于在工作区任意位置添加注释。

绘制直线工具：用于在工作区中绘制直线。

绘制矩形工具：用于在工作区中绘制矩形。

绘制椭圆工具：用于在工作区中绘制椭圆。

绘制任意形状工具：用于在工作区中绘制任意形状图形。

创建简单 PDU 工具：用于在选中的发送终端与接收终端之间启动一次 ping 操作。

创建复杂 PDU 工具：用于在选中的发送终端与接收终端之间启动一次报文传输过程，报文类型和格式可以由用户设定。

4．工作区

作为逻辑工作区时，用于设计网络拓扑结构、配置网络设备、检测端到端连通性等。作为物理工作区时，给出城市布局、城市内建筑物布局和建筑物内配线间布局等。

5．物理工作区和逻辑工作区工具栏

可以通过工作区选择按钮选择物理工作区和逻辑工作区，物理工作区和逻辑工作区中包含各自的工具栏。

1) 物理工作区工具栏

物理工作区工具栏从左到右依次是导航面板（Navigation Panel）、返回上一层（Back Level）、创建城市（Create New City）、创建建筑物（Create New Building）、创建通用容器（Create New Generic Container）、创建配线间（Create New Closet）、创建机架（Create New Rack）、创建桌子（Create New Table）、创建货架（Create New Inventory Shelf）、创建线缆钉板（Create New Cable Pegboard）、移动对象（Move Object）、网格预置（Grid Preferences）、查看无线信号（View Wireless Signals）、设置背景图像（Set Background Image）、环境（Environment）和去工作间（Go To Working Closet）工具，如图 1.15 所示。

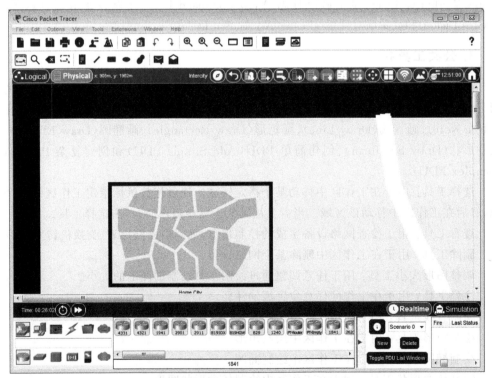

图 1.15　物理工作区和物理工作区工具栏

导航面板可以导航到物理工作区的任意一层，物理工作区从上到下，依次是城际、家园城市、企业办公楼、主工作间。返回上一层可以从当前层返回到物理工作区的上一层。

可以分别通过创建城市、创建建筑物、创建通用容器、创建配线间工具在物理工作区中创建一个城市、一个建筑物、一个通用容器、一个配线间。可以随意设置城市、建筑物和配线间在物理工作区中的位置。可以在配线间中通过创建机架、创建桌子、创建货架、创建线缆钉板工具创建一个机架、一张桌子、一个货架、一个用于挂线缆的钉板。网络设备可以放置在各配线间中，也可以直接放置在城市中。移动对象工具用于完成设备在不同城市、建筑物和配线间之间的移动过程。网格预置可以设置城际、城市、建筑物和通用容器的网格比例。查看无线信号可以直观显示无线设备发射的无线信号的传播范围和信号强度。设置背景图像工具不仅可以设置物理工作区背景，而且还可以调整城市、建筑物和配线间的物理长度和宽度等。图 1.16 所示是物理工作区背景设置界面。

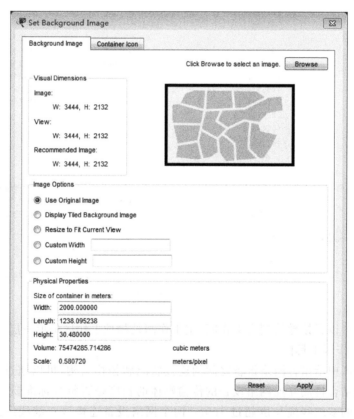

图 1.16　物理工作区背景设置界面

城际、城市、建筑物、配线间和通用容器都有环境，环境中有着许多默认参数，如温度、雨量、风速、雪量等，如图 1.17 所示。如果没有设备影响环境参数，这些环境参数以 24 小时为周期循环，如太阳上午 6 点升起、下午 6 点落下，环境温度中午达到最大值 25℃。一些设备可以改变环境参数，如加热器可以改变环境温度。因此，物联网实验中可以通过环境参数的改变来检测传感器和执行器的功能。环境的"物理位置框"(Location)中给出环境参数所反映的物理位置,时间框(Current Time)中给出环境参数反映的当前时间。环境参数值给出当前环境参数值,可以通过设置过滤器(Filter)只显示符合过滤条件的环境参数值。如果需要观察某个环境参数的统计图表,在环境参数值中选择该环境参数名。统计图表给出该环境参数的变化过程,用户可以设定变化周期。单击 Edit 按钮,进入编辑模式。编辑模式下,可以根据实验要求设定环境参数值。

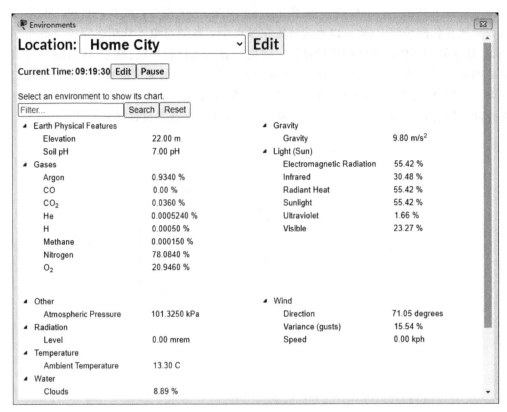

图 1.17　环境界面

去工作间可以直接导航到主工作间,主工作间是物理工作区最低一层。

2) 逻辑工作区工具栏

逻辑工作区中给出各网络设备之间的连接状况和拓扑结构,可以通过物理工作区和逻辑工作区的结合检测互连网络设备的传输媒体的长度是否符合标准要求,如一旦互连两个网络设备的双绞线缆长度超过 100m,两个网络设备连接该双绞线缆的端口将自动关闭。

在图 1.3 中,逻辑工作区工具栏中从左到右依次是根(Root)簇、返回到簇的上一层(Go Back One Level)、创建簇(Create New Cluster)、移动对象(Move Object)、设置工作区背景图像(Set Background Image)、环境(Environment)。为了体现设备之间的层次关系,可以将属于同一层次的设备作为一个簇(Cluster)。移动对象工具可以完成设备在不同簇之间的移动过程。设置工作区背景图像工具可以为逻辑工作区选择背景图像。环境工具和物理工作区中的环境工具相同。

6. 模式选择栏

模式选择栏用于选择实时操作模式和模拟操作模式。

实时操作模式可以验证网络任何两个终端之间的连通性。

模拟操作模式可以给出分组端到端传输过程中的每一个步骤,以及每一个步骤涉及的报文类型、报文格式和报文处理流程。

7. 设备类型选择框

设计网络时,可以选择多种不同类型的 Cisco 网络设备,设备类型选择框用于选择网络设备的类型。设备类型选择框分为上半部分和下半部分,上半部分用于选择设备大类,下半部分给出指定设备大类下的设备类型。上半部分的设备大类有网络设备(Network Devices)、端设备(End Devices)、构件(Components)、连接线(Connections)、杂类(Miscellaneous)和多用户连接(Multiuser Connection)。

对应设备大类中的网络设备,下半部分的设备类型有路由器(Routers)、交换机(Switches)、集线器(Hubs)、无线设备(Wireless Devices)、安全设备(Security)和广域网仿真设备(Wan Emulsion)。

对应设备大类中的端设备,下半部分的设备类型有端设备(End Devices)、智能家居(Home)、智慧城市(Smart City)、智能制造(Industrial)和电力网(Power Grid)。

对应设备大类中的构件,下半部分的设备类型有主板(Boards)、执行器(Actuators)和传感器(Sensors)。

对应设备大类中的连接线,下半部分的设备类型有连接线和结构化布线设备(Structured Cabling)。

对应设备大类中的杂类,下半部分的设备类型有杂类。

对应设备大类多用户连接,下半部分的设备类型有多用户连接。

8. 设备选择框

设备选择框用于选择指定类型的网络设备型号,如果在设备类型选择框中选中路由器,可以通过设备选择框选择 Cisco 各种型号的路由器。需要说明的是,需要分两步完成在设备类型选择框中选中路由器的操作,首先在设备类型选择框的上半部分选择设备大类网络设备,然后在设备类型选择框的下半部分选择设备类型路由器。

9. 用户创建分组窗口

为了检测网络任意两个终端之间的连通性,需要生成端到端传输分组。为了模拟协议操作过程和分组端到端传输过程中的每一个步骤,也需要生成分组,并启动分组端到端传输过程。用户创建分组窗口就是为了让用户创建分组并启动分组端到端传输过程。图 1.3 所示的用户创建分组窗口是可以隐藏的,单击图 1.3 中的展开/折叠按钮,将隐藏用户创建分组窗口,此时,展开/折叠按钮将出现在左边边框附近。再单击展开/折叠按钮将出现如图 1.3 所示的用户创建分组窗口。

10. 其他

1) 重启设备(Power Cycle Devices)按钮

单击该按钮,使得所有设备重新加电。如果对设备完成的配置没有保存在启动配置文件中,设备将丢失已经完成的配置。

2) 快进时间(Fast Forward Time)按钮

单击该按钮,将加快设备的推进速度。如交换机启动后,首先执行生成树协议(Spanning Tree Protocol,STP),收敛后,才能开始 MAC 帧传输过程。STP 收敛时间比较长,为了节省时间,可以通过单击快进时间按钮,使得交换机快速完成 STP 收敛过程。

1.1.4 工作区分类

工作区可以分为逻辑工作区和物理工作区。

1. 逻辑工作区

启动 Cisco Packet Tracer 后,自动选择逻辑工作区,如图 1.3 所示。可以在逻辑工作区中放置和连接设备,完成设备配置和调试过程。逻辑工作区中的设备之间只有逻辑关系,没有物理距离的概念。因此,对于需要确定设备之间物理距离的网络实验,需要切换到物理工作区进行。

2. 物理工作区

选择工作区为物理工作区时,可以在工作区中给出城市间地理关系,可以在每一个城市内进行建筑物布局,可以在建筑物内进行配线间布局等,如图 1.15 所示。当然,也可以直接在城市中某个位置放置配线间和网络设备。一般情况下,在指定城市中创建并放置新的建筑物,在指定建筑物中创建并放置新的配线间。

逻辑工作区中创建的网络系统所关联的设备初始时全部放置于家园城市(Home City)中公司办公楼(Corporate Office)内的主配线间(Main Wiring Closet)中,可以通过移动对象(Move Object)工具完成网络设备配线间之间的移动,也可以直接将设备移动到城市中。当两个互连的网络设备放置在不同的配线间或城市不同位置时,可以计算出互连这两个网络设备的传输媒体的长度。如果启动物理工作区中两个设备之间传输媒体的物理距离和逻辑工作区中两个设备之间连通性之间的关联,一旦互连两个网络设备的传输媒体的物理距离超出标准要求,两个网络设备连接该传输媒体的端口将自动关闭。

1.1.5 操作模式分类

操作模式分为实时操作模式和模拟操作模式。

1. 实时操作模式

实时操作模式仿真网络实际运行过程,用户可以检查网络设备配置、转发表、路由表等控制信息,通过发送分组检测端到端连通性。实时操作模式下,完成网络设备配置过程后,网络设备自动完成相关协议的执行过程。

2. 模拟操作模式

模拟操作模式下,用户可以观察、分析分组端到端传输过程中的每一个步骤。图1.18所示是模拟操作模式的用户界面,事件列表(Event List)给出封装协议数据单元(Protocol Data Unit,PDU)的报文或分组的逐段传输过程,单击事件列表中某个报文,可以查看该报文的内容和格式。情节(Scenario)用于设定模拟操作模式需要模拟的过程,如分组的端到端传输过程。播放(Play)按钮用于启动整个模拟操作过程,按钮下面的滑动条用于控制模拟操作过程的速度。捕获并推进(Capture then Forward)按钮用于单步推进模拟操作过程。返回上一事件(Go Back to Previous Event)按钮用于返回上一步模拟操作结果。编辑过滤器(Edit Filters)菜单用于选择协议,模拟操作过程中,事件列表中将只列出选中的协议所对应的PDU。

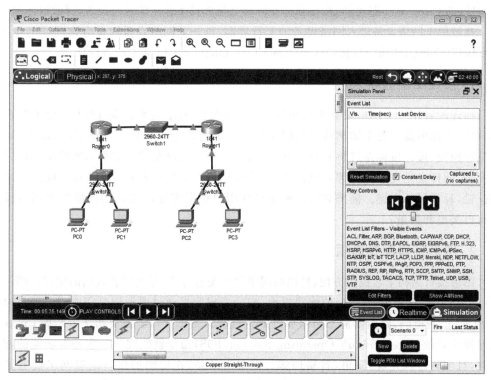

图1.18 模拟操作模式的用户界面

由于通过单击事件列表中的报文或分组可以详细分析报文或分组格式,对应网段中相关网络设备处理该报文或分组的流程和结果。因此,模拟操作模式是找出网络不能正常工作的原因的理想工具,同时,也是初学者深入了解协议操作过程和网络设备处理报文或分组的流程的理想工具,模拟操作模式是实际网络环境无法提供的学习工具。

值得指出的是,模拟操作模式下,需要用户手工推进网络设备的协议执行过程,因此,完成网络设备配置过程后，可能需要用户完成多个推进步骤后，才能看到协议执行结果。

1.1.6 设备类型和配置方式

Cisco Packet Tracer 提供了设计复杂互联网和物联网可能涉及的网络设备类型，如路由器、交换机、集线器、无线设备、连接线、终端设备、安全设备、广域网仿真设备、智能家居、智慧城市、传感器、执行器等，其中广域网仿真设备用于仿真广域网，如公共交换电话网（Public Switched Telephone Network，PSTN）、非对称数字用户线（Asymmetric Digital Subscriber Line，ADSL）、帧中继等，通过广域网仿真设备可以设计出以广域网为互连路由器的传输网络的复杂互联网。

一般在逻辑工作区和实时操作模式下进行网络设计，如果用户需要将某个网络设备放置到工作区中，用户首先在设备类型选择框的上半部分中选择设备大类，如网络设备，然后在设备类型选择框的下半部分中选择设备类型，如路由器，最后在设备选择框中选择特定设备型号，如 Cisco 2811 路由器，按住鼠标左键将其拖放到工作区的任意位置，释放鼠标左键。

通过单击网络设备进入网络设备的配置界面，每一个网络设备通常有物理（Physical）、图形接口（Config）和命令行接口（Command Line Interface，CLI）3 个配置选项。

1. 物理配置选项

物理配置用于为网络设备选择可选模块，图 1.19 所示是路由器 1841 的物理配置界面，可以为路由器的各个插槽选择对应模块。为了将某个模块放入插槽，先关闭电源，然后选定模块，按住鼠标左键将其拖放到指定插槽，释放鼠标左键。如果需要从某个插槽取走模块，同样也是先关闭电源，然后选定某个插槽模块，按住鼠标左键将其拖放到模块所在位置，释放鼠标左键。插槽和可选模块允许用户根据实际网络应用环境扩展网络设备的接口类型和数量。

2. 图形接口配置选项

图形接口为初学者提供方便、易用的网络设备配置方式，是初学者入门的捷径。图 1.20 所示是路由器 1841 图形接口的配置界面，初学者很容易通过图形接口完成路由器接口的 IP 地址、子网掩码，路由器静态路由项等配置过程。图形接口不需要初学者掌握 Cisco 互联网操作系统（Internetwork Operating System，IOS）命令就能完成一些基本功能的配置过程，且配置过程直观、简单，容易理解。更难得的是，在用图形接口配置网络设备的同时，Cisco Packet Tracer 给出完成同样配置过程需要的 IOS 命令序列。

通过图形接口提供的基本配置功能，初学者可以完成简单网络的设计和配置过程，观察简单网络的工作原理和协议操作过程，以此验证教学内容。但随着教学内容的深入和网络复杂程度的提高，要求读者能够通过命令行接口配置网络设备的一些复杂的功能。因此，一开始，用图形接口和命令行接口两种配置方式完成网络设备的配置过程，通过相互比较，进一步加深对 Cisco IOS 命令的理解，随着教学内容的深入，强调用命令行接口完成网络设备的配置过程。

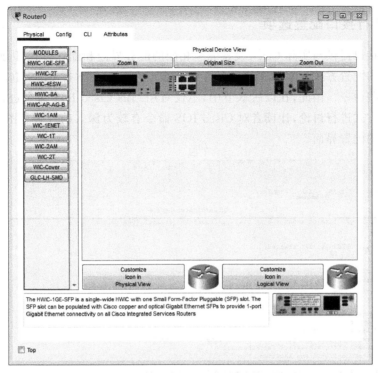

图 1.19　路由器 1841 的物理配置界面

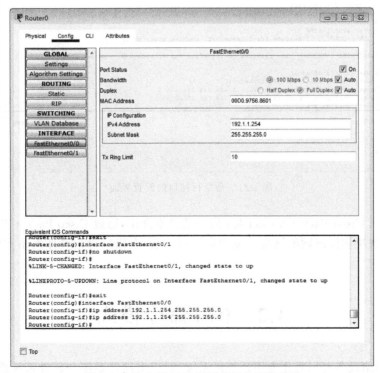

图 1.20　路由器 1841 图形接口的配置界面

3. 命令行接口配置选项

命令行接口提供与实际 Cisco 设备完全相同的配置界面和配置过程,因此,是读者需要重点掌握的配置方式。掌握这种配置方式的难点在于需要掌握 Cisco IOS 命令,并会灵活运用这些命令。因此,在以后章节中,不仅对用到的 Cisco IOS 命令进行解释,还对命令的使用方式进行讨论,让读者对 Cisco IOS 命令有较为深入的理解。图 1.21 所示是命令行接口的配置界面。

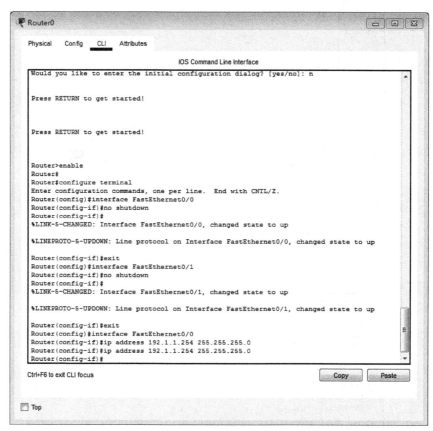

图 1.21 命令行接口的配置界面

本节只对 Cisco Packet Tracer 8.1 做一些基本介绍,通过 Cisco Packet Tracer 8.1 构建一个用于解决实际问题的网络环境的步骤和方法,在以后讨论具体网络实验时再予以详细讲解。

1.2 IOS 命令模式

Cisco 网络设备可以看作专用计算机系统,同样由硬件系统和软件系统组成,核心系统软件是互联网操作系统(IOS),IOS 用户界面是命令行接口界面,用户通过输入命令实现对网络设备的配置和管理。为了安全，IOS提供3种命令行模式，分别是用户模式（User mode）、特权模式（Privileged mode）和全局模式（Global mode），不同模式下，用户具有不同的配置和管理网络设备的权限。

1.2.1 用户模式

用户模式是权限最低的命令行模式，用户只能通过命令查看一些网络设备的状态，没有配置网络设备的权限，也不能修改网络设备状态和控制信息。用户登录网络设备后，立即进入用户模式，图1.22所示是用户模式下可以输入的命令列表。用户模式下的命令提示符如下。

```
Router>
```

Router是路由器默认的主机名，全局模式下可以通过命令hostname修改默认的主机名。如在全局模式下（全局模式下的命令提示符为Router(config)#）输入命令hostname routerabc后，用户模式的命令提示符如下。

```
routerabc>
```

在用户模式命令提示符下，用户可以输入图1.22列出的命令，命令格式和参数在以后完成具体网络实验时讨论。需要指出的是，图1.22列出的命令不是配置网络设备、修改网络设备状态和控制信息的命令。

图1.22 用户模式命令提示符和命令列表

1.2.2 特权模式

通过在用户模式命令提示符下输入命令 enable,进入特权模式。图 1.23 所示是特权模式下可以输入的部分命令列表。为了安全,可以在全局模式下通过命令 enable password abc 设置进入特权模式的口令 abc。一旦设置口令,在用户模式命令提示符下,不仅需要输入命令 enable,还需输入口令。特权模式下的命令提示符如下。

```
Router#
```

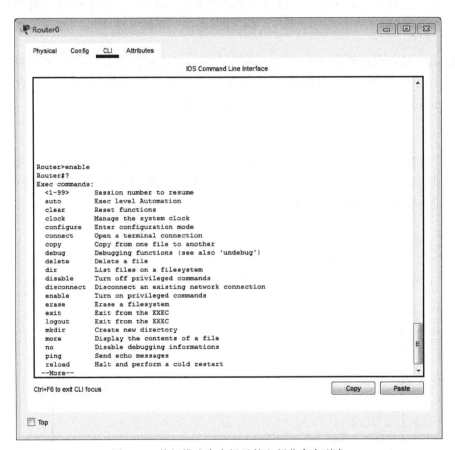

图 1.23 特权模式命令提示符和部分命令列表

同样,Router 是路由器默认的主机名。特权模式下,用户可以修改网络设备的状态和控制信息,如交换机转发表(MAC Table)等,但不能配置网络设备。

1.2.3 全局模式

通过在特权模式命令提示符下输入命令 configure terminal,进入全局模式,图 1.24

所示是从用户模式进入全局模式的过程和全局模式下可以输入的部分命令列表。全局模式下的命令提示符如下。

```
Router(config)#
```

图 1.24　全局模式命令提示符和部分命令列表

同样,Router 是路由器默认的主机名。全局模式下,用户可以对网络设备进行配置,如配置路由器的路由协议和参数,对交换机基于端口划分虚拟局域网(Virtual LAN,VLAN)等。

全局模式下用于完成对整个网络设备有效的配置,如果需要完成对网络设备部分功能块的配置,如路由器某个接口的配置,需要从全局模式进入这些功能块的配置模式,从全局模式进入路由器接口 FastEthernet0/0 的接口配置模式需要输入的命令及路由器接口配置模式下的命令提示符如下。

```
Router(config)#interface FastEthernet0/0
Router(config-if)#
```

1.2.4 IOS 帮助工具

1. 查找工具

如果忘记某个命令，或是命令中的某个参数，可以通过输入"?"完成查找过程。在某种模式命令提示符下，通过输入"?"，界面将显示该模式下允许输入的命令列表，如图 1.24 所示，在全局模式命令提示符下输入"?"，界面将显示全局模式下允许输入的命令列表，如果单页显示不完的话，分页显示。

在某个命令中需要输入某个参数的位置输入"?"，界面将列出该参数的所有选项。命令 router 用于为路由器配置路由协议，如果不知道如何输入选择路由协议的参数，在需要输入选择路由协议的参数的位置输入"?"，界面将列出该参数的所有选项。以下是显示选择路由协议的参数的所有选项的过程。

```
Router(config)#router ?
bgp   Border Gateway Protocol (BGP)
eigrp Enhanced Interior Gateway Routing Protocol (EIGRP)
ospf  Open Shortest Path First (OSPF)
rip   Routing Information Protocol (RIP)
Router(config)#router
```

2. 命令和参数允许输入部分字符

无论是命令，还是参数，IOS 都不要求输入完整的单词，只需要输入单词中的部分字符，只要这一部分字符能够在命令列表中，或是参数的所有选项中唯一确定某个命令或参数选项。如在路由器中配置 RIP 路由协议的完整命令如下。

```
Router(config)#router rip
Router(config-router)#
```

但无论是命令 router，还是选择路由协议的参数 rip 都不需要输入完整的单词，而只需要输入单词中的部分字符，如下所示。

```
Router(config)#ro r
Router(config-router)#
```

由于全局模式下的命令列表中没有两个以上前两个字符是 ro 的命令，因此，输入 ro 已经能够使 IOS 唯一确定命令 router。同样，路由协议的所有选项中没有两项以上是以字符 r 开头的，因此，输入 r 已经能够使 IOS 唯一确定 rip 选项。

3. 历史命令缓存

通过↑键可以查找以前使用的命令，通过←和→键可以将光标移动到命令中需要修改的位置。如果某个命令需要输入多次，每次输入时，只有个别参数可能不同，无须每一次全部重新输入命令及参数,可以通过↑键显示上一次输入的命令,通过←键移动光标到需要修改的位置,对命令中需要修改的部分进行修改即可。

1.2.5 取消命令过程

在命令行接口配置方式下,如果输入的命令有错,需要取消该命令,在原命令相同的命令提示符下,输入命令:no 需要取消的命令。

如以下是创建编号为 3 的 VLAN 的命令。

```
Switch(config)#vlan 3
```

则以下是删除已经创建的编号为 3 的 VLAN 的命令。

```
Switch(config)#no vlan 3
```

如以下是用于关闭路由器接口 FastEthernet0/0 的命令序列。

```
Router(config)#interface FastEthernet0/0
Router(config-if)#shutdown
```

则以下是用于开启路由器接口 FastEthernet0/0 的命令序列。

```
Router(config)#interface FastEthernet0/0
Router(config-if)#no shutdown
```

如以下是用于为路由器接口 FastEthernet0/0 配置 IP 地址 192.1.1.254 和子网掩码 255.255.255.0 的命令序列。

```
Router(config)#interface FastEthernet0/0
Router(config-if)#ip address 192.1.1.254 255.255.255.0
```

则以下是取消为路由器接口 FastEthernet0/0 配置的 IP 地址和子网掩码的命令序列。

```
Router(config)#interface FastEthernet0/0
Router(config-if)#no ip address 192.1.1.254 255.255.255.0
```

1.3 网络设备配置方式

Cisco Packet Tracer 通过单击某个网络设备启动配置界面,在配置界面中通过选择图形接口,或命令行接口配置选项开始网络设备的配置过程,但实际网络设备的配置过程与此不同。目前存在多种配置实际网络设备的方式,主要有控制台端口配置方式、Telnet 配置方式、Web 界面配置方式、简单网络管理协议(Simple Network Management Protocol,SNMP)配置方式和配置文件加载方式等。对于路由器和交换机,Cisco Packet Tracer 支持除 Web 界面配置方式以外的其他所有配置方式。这里主要介绍控制台端口配置方式和 Telnet 配置方式。

1.3.1 控制台端口配置方式

1. 工作原理

交换机和路由器出厂时,只有默认配置,如果需要对刚购买的交换机和路由器进行配置,最直接的配置方式是采用如图 1.25 所示的控制台端口配置方式,用串行口连接线互连 PC 的 RS-232 串行口和网络设备的控制台(Consol)端口,启动 PC 的超级终端程序,完成超级终端程序参数配置,按下 Enter 键进入网络设备的命令行接口配置界面。

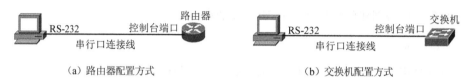

图 1.25 控制台端口配置方式

一般情况下,通过控制台端口配置方式完成网络设备的基本配置,如交换机管理地址和默认网关地址,路由器各接口的 IP 地址、静态路由项或路由协议等。其目的是建立终端与网络设备之间的传输通路,只有在建立终端与网络设备之间的传输通路后,才能通过其他配置方式对网络设备进行配置。

2. Cisco Packet Tracer 实现过程

图 1.26 所示是 Cisco Packet Tracer 通过控制台端口配置方式完成交换机和路由器初始配置的界面。在逻辑工作区中放置终端和网络设备,选择串行口连接线互连终端与网络设备。通过单击终端(PC0 或 PC1)启动终端的配置界面,选中桌面(Desktop)选项卡,单击超级终端程序(Terminal),弹出如图 1.27 所示的终端 PC0 超级终端程序参数配

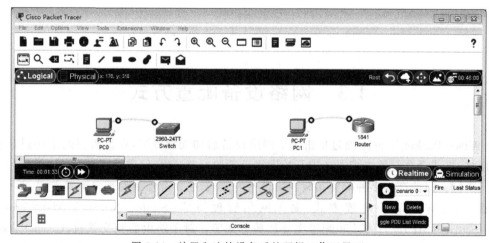

图 1.26 放置和连接设备后的逻辑工作区界面

置界面,单击 OK 按钮,进入网络设备命令行接口配置界面。图 1.28 所示的是交换机命令行接口配置界面。

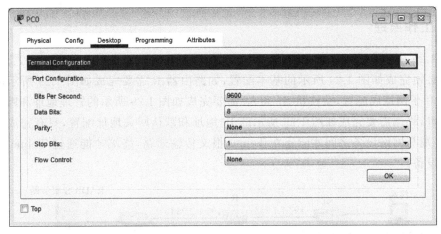

图 1.27　超级终端程序参数配置界面

图 1.28　通过超级终端程序进入的交换机命令行接口配置界面

1.3.2 Telnet 配置方式

1. 工作原理

图 1.29 中的终端通过 Telnet 配置方式对网络设备实施远程配置的前提是,交换机和路由器必须完成如图 1.29 所示的基本配置,如路由器 R 需要完成如图 1.29 所示的接口 IP 地址和子网掩码配置,交换机 S1 和 S2 需要完成如图 1.29 所示的管理地址和默认网关地址配置,终端需要完成如图 1.29 所示的 IP 地址和默认网关地址配置,只有完成上述配置后,终端与网络设备之间才能建立 Telnet 报文传输通路,终端才能通过 Telnet 远程登录网络设备。

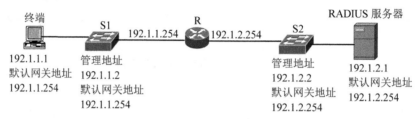

图 1.29 Telnet 配置方式

Telnet 配置方式与控制台端口配置方式的最大不同在于,Telnet 配置方式必须在已经建立终端与网络设备之间的 Telnet 报文传输通路的前提下进行,而且单个终端可以通过 Telnet 配置方式对一组已经建立与终端之间的 Telnet 报文传输通路的网络设备实施远程配置。控制台端口配置方式只能对单个通过串行口连接线连接的网络设备实施配置。

2. Cisco Packet Tracer 实现过程

图 1.30 所示是 Cisco Packet Tracer 实现用 Telnet 配置方式配置网络设备的逻辑工作区界面。首先需要在逻辑工作区放置和连接网络设备,对网络设备完成基本配置,建立终端 PC 与各网络设备之间的 Telnet 报文传输通路。为了建立终端 PC 与各网络设备之间的 Telnet 报文传输通路,需要对路由器 Router 的接口配置 IP 地址和子网掩码,对终端 PC 配置 IP 地址、子网掩码和默认网关地址等。对实际网络设备的基本配置一般通过控制台端口配置方式完成,因此,控制台端口配置方式在网络设备的配置过程中是不可或缺的。

在 Cisco Packet Tracer 中,既可以通过单击某个网络设备启动该网络设备的配置界面,也可以通过控制台端口配置方式逐个配置网络设备。由于课程学习的重点在于掌握原理和方法,因此,在以后的实验中,通常通过单击某个网络设备启动该网络设备的配置界面,通过配置界面提供的图形接口或命令行接口完成网络设备的配置过程。具体操作步骤和命令输入过程在以后章节中详细讨论。

一旦建立终端 PC 与各网络设备之间的 Telnet 报文传输通路,单击终端 PC,启动终端的配置界面,选中桌面(Desktop)选项卡,单击命令提示符(Command Prompt),弹出如图 1.31 所示的命令提示符界面,通过建立与某个网络设备之间的 Telnet 会话开始通过

Telnet 配置方式配置该网络设备的过程。图 1.31 所示是终端 PC 通过 Telnet 远程登录交换机 Switch0 后出现的交换机命令行接口配置界面。

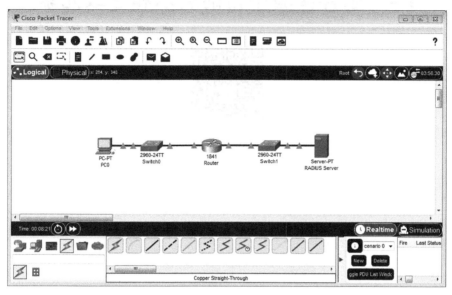

图 1.30 放置和连接设备后的逻辑工作区界面

图 1.31 终端 PC 远程配置交换机 Switch0 界面

第 1 章 实验基础

1.4 软件实验平台的启示和思政元素

第 2 章

以太网实验

交换式以太网是以交换机为分组交换设备的数据报分组交换网络,以下 3 点是掌握交换式以太网的关键,一是交换机转发 MAC 帧的过程;二是交换机与集线器工作机制上的区别;三是将一个大型物理以太网上划分为多个虚拟局域网的过程。

2.1 交换机实验基础

实现两个交换机之间互连的双绞线缆和实现终端与交换机之间互连的双绞线缆是不同的,进行以太网实验前,需要了解这两种双绞线缆之间的区别。Cisco 交换机同时运行多种协议,这些协议的运行会给以太网实验结果带来影响,因此,需要了解排除这些影响的方法。

2.1.1 直通线和交叉线

直通线和交叉线都是两端连接 RJ-45 连接器(俗称水晶头)的双绞线缆,一条双绞线缆包含 4 对 8 根线路,其中只有两对线路用于发送、接收信号,这两对线路分别是连接 RJ-45 连接器引脚中编号为 1/2 的引脚的一对线路和编号为 3/6 的引脚的一对线路。如果双绞线缆两端按照图 2.1(a)所示的 EIA/TIA568B 规格连接 RJ-45 连接器,称该双绞线缆为直通线。如果双绞线缆一端按照图 2.1(b)所示的 EIA/TIA568A 规格连接 RJ-45 连接器,另一端按照图 2.1(a)所示的 EIA/TIA568B 规格连接 RJ-45 连接器,称该双绞线缆为交叉线。图 2.2 所示是直通线和交叉线的使用方式。直通线保证一端 RJ-45 连接器中编号为 1/2 的一对引脚和另一端 RJ-45 连接器中编号为 1/2 的一对引脚相连,同样,一端 RJ-45 连接器中编号为 3/6 的一对引脚和另一端 RJ-45 连接器中编号为 3/6 的一对引脚相连。这就要求直通线连接的两端设备用于发送、接收信号的两对引脚编号是不同的,如一端用编号为 1/2 的一对引脚发送信号,编号为 3/6 的一对引脚接收信号,另一端用编号为 1/2 的一对引脚接收信号,编号为 3/6 的一对引脚发送信号。交叉线保证一端 RJ-45 连接器中编号为 1/2 的一对引脚和另一端 RJ-45 连接器中编号为 3/6 的一对引脚相连,同样,一端 RJ-45 连接器中编号为 3/6 的一对引脚和另一端 RJ-45 连接器中编号为

1/2 的一对引脚相连。这就要求交叉线连接的两端设备用于发送、接收信号的两对引脚编号是相同的,如两端都用编号为 1/2 的一对引脚发送信号,编号为 3/6 的一对引脚接收信号。

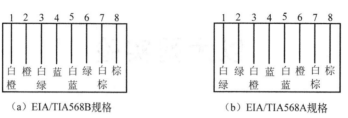

(a) EIA/TIA568B规格　　　　(b) EIA/TIA568A规格

图 2.1　EIA/TIA568B 和 EIA/TIA568A

(a) 直通线　　　　　　　　　(b) 交叉线

图 2.2　直通线和交叉线

同一类型的设备,用于发送、接收信号的两对引脚编号是相同的,需要通过交叉线连接。不同类型的设备,用于发送、接收信号的两对引脚编号有可能是不同的,对于用不同编号的两对引脚发送、接收信号的两端设备,需要通过直通线连接。Cisco 网络设备中,相同类型的设备之间,如交换机之间、路由器之间、终端之间,通过交叉线连接。不同类型的设备之间,如交换机与终端之间、交换机与路由器之间,通过直通线连接。路由器和终端之间通过交叉线连接。

值得指出的是,目前许多实际网络设备具有线缆类型检测功能,能够根据端口连接的线缆类型自动调整端口中用于发送、接收信号的两对引脚。对于这些设备,无须区分直通线和交叉线。

Cisco Packet Tracer 中的 2960 交换机可以通过在接口配置模式下输入命令 mdix auto,使得该交换机端口具有线缆类型检测功能。如使得交换机 FastEthernet0/1 端口具有线缆类型检测功能的命令序列如下。

```
Switch(config)#interface FastEthernet0/1
Switch(config-if)#mdix auto
Switch(config-if)#exit
```

2.1.2　交换机实验中需要注意的几个问题

1. CDP 干扰

对于如图 2.3 所示的交换机连接终端情况,交换机实验需要验证以下几个问题。
- 转发表建立前,交换机以广播方式转发 MAC 帧;
- 如果转发表中存在与某个 MAC 帧的目的 MAC 地址匹配的转发项,交换机以单播方式转发该 MAC 帧；
- 交换机每通过端口接收到一帧 MAC 帧,就在转发表中创建或更新一项转发项,转发项中的 MAC 地址为该 MAC 帧的源 MAC 地址,转发端口(或输出端口)为交换机接收该 MAC 帧的端口。

图 2.3　交换机连接终端情况

但 Cisco 交换机默认状态下自动启动 Cisco 发现协议(Cisco Discovery Protocol, CDP),CDP 能够检测到与交换机直接连接的设备,因此,即使终端不发送 MAC 帧,交换机也能检测到各端口连接的终端,并在转发表中创建相应的转发项。为了防止 CDP 干扰交换机实验,应该在交换机中停止运行 CDP。通过在全局模式下输入以下命令来停止运行 CDP。

```
Switch(config)#no cdp run
```

cdp run 是启动 cdp 运行的命令,前面加 no 变为停止运行 cdp 的命令。Cisco 通常通过在某个命令前面加 no 的方式表示与该命令功能相反的命令。

2. 地址解析过程

Cisco Packet Tracer 无法通过给出源和目的终端的 MAC 地址直接构建 MAC 帧,并启动 MAC 帧源终端至目的终端的传输过程。而是需要通过给出源和目的终端的 IP 地址构建 IP 分组,然后启动 IP 分组源终端至目的终端的传输过程。如果互连源终端和目的终端的网络是以太网,该 IP 分组被封装成以源和目的终端的 MAC 地址为源和目的 MAC 地址的 MAC 帧,并经过以太网完成该 MAC 帧源终端至目的终端的传输过程。由于源终端根据目的终端的 IP 地址解析出目的终端的 MAC 地址的过程中,需要和目的终端相互交换 ARP 报文,交换机转发表中将因此创建源和目的终端 MAC 地址对应的转发项,影响交换机实验的结果。一旦终端完成某个 IP 地址的地址解析过程,该 IP 地址与对应的 MAC 地址之间的绑定项将在 ARP 缓冲区中保持一段时间,在该段时间内,终端无须再对该 IP 地址进行地址解析过程。

为了避免 ARP 地址解析过程对交换机实验的影响,先完成终端之间的 IP 分组传输过程,其目的是在每一个终端的 ARP 缓冲区中建立所有其他终端的 IP 地址与它们的 MAC 地址之间的关联。然后,清除交换机中的转发表内容。完成这些操作后,开始交换机实验。

清除交换机中的转发表内容的过程如下,选择交换机命令行接口,在特权模式下输入以下用于清除转发表内容的命令。

```
Switch#clear mac-address-table
```

2.2 集线器和交换机工作原理验证实验

2.2.1 实验内容

网络结构如图 2.4 所示,查看交换机连接集线器端口和连接终端端口的通信方式。在假定交换机初始 MAC 表为空的前提下,依次进行以下①~⑤MAC 帧传输过程,并观察每一次 MAC 帧传输过程中,该 MAC 帧所到达的终端。

图 2.4 网络结构

① 终端 A→终端 B;
② 终端 B→终端 A;
③ 终端 D→终端 E;
④ 终端 E→终端 D;
⑤ 终端 G→终端 A。

2.2.2 实验目的

(1) 验证交换机端口通信方式与所连接的网段之间的关系。
(2) 验证集线器广播 MAC 帧过程。
(3) 验证交换机地址学习过程。
(4) 验证交换机转发、广播和丢弃接收到的 MAC 帧的条件。
(5) 验证交换机端口采用不同通信方式的条件。
(6) 验证以太网端到端数据传输过程。

2.2.3 实验原理

当交换机端口连接一个冲突域时,如图 2.4 所示的集线器,该交换机端口采用半双工通信方式。当交换机端口只连接一个终端时,该交换机端口采用全双工通信方式,交换机端口与终端之间不再构成冲突域。

对于 MAC 帧终端 A→终端 B 传输过程。集线器 1 接收到终端 A 发送的 MAC 帧后,将该 MAC 帧从所有其他端口广播出去,该 MAC 帧到达终端 B、终端 C 和交换机端口 1。交换机从端口 1 接收到该 MAC 帧后,在 MAC 表中创建一项 MAC 地址为 MAC A、转发端口为端口 1 的转发项。由于交换机的 MAC 表中不存在 MAC 地址为 MAC B 的转发项,交换机广播该 MAC 帧,该 MAC 帧到达终端 D、终端 E、终端 F 和集线器 2,并经过集线器 2 广播,到达终端 G、终端 H 和终端 I。

对于 MAC 帧终端 B→终端 A 传输过程。集线器 1 接收到终端 B 发送的 MAC 帧后,将该 MAC 帧从所有其他端口广播出去,该 MAC 帧到达终端 A、终端 C 和交换机端口 1。交换机从端口 1 接收到该 MAC 帧后,在 MAC 表中创建一项 MAC 地址为 MAC B、转发端口为端口 1 的转发项。由于 MAC 表中存在 MAC 地址为 MAC A 的转发项,且该转发项中的转发端口(端口 1)与交换机接收该 MAC 帧的端口相同,交换机丢弃该 MAC 帧。

对于 MAC 帧终端 D→终端 E 传输过程。交换机从端口 2 接收到该 MAC 帧后,在 MAC 表中创建一项 MAC 地址为 MAC D、转发端口为端口 2 的转发项。由于交换机的 MAC 表中不存在 MAC 地址为 MAC E 的转发项,交换机广播该 MAC 帧,该 MAC 帧到达终端 E、终端 F、集线器 1 和集线器 2,并经过集线器 1 和集线器 2 广播,到达终端 A、终端 B、终端 C、终端 G、终端 H 和终端 I。

对于 MAC 帧终端 E→终端 D 传输过程。交换机从端口 3 接收到该 MAC 帧后,在 MAC 表中创建一项 MAC 地址为 MAC E、转发端口为端口 3 的转发项。由于交换机的 MAC 表中存在 MAC 地址为 MAC D 的转发项,交换机将该 MAC 帧从转发项指定的端口中转发出去,该 MAC 帧只到达终端 D。

对于 MAC 帧终端 G→终端 A 传输过程。集线器 2 接收到终端 G 发送的 MAC 帧后,将该 MAC 帧从所有其他端口广播出去,该 MAC 帧到达终端 H、终端 I 和交换机端口 5。交换机从端口 5 接收到该 MAC 帧后,在 MAC 表中创建一项 MAC 地址为 MAC G、转发端口为端口 5 的转发项。由于交换机的 MAC 表中存在 MAC 地址为 MAC A 的转发项,交换机将该 MAC 帧从转发项指定的端口中转发出去,该 MAC 帧到达集线器 1,并经过集线器 1 广播,到达终端 A、终端 B 和终端 C。

2.2.4 关键命令说明

1. 清除 MAC 表

```
Switch#clear mac-address-table
```

clear mac-address-table 是特权模式下使用的命令,该命令的作用是清除交换机转发表(也称 MAC 表)中的动态转发项。

2. 停止运行 CDP

```
Switch(config)#no cdp run
```

no cdp run 是全局模式下使用的命令,该命令的作用是停止运行 CDP。

2.2.5 实验步骤

(1) 启动 Cisco Packet Tracer,在逻辑工作区根据如图 2.4 所示的网络结构放置和连接设备,完成设备放置和连接后的逻辑工作区界面如图 2.5 所示。在逻辑工作区中放置 Hub0 的步骤如下。①在设备类型选择框的上半部分选择设备大类网络设备(Network Devices)。②在设备类型选择框的下半部分选择设备类型集线器(Hubs)。③在设备选择框中选择设备 Hub-PT。单击该设备,然后将十字形状的光标移到逻辑工作区某个位置,在该位置单击,完成设备 Hub-PT 放置在该位置的过程。

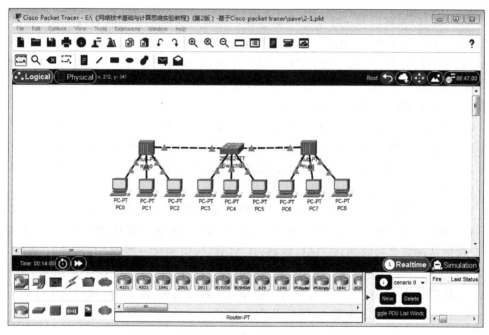

图 2.5 放置和连接设备后的逻辑工作区界面

分别将 PC0~PC2 用直通线(Copper Straight-Through)连接到集线器 Hub0 的 FastEthernet0/0~FastEthernet0/2 端口,分别将 PC3~PC5 用直通线连接到交换机 Switch0 的 FastEthernet0/1~FastEthernet0/3 端口,分别将 PC6~PC8 用直通线连接到集线器 Hub1 的 FastEthernet0/0~FastEthernet0/2 端口。用交叉线(Copper Cross-Over)连接集线器 Hub0 的 FastEthernet0/3 端口和交换机 Switch0 的 FastEthernet0/4 端口,用交叉线连接集线器 Hub1 的 FastEthernet0/3 端口和交换机 Switch0 的 FastEthernet0/5 端口。

用直通线连接 PC0 和集线器 Hub0 的 FastEthernet0/0 端口的步骤如下。①在设备类型选择框的上半部分中选择设备大类连接线(Connections)。②在设备类型选择框的下半部分中选择连接线(Connections)。③在设备选择框中选择直通线(Copper Straight-Through)。单击直通线,出现水晶头形状的光标。将光标移到 PC0,单击,弹出如图 2.6 所示的 PC0 接口列表,单选 FastEthernet0 接口。将光标移到集线器 Hub0,单击,弹出如图 2.7 所示的集线器 Hub0 未连接的端口列表,单选 FastEthernet0/0 端口,完成用直通线连接 PC0 和集线器 Hub0 的 FastEthernet0/0 端口的过程。

图 2.6　PC0 接口列表

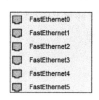
图 2.7　集线器 Hub0 端口列表

（2）按照如图 2.4 所示配置信息完成各终端的 IP 地址和子网掩码配置过程。为 PC0 配置 IP 地址 192.1.1.1 和子网掩码 255.255.255.0 的过程如下,在 PC0 图形接口(Config)下单击快速以太网接口(FastEthernet0),弹出如图 2.8 所示的接口配置界面,选中静态

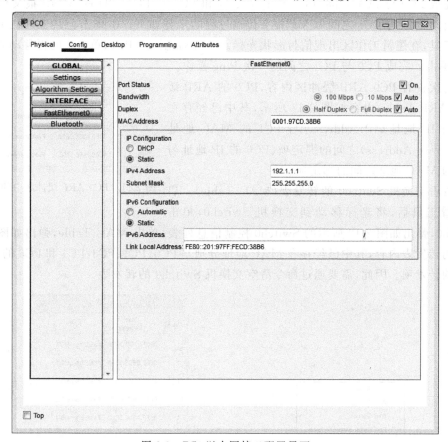
图 2.8　PC0 以太网接口配置界面

IP地址配置方式(Static),在IP地址输入框(IP Address)中输入IP地址192.1.1.1,在子网掩码输入框(Subnet Mask)中输入子网掩码255.255.255.0。完成PC0 IP地址和子网掩码配置过程后,记录下PC0的MAC地址0001.97CD.38B6。以同样的方式记录下其他相关终端的MAC地址。

（3）首先查看终端的ARP缓冲区,查看过程如下。单击公共工具栏中的查看工具,出现放大镜形状光标。移动光标到PC0,然后单击PC0,弹出如图2.9所示的PC0控制信息列表,单击ARP Table,弹出如图2.10所示的初始状态下的PC0 ARP缓冲区(ARP Table)内容,ARP缓冲区内容为空。完成查看过程后,需要通过单击公共工具栏中的选择工具退出查看过程。

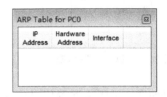

图2.9　PC0控制信息列表　　　　　图2.10　初始状态下PC0 ARP缓冲区中的信息

完成PC0与PC1之间、PC0与PC6之间和PC3与PC4之间的ICMP报文传输过程。启动PC0与PC1之间ICMP报文传输过程的步骤如下。①单击公共工具栏中简单报文工具,在逻辑工作区出现信封形状光标。②移动光标到PC0,单击。③再移动光标到PC1,单击。完成PC0与PC1之间的一次Ping操作。

再次查看PC0 ARP缓冲区内容,PC0的ARP缓冲区(ARP Table)内容如图2.11所示,其中已经存在PC1的IP地址(IP Address)与PC1的MAC地址(Hardware Address)之间的绑定项、PC6的IP地址与PC6的MAC地址之间的绑定项。

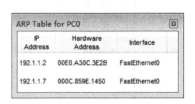

图2.11　PC0 ARP缓冲区中的信息

查看交换机Switch0的转发表(MAC Table)。启动查看工具后,将光标移动到交换机Switch0,单击Switch0,弹出如图2.12所示的Switch0控制信息列表,单击MAC Table,弹出如图2.13所示的转发表内容,其中已经存在MAC地址分别是PC0、PC1、PC3、PC4和PC6的MAC地址的转发项。因此,需要通过命令清空交换机Switch0的转发表。

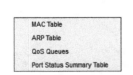

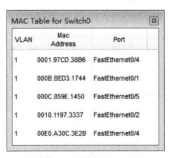

图2.12　交换机控制信息列表　　　　　图2.13　交换机MAC表

（4）为了消除实验过程中可能存在的干扰,通过在交换机全局模式下输入命令 no cdp run,使交换机停止运行 CDP。通过在交换机特权模式下输入命令 clear mac-address-table,清空交换机转发表。

（5）通过单击交换机 Switch0 启动交换机 Switch0 的配置过程,选择图形接口(Config)选项卡,在图形接口选项卡下单击 FastEthernet0/4 端口,弹出如图 2.14 所示的 FastEthernet0/4 端口配置界面,端口属性值表明该端口的通信方式是半双工通信方式(Half Duplex)。在图形接口选项卡下单击 FastEthernet0/1 端口,弹出如图 2.15 所示的 FastEthernet0/1 端口配置界面,端口属性值表明该端口的通信方式是全双工通信方式(Full Duplex)。

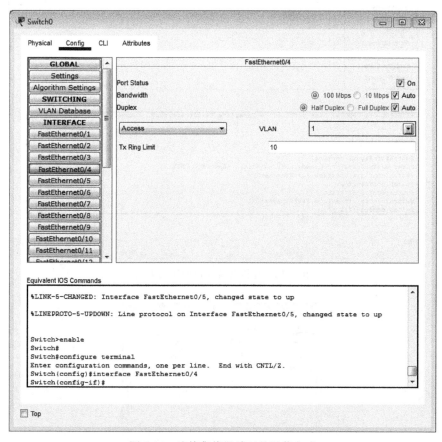

图 2.14 连接集线器端口的通信方式

（6）通过在模式选择栏选择模拟操作模式进入模拟操作模式,单击 Edit Filters 按钮,弹出报文类型过滤框,选中 ICMP 报文类型,如图 2.16 所示。

（7）通过公共工具栏中简单报文工具启动 PC0 至 PC1 的 ICMP 报文传输过程,单击 Capture/Forward 按钮,单步推进 PC0 至 PC1 的 ICMP 报文传输过程。PC0 发送的封装 ICMP ECHO 请求报文的 MAC 帧首先被集线器 Hub0 广播,到达 PC1、PC2 和交换机 Switch0 的 FastEthernet0/4 端口,Switch0 在 MAC 表中创建一项 MAC 地址为 PC0 的 MAC 地址、转发端口(Port)为 FastEthernet0/4 的转发项,如图 2.17 所示,然后广播该

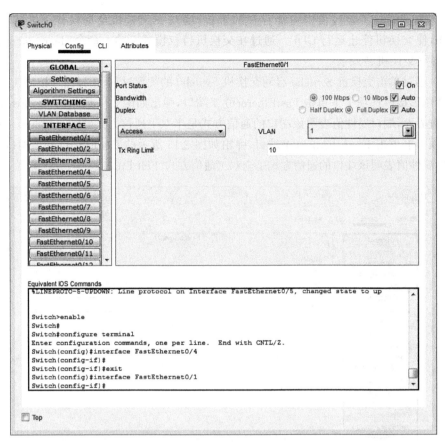

图 2.15 连接终端端口的通信方式

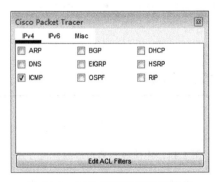

图 2.16 ACL 过滤器选中的协议

MAC 帧,该 MAC 帧到达 PC3、PC4、PC5 和集线器 Hub1。集线器 Hub1 广播该 MAC 帧,该 MAC 帧到达 PC6、PC7 和 PC8。

　　PC1 回送的封装 ICMP ECHO 响应报文的 MAC 帧被集线器 Hub0 广播,到达 PC0、PC2 和交换机 Switch0 的 FastEthernet0/4 端口,Switch0 在 MAC 表中创建一项 MAC 地址为 PC1 的 MAC 地址、转发端口为 FastEthernet0/4 的转发项,如图 2.18 所示,然后丢弃该 MAC 帧。

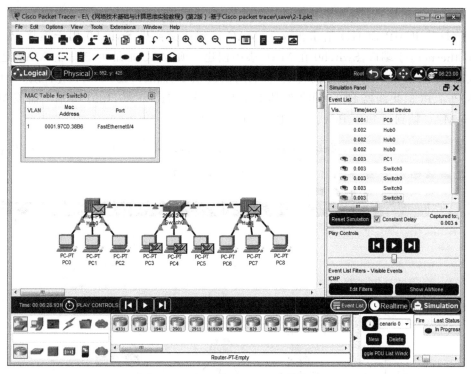

图 2.17　MAC 帧 PC0→PC1 传输过程

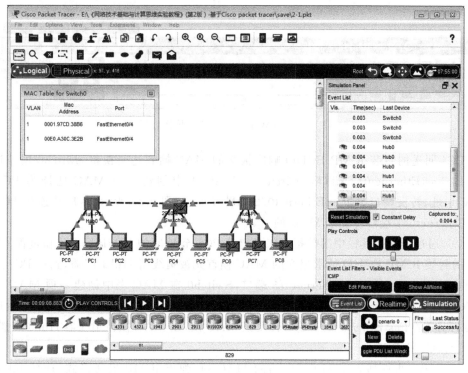

图 2.18　MAC 帧 PC1→PC0 传输过程

第 2 章　以太网实验

（8）通过公共工具栏中简单报文工具启动 PC3 至 PC4 的 ICMP 报文传输过程，PC3 发送的封装 ICMP ECHO 请求报文的 MAC 帧到达交换机 Switch0 用于连接 PC3 的 FastEthernet0/1 端口，Switch0 在 MAC 表中创建一项 MAC 地址为 PC3 的 MAC 地址、转发端口为 FastEthernet0/1 的转发项，如图 2.19 所示，然后广播该 MAC 帧，该 MAC 帧到达 PC4、PC5、集线器 Hub0 和集线器 Hub1。集线器 Hub0 和 Hub1 分别广播该 MAC 帧，该 MAC 帧到达 PC0、PC1、PC2、PC6、PC7 和 PC8。

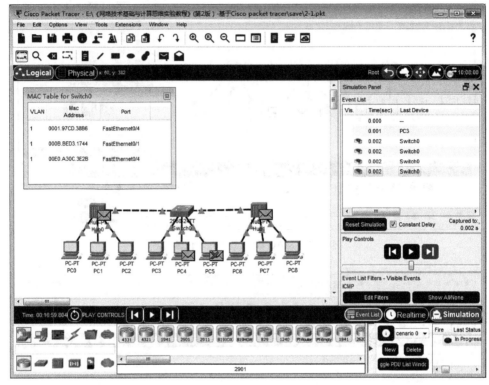

图 2.19　MAC 帧 PC3→PC4 传输过程

PC4 回送的封装 ICMP ECHO 响应报文的 MAC 帧到达交换机 Switch0 用于连接 PC4 的 FastEthernet0/2 端口，Switch0 在 MAC 表中创建一项 MAC 地址为 PC4 的 MAC 地址、转发端口为 FastEthernet0/2 的转发项，如图 2.20 所示，然后从连接 PC3 的 FastEthernet0/1 端口转发该 MAC 帧。

（9）通过公共工具栏中简单报文工具启动 PC6 至 PC0 的 ICMP 报文传输过程。PC6 发送的封装 ICMP ECHO 请求报文的 MAC 帧首先被集线器 Hub1 广播，到达 PC7、PC8 和交换机 Switch0 的 FastEthernet0/5 端口，Switch0 在 MAC 表中创建一项 MAC 地址为 PC6 的 MAC 地址、转发端口为 FastEthernet0/5 的转发项，如图 2.21 所示，然后通过连接 Hub0 的 FastEthernet0/1 端口转发该 MAC 帧，该 MAC 帧被集线器 Hub0 广播，到达 PC0、PC1 和 PC2。

（10）单击事件列表中 Hub0 广播的 MAC 帧，弹出 ICMP 报文格式，选择 Inbound

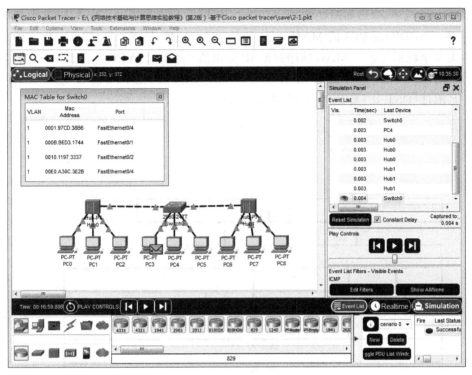

图 2.20　MAC 帧 PC4→PC3 传输过程

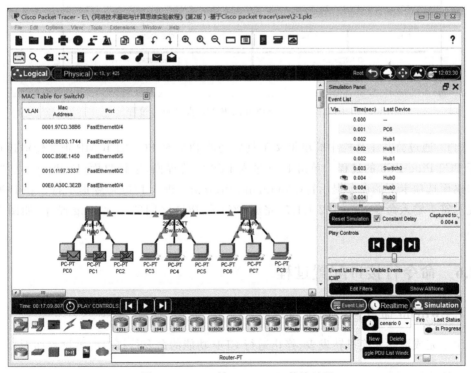

图 2.21　MAC 帧 PC6→PC0 传输过程

第 2 章　以太网实验

PDU Details 选项,弹出如图 2.22 所示的 PC6 传输给 PC0 的 MAC 帧格式,其中源 MAC 地址(SRC ADDR)是 PC6 的 MAC 地址,目的 MAC 地址(DEST ADDR)是 PC0 的 MAC 地址,类型字段值是表示 MAC 帧净荷是 IP 分组的 0x0800(TYPE:0x0800,0x 表示十六进制)。封装在 MAC 帧中的 IP 分组的源 IP 地址(SRC IP)是 PC6 的 IP 地址 192.1.1.7,目的 IP 地址(DST IP)是 PC0 的 IP 地址 192.1.1.1。

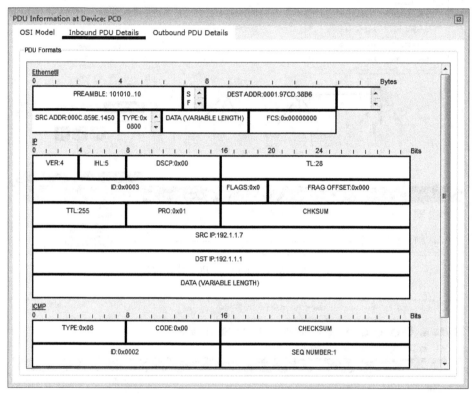

图 2.22　PC6→PC0 的 ICMP 报文封装过程

(11) 通过公共工具栏中简单报文工具启动的 PC0 至 PC6 的 ICMP 报文传输过程等同于 PC0 Ping PC6 的过程。单击 PC0 进入 PC0 配置界面,选择桌面(Desktop)选项卡,单击桌面选项卡下的命令提示符(Command Prompt),进入 PC0 命令提示符。在 PC0 命令提示符下输入命令 ping 192.1.1.7,完成 PC0 和 PC6 之间的一次 ping 操作,如图 2.23 所示。

2.2.6　命令行接口配置过程

1. Switch0 命令行接口配置过程

用于完成清除交换机转发表、停止运行 CDP 功能的命令行接口配置过程如下。

```
Switch>enable
```

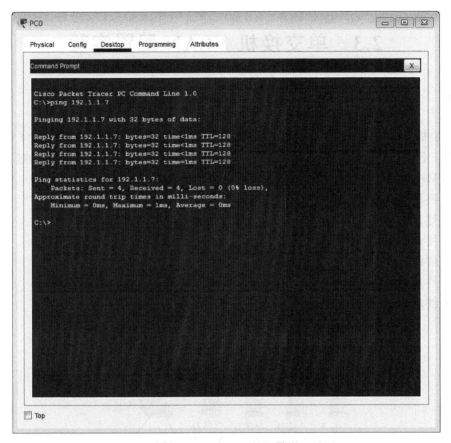

图 2.23　PC0 ping PC6 界面

```
Switch#clear mac-address-table
Switch#configure terminal
Switch(config)#no cdp run
```

2. 命令列表

交换机命令行接口配置过程中使用的命令及功能和参数说明如表 2.1 所示。

表 2.1　命令列表

命　　令	功能和参数说明
enable	没有参数，从用户模式进入特权模式
configure terminal	没有参数，从特权模式进入全局模式
exit	没有参数，退出当前模式，回到上一层模式
no cdp run	停止运行 CDP
clear mac-address-table	清空交换机转发表

注：本书各命令列表中加粗的单词是关键词，斜体的单词是参数。关键词是固定的，参数是需要设置的。

2.3 单交换机 VLAN 配置实验

2.3.1 实验内容

交换机连接终端和集线器的方式及端口分配给各 VLAN 的情况如图 2.24 所示，初始状态下各 VLAN 对应的转发表内容为空，依次进行以下①～⑥MAC 帧传输过程，针对每一次 MAC 帧传输过程，记录下转发表的变化过程及 MAC 帧到达的终端。

① 终端 A→终端 B；
② 终端 B→终端 A；
③ 终端 E→终端 B；
④ 终端 B→终端 E；
⑤ 终端 B 发送广播帧；
⑥ 终端 F→终端 E。

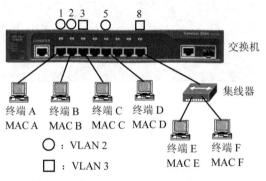

图 2.24 交换机连接终端和集线器方式

2.3.2 实验目的

(1) 验证交换机 VLAN 的配置过程。
(2) 验证属于同一 VLAN 的终端之间的通信过程。
(3) 验证每一个 VLAN 为独立的广播域。
(4) 验证属于不同 VLAN 的两个终端之间不能通信。
(5) 验证转发项和 VLAN 的对应关系。

2.3.3 实验原理

默认情况下，交换机所有端口属于默认 VLAN，即 VLAN 1，因此，交换机的所有端口属于同一个广播域，任何终端发送的以广播地址为目的 MAC 地址的 MAC 帧到达连接在交换机上的所有终端，由于与交换机端口 8 连接的是集线器，因此，从端口 8 输出的 MAC 帧到达连接在集线器上的所有终端。

为了完成如图 2.24 所示的 VLAN 划分过程，在交换机中创建 VLAN 2 和 VLAN 3，并根据如表 2.2 所示的 VLAN 与交换机端口之间的映射，将交换机端口分配给 VLAN。

完成如图 2.24 所示的 VLAN 划分过程后，①～⑥MAC 帧传输过程中，MAC 帧到达的终端如表 2.3 所示。

表 2.2 VLAN 与交换机端口映射表

VLAN	接入端口
VLAN 2	1,2,5
VLAN 3	3,8

表 2.3 MAC 帧到达的终端

MAC 帧传输过程	到达终端
终端 A→终端 B	终端 B、D
终端 B→终端 A	终端 A
终端 E→终端 B	终端 F、C
终端 B→终端 E	终端 A、D
终端 B 发送广播帧	终端 A、D
终端 F→终端 E	终端 E

2.3.4 关键命令说明

Cisco Packet Tracer 可以通过图形接口完成 VLAN 配置过程，2.3.5 节实验步骤中将讨论通过图形接口完成如图 2.24 所示的 VLAN 划分过程的步骤和方法。但图形接口仅是 Cisco Packet Tracer 为了方便初学者配置 Cisco 网络设备提供的一种工具，读者真正需要掌握的是命令行接口配置网络设备的过程，这也是实际配置 Cisco 网络设备的主要方法。

交换机 VLAN 配置过程分为两个步骤，一是根据需要在交换机上创建多个 VLAN，默认情况下交换机只有一个 VLAN——VLAN 1。二是将交换机端口分配给不同的 VLAN。

1. 创建 VLAN

```
Switch(config)#vlan 2
Switch(config-vlan)#name aabb
Switch(config-vlan)#exit
```

Switch(config)#

vlan 2 是全局模式下使用的命令,该命令的作用一是创建一个编号为 2(VLAN ID=2)的 VLAN,二是进入该 VLAN 的配置模式。

name aabb 是特定 VLAN(这里是编号为 2 的 VLAN)配置模式下使用的命令,该命令的作用是为特定 VLAN(这里是编号为 2 的 VLAN)定义一个名字 aabb。通常情况下为特定 VLAN 起一个用于标识该 VLAN 的地理范围或作用的名字,如 Computer-ROOM。

通过 exit 命令退出 VLAN 配置模式,返回到全局模式。

2. 将交换机端口分配给 VLAN

(1) 分配接入端口

```
Switch(config)#interface FastEthernet0/1
Switch(config-if)#switchport mode access
Switch(config-if)#switchport access vlan 2
Switch(config-if)#exit
```

interface FastEthernet0/1 是全局模式下使用的命令,该命令的作用是进入交换机端口 FastEthernet0/1 的接口配置模式,交换机 24 个端口的编号为 FastEthernet0/1～FastEthernet0/24。

switchport mode access 是接口配置模式下使用的命令,该命令的作用是将特定交换机端口(这里是端口 FastEthernet0/1)指定为接入端口,接入端口是非标记端口,从该端口输入输出的 MAC 帧不携带 VLAN ID。

switchport access vlan 2 是接口配置模式下使用的命令,该命令的作用是将指定交换机端口(这里是端口 FastEthernet0/1)作为接入端口分配给编号为 2 的 VLAN(VLAN ID=2 的 VLAN)。

通过 exit 命令退出接口配置模式,返回到全局模式。

(2) 分配共享端口

```
Switch(config)#interface FastEthernet0/2
Switch(config-if)#switchport mode trunk
Switch(config-if)#switchport trunk allowed vlan 2-4,6
Switch(config-if)#exit
```

通过在全局模式下输入命令 interface FastEthernet0/2 进入交换机端口 FastEthernet0/2 的接口配置模式。

switchport mode trunk 是接口配置模式下使用的命令,其作用是将指定交换机端口(这里是端口 FastEthernet0/2)指定为主干端口,主干端口就是共享端口,即标记端口。除了属于本地 VLAN 的 MAC 帧外,其他从该端口输入输出的 MAC 帧携带该 MAC 帧所属 VLAN 的 VLAN ID。

switchport trunk allowed vlan 2-4,6 是接口配置模式下使用的命令,该命令的作用是指定共享指定交换机端口(这里是端口 FastEthernet0/2)的 VLAN 集合,"2-4,6"表示 VLAN 集合由编号 2~编号 4 的 3 个 VLAN 和编号为 6 的 VLAN 组成。该命令表明端口 FastEthernet0/2 被编号 2~编号 4 的 3 个 VLAN 和编号为 6 的 VLAN(共 4 个 VLAN)共享。

2.3.5 实验步骤

(1)启动 Cisco Packet Tracer,在逻辑工作区根据图 2.24 所示网络结构放置和连接设备,完成设备放置和连接后的逻辑工作区界面如图 2.25 所示。图 2.24 中的终端 A~终端 F 分别对应图 2.25 中的 PC0~PC5,分别为 PC0~PC5 分配 IP 地址 192.1.1.1~192.1.1.6。完成 PC0 和 PC1 之间、PC1 和 PC4 之间的 ping 操作,其目的是使得 PC0 的 ARP 缓冲器中建立 PC1 的 IP 地址与 PC1 的 MAC 地址之间的绑定项,PC1 的 ARP 缓冲器中建立 PC0 的 IP 地址与 PC0 的 MAC 地址、PC4 的 IP 地址与 PC4 的 MAC 地址之间的绑定项,PC4 的 ARP 缓冲器中建立 PC1 的 IP 地址与 PC1 的 MAC 地址之间的绑定项。值得说明的是,由于完成地址解析过程的 ARP 报文只能在同一广播域内广播,因此,划分 VLAN 后,由于 PC1 和 PC4 属于不同的 VLAN,PC1 再也无法在 ARP 缓冲器中建立 PC4 的 IP 地址与 PC4 的 MAC 地址之间的绑定项。同样,PC4 也无法在 ARP 缓冲器中建立 PC1 的 IP 地址与 PC1 的 MAC 地址之间的绑定项。以下实验步骤用到的相关终端的 MAC 地址如表 2.4 所示。

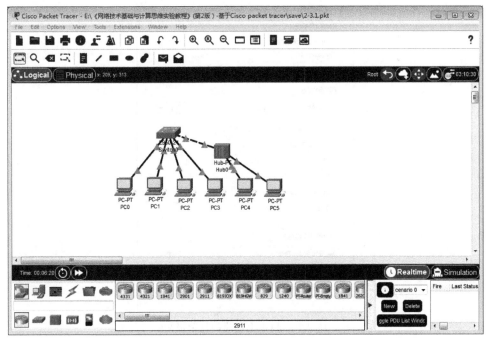

图 2.25 完成设备放置和连接后的逻辑工作区界面

表 2.4 相关终端的 MAC 地址

终　　端	MAC 地　址
PC0(终端 A)	000A.F346.8CAA
PC1(终端 B)	00D0.5887.5BC5
PC4(终端 E)	0003.E416.54EA
PC5(终端 F)	000C.CF1E.D532

（2）为了验证默认情况下，交换机所有端口属于同一个广播域，进入模拟操作模式，选中 ICMP 协议。在 PC1 上生成如图 2.26 所示的复杂报文的过程如下：单击公共工具栏中复杂报文工具，逻辑工作区出现信封形状光标。移动光标到 PC1，单击，出现复杂报文生成界面。在源和目的 IP 地址输入框中输入该报文的发送端 IP 地址和接收端 IP 地址。由于需要生成一个 PC1 发送的广播报文，因此，源 IP 地址(Source IP Address)输入框中输入 PC1 的 IP 地址 192.1.1.2，目的 IP 地址(Destination IP Address)输入框中输入广播地址 255.255.255.255。序号(Sequence Number)栏中输入任意值，这里是 12。选中发送一次(One Shot Time)选项，输入任意时间值，这里是 12。交换机接收到该广播报文后，从除连接 PC1 以外的所有其他端口输出该广播报文，如图 2.27 所示。单击 Switch0 传输给 PC0 的 ICMP 报文，查看 ICMP 报文封装过程，确定该广播报文最终封装成以广播地址 FFFF.FFFF.FFFF 为目的 MAC 地址的 MAC 帧，如图 2.28 所示。

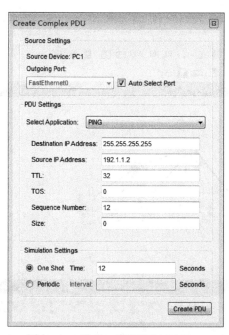

图 2.26　PC1 上创建的复杂报文

（3）图形接口下完成交换机 VLAN 划分过程的步骤如下。进入实时操作模式，选择交换机 Switch0 图形接口，单击 VLAN Database，弹出如图 2.29 所示的创建 VLAN 的界

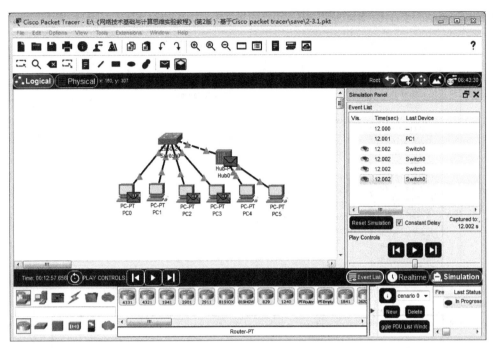

图 2.27　PC1 发送的广播报文到达的终端和集线器

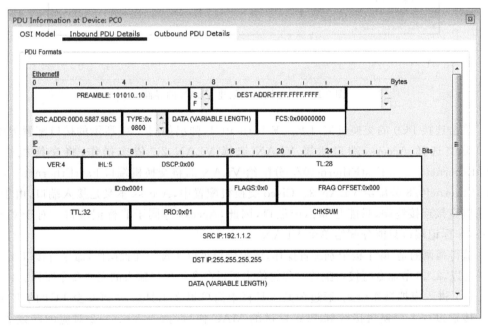

图 2.28　ICMP 报文封装成 MAC 帧过程

面,在 VLAN 编号(VLAN Number)输入框中输入新创建的 VLAN 的编号 2,在 VLAN 名(VLAN Name)输入框中输入 VLAN 名 v2,单击 Add 按钮,完成 VLAN 2 的创建过程。重复上述操作,完成 VLAN 3 的创建过程。VLAN 编号具有全局意义,VLAN 名只有本地意义,可以为 VLAN 取一个可以说明该 VLAN 用途的 VLAN 名。

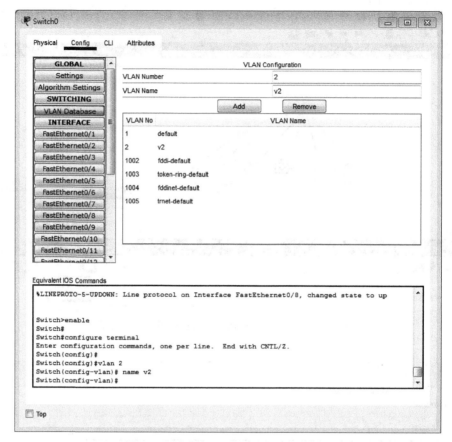

图 2.29　图形接口下创建 VLAN 的界面

单击连接 PC0 的交换机端口 FastEthernet0/1,弹出如图 2.30 所示的接口配置界面,端口类型选择 Access,端口所属 VLAN 选择 VLAN 2。依次操作,将交换机端口 FastEthernet0/2 和 FastEthernet0/5 分配给 VLAN 2,将交换机端口 FastEthernet0/3 和 FastEthernet0/8 分配给 VLAN 3。Cisco 交换机配置中,Access 本义是接入端口,由于接入端口直接连接终端,只能是非标记端口,因此,Access 等同于非标记端口。对于 Cisco 设备,非标记端口只能分配给单个 VLAN。

值得强调的是,除了极个别配置操作,图形接口可以实现的配置操作,命令行接口(CLI)同样可以,2.3.6 节命令行接口配置过程将给出通过命令行接口输入的完整命令序列。

(4) 进入模拟操作模式,通过公共工具栏中简单报文工具启动 PC0 至 PC1 的 ICMP 报文传输过程。交换机接收到 PC0 发送的 MAC 帧后,由于 VLAN 2 对应的转发表为空,转发表中添加 VLAN 编号为 2,MAC 地址为 PC0 的 MAC 地址 000A.F346.8CAA,转发端口为交换机连接 PC0 的端口 FastEthernet0/1 的转发项。然后,交换机将该 MAC 帧通过除连接 PC0 的端口以外的其他所有属于 VLAN 2 的端口输出。该 MAC 帧到达 PC1 和 PC3,如图 2.31 所示。

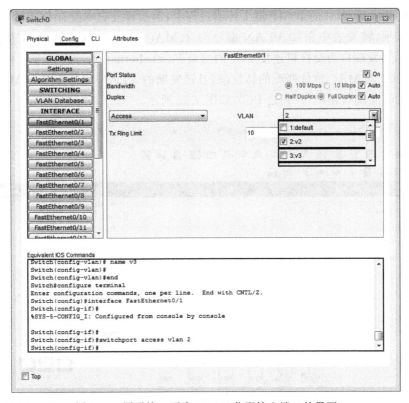

图 2.30　图形接口下为 VLAN 分配接入端口的界面

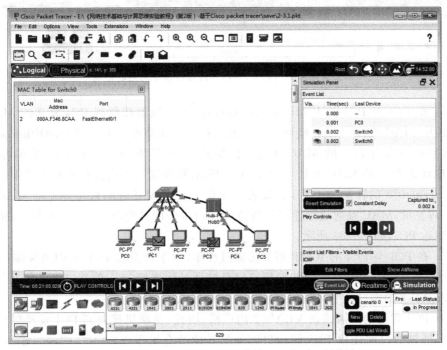

图 2.31　MAC 帧 PC0→PC1 传输过程中到达的终端

(5) 在 PC1 至 PC0 的 ICMP 报文传输过程中,由于转发表中没有 PC1 的 MAC 地址匹配的转发项,转发表中添加 VLAN 编号为 2、MAC 地址为 PC1 的 MAC 地址 00D0.5887.5BC5,转发端口为交换机连接 PC1 的端口 FastEthernet0/2 的转发项。由于转发表中存在与 PC0 的 MAC 地址匹配的转发项,且转发项的 VLAN 编号为 2,MAC 帧通过转发项指定的转发端口输出,只到达 PC0,如图 2.32 所示。

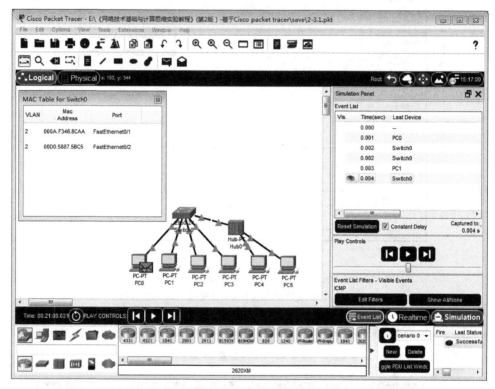

图 2.32　MAC 帧 PC1→PC0 传输过程中到达的终端

(6) 在 PC4 至 PC1 的 ICMP 报文传输过程中,集线器接收到 PC4 发送的 MAC 帧后,广播该 MAC 帧,该 MAC 帧到达 PC5 和交换机连接集线器的端口 FastEthernet0/8。由于转发表中没有 PC4 的 MAC 地址匹配的转发项,转发表中添加 VLAN 编号为 3、MAC 地址为 PC4 的 MAC 地址 0003.E416.54EA,转发端口为交换机连接集线器的端口 FastEthernet0/8 的转发项。由于转发表中没有 VLAN 编号为 3,且与 PC1 的 MAC 地址匹配的转发项,MAC 帧通过除连接集线器的端口以外的其他所有属于 VLAN 3 的端口输出,到达 PC2,如图 2.33 所示。

(7) 在 PC1 至 PC4 的 ICMP 报文传输过程中,由于转发表中没有 VLAN 编号为 2,且与 PC4 的 MAC 地址匹配的转发项,MAC 帧通过除连接 PC1 的端口以外的其他所有属于 VLAN 2 的端口输出,到达 PC0 和 PC3,如图 2.34 所示。

(8) PC1 发送的广播帧在 VLAN 2 内广播,因此,交换机接收到 PC1 发送的广播帧后,该广播帧通过除连接 PC1 的端口以外的其他所有属于 VLAN 2 的端口输出,到达 PC0 和 PC3。

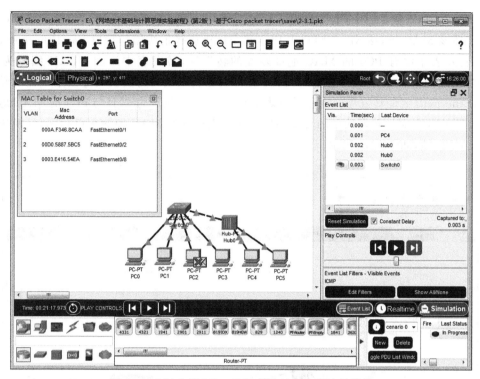

图 2.33 MAC 帧 PC4→PC1 传输过程中到达的终端

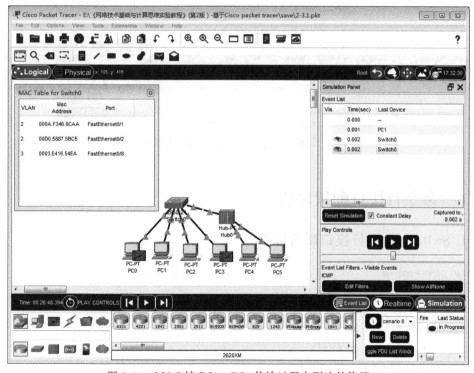

图 2.34 MAC 帧 PC1→PC4 传输过程中到达的终端

(9) 在 PC5 至 PC4 的 ICMP 报文传输过程中，集线器接收到 PC5 发送的 MAC 帧后，广播该 MAC 帧，该 MAC 帧到达 PC4 和交换机连接集线器的端口 FastEthernet0/8。由于转发表中没有 PC5 的 MAC 地址匹配的转发项，转发表中添加 VLAN 编号为 3、MAC 地址为 PC5 的 MAC 地址 000C.CF1E.D532，转发端口为交换机连接集线器的端口 FastEthernet0/8 的转发项。由于转发表中存在 VLAN 编号为 3，且与 PC4 的 MAC 地址匹配的转发项，而且转发项中的转发端口与交换机接收该 MAC 帧的端口相同，交换机丢弃该 MAC 帧，如图 2.35 所示。

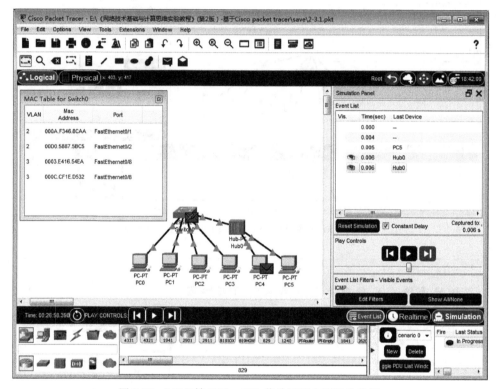

图 2.35　MAC 帧 PC5→PC4 传输过程中到达的终端

2.3.6　命令行接口配置过程

1. Switch0 命令行接口配置过程

```
Switch>enable
Switch#configure terminal
Switch(config)#vlan 2
Switch(config-vlan)#name v2
Switch(config-vlan)#exit
Switch(config)#vlan 3
Switch(config-vlan)#name v3
```

```
Switch(config-vlan)#exit
Switch(config)#interface FastEthernet0/1
Switch(config-if)#switchport mode access
Switch(config-if)#switchport access vlan 2
Switch(config-if)#exit
Switch(config)#interface FastEthernet0/2
Switch(config-if)#switchport mode access
Switch(config-if)#switchport access vlan 2
Switch(config-if)#exit
Switch(config)#interface FastEthernet0/5
Switch(config-if)#switchport mode access
Switch(config-if)#switchport access vlan 2
Switch(config-if)#exit
Switch(config)#interface FastEthernet0/3
Switch(config-if)#switchport mode access
Switch(config-if)#switchport access vlan 3
Switch(config-if)#exit
Switch(config)#interface FastEthernet0/8
Switch(config-if)#switchport mode access
Switch(config-if)#switchport access vlan 3
Switch(config-if)#exit
```

2. 命令列表

交换机命令行接口配置过程中使用的命令及功能和参数说明如表 2.5 所示。

表 2.5 命令列表

命 令	功能和参数说明
vlan *vlan-id*	创建编号由参数 *vlan-id* 指定的 VLAN
name *name*	为 VLAN 指定便于用户理解和记忆的名字，参数 *name* 是用户为 VLAN 分配的名字
interface *port*	进入由参数 *port* 指定的交换机端口对应的接口配置模式
switchport mode{access | dynamic | trunk}	将交换机端口模式指定为以下 3 种模式之一：接入端口(access)、标记端口(trunk)、根据链路另一端端口模式确定端口模式的动态端口(dynamic)
switchport access vlan *vlan-id*	将端口作为接入端口分配给由参数 *vlan-id* 指定的 VLAN
switchport trunk allowed vlan *vlan-list*	通过参数 *vlan-list* 指定共享标记端口（主干端口）的一组 VLAN

2.4 跨交换机 VLAN 配置实验

2.4.1 实验内容

构建如图 2.36 所示的物理以太网,将物理以太网划分为 3 个 VLAN,分别是 VLAN 2、VLAN 3 和 VLAN 4。其中终端 A、终端 B 和终端 G 属于 VLAN 2,终端 E、终端 F 和终端 H 属于 VLAN 3,终端 C 和终端 D 属于 VLAN 4。为了保证属于同一 VLAN 的终端之间能够相互通信,要求做到以下两点:一是为属于同一 VLAN 的终端配置有着相同网络号的 IP 地址,二是建立属于同一 VLAN 的终端之间的交换路径。

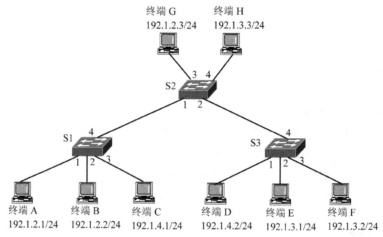

图 2.36 网络结构与 VLAN 划分

2.4.2 实验目的

(1) 掌握复杂交换式以太网的设计过程。
(2) 实现跨交换机 VLAN 划分。
(3) 验证接入端口和主干端口(标记端口)之间的区别。
(4) 验证 IEEE 802.1q 标准 MAC 帧格式。
(5) 验证属于同一 VLAN 的终端之间的通信过程。
(6) 验证属于不同 VLAN 的两个终端之间不能通信。

2.4.3 实验原理

1. 创建 VLAN 和为 VLAN 分配交换机端口的过程

为了保证属于同一 VLAN 的终端之间存在交换路径,在交换机中创建 VLAN 和为

VLAN 分配端口的过程中,需要遵循以下原则。

(1) 端口分配原则。如果仅仅只有属于单个 VLAN 的交换路径经过某个交换机端口,将该交换机端口作为接入端口分配给该 VLAN。如果有属于不同 VLAN 的多条交换路径经过某个交换机端口,将该交换机端口配置为被这些 VLAN 共享的主干端口(共享端口)。

(2) 创建 VLAN 原则。如果某个交换机直接连接属于某个 VLAN 的终端,该交换机中需要创建该 VLAN。如果某个交换机虽然没有直接连接属于某个 VLAN 的终端,但有属于该 VLAN 的交换路径经过该交换机中的端口,该交换机也需要创建该 VLAN。

如图 2.36 中的交换机 S2,虽然没有直接连接属于 VLAN 4 的终端,但由于属于 VLAN 4 的终端 C 与终端 D 之间的交换路径经过交换机 S2 的端口 1 和端口 2,交换机 S2 中也需创建 VLAN 4。根据上述创建 VLAN 和为 VLAN 分配交换机端口的原则,根据如图 2.36 所示的 VLAN 划分,交换机 S1、S2 和 S3 中创建的 VLAN 及 VLAN 与端口之间的映射分别如表 2.6~表 2.8 所示。

表 2.6 交换机 S1 VLAN 与端口映射表

VLAN	接入端口	主干端口(共享端口)
VLAN 2	1,2	4
VLAN 4	3	4

表 2.7 交换机 S2 VLAN 与端口映射表

VLAN	接入端口	主干端口(共享端口)
VLAN 2	3	1
VLAN 3	4	2
VLAN 4		1,2

表 2.8 交换机 S3 VLAN 与端口映射表

VLAN	接入端口	主干端口(共享端口)
VLAN 3	2,3	4
VLAN 4	1	4

2. 端口模式与 MAC 帧格式之间的关系

从接入端口输入输出的 MAC 帧不携带 VLAN ID,是普通的 MAC 帧格式。从主干端口(共享端口)输入输出的 MAC 帧,携带该 MAC 帧所属 VLAN 的 VLAN ID,MAC 帧格式是 IEEE 802.1q 标准 MAC 帧格式。

2.4.4 实验步骤

(1) 启动 Cisco Packet Tracer,在逻辑工作区根据如图 2.36 所示的网络结构放置和连接设备，完成设备放置和连接后的逻辑工作区界面如图 2.37 所示。按照如图 2.36 所示的终端网络信息为各终端配置 IP 地址和子网掩码。

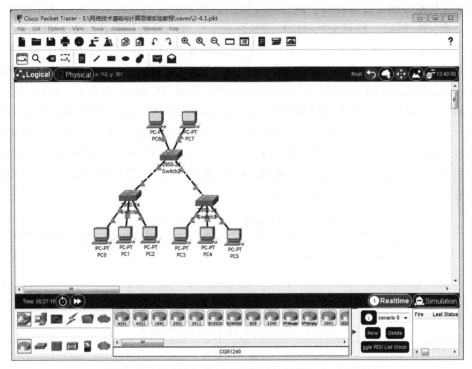

图 2.37　完成设备放置和连接后的逻辑工作区界面

（2）按照表 2.6～表 2.8 所示内容在各交换机中创建 VLAN，在 Switch1 中创建 VLAN 2 和 VLAN 4，在 Switch2 中创建 VLAN 2、VLAN 3 和 VLAN 4，在 Switch3 中创建 VLAN 3 和 VLAN 4。Switch2 中创建 VLAN 的界面如图 2.38 所示。

（3）按照表 2.6～表 2.8 所示内容为各 VLAN 分配交换机端口，对于交换机 Switch2，需要将 FastEthernet0/1 端口配置为被 VLAN 2 和 VLAN 4 共享的共享端口，将 FastEthernet0/2 端口配置为被 VLAN 3 和 VLAN 4 共享的共享端口，将 FastEthernet0/3 端口作为接入端口分配给 VLAN 2。将 FastEthernet0/4 端口作为接入端口分配给 VLAN 3。将交换机 Switch2 的 FastEthernet0/1 端口配置为被 VLAN 2 和 VLAN 4 共享的共享端口（主干端口）的界面如图 2.39 所示。

（4）启动 PC2 至 PC3 的 MAC 帧传输过程，由于交换机 Switch1 的 FastEthernet0/4 端口是被 VLAN 2 和 VLAN 4 共享的端口，因此，该 MAC 帧经过交换机 Switch1 的 FastEthernet0/4 端口输出时，携带 VLAN 4 对应的 VLAN ID(4)。MAC 帧格式如图 2.40 所示，标记协议标识符（Tag Protocol Identifier，TPID）字段值为十六进制 8100，表示是 IEEE 802.1q 标准 MAC 帧，这里的标记控制信息（Tag Control Information，TCI）字段值就是 VLAN ID。TCI＝4 表示 VLAN ID＝4。需要说明的是，IEEE 802.1q 标准 MAC 帧紧跟 TCI 字段的是普通 MAC 帧中的类型字段，因为该 MAC 帧封装了 IP 分组，类型字段值应该是十六进制 0800。

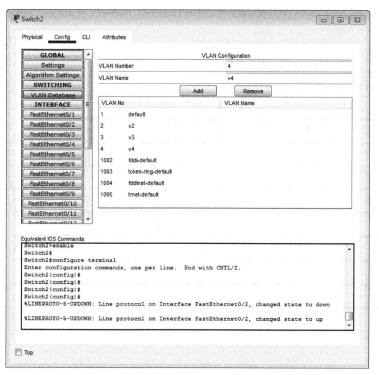

图 2.38 Switch2 中创建 VLAN 的界面

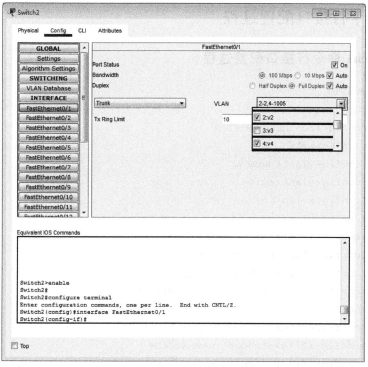

图 2.39 将 Switch2 的 FastEthernet0/1 端口配置为共享端口的界面

第 2 章 以太网实验

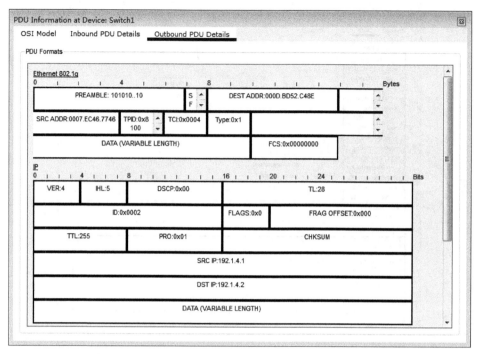

图 2.40　PC2→PC3 的 MAC 帧经过共享端口输出时的格式

2.4.5　命令行接口配置过程

1. Switch1 命令行接口配置过程

```
Switch>enable
Switch#configure terminal
Switch(config)#hostname Switch1
Switch1(config)#vlan 2
Switch1(config-vlan)#name v2
Switch1(config-vlan)#exit
Switch1(config)#vlan 4
Switch1(config-vlan)#name v4
Switch1(config-vlan)#exit
Switch1(config)#interface FastEthernet0/1
Switch1(config-if)#switchport mode access
Switch1(config-if)#switchport access vlan 2
Switch1(config-if)#exit
Switch1(config)#interface FastEthernet0/2
Switch1(config-if)#switchport mode access
Switch1(config-if)#switchport access vlan 2
Switch1(config-if)#exit
```

```
Switch1(config)#interface FastEthernet0/3
Switch1(config-if)#switchport mode access
Switch1(config-if)#switchport access vlan 4
Switch1(config-if)#exit
Switch1(config)#interface FastEthernet0/4
Switch1(config-if)#switchport mode trunk
Switch1(config-if)#switchport trunk allowed vlan 2,4
Switch(config-if)#exit
```

2. Switch2 命令行接口配置过程

```
Switch>enable
Switch#configure terminal
Switch(config)#hostname Switch2
Switch2(config)#vlan 2
Switch2(config-vlan)#name v2
Switch2(config-vlan)#exit
Switch2(config)#vlan 3
Switch2(config-vlan)#name v3
Switch2(config-vlan)#exit
Switch2(config)#vlan 4
Switch2(config-vlan)#name v4
Switch2(config-vlan)#exit
Switch2(config)#interface FastEthernet0/1
Switch2(config-if)#switchport mode trunk
Switch2(config-if)#switchport trunk allowed vlan 2,4
Switch2(config-if)#exit
Switch2(config)#interface FastEthernet0/2
Switch2(config-if)#switchport mode trunk
Switch2(config-if)#switchport trunk allowed vlan 3,4
Switch2(config-if)#exit
Switch2(config)#interface FastEthernet0/3
Switch2(config-if)#switchport mode access
Switch2(config-if)#switchport access vlan 2
Switch2(config-if)#exit
Switch2(config)#interface FastEthernet0/4
Switch2(config-if)#switchport mode access
Switch2(config-if)#switchport access vlan 3
Switch2(config-if)#exit
```

3. Switch3 命令行接口配置过程

```
Switch>enable
Switch#configure terminal
```

```
Switch(config)#hostname Switch3
Switch3(config)#vlan 3
Switch3(config-vlan)#name v3
Switch3(config-vlan)#exit
Switch3(config)#vlan 4
Switch3(config-vlan)#name v4
Switch3(config-vlan)#exit
Switch3(config)#interface FastEthernet0/1
Switch3(config-if)#switchport mode access
Switch3(config-if)#switchport access vlan 4
Switch3(config-if)#exit
Switch3(config)#interface FastEthernet0/2
Switch3(config-if)#switchport mode access
Switch3(config-if)#switchport access vlan 3
Switch3(config-if)#exit
Switch3(config)#interface FastEthernet0/3
Switch3(config-if)#switchport mode access
Switch3(config-if)#switchport access vlan 3
Switch3(config-if)#exit
Switch3(config)#interface FastEthernet0/4
Switch3(config-if)#switchport mode trunk
Switch3(config-if)#switchport trunk allowed vlan 3,4
Switch3(config-if)#exit
```

2.5　以太网实验的启示和思政元素

第 3 章

无线局域网实验

了解接入点(Access Point,AP)设备完成无线局域网 MAC 帧与以太网 MAC 帧之间的相互转换过程是掌握无线局域网工作原理的基础。瘦 AP+AC 是目前最常用的无线局域网结构,掌握接入控制器(Access Controller,AC)配置过程对完成类似校园网等大型无线局域网的设计过程十分有用。无线网桥用于通过无线信道实现两个以太网之间互联的应用场景。智能手机同时支持无线局域网和无线数据通信网络的特性是智能手机随时随地可以访问互联网的基础,了解无线局域网和无线数据通信网络的互连过程有助于更深入地掌握无线局域网的工作原理。

3.1 扩展服务集实验

3.1.1 实验内容

构建如图 3.1 所示的扩展服务集(Extended Service Set,ESS),实现位于不同基本服务集(Basic Service Set,BSS)的终端之间的通信过程。查看无线局域网 MAC 帧格式和 AP 完成无线局域网 MAC 帧格式与以太网 MAC 帧格式相互转换的过程。

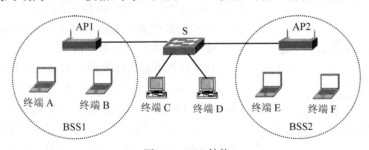

图 3.1 ESS 结构

3.1.2 实验目的

(1) 验证 BSS 的通信区域。

(2) 验证终端与 AP 之间建立关联的过程。

(3) 验证无线局域网 MAC 帧格式和地址字段值。

(4) 验证扩展服务集不同 BSS 中终端之间的通信过程。

(5) 验证 Windows 的自动私有 IP 地址分配(Automatic Private IP Addressing, APIPA)机制。

(6) 验证 AP 完成无线局域网 MAC 帧格式与以太网 MAC 帧格式相互转换的过程。

3.1.3 实验原理

终端需要安装无线网卡,无线网卡支持的物理层标准与 AP 支持的物理层标准匹配。终端与 AP 之间成功建立关联的条件如下:一是终端位于 AP 的有效通信范围内;二是终端与 AP 配置相同的服务集标识符(Service Set Identifier,SSID);三是终端与 AP 配置相同的鉴别、加密机制和密钥。为实现扩展服务集不同 BSS 中终端之间的通信过程,要求扩展服务集中的所有终端配置网络号相同的 IP 地址。

Cisco Packet Tracer 8.1 中的终端支持 Windows 的自动私有 IP 地址分配机制,终端如果启动自动获得 IP 地址方式,但在发送 DHCP 请求消息后,一直没有接收到 DHCP 服务器发送的响应消息,Windows 自动在微软保留的私有网络地址 169.254.0.0/255.255.0.0 中为终端随机选择一个有效 IP 地址。因此,如果扩展服务集中的所有终端均采用这一 IP 地址分配方式,无须为终端配置 IP 地址就可以实现终端之间的通信过程,安装无线网卡终端的默认获取 IP 地址方式就是 DHCP 方式。

3.1.4 实验步骤

(1) 无线局域网中终端与 AP 之间没有物理连接过程,但终端必须位于 AP 的有效通信范围内,因此,无线局域网需要在物理工作区中完成实验过程。如图 3.2 所示,选择物理工作区,单击导航(NAVIGATION)菜单,选择家园城市(Home City),单击跳转到选择位置(Jump to Selected Location)按钮,物理工作区中出现家园城市界面。

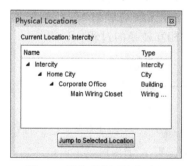

图 3.2 导航到家园城市过程

(2) 设备类型选择框的上半部分选择设备大类网络设备(Network Devices),下半部分选择无线设备(Wireless Devices),设备选择框中选择接入点(Access Point-PT)设备。将接入点设备拖放到物理工作区中,可以看到接入点设备的有效通信范围,如图 3.3 所示。将笔记本计算机放置在接入点设备的有效通信范围内。

(3) 默认情况下,笔记本计算机安装以太网卡,为了接入无线局域网,需要将笔记本计算机的以太网卡换成无线网卡,换卡过程如下。单击 Laptop0,弹出 Laptop0 配置界面,选择物理(Physical)配置选项。关掉主机电源,将原来安装在主机上的以太网卡拖放到左边模块栏中,然后将模块 WPC300N 拖放到主机原来安装以太网卡的位置,如图 3.4

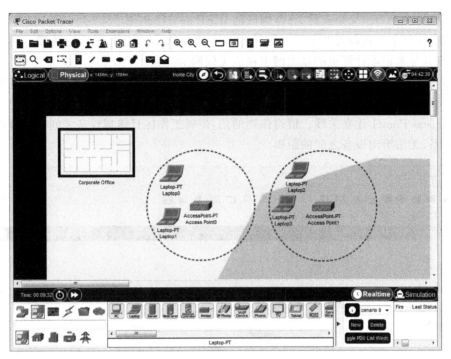

图 3.3　物理工作区中放置设备的过程

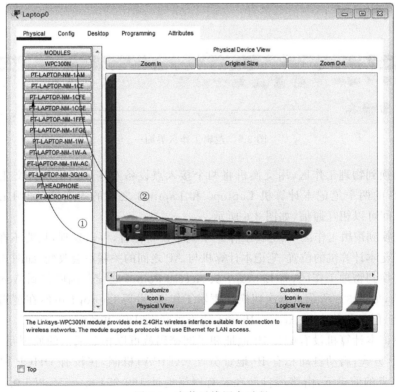

图 3.4　安装无线网卡过程

所示。模块 WPC300N 是支持 2.4G 频段的 IEEE 802.11、IEEE 802.11b 和 IEEE 802.11g 标准的无线网卡。重新打开主机电源,Laptop0 将和 Access Point0 建立关联。用同样的方式,将其他笔记本计算机的以太网卡换成无线网卡。

(4) 切换到逻辑工作区,如图 3.5 所示,可以发现,位于 Access Point0 通信范围内的笔记本计算机与 Access Point0 建立关联,位于 Access Point1 通信范围内的笔记本计算机与 Access Point1 建立关联。值得强调的是,逻辑工作区只体现设备之间的物理连接和逻辑关系,无法给出设备之间的距离。

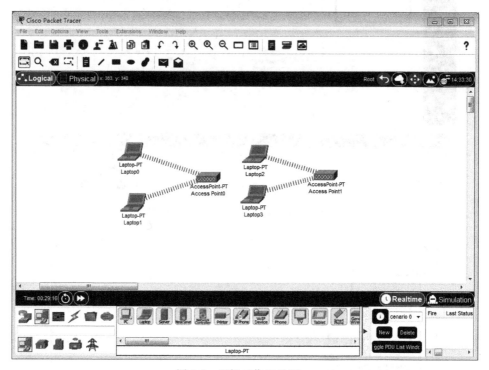

图 3.5　逻辑工作区界面一

(5) 切换到物理工作区,用交换机将两个接入点设备互连。用简单报文工具测试位于不同 BSS 的两个笔记本计算机 Laptop0 和 Laptop3 之间的连通性,证明 Laptop0 和 Laptop3 之间可以相互通信,如图 3.6 所示。

(6) 切换到逻辑工作区,在逻辑工作区中调整设备位置,可以发现,只要不在物理工作区中改变笔记本计算机的位置,笔记本计算机与 AP 之间的关联不会改变,如图 3.7 所示。

(7) 切换到物理工作区,将 Laptop1 从 Access Point0 通信范围内移到 Access Point1 通信范围内,如图 3.8 所示。再次切换到逻辑工作区,发现 Laptop1 虽然在逻辑工作区中的位置未变,但已经改为与 Access Point1 建立关联,如图 3.9 所示。

(8) 笔记本计算机没有配置 IP 地址和子网掩码就可以相互通信的原因是,终端一旦选择 DHCP 方式,启动自动私有 IP 地址分配(APIPA)机制,在没有 DHCP 服务器为其配置网络信息的前提下,由终端自动在私有网络地址 169.254.0.0/255.255.0.0 中随机选择一个有效 IP 地址作为其 IP 地址,Laptop0 自动选择的 IP 地址如图 3.10 所示。安装无

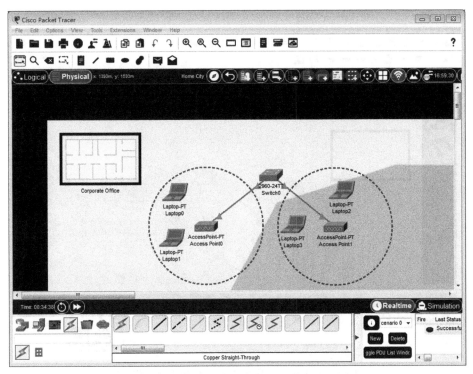

图 3.6　Laptop0 和 Laptop3 之间相互通信过程

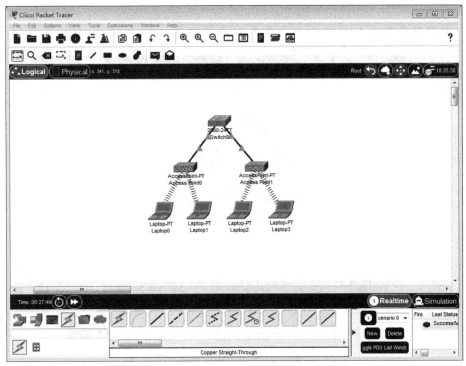

图 3.7　逻辑工作区界面二

第 3 章　无线局域网实验

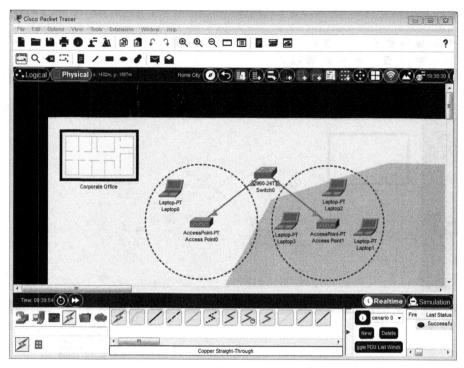

图 3.8　将 Laptop1 移到 Access Point1 通信范围内

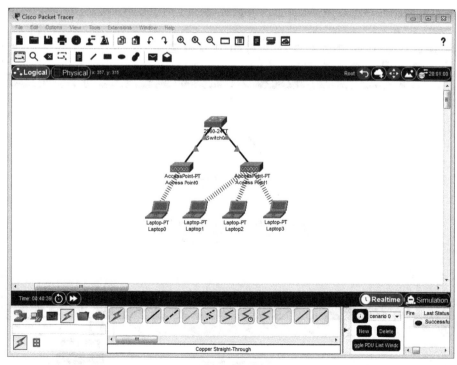

图 3.9　逻辑工作区界面三

线网卡的笔记本计算机的默认获取网络信息方式就是 DHCP 方式,安装以太网卡的台式机连接到交换机后,需要将获取网络信息方式设置为 DHCP 方式。将两台台式机连接到交换机后的界面如图 3.11 所示。

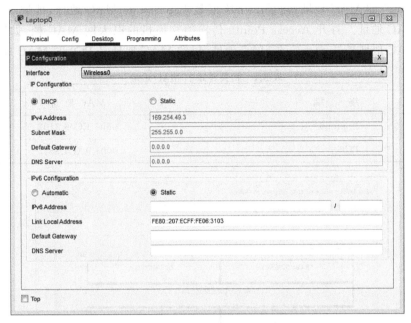

图 3.10　Laptop0 自动分配的 IP 地址

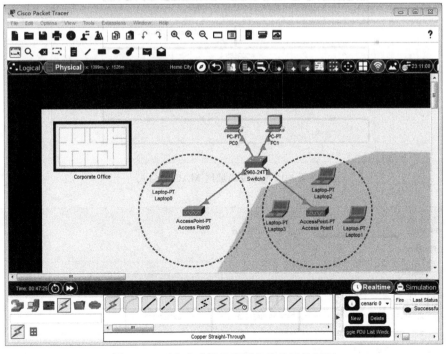

图 3.11　两台台式机连接到交换机后的界面

（9）Laptop0 和 PC0 的 MAC 地址如表 3.1 所示。进入模拟操作模式，启动 Laptop0 至 PC0 的 ICMP 报文传输过程，通过单击该 ICMP 报文打开 Laptop0 传输给 Access Point0 的无线局域网 MAC 帧，无线局域网 MAC 帧格式如图 3.12 所示，地址 1 字段值是 Access Point0 的 MAC 地址，地址 2 字段值是 Laptop0 的 MAC 地址，地址 3 字段值是 PC0 的 MAC 地址。打开 Access Point0 传输给交换机的以太网 MAC 帧，如图 3.13 所示。源 MAC 地址是 Laptop0 的 MAC 地址，目的 MAC 地址是 PC0 的 MAC 地址。

表 3.1　相关终端的 MAC 地址

终　　端	MAC 地　址
Laptop0	0007.EC06.3103
PC0	0004.9AC4.8815

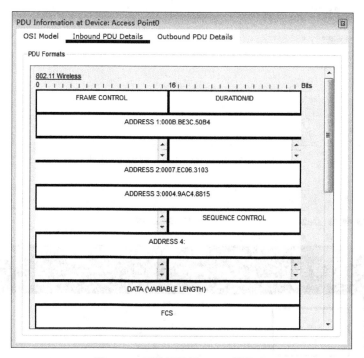

图 3.12　无线局域网 MAC 帧格式

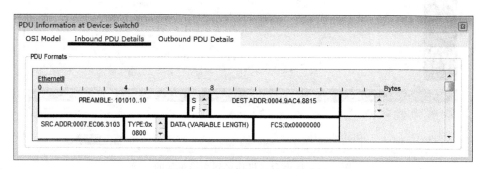

图 3.13　以太网 MAC 帧格式

（10）AP 和安装无线网卡的笔记本计算机有关无线局域网的默认配置是相同的。可以分别对 AP 和笔记本计算机配置有关无线局域网的信息，AP 配置的信息有无线信道、SSID、加密鉴别机制及共享密钥。笔记本计算机配置的信息有 SSID、加密鉴别机制及共享密钥。笔记本计算机配置的 SSID、加密鉴别机制及共享密钥必须与 AP 配置的 SSID、加密鉴别机制及共享密钥相同，否则笔记本计算机无法建立与 AP 之间的关联。Access Point0 配置无线局域网信息的过程如下。单击 Access Point0，选择图形接口（Config）配置选项，单击 Port 1，弹出如图 3.14 所示的配置无线局域网信息界面，为 Access Point0 配置如图 3.14 所示的无线局域网信息。Laptop0 配置的无线局域网信息如图 3.15 所示。

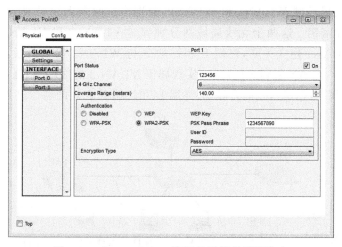

图 3.14　Access Point0 配置的无线局域网信息

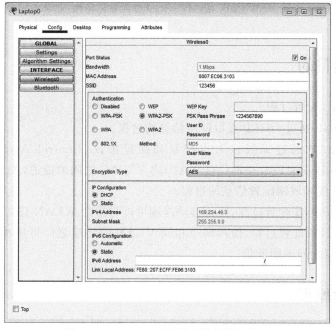

图 3.15　Laptop0 配置的无线局域网信息

3.2 瘦 AP+AC 无线局域网结构实验

3.2.1 实验内容

瘦 AP(Fit AP,FAP)+AC 无线局域网结构如图 3.16 所示。统一在接入控制器(Access Controller,AC)中配置有关无线局域网的信息,然后推送给各 FAP。需要在 AC 中创建两个无线局域网 WLAN1 和 WLAN2,分别为这两个无线局域网分配 SSID,指定加密鉴别机制和密钥。这两个无线局域网分别绑定 VLAN 2 和 VLAN 3。使得终端 A 和终端 E 与 WLAN1 建立关联,终端 B 和终端 F 与 WLAN2 建立关联。将终端 C 和终端 D 分别分配给 VLAN 2 和 VLAN 3,实现属于 VLAN 2 的终端 A、终端 C 和终端 E 之间的通信过程,属于 VLAN 3 的终端 B、终端 D 和终端 F 之间的通信过程。

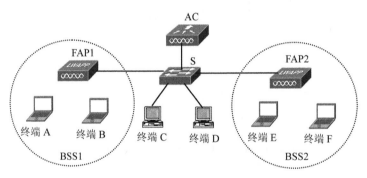

图 3.16 瘦 AP+AC 无线局域网结构

3.2.2 实验目的

(1) 掌握 AC 配置过程。
(2) 掌握 FAP 通过 DHCP 获取网络信息的过程。
(3) 掌握 FAP 通过无线接入点控制和配置协议(Control And Provisioning of Wireless Access Points Protocol,CAPWAP)建立与 AC 之间的隧道,AC 通过 CAPWAP 隧道推送有关无线局域网配置信息的过程。
(4) 掌握移动终端配置过程,使得移动终端可以与指定 WLAN 建立关联。
(5) 掌握交换机配置过程,使得属于相同 VLAN 的终端之间可以相互通信,属于不同 VLAN 的终端之间不能通信。

3.2.3 实验原理

FAP 与 AC 属于同一个 VLAN,在 AC 完成有关 DHCP 配置过程后,FAP 从 AC 获取网络信息,从而通过 CAPWAP 建立与 AC 之间的隧道。在 AC 中定义两个 WLAN,分别是 WLAN1 和 WLAN2,为它们分配 SSID,指定加密鉴别机制和密钥。将 WLAN1 和 WLAN2 分别与 VLAN 2 和 VLAN 3 绑定。AC 通过与 FAP1 和 FAP2 之间的隧道向 FAP1 和 FAP2 推送有关这两个 WLAN 的配置信息。

交换机 S 连接 FAP1、FAP2 和 AC 的端口配置为被 VLAN 1、VLAN 2 和 VLAN 3 共享的共享端口,其中 VLAN 1 是本地 VLAN。交换机 S 连接终端 C 的端口配置为属于 VLAN 2 的接入端口,连接终端 D 的端口配置为属于 VLAN 3 的接入端口。

配置移动终端,终端 A 和终端 E 配置的信息与 WLAN1 的配置信息一致,终端 B 和终端 F 的配置信息与 WLAN2 的配置信息一致。使得终端 A 和终端 E 与 WLAN1 建立关联,终端 B 和终端 F 与 WLAN2 建立关联。

3.2.4 实验步骤

(1) 启动 Cisco Packet Tracer,在逻辑工作区根据如图 3.16 所示的网络结构放置和连接设备,完成设备放置和连接后的逻辑工作区界面如图 3.17 所示。图 3.17 中的 WLC 是 Cisco 无线局域网控制器(Wireless LAN controller),用于实现 AC 的功能。选择 WLC 设备的过程如下。①设备类型选择框上半部分选择设备大类网络设备(Network Devices)。②设备类型选择框下半部分选择无线设备(Wireless Devices)。③设备选择框

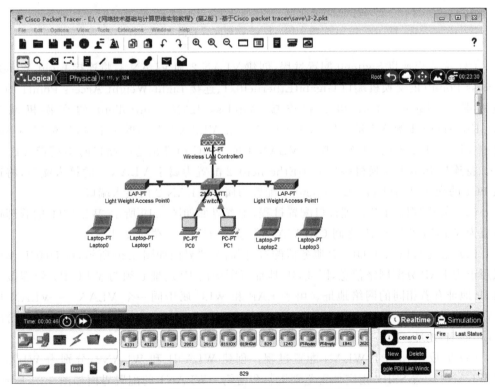

图 3.17 完成设备放置和连接后的逻辑工作区界面

中选择设备 WLC。图 3.17 中的 LAP 是 Cisco 轻量接入点(Light weight Access Point)，用于实现瘦 AP 的功能。LAP 默认状态下是没有连接电源的，如图 3.18 所示的 LAP 物理配置界面。拖动底部的电源线，将电源线的插头对准 LAP 的电源插座，放置电源线，完成 LAP 的电源线连接过程。

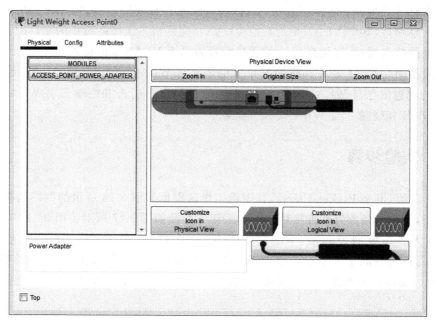

图 3.18　LAP 物理配置界面

(2) 完成交换机 Switch0 配置过程，创建 VLAN 2 和 VLAN 3，将连接 Light Weight Access Point0 的交换机端口 GigabitEthernet0/1、连接 Light Weight Access Point1 的交换机端口 GigabitEthernet0/2 和连接 Wireless LAN Controller0 的交换机端口 FastEthernet0/1 配置为被 VLAN 1、VLAN 2 和 VLAN 3 共享的主干端口(标记端口)，其中 VLAN 1 是本地 VLAN，属于 VLAN 1 的 MAC 帧进出这些端口时不携带 VLAN ID。将连接 PC0 的交换机端口 FastEthernet0/2 配置为属于 VLAN 2 的接入端口，将连接 PC1 的交换机端口 FastEthernet0/3 配置为属于 VLAN 2 的接入端口。

(3) 完成 WLC-PT 管理接口配置过程，配置界面如图 3.19 所示，WLC-PT 的管理接口成为 WLC-PT 与 LAP 之间 CAPWAP 隧道 WLC-PT 一端的接口。

(4) 完成 WLC-PT DHCP 服务器配置过程，配置界面如图 3.20 所示，该 DHCP 作用域用于为 LAP 分配网络信息，因此，IP 地址范围中的 IP 地址必须与 WLC-PT 管理接口的 IP 地址有着相同的网络地址。由于 LAP 和 WLC 属于同一个 VLAN——VLAN 1，LAP 通过在 VLAN 1 内组播发现请求消息发现 WLC，因此，DHCP 作用域中无须给出 WLC 的 IP 地址。

(5) 完成 WLC-PT WLAN 配置过程。创建 WLAN1 和 WLAN2，分别为 WLAN1 和 WLAN2 配置 SSID，指定加密鉴别机制和密钥。WLAN1 的配置界面如图 3.21 所示。图 3.21 中的 VLAN 2 是 WLAN1 绑定的 VLAN，因此，所有与 WLAN1 建立关联的终端

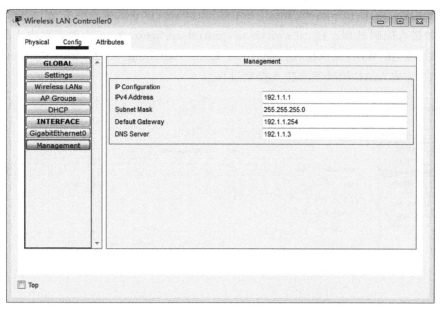

图 3.19　WLC-PT 管理接口配置界面

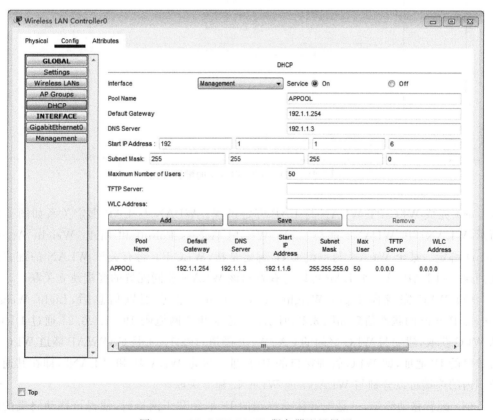

图 3.20　WLC-PT DHCP 服务器配置界面

都属于 VLAN 2。Central switching,central authentication 选项表示由 WLC 完成 MAC 帧转发和接入控制过程。Local switching,central authentication 选项表示由 LAP 完成 MAC 帧转发,由 WLC 完成接入控制过程。Local switching,local authentication 选项表示由 LAP 完成 MAC 帧转发和接入控制过程。

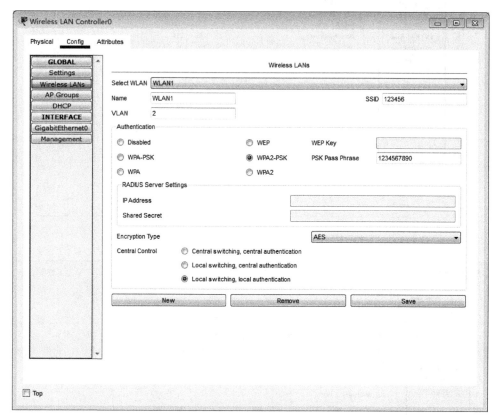

图 3.21　WLC-PT WLAN 的配置界面

(6) 完成 WLC-PT WLAN 与 LAP 绑定过程。WLAN 与 LAP 绑定关系如图 3.22 所示,WLAN1 和 WLAN2 都与 Light Weight Access Point0 和 Light Weight Access Point1 绑定。某个 WLAN 与一组 LAP 绑定是指,WLC-PT 将有关该 WLAN 的配置推送到这一组 LAP,这一组 LAP 可以与有着和该 WLAN 相同配置的终端建立关联。

(7) WLC 完成向 Light Weight Access Point0 推送配置信息后,Light Weight Access Point0 的状态信息如图 3.23 所示,IP 地址和子网掩码 192.1.1.6/24 通过 DHCP 从 WLC 获取,建立与 WLC 之间的 CAPWAP 隧道,192.1.1.1 是 CAPWAP 隧道 WLC 一端接口的 IP 地址,即 WLC 管理接口的 IP 地址。绑定 WLAN1 和 WLAN2,即在其通信范围内的终端可以分别与 WLAN1 或 WLAN2 建立关联。

(8) 配置移动终端,一是配置移动终端的 IP 地址和子网掩码,使得该移动终端的网络地址与该移动终端属于的 VLAN 的网络地址一致。移动终端所属的 VLAN 是指与该移动终端建立关联的 WLAN 所绑定的 VLAN。如 Laptop0 需要与 WLAN1 建立关联,

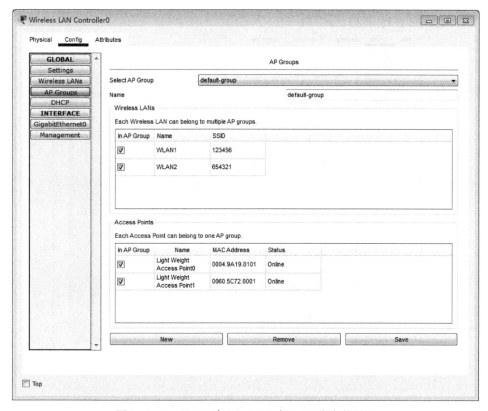

图 3.22　WLC-PT 建立 WLAN 与 LAP 绑定的界面

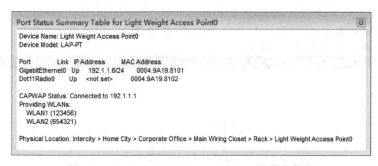

图 3.23　Light Weight Access Point0 的状态信息

与 WLAN1 绑定的是 VLAN 2，Laptop0 需要配置与 VLAN 2 一致的 IP 地址和子网掩码。这里假定 VLAN 2 的网络地址是 192.1.2.0/24，因此，Laptop0 配置的 IP 地址和子网掩码如图 3.24 所示。二是配置移动终端有关 WLAN 的信息，这些信息与该移动终端需要建立关联的 WLAN 一致。如 Laptop0 需要与 WLAN1 建立关联，配置的有关 WLAN 的信息如图 3.24 所示，与如图 3.21 所示的 WLAN1 的配置信息一致。

（9）移动终端建立与 WLAN 之间的关联后，属于相同 VLAN 的终端之间可以相互通信，属于不同 VLAN 的终端之间不能相互通信。由于逻辑工作区没有距离概念，因此，移动终端随机选择 LAP 建立关联，如图 3.25 所示。

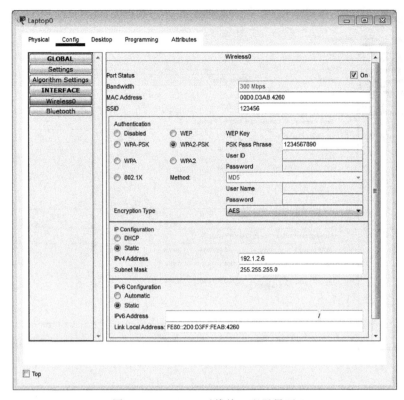

图 3.24　Laptop0 无线接口配置界面

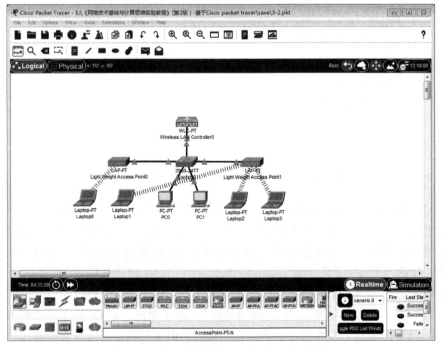

图 3.25　移动终端与各自 WLAN 建立关联

(10) 切换到物理工作区,将所有设备移到家园城市(Home City)。为了使物理工作区中各设备之间的距离关系相对合适,调整 LAP 的最大通信距离,如图 3.26 所示。物理工作区中各设备之间的位置关系如图 3.27 所示。与之对应的逻辑工作区中与各移动终端建立关联的 LAP 如图 3.28 所示。

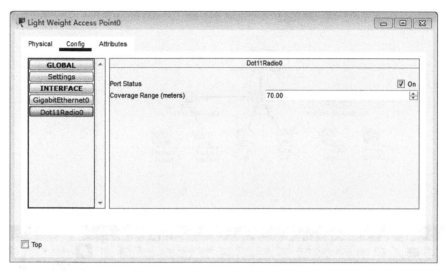

图 3.26　调整 LAP 的最大通信距离

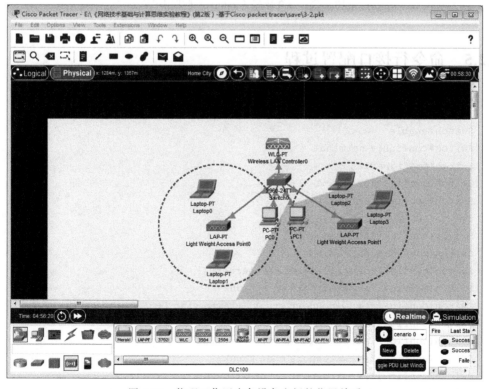

图 3.27　物理工作区中各设备之间的位置关系

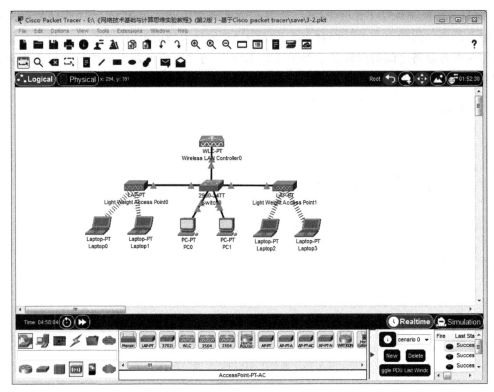

图 3.28　与各移动终端建立关联的 LAP

3.2.5　命令行接口配置过程

Switch0 命令行接口配置过程如下。

```
Switch>enable
Switch#configure terminal
Switch(config)#vlan 2
Switch(config-vlan)#name v2
Switch(config-vlan)#exit
Switch(config)#vlan 3
Switch(config-vlan)#name v3
Switch(config-vlan)#exit
Switch(config)#interface GigabitEthernet0/1
Switch(config-if)#switchport mode trunk
Switch(config-if)#switchport trunk allowed vlan 1-3
Switch(config-if)#exit
Switch(config)#interface GigabitEthernet0/2
Switch(config-if)#switchport mode trunk
Switch(config-if)#switchport trunk allowed vlan 1-3
Switch(config-if)#exit
```

```
Switch(config)#interface FastEthernet0/1
Switch(config-if)#switchport mode trunk
Switch(config-if)#switchport trunk allowed vlan 1-3
Switch(config-if)#exit
Switch(config)#interface FastEthernet0/2
Switch(config-if)#switchport mode access
Switch(config-if)#switchport access vlan 2
Switch(config-if)#exit
Switch(config)#interface FastEthernet0/3
Switch(config-if)#switchport mode access
Switch(config-if)#switchport access vlan 3
Switch(config-if)#exit
```

3.3 无线网桥实现以太网互连实验

3.3.1 实验内容

无线网桥实现以太网互连的网络结构如图 3.29 所示。无线网桥一端连接以太网，一端连接与 AP 之间的无线信道。在两个无线网桥分别建立与 AP 之间的关联后，连接在不同以太网上的终端之间可以实现相互通信过程。

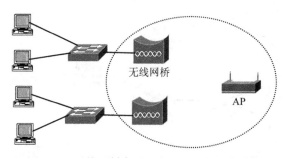

图 3.29 无线网桥实现以太网互连的网络结构

3.3.2 实验目的

（1）掌握无线网桥工作原理。
（2）掌握无线网桥与 AP 之间关联建立过程。
（3）验证经过无线网桥与 AP 之间无线信道传输的 MAC 帧格式。

3.3.3 实验原理

通过无线信道实现以太网互连的关键设备是无线网桥，无线网桥实现 MAC 帧以太网与无线信道之间的相互转发。AP 在分别建立与两个无线网桥之间的无线信道后,实现 MAC 帧两个无线信道之间的相互转发。当无线网桥工作在无线媒体网桥(Wireless Media Bridge)方式时,连接在以太网上的终端经过无线网桥实现与 AP 之间通信的过程中,无线网桥对于连接在以太网上的终端和 AP 都是透明的。

3.3.4 实验步骤

(1) 启动 Cisco Packet Tracer,在逻辑工作区根据如图 3.29 所示的网络结构放置和连接设备,完成设备放置和连接后的逻辑工作区界面如图 3.30 所示。图 3.30 中的 HomeRouter 是 Cisco 无线路由器(Wireless Router),可以选择作为无线网桥使用。选择 HomeRouter 的过程如下。①在设备类型选择框上半部分选择设备大类网络设备(Network Devices)。②在设备类型选择框下半部分选择无线设备(Wireless Devices)。③设备选择框中选择设备 HomeRouter。

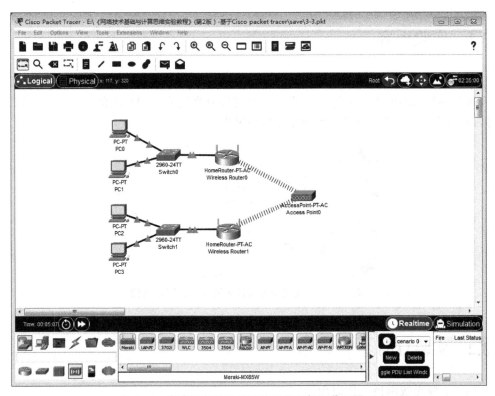

图 3.30 完成设备放置和连接后的逻辑工作区界面

(2) 单击 Wireless Router0 启动配置过程,选择 GUI 选项卡,在 Internet 设置(Internet Setup)选项中选择无线媒体网桥(Wireless Media Bridge),如图 3.31 所示。单击底部的 Save Settings 按钮保存配置信息。

(3) 选择 Wireless Router0 无线安全(Wireless Security)选项,弹出如图 3.32 所示的

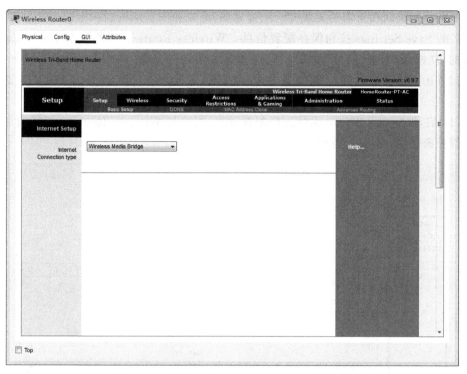

图 3.31 选择 Wireless Media Bridge 工作方式

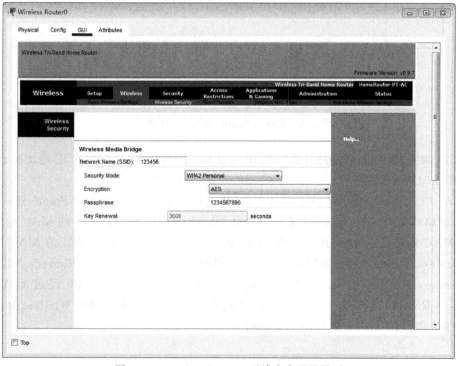

图 3.32 Wireless Router0 无线安全配置界面

第 3 章 无线局域网实验

配置加密鉴别机制和密钥的无线安全配置界面,完成加密鉴别机制和密钥配置过程后,单击底部的 Save Settings 按钮保存配置信息。Wireless Router1 配置与 Wireless Router0 相同的加密鉴别机制和密钥。需要说明的是,Cisco Packet Tracer 8.1 中的 HomeRouter,已经保存的配置信息有可能丢失,再次打开 pkt 文件时,可能需要重新配置。

(4) 启动 Access Point0 无线接口配置过程,配置与 Wireless Router0 相同的加密鉴别机制和密钥,如图 3.33 所示。

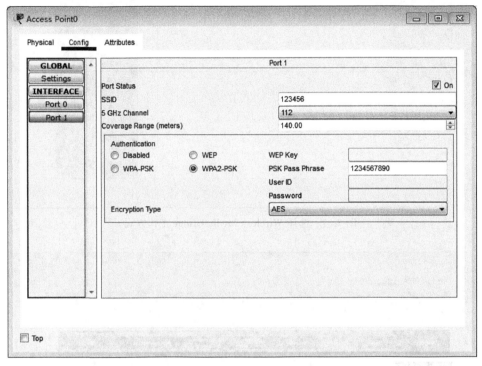

图 3.33 Access Point0 无线接口配置界面

(5) 为各 PC 配置网络地址相同的 IP 地址和子网掩码,PC3 配置的 IP 地址和子网掩码如图 3.34 所示。验证 PC0 与 PC3 之间的通信过程如图 3.35 所示。

(6) PC0 至 PC3 MAC 帧传输过程中,Wireless Router0→Access Point0 这一段的 MAC 帧格式如图 3.36 所示。需要强调的是,发送端 MAC 地址是 PC0 的 MAC 地址,接收端 MAC 地址是 Access Point0 的 MAC 地址,目的 MAC 地址是 PC3 的 MAC 地址。当 Wireless Router0 工作在 Wireless Media Bridge 方式时,Wireless Router0 并没有成为 Wireless Router0→Access Point0 这一段的发送端,即终端 PC0 经过无线网桥 Wireless Router0 实现与 Access Point0 之间通信的过程中,无线网桥 Wireless Router0 对于终端 PC0 和 Access Point0 都是透明的。

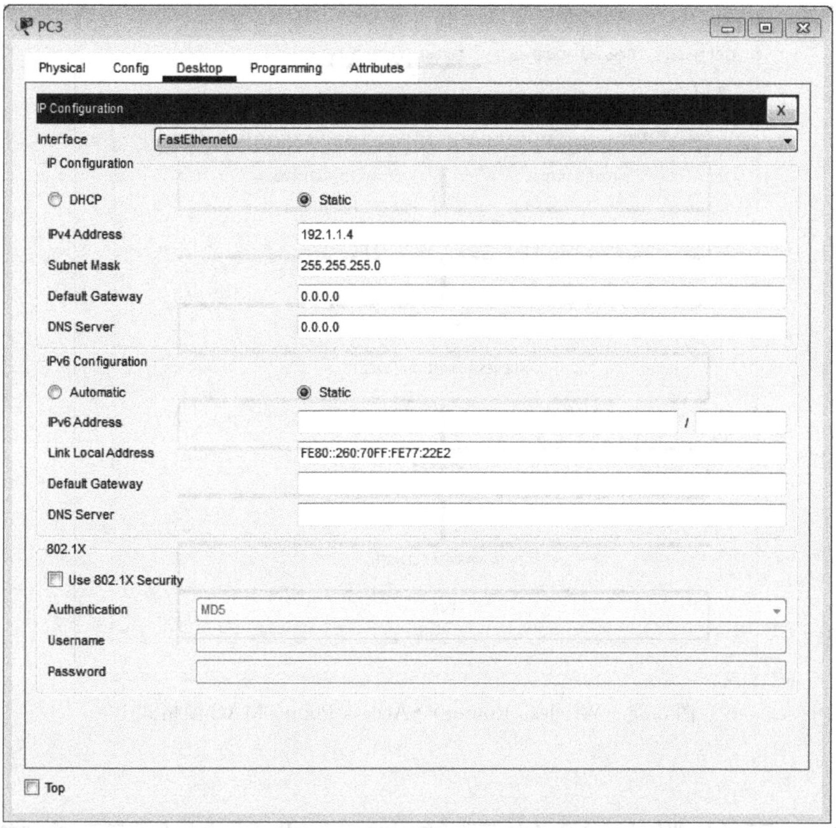

图 3.34　PC3 配置的网络信息

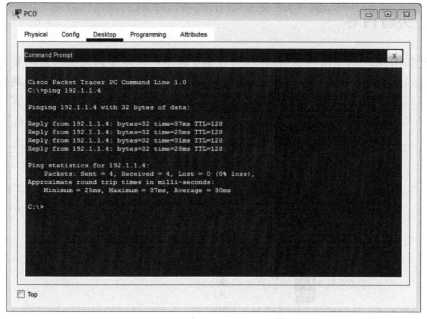

图 3.35　PC0 与 PC3 之间的通信过程

第 3 章　无线局域网实验

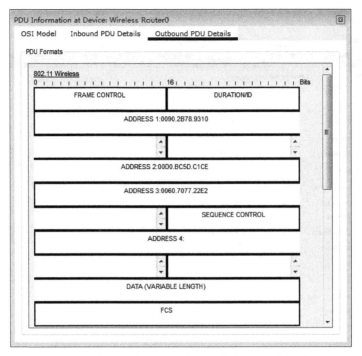

图 3.36　Wireless Router0→Access Point0 MAC 帧格式

3.4　无线数据通信网络与无线局域网互连实验

3.4.1　实验内容

构建如图 3.37 所示的网络结构,使得智能手机 1 同时连接到无线局域网和无线数据通信网络,智能手机 2 连接到无线数据通信网络,笔记本计算机连接到无线局域网。实现

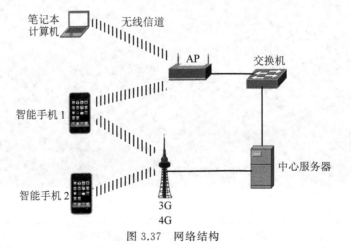

图 3.37　网络结构

智能手机1、智能手机2和笔记本计算机之间的通信过程,观察智能手机1通过哪一个网络实现与其他移动终端之间的通信过程。

3.4.2 实验目的

(1) 验证基本服务集的通信区域。
(2) 验证基站通信区域,比较基站通信区域与基本服务集通信区域之间的关系。
(3) 验证智能手机和终端建立与AP之间关联的过程。
(4) 验证智能手机连接到无线数据通信网络的过程。
(5) 验证实现无线局域网与无线数据通信网络互连的过程。
(6) 验证智能手机通过无线数据通信网络与其他终端通信的过程。

3.4.3 实验原理

智能手机同时支持无线局域网与无线数据通信网络,当智能手机与AP建立关联时,智能手机完全等同于一个安装无线网卡的笔记本计算机。当智能手机与无线数据通信网络建立连接时,智能手机一是需要建立与基站之间的无线信道,二是需要由中心服务器为其配置网络信息,如IP地址和子网掩码。

连接在不同基站的智能手机之间的通信过程和连接在无线数据通信网络的智能手机与连接在其他网络上的终端之间的通信过程都需要经过中心服务器。因此,中心服务器一是可以连接多个基站,且为连接在多个基站上的智能手机提供网络信息配置服务;二是作为连接在无线数据通信网络上的智能手机的默认网关;三是作为一个实现无线数据通信网络和以太网互连的互连设备,同时具备网络地址转换(Network Address Translation,NAT)功能。

3.4.4 实验步骤

(1) 为了表示基本服务集和基站的通信区域,在物理工作区中按照如图3.37所示的网络结构完成设备放置和设备之间的连接过程。完成设备放置和连接过程后的物理工作区界面如图3.38所示。选择智能手机(SMART PHONE)过程如下。①在设备类型选择框上半部分选择设备大类终端设备(End Devices)。②在设备类型选择框下半部分选择设备类型终端设备(End Devices)。③在设备选择框中选择智能手机(SMART PHONE)。

选择基站(Cell-Tower)和中心服务器(Central-Office-Server)过程如下。①在设备类型选择框上半部分选择设备大类网络设备(Network Devices)。②在设备类型选择框下半部分选择设备类型无线设备(Wireless Devices)。③在设备选择框中分别选择基站(Cell-Tower)和中心服务器(Central-Office-Server)。

基站的默认覆盖范围如图3.39所示,AP的默认覆盖范围和无线局域网信息如图3.40所示,基站的默认通信区域远大于无线局域网的默认通信区域,智能手机Smartphone0

和 Smartphone1 都位于基站的通信区域内,但只有 Smartphone0 位于无线局域网的通信区域内,因此,Smartphone0 和 Smartphone1 都能与基站建立连接,但只有 Smartphone0 与 AP 建立关联,如图 3.41 所示。

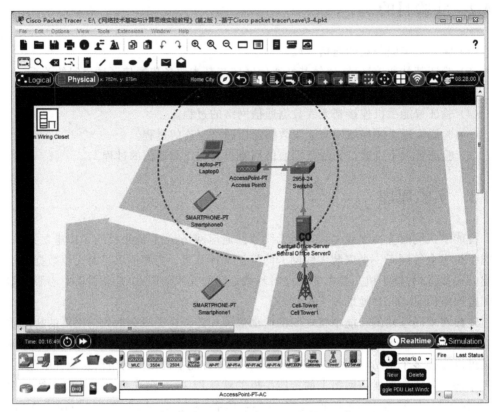

图 3.38　完成设备放置和连接过程后的物理工作区界面

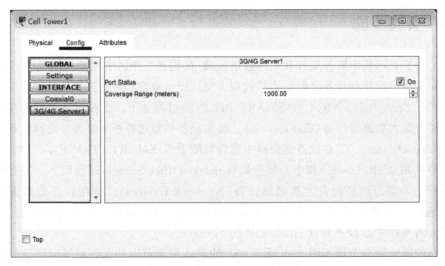

图 3.39　基站的默认覆盖范围

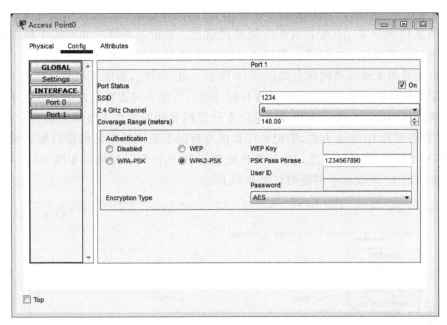

图 3.40　AP 的默认覆盖范围和无线局域网信息

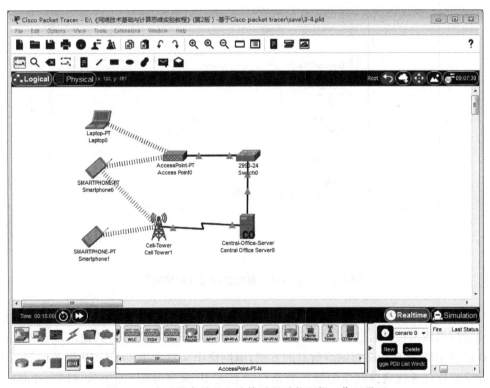

图 3.41　完成设备放置和连接过程后的逻辑工作区界面

第 3 章　无线局域网实验

(2) 笔记本计算机和智能手机建立与 AP 之间关联的前提是配置相同的无线局域网信息。图 3.40 所示是 AP 配置的无线局域网信息。笔记本计算机和智能手机配置的无线局域网信息必须与 AP 相同。笔记本计算机配置的无线局域网信息如图 3.42 所示。智能手机配置的无线局域网信息如图 3.43 所示。可以看出，智能手机与 AP 建立关联过程和笔记本计算机与 AP 建立关联过程相同，因此，智能手机需要具备功能等同于无线网卡的无线局域网接口。为了方便设置笔记本计算机和智能手机无线局域网接口的 IP 地址，采取静态配置 IP 地址方式，笔记本计算机与智能手机无线局域网接口配置网络号相同、主机号不同的 IP 地址。笔记本计算机配置的 IP 地址和子网掩码如图 3.42 所示。智能手机配置的 IP 地址和子网掩码如图 3.43 所示。

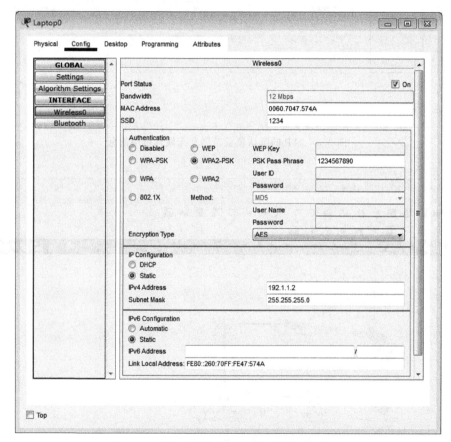

图 3.42　笔记本计算机配置的无线局域网信息

(3) 两个智能手机都能与基站建立连接，在存在中心服务器的情况下，智能手机连接无线通信网络的接口通过 DHCP 自动获得 IP 地址和子网掩码。与其他终端相同，如果选择通过 DHCP 自动获得网络信息的方式，但网络中又没有提供 DHCP 服务的服务器，智能手机连接无线通信网络的接口启动自动私有 IP 地址分配(APIPA)机制，在私有网络地址 169.254.0.0/255.255.0.0 中随机选择一个有效 IP 地址作为其 IP 地址。智能手机无线通信网络接口配置界面如图 3.44 所示。中心服务器 DHCP 服务的配置界面如图 3.45

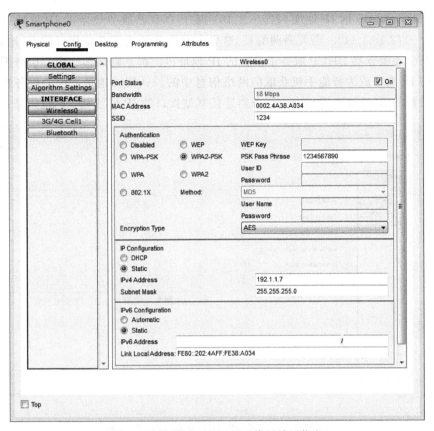

图 3.43 智能手机配置的无线局域网信息

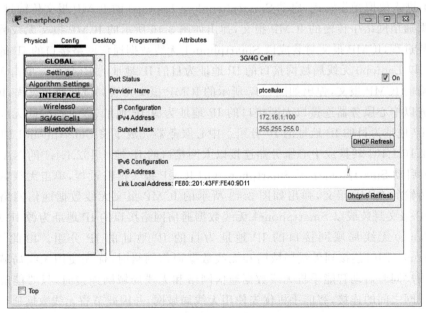

图 3.44 智能手机无线通信网络接口配置界面

第 3 章 无线局域网实验

所示。Smartphone0 的 IP 地址 172.16.1.101 属于 DHCP 服务设定的 IP 地址范围 172.16.1.100～172.16.1.149。需要强调的是,这里中心服务器连接基站接口的 IP 地址、子网掩码以及中心服务器 DHCP 服务中设置的 IP 地址范围都是默认值。中心服务器连接基站接口的 IP 地址成为智能手机获取的网络信息中的默认网关地址。中心服务器 DHCP 服务中设置的 IP 地址范围与中心服务器连接基站接口的 IP 地址和子网掩码是一致的。

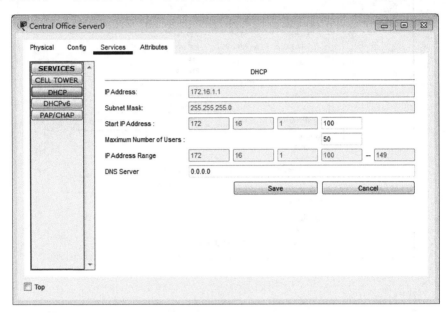

图 3.45　中心服务器 DHCP 服务的配置界面

（4）进入模拟操作模式,启动 Smartphone1 至 Laptop0 的 ICMP 报文传输过程,单击无线数据通信网络中传输的 ICMP 报文,弹出如图 3.46 所示的 ICMP 报文无线数据通信网络封装过程,ICMP 报文封装成以 Smartphone1 无线数据通信网络接口的 IP 地址为源 IP 地址、以 Laptop0 无线局域网接口的 IP 地址为目的 IP 地址的 IP 分组。单击无线局域网中传输的 ICMP 报文,弹出如图 3.47 所示的 ICMP 报文无线局域网封装过程,ICMP 报文封装成以中心服务器连接以太网接口的 IP 地址为源 IP 地址、以 Laptop0 无线局域网接口的 IP 地址为目的 IP 地址的 IP 分组。中心服务器完成了将 Smartphone1 的私有 IP 地址 172.16.1.101 转换成中心服务器连接以太网接口的 IP 地址 192.1.1.1 的 NAT 过程。

（5）启动 Smartphone1 至 Smartphone0 的 ICMP 报文传输过程,单击无线数据通信网络中传输的 ICMP 报文,弹出如图 3.48 所示的 ICMP 报文无线数据通信网络封装过程,ICMP 报文封装成以 Smartphone1 无线数据通信网络接口的 IP 地址为源 IP 地址、以 Smartphone0 无线局域网接口的 IP 地址为目的 IP 地址的 IP 分组。由此说明,当 Smartphone0 同时连接到无线局域网和无线数据通信网络时,优先使用无线局域网。这也是当用户同时启动智能手机无线数据通信网络和无线局域网连接时,只要能够建立与无线局域网之间的连接,智能手机优先使用无线局域网,并因此节省无线数据通信网络的流量的原因。

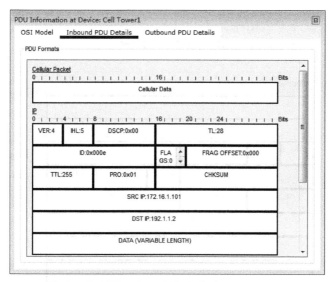

图 3.46 ICMP 报文无线数据通信网络封装过程

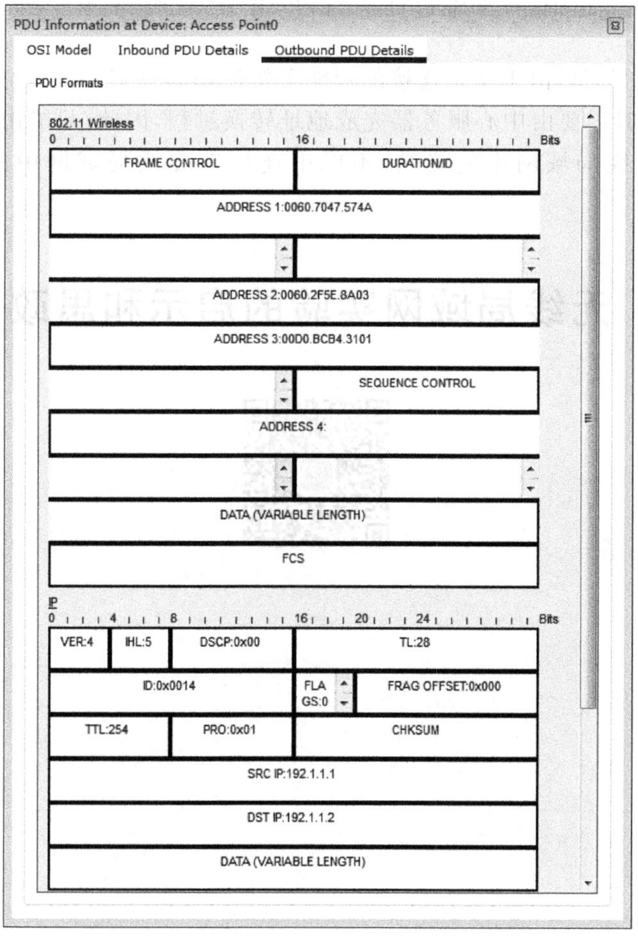

图 3.47 ICMP 报文无线局域网封装过程

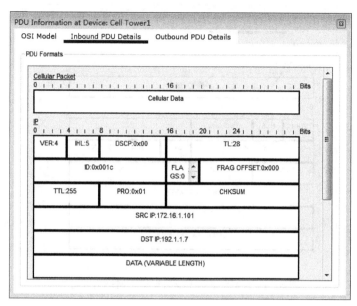

图 3.48　Smartphone1 至 Smartphone0 的 ICMP 报文无线数据通信网络封装过程

（6）需要说明的是，由于基站连接的智能手机使用私有 IP 地址，与连接在无线局域网中的终端通信时需要由中心服务器完成地址转换过程，因此，只能由 Smartphone1 发起访问连接在无线局域网中的终端，不能由连接在无线局域网中的终端发起访问 Smartphone1。

3.5　无线局域网实验的启示和思政元素

第 4 章

IP 和网络互连实验

网络互连主要实现以下两种类型的互连过程：一是不同类型网络之间的互连，如 SDH 和以太网之间互连等；二是 VLAN 之间的互连，而实现 VLAN 之间互连的理想设备是三层交换机。因此，网络互连实验主要完成不同类型网络之间的互连过程、路由器实现 VLAN 互连的过程和三层交换机实现 VLAN 互连的过程。

4.1 直连路由项实验

4.1.1 实验内容

构建如图 4.1 所示的互连的网络结构，实现网络地址为 192.1.1.0/24 的以太网与网络地址为 192.1.2.0/24 的以太网之间的相互通信过程。需要说明的是，网络地址分别为 192.1.1.0/24 和 192.1.2.0/24 的两个以太网都与路由器 R 直接相连。

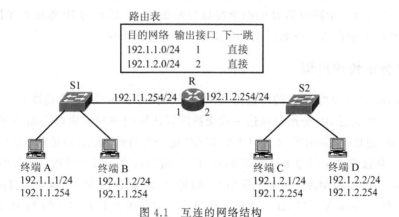

图 4.1 互连的网络结构

4.1.2 实验目的

（1）掌握路由器接口配置过程。

(2) 掌握直连路由项自动生成过程。

(3) 掌握路由器逐跳转发过程。

(4) 掌握 IP over 以太网工作原理。

(5) 验证连接在以太网上的两个结点之间的 IP 分组传输过程。

4.1.3 实验原理

1. 路由器接口和网络配置

互连的网络结构如图 4.1 所示,路由器 R 的两个接口分别连接两个以太网,这两个以太网是不同的网络,需要分配不同的网络地址。为路由器接口配置的 IP 地址和子网掩码决定了该接口连接的网络的网络地址,如一旦为路由器 R 接口 1 分配 IP 地址 192.1.1.254 和子网掩码 255.255.255.0,接口 1 连接的以太网的网络地址为 192.1.1.0/24,连接在该以太网上的终端必须分配属于网络地址 192.1.1.0/24 的 IP 地址,并以路由器接口 1 的 IP 地址 192.1.1.254 为默认网关地址。

由于路由器的不同接口连接不同的网络,因此,根据为不同的路由器接口分配的 IP 地址和子网掩码得出的网络地址必须不同,如根据为路由器 R 接口 1 分配的 IP 地址和子网掩码得出的网络地址为 192.1.1.0/24,根据为路由器 R 接口 2 分配的 IP 地址和子网掩码得出的网络地址为 192.1.2.0/24。

一旦为某个路由器接口分配 IP 地址和子网掩码,并开启该路由器接口,路由器的路由表中自动生成一项路由项,路由项的目的网络字段值是根据为该接口分配的 IP 地址和子网掩码得出的网络地址,输出接口字段值是该路由器接口的接口标识符,下一跳字段值是直接。由于该路由项用于指明通往路由器直接连接的网络的传输路径,被称为直连路由项。一旦为图 4.1 中路由器 R 的两个接口分配如图 4.1 所示的 IP 地址和子网掩码,路由器 R 的路由表中自动生成如图 4.1 所示的两项直连路由项。

2. IP 分组传输过程

IP 分组终端 A 至终端 D 的传输路径由两段交换路径组成,一段是终端 A 至路由器 R 接口 1 的交换路径,IP 分组经过这一段交换路径传输时被封装成以终端 A 的 MAC 地址为源 MAC 地址、以路由器 R 接口 1 的 MAC 地址为目的 MAC 地址的 MAC 帧。另一段是路由器 R 接口 2 至终端 D 的交换路径,IP 分组经过这一段交换路径传输时被封装成以路由器 R 接口 2 的 MAC 地址为源 MAC 地址、以终端 D 的 MAC 地址为目的 MAC 地址的 MAC 帧。终端 A 通过 ARP 地址解析过程获取路由器 R 接口 1 的 MAC 地址,路由器 R 通过 ARP 地址解析过程获取终端 D 的 MAC 地址。

4.1.4 关键命令说明

下述命令序列用于为路由器接口 FastEthernet0/0 分配 IP 地址和子网掩码,并开启该路由器接口。

```
Router(config)#interface FastEthernet0/0
Router(config-if)#ip address 192.1.1.254 255.255.255.0
Router(config-if)#no shutdown
Router(config-if)#exit
```

interface FastEthernet0/0 是全局模式下使用的命令,该命令的作用是进入路由器接口 FastEthernet0/0 的接口配置模式。FastEthernet0/0 中包含两部分信息:一部分是接口类型 FastEthernet,表明该接口是快速以太网接口;另一部分是接口编号 0/0,接口编号用于区分相同类型的多个接口。

ip address 192.1.1.254 255.255.255.0 是接口配置模式下使用的命令,该命令的作用是为特定路由器接口(这里是接口 FastEthernet0/0)分配 IP 地址 192.1.1.254 和子网掩码 255.255.255.0。

no shutdown 是接口配置模式下使用的命令,该命令的作用是开启特定路由器接口(这里是接口 FastEthernet0/0)。路由器接口 FastEthernet0/0 的默认状态是关闭,需要通过该命令开启路由器接口 FastEthernet0/0。

4.1.5 实验步骤

(1) 启动 Cisco Packet Tracer,在逻辑工作区按照如图 4.1 所示网络结构放置和连接设备,终端与交换机之间和交换机与路由器之间用直通线互连,完成设备放置和连接后的逻辑工作区界面如图 4.2 所示。

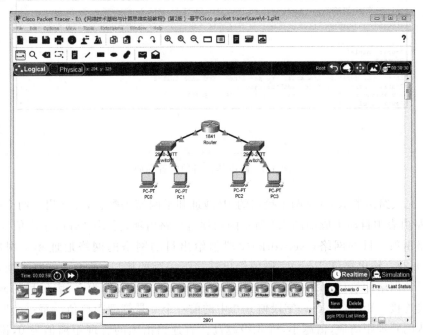

图 4.2 完成设备放置和连接后的逻辑工作区界面

(2) 根据如图 4.1 所示的路由器接口配置信息为路由器(Router)的两个接口配置 IP 地址和子网掩码,并开启路由器接口,这一步骤可以通过图形接口(Config)完成。图 4.3 所示是图形接口下路由器接口 FastEthernet0/0 的配置界面,通过在 IPv4 Address 输入框中输入 IP 地址 192.1.1.254,在 Subnet Mask 输入框中输入子网掩码 255.255.255.0,完成该接口 IP 地址和子网掩码配置过程。通过勾选 Port Status 为 On,开启该接口。这一步骤也可以通过命令行接口完成,4.1.6 节命令行接口配置过程给出了完成路由器 Router 配置所需要输入的完整命令序列。需要强调的是,除了极个别配置操作外,图形接口可以实现的配置操作,命令行接口同样可以实现。通过命令行接口,可以完成许多图形接口无法完成的配置操作。

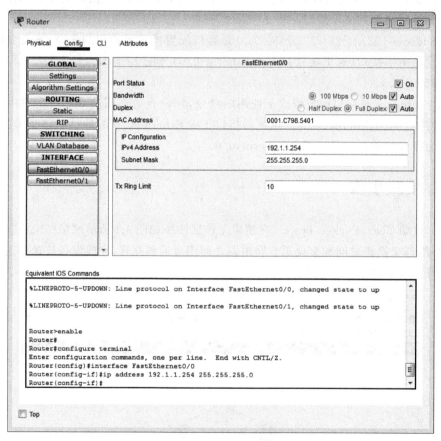

图 4.3　路由器接口的配置界面

(3) 完成路由器 Router 两个接口的 IP 地址和子网掩码配置,并开启这两个接口后,Router 路由表中自动生成如图 4.4 所示的两项直连路由项,类型(Type)字段值为 C 表明是直连路由项。目的网络(Network)字段值给出目的网络的网络地址和子网掩码,如 192.1.1.0/24。输出接口(Port)字段值给出连接下一跳的接口,对于直连路由项,直接给出连接目的网络的接口。下一跳 IP 地址(Next Hop IP)字段值为空,表示目的网络与路由器直接连接。距离(Metric)字段值 0/0 中的前一个 0 是管理距离值。每一个路由协议都有默认的管理距离值,值越小,优先级越高。直连路由项的管理距离值为 0,说明直连路由项的优先级最高。如果存在目的网络相同的多项类型不同的路由项,首先使用直连路由项。距离字段值 0/0 中的后一个 0 是距离值,直连路由项的距离值为 0。

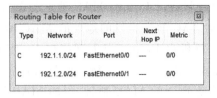

图 4.4　路由器 Router 路由表

(4) 完成各终端的 IP 地址、子网掩码和默认网关地址配置。需要强调的是,路由器接口配置的 IP 地址和子网掩码决定了该路由器接口连接的网络的网络地址,连接在该网络上的终端必须配置属于该网络地址的 IP 地址,该路由器接口的 IP 地址成为连接在该网络上的所有终端的默认网关地址。如路由器(Router)接口 FastEthernet0/0 分配的 IP 地址和子网掩码决定了该接口连接的网络的网络地址为 192.1.1.0/24,PC0 和 PC1 的 IP 地址必须属于网络地址 192.1.1.0/24。PC0 和 PC1 的默认网关地址是路由器(Router)接口 FastEthernet0/0 的 IP 地址 192.1.1.254。图 4.5 给出了 PC0 IP 地址、子网掩码和默认网关地址的配置界面。

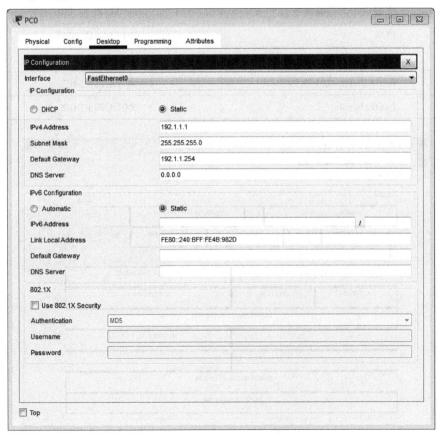

图 4.5　PC0 网络信息配置界面

(5) 选择模拟操作模式,通过简单报文工具启动 PC0 至 PC3 的 IP 分组传输过程。PC0、PC3 和路由器两个接口的 MAC 地址如表 4.1 所示。IP 分组经过 PC0 至 Router 这一段交换路径传输时,必须封装成以 PC0 的 MAC 地址为源 MAC 地址、以 Router 以太网接口 FastEthernet0/0 的 MAC 地址为目的地址的 MAC 帧,因此,PC0 首先需要根据默认网关地址 192.1.1.254 解析出 Router 以太网接口 FastEthernet0/0 的 MAC 地址。PC0 广播一个 ARP 请求报文,ARP 请求报文格式如图 4.6 所示。封装该 ARP 请求报文的 MAC 帧的源 MAC 地址是 PC0 的 MAC 地址,目的 MAC 地址是广播地址。ARP 请求报文中将 PC0 的 MAC 地址和 IP 地址作为源 MAC 地址和源 IP 地址,将需要解析的 IP 地址 192.1.1.254 作为目标 IP 地址,用全 0 的目标 MAC 地址表示请求解析出目标 IP 地址对应的目标 MAC 地址。Router 发送的 ARP 响应报文格式如图 4.7 所示。封装该 ARP 响应报文的 MAC 帧的源 MAC 地址是 Router 以太网接口 FastEthernet0/0 的 MAC 地址、目的 MAC 地址是 PC0 的 MAC 地址。ARP 响应报文中将 Router 以太网接口 FastEthernet0/0 的 MAC 地址和 IP 地址作为源 MAC 地址和源 IP 地址,将 PC0 的 MAC 地址和 IP 地址作为目标 MAC 地址和目标 IP 地址。

表 4.1 PC0、PC3 和路由器接口的 MAC 地址

终端或路由器接口	MAC 地 址
PC0	0040.0B4B.982D
PC3	00E0.8F29.7D72
FastEthernet0/0	0001.C798.5401
FastEthernet0/1	0001.C798.5402

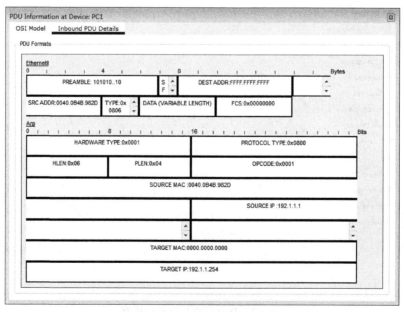

图 4.6 ARP 请求报文格式

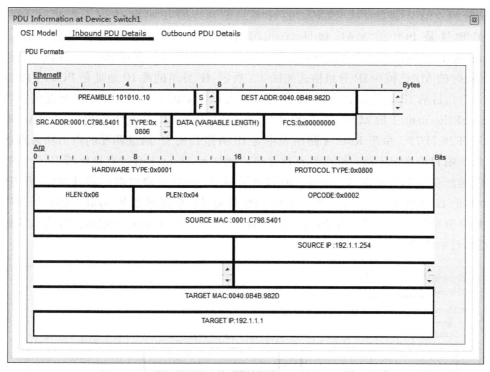

图 4.7 ARP 响应报文格式

(6) IP 分组 PC0 至 PC3 传输过程中需要经过两个不同的以太网，IP 分组经过互连 PC0 与 Router 的以太网传输时的 MAC 帧和 IP 分组格式如图 4.8 所示。IP 分组的源 IP

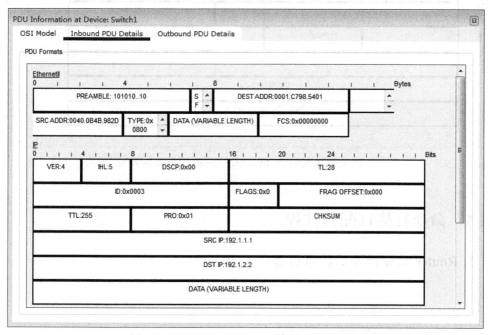

图 4.8 PC0 至 Router MAC 帧和 IP 分组格式

地址是 PC0 的 IP 地址 192.1.1.1、目的 IP 地址是 PC3 的 IP 地址 192.1.2.2,MAC 帧的源 MAC 地址是 PC0 的 MAC 地址 0040.0B4B.982D、目的 MAC 地址是路由器接口 FastEthernet0/0 的 MAC 地址 0001.C798.5401。IP 分组经过互连 Router 和 PC3 的以太网传输时的 MAC 帧和 IP 分组格式如图 4.9 所示,IP 分组的源 IP 地址是 PC0 的 IP 地址 192.1.1.1、目的 IP 地址是 PC3 的 IP 地址 192.1.2.2,MAC 帧的源 MAC 地址是路由器接口 FastEthernet0/1 的 MAC 地址 0001.C798.5402、目的 MAC 地址是 PC3 的 MAC 地址 00E0.8F29.7D72。由于 Router 路由表中与 IP 分组目的 IP 地址匹配的路由项为直连路由项,表明目的终端连接在路由器直接连接的网络上,Router 通过直接解析 IP 分组的目的 IP 地址获得 PC3 的 MAC 地址。值得强调的是,IP 分组端到端传输过程中,源 IP 地址和目的 IP 地址是不变的,但如果该 IP 分组传输过程中经过多个不同的网络,每个网络将该 IP 分组封装成该网络对应的帧格式,属于该网络的传输路径两端的地址为该帧的源地址和目的地址。

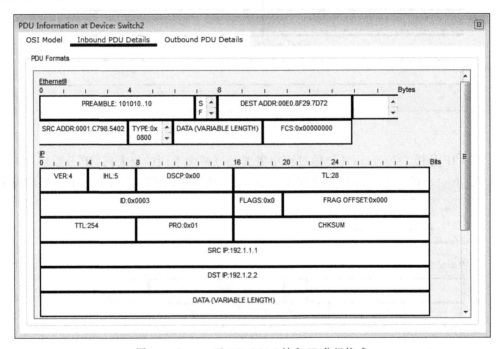

图 4.9 Router 至 PC3 MAC 帧和 IP 分组格式

4.1.6 命令行接口配置过程

1. Router 命令行接口配置过程

```
Router>enable
Router#configure terminal
Router(config)#interface FastEthernet0/0
Router(config-if)#ip address 192.1.1.254 255.255.255.0
```

```
Router(config-if)#no shutdown
Router(config-if)#exit
Router(config)#interface FastEthernet0/1
Router(config-if)#ip address 192.1.2.254 255.255.255.0
Router(config-if)#no shutdown
Router(config-if)#exit
```

2. 命令列表

路由器命令行接口配置过程中使用的命令及功能和参数说明如表 4.2 所示。

表 4.2 命令列表

命　令	功能和参数说明
interface *port-id*	进入由参数 *port-id* 指定的路由器接口的接口配置模式
ip address *ip-address subnet-mask*	为路由器接口配置 IP 地址和子网掩码。参数 *ip-address* 是用户配置的 IP 地址，参数 *subnet-mask* 是用户配置的子网掩码
no shutdown	没有参数，开启某个路由器接口

4.2 点对点信道互连以太网实验

4.2.1 实验内容

点对点信道互连以太网结构如图 4.10 所示，路由器 R1 和 R2 之间用点对点信道互连，路由器 R1 连接一个网络地址为 192.1.1.0/24 的以太网，路由器 R2 连接一个网络地址为 192.1.2.0/24 的以太网，两个以太网上分别连接终端 A 和终端 B，完成终端 A 和终端 B 之间的数据传输过程。由于 SDH 等电路交换网络最终提供的是点对点信道，因此，可以用如图 4.10 所示的互连网结构仿真用 SDH 等广域网互连路由器的情况。

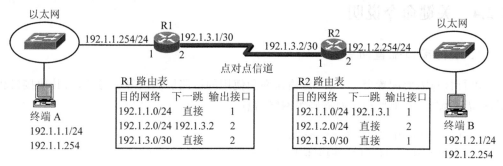

图 4.10 点对点信道互连以太网结构

4.2.2 实验目的

(1) 验证路由器串行接口配置过程。
(2) 验证建立 PPP 链路的过程。
(3) 验证静态路由项配置过程。
(4) 验证路由表与 IP 分组传输路径之间的关系。
(5) 验证 IP 分组端到端传输过程。
(6) 验证不同类型传输网络将 IP 分组封装成该传输网络对应的帧格式的过程。

4.2.3 实验原理

路由器 R1 和 R2 通过串行接口互连仿真点对点信道，基于点对点信道建立 PPP 链路，建立 PPP 链路时可以相互鉴别对方身份，即只在两个互信的路由器之间建立 PPP 链路，并通过 PPP 链路传输 IP 分组。图 4.10 所示是由两个路由器互连 3 个网络而成的互联网，完成路由器接口配置过程后，路由器中只自动生成用于指明通往直接连接的传输网络的传输路径的直连路由项，对于没有与该路由器直接连接的传输网络，需要手工配置用于指明通往该传输网络的传输路径的静态路由项。对于路由器 R1，需要手工配置用于指明通往网络地址为 192.1.2.0/24 的以太网的传输路径的静态路由项。对于路由器 R2，需要手工配置用于指明通往网络地址为 192.1.1.0/24 的以太网的传输路径的静态路由项。终端 A 至终端 B 的 IP 分组传输过程中，IP 分组分别经过 3 个不同的网络，需要分别封装成这 3 个网络对应的帧格式。IP 分组经过网络地址为 192.1.1.0/24 的以太网时，封装成以终端 A 的 MAC 地址为源 MAC 地址、以路由器 R1 以太网接口的 MAC 地址为目的 MAC 地址的 MAC 帧。IP 分组经过互连路由器的点对点信道时，封装成 PPP 帧。IP 分组经过网络地址为 192.1.2.0/24 的以太网时，封装成以路由器 R2 以太网接口的 MAC 地址为源 MAC 地址、以终端 B 的 MAC 地址为目的 MAC 地址的 MAC 帧。

4.2.4 关键命令说明

1. 串行接口配置命令

串行接口需要配置带宽、实际传输速率和使用的链路层协议等。另外，与其他接口相同，还需要配置 IP 地址和子网掩码等网络信息。

```
Router(config)#interface Serial0/1/0
Router(config-if)#bandwidth 4000
Router(config-if)#clock rate 4000000
Router(config-if)#keepalive 10
Router(config-if)#encapsulation ppp
Router(config-if)#ip address 192.1.3.1 255.255.255.252
```

```
Router(config-if)#no shutdown
Router(config-if)#exit
```

interface Serial0/1/0 是全局模式下使用的命令,该命令的作用是进入路由器接口 Serial0/1/0 的接口配置模式,Serial0/1/0 中包含两部分信息:一是接口类型 Serial,表明该接口是串行接口;二是接口编号 0/1/0,接口编号用于区分相同类型的多个接口。

bandwidth 4000 是接口配置模式下使用的命令,该命令的作用是以 kbps 为单位指定串行接口的带宽,4000 是命令参数,表示指定的带宽是 4000kbps。带宽只是用于表示串行接口传输能力的一个参数,不是实际传输速率,上层协议通过该参数确定串行接口的传输能力,如路由协议根据该参数计算链路的代价。

clock rate 4000000 是接口配置模式下使用的命令,该命令的作用是以 bps 为单位指定串行接口的实际传输速率。4000000 是命令参数,表示实际传输速率是 4000000bps。实际传输速率不能是任意值,需要在指定的值列表中选择一个合适的值。

keepalive 10 是接口配置模式下使用的命令,该命令的作用是指定发送存活检测消息(keepalive)的时间间隔。点对点信道两端通过发送存活检测消息确定两端之间的连通性。10 是命令参数,表示每间隔 10 秒发送一个存活检测消息。执行该命令后,串行接口每间隔 10 秒发送一个存活检测消息,对方接收到存活检测消息后,需要回送响应消息。如果该串行接口连续发送指定数量的存活检测消息后,均未接收到对方发送的响应消息,确定与对方的连接中断,需要向上一层协议报告。

encapsulation ppp 是接口配置模式下使用的命令,该命令的作用是指定串行接口的封装类型,ppp 是命令参数,表示串行接口将需要传输的上层协议数据单元封装成 PPP 帧格式。串行接口可以选择的封装类型有 PPP 和 HDLC。

2. PPP 身份鉴别配置命令

PPP 身份鉴别过程是保证只与授权建立 PPP 链路的路由器建立 PPP 链路的过程。因此,每一个路由器需要定义可以建立 PPP 链路的授权路由器的路由器名和口令,同时,需要定义自己的路由器名。建立 PPP 链路时,点对点信道两端路由器都需要通过向对方提供路由器名和口令证明自己是授权路由器,当然,只有当对方提供的路由器名和口令与其配置的其中一个授权路由器的路由器名和口令相同时,才能确定对方是授权路由器。

```
Router(config)#hostname router0
router0(config)#username router1 password cisco
router0(config)#interface Serial0/1/0
router0(config-if)#ppp authentication chap
router0(config-if)#exit
```

hostname router0 是全局模式下使用的命令,该命令的作用是用于指定路由器的名字,router0 是命令参数,表示该路由器的名字是 router0。一旦使用该命令,命令提示符的设备名称改为 router0。如果对方路由器需要鉴别该路由器的身份,对方路由器定义授权路由器时,路由器名必须是 router0。

username router1 password cisco 是全局模式下使用的命令,该命令的作用是定义名字为 router1,口令为 cisco 的授权路由器。因此,只有设备名称为 router1,且配置口令 cisco 的路由器才能通过该路由器的身份鉴别。

ppp authentication chap 是接口配置模式下使用的命令,该命令的作用有两个,一是确定只与授权路由器建立 PPP 链路,二是指定 CHAP 为鉴别对方路由器身份时使用的鉴别协议。chap 是命令参数,用于指定鉴别协议。

3. 静态路由项配置命令

对于没有与路由器直接连接的传输网络,需要手工配置用于指明通往该传输网络的传输路径的静态路由项,静态路由项需要指定两部分内容,一是通过网络地址和子网掩码指定目的网络,二是指定通往目的网络的传输路径上下一跳路由器的 IP 地址。

router0(config)#ip route 192.1.2.0 255.255.255.0 192.1.3.2

ip route 192.1.2.0 255.255.255.0 192.1.3.2 是全局模式下使用的命令,该命令的作用是配置一项静态路由项。192.1.2.0、255.255.255.0 和 192.1.3.2 都是命令参数,192.1.2.0 是目的网络的网络地址。255.255.255.0 是目的网络的子网掩码。192.1.3.2 是通往目的网络的传输路径上下一跳路由器的 IP 地址。

4.2.5 实验步骤

(1) 用串行线实现路由器互连前,路由器需要安装串行接口,路由器安装串行接口过程如图 4.11 所示。WIC-1T 是单串行接口模块。需要用串行线(Serial DCE 或 Serial DTE)互连路由器 Router0 和 Router1 的串行接口,Serial DCE 的始端是 DCE 设备,末端是 DTE 设备。Serial DTE 与 Serial DCE 相反,始端是 DTE 设备,末端是 DCE 设备。只有 DCE 设备需要配置实际传输速率,DTE 设备的实际传输速率由 DCE 设备确定。根据如图 4.10 所示互连的网络结构完成设备放置和连接后的逻辑工作区界面如图 4.12 所示。

(2) 配置路由器接口。完成以太网接口 IP 地址和子网掩码配置过程。完成串行接口实际传输速率和 IP 地址、子网掩码等网络信息配置过程。图形接口(Config)下 Router0 的串行接口配置界面如图 4.13 所示,只能开启串行接口,配置实际传输速率和 IP 地址、子网掩码等网络信息。如果需要配置其他信息,如封装类型、鉴别协议等,只能在命令行接口(CLI)下完成。

(3) 完成路由器接口配置过程后,路由器自动生成直连路由项,只包含直连路由项的路由器 Router0 和 Router1 的路由表分别如图 4.14 和图 4.15 所示。Router0 的直连路由项中不包含用于指明通往网络地址为 192.1.2.0/24 的以太网的传输路径的路由项,同样,Router1 的直连路由项中不包含用于指明通往网络地址为 192.1.1.0/24 的以太网的传输路径的路由项。Router0 图形接口(Config)下,手工配置静态路由项的界面如图 4.16 所示。网络地址(Network)输入框中输入 192.1.2.0,子网掩码(Mask)输入框中输入 255.255.255.0,这两项用于指定目的网络 192.1.2.0/24。下一跳(Next Hop)输入框中输入 192.1.3.2,表明 Router0 通往网络地址为 192.1.2.0/24 的以太网的传输路径上下一跳路

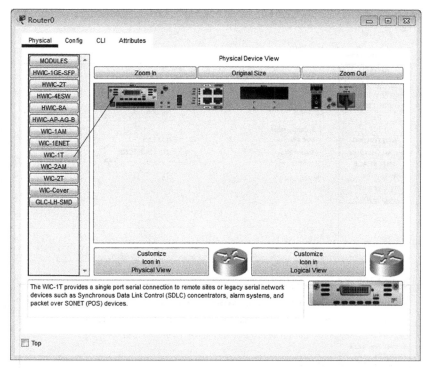

图 4.11 路由器安装串行接口过程

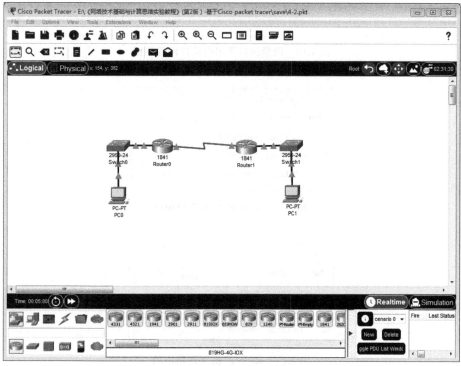

图 4.12 完成设备放置和连接后的逻辑工作区界面

第 4 章 IP 和网络互连实验

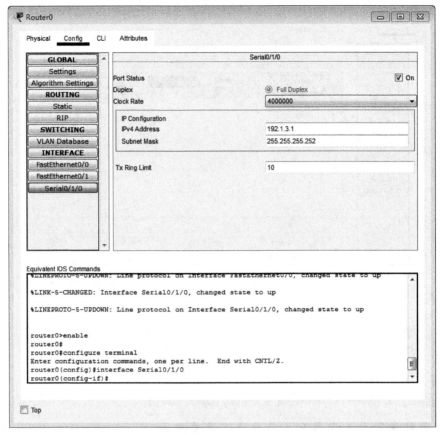

图 4.13 图形接口下串行接口配置界面

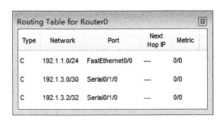

图 4.14 Router0 的直连路由项

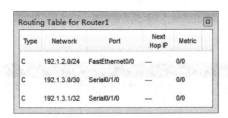

图 4.15 Router1 的直连路由项

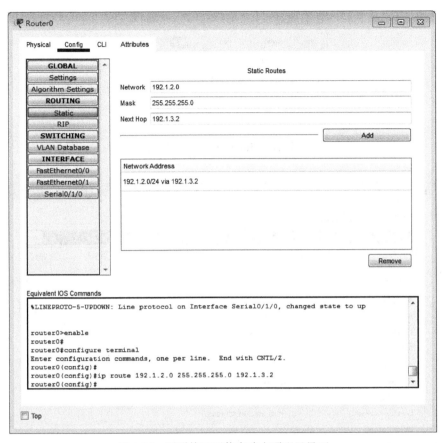

图 4.16　图形接口下静态路由项配置界面

由器的 IP 地址是路由器 Router1 串行接口的 IP 地址。单击添加按钮(Add)完成静态路由项配置过程。以同样的方式完成 Router1 静态路由项配置过程,Router1 静态路由项中的网络地址(Network)为 192.1.1.0,子网掩码(Mask)为 255.255.255.0,下一跳 IP 地址(Next Hop)是路由器 Router0 串行接口的 IP 地址 192.1.3.1。完成 Router0 和 Router1 静态路由项配置过程后,Router0 和 Router1 的完整路由表分别如图 4.17 和图 4.18 所示。

Type	Network	Port	Next Hop IP	Metric
C	192.1.1.0/24	FastEthernet0/0	—	0/0
S	192.1.2.0/24	---	192.1.3.2	1/0
C	192.1.3.0/30	Serial0/1/0	—	0/0
C	192.1.3.2/32	Serial0/1/0	—	0/0

图 4.17　Router0 的完整路由表

(4) 完成 PC0 和 PC1 网络信息配置过程,PC0 配置网络信息的配置界面如图 4.19 所

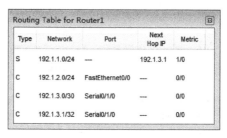

图 4.18　Router1 的完整路由表

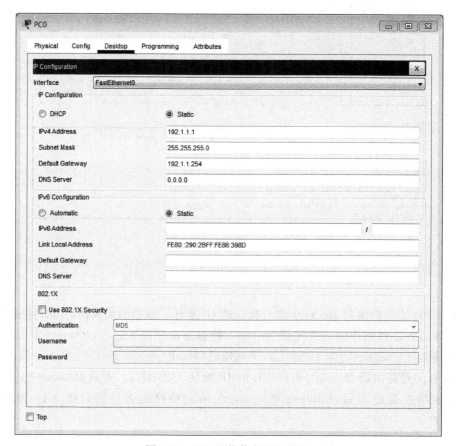

图 4.19　PC0 网络信息配置界面

示。以同样的方式为 PC1 配置 IP 地址 192.1.2.1,子网掩码 255.255.255.0 和默认网关地址 192.1.2.254。

（5）进入模拟操作模式,选中协议类型 ICMP,启动 PC0 至 PC1 的 IP 分组传输过程,IP 分组 PC0 至路由器 Router0 传输过程中封装成以 PC0 的 MAC 地址为源 MAC 地址、以 Router0 以太网接口的 MAC 地址为目的 MAC 地址的 MAC 帧,如图 4.20 所示。IP 分组路由器 Router0 至路由器 Router1 传输过程中封装成 PPP 帧格式,如图 4.21 所示。IP 分组路由器 Router1 至 PC1 传输过程中封装成以 Router1 以太网接口的 MAC 地址为源 MAC 地址、以 PC1 的 MAC 地址为目的 MAC 地址的 MAC 帧，如图 4.22 所示。

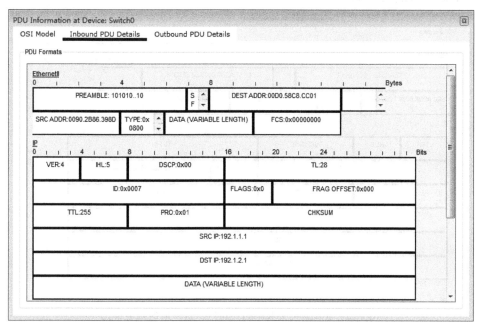

图 4.20　ICMP 报文 PC0 至 Router0 这一段的封装格式

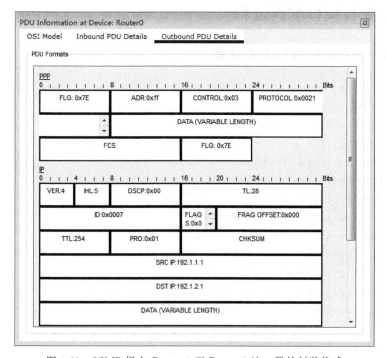

图 4.21　ICMP 报文 Router0 至 Router1 这一段的封装格式

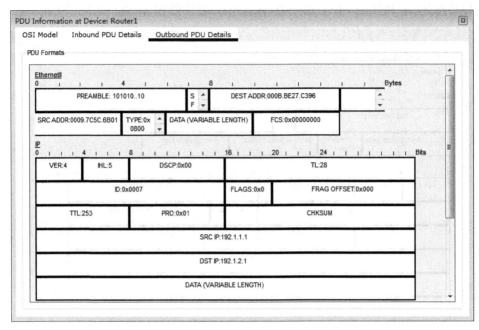

图 4.22　ICMP 报文 Router1 至 PC1 这一段的封装格式

4.2.6　命令行接口配置过程

1. Router0 命令行接口配置过程

```
Router>enable
Router#configure terminal
Router(config)#interface FastEthernet0/0
Router(config-if)#ip address 192.1.1.254 255.255.255.0
Router(config-if)#no shutdown
Router(config-if)#exit
Router(config)#interface Serial0/1/0
Router(config-if)#bandwidth 4000
Router(config-if)#clock rate 4000000
Router(config-if)#keepalive 10
Router(config-if)#encapsulation ppp
Router(config-if)#ip address 192.1.3.1 255.255.255.252
Router(config-if)#no shutdown
Router(config-if)#exit
Router(config)#hostname router0
router0(config)#username router1 password cisco
router0(config)#interface Serial0/1/0
router0(config-if)#ppp authentication chap
```

```
router0(config-if)#exit
router0(config)#ip route 192.1.2.0 255.255.255.0 192.1.3.2
```

2. Router1 命令行接口配置过程

```
Router>enable
Router#configure terminal
Router(config)#interface FastEthernet0/0
Router(config-if)#ip address 192.1.2.254 255.255.255.0
Router(config-if)#no shutdown
Router(config-if)#exit
Router(config)#interface Serial0/1/0
Router(config-if)#bandwidth 4000
Router(config-if)#keepalive 10
Router(config-if)#encapsulation ppp
Router(config-if)#ip address 192.1.3.2 255.255.255.252
Router(config-if)#no shutdown
Router(config-if)#exit
Router(config)#hostname router1
router1(config)#username router0 password cisco
router1(config)#interface Serial0/1/0
router1(config-if)#ppp authentication chap
router1(config-if)#exit
router1(config)#ip route 192.1.1.0 255.255.255.0 192.1.3.1
```

3. 命令列表

路由器命令行接口配置过程中使用的命令及功能和参数说明如表 4.3 所示。

表 4.3 命令列表

命令	功能和参数说明
bandwidth *nkbps*	用于定义接口带宽,参数 *nkbps* 以 kbps 为单位给出接口带宽
clock rate *nbps*	用于定义接口实际数据传输速率,参数 *nbps* 以 bps 为单位给出接口实际数据传输速率。对于串行接口,只有 DCE 设备需要定义实际数据传输速率
keepalive [*period*]	用于定义发送存活检测消息(keepalive)的时间间隔,参数 *period* 以秒为单位给出时间间隔,参数 *period* 可选,默认值是 10s
encapsulation *encapsulation-type*	用于定义接口数据封装类型,参数 *encapsulation-type* 用于指定封装类型,对于串行接口,常用封装类型是 PPP 和 HDLC。串行接口的默认封装类型是 HDLC
hostname *name*	用于指定设备名称,参数 *name* 是设备名称

续表

命　令	功能和参数说明
ppp authentication *protocol*	一是确定建立 PPP 链路时需要鉴别对方身份,二是指定鉴别对方身份时使用的鉴别协议。参数 *protocol* 用于指定鉴别协议,常用的鉴别协议有 chap 和 pap
ip route *prefix mask* {*ip-address* | *interface-type interface-number* } [*distance*]	用于配置静态路由项。参数 *prefix* 是目的网络的网络地址。参数 *mask* 是目的网络的子网掩码。参数 *ip-address* 是下一跳 IP 地址,参数 *interface-type* 和 *interface-number* 是输出接口的接口类型和编号,下一跳 IP 地址和输出接口只需一项。除了点对点网络,一般需要配置下一跳 IP 地址。参数 *distance* 是可选项,用于指定静态路由项的距离

4.3　静态路由项实验

4.3.1　实验内容

　　构建如图 4.23 所示的互连的网络结构,完成终端之间的数据通信过程。AP 是一个实现以太网和无线局域网互连的互连设备。由于路由器 R2 接口 1 和接口 2 分别连接两个以太网,接口 3 连接一个无线局域网,因此,路由器 R2 也是实现以太网和无线局域网

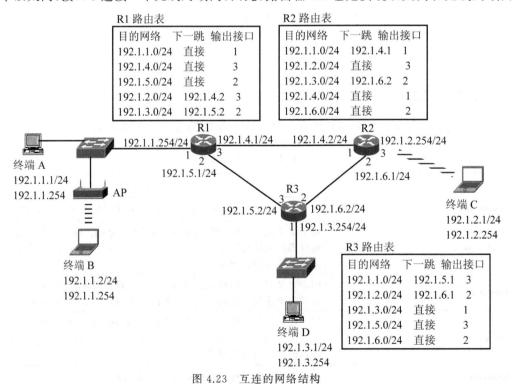

图 4.23　互连的网络结构

互连的互连设备。但 AP 是链路层互连设备，路由器是网络层互连设备。通过比较终端 A 与终端 B 之间的通信过程和终端 A 与终端 C 之间的通信过程，加深了解这两种互连设备之间的区别。

4.3.2 实验目的

（1）验证路由器无线局域网接口的配置过程。
（2）验证 AP 和路由器之间的区别。
（3）验证静态路由项配置过程。
（4）验证 AP 完成以太网 MAC 帧和无线局域网 MAC 帧之间的相互转换过程。
（5）验证路由器重新封装 IP 分组的过程。
（6）验证建立 IP 分组传输路径的过程。

4.3.3 实验原理

对于 IP，AP 互连以太网和无线局域网生成的扩展服务集是同一个网络，连接在以太网上的终端 A 和连接在无线局域网上的终端 B 分配网络地址相同的 IP 地址。终端 A 至终端 B 数据传输过程中，无线局域网 MAC 帧中的源和目的 MAC 地址与以太网 MAC 帧中的源和目的 MAC 地址是相同的。

对于 IP，路由器不同接口连接的以太网和无线局域网是不同的网络，需要分配不同的网络地址。IP 分组以太网至无线局域网转发过程中，路由器需要从以太网 MAC 帧中分离出 IP 分组，重新将 IP 分组封装成无线局域网 MAC 帧。封装同一 IP 分组的以太网 MAC 帧的源和目的 MAC 地址与无线局域网 MAC 帧的源和目的 MAC 地址是不同的。

4.3.4 关键命令说明

路由器无线局域网接口需要配置的信息与 AP 需要配置的信息相似，包括 SSID、加密鉴别机制和密钥等。配置路由器无线局域网接口的命令序列如下。

```
Router(config)#dot11 ssid 123456
Router(config-ssid)#authentication open
Router(config-ssid)#no authentication network-eap
Router(config-ssid)#authentication key-management wpa
Router(config-ssid)#wpa-psk ascii 1234567890
Router(config-ssid)#guest-mode
Router(config-ssid)#exit
Router(config)#interface Dot11Radio0/3/0
Router(config-if)#no shutdown
Router(config-if)#ip address 192.1.2.254 255.255.255.0
Router(config-if)#ssid 123456
Router(config-if)#encryption mode ciphers aes-ccm
```

dot11 ssid 123456 是全局模式下使用的命令,该命令的作用是定义一个 SSID=123456 的无线局域网,并进入该无线局域网配置模式,即 SSID 配置模式。

authentication open 是 SSID 配置模式下使用的命令,该命令的作用是指定开放系统鉴别机制作为终端与该无线局域网建立关联时使用的鉴别机制。为了与 IEEE 802.11 兼容,WPA 和 IEEE 802.11i 要求终端与无线局域网建立关联时采用开放系统鉴别机制,建立关联后,需要通过 EAP 或 WPA 确定建立关联的终端是否是授权终端,只允许授权终端通过无线局域网发送或接收 MAC 帧。

no authentication network-eap 是 SSID 配置模式下使用的命令,该命令的作用是不使用 EAP 鉴别机制作为确定终端是否是授权终端的鉴别机制。不使用 EAP 鉴别机制是为使用 WAP 鉴别机制做准备,一般情况下,不允许同时使用 WPA 和 EAP 鉴别机制。

authentication key-management wpa 是 SSID 配置模式下使用的命令,该命令的作用是指定 WPA 作为该无线局域网的鉴别和密钥管理机制。WPA 密钥管理机制是一种指定预共享密钥(wpa-psk),然后通过预共享密钥推导出每一个终端与无线局域网通信时使用的密钥的密钥管理机制。

wpa-psk ascii 1234567890 是 SSID 配置模式下使用的命令,该命令的作用是指定 ASCII 码形式的字符串 1234567890 为 wpa-psk。

guest-mode 是 SSID 配置模式下使用的命令,该命令的作用是指定无线局域网支持 guest 模式。guest 模式下,一是信标帧中包含该无线局域网的 SSID;二是如果该无线局域网接收到用通配符作为 SSID 的探测请求帧,发送包含该无线局域网的 SSID 的探测响应帧。显然,如果无线局域网支持 guest 模式,终端更容易与该无线局域网建立关联。

interface Dot11Radio0/3/0 是全局模式下使用的命令,该命令的作用是进入路由器接口 Dot11Radio0/3/0 的接口配置模式,Dot11Radio0/3/0 中包含两部分信息。一是接口类型 Dot11Radio,表明该接口是无线局域网接口;二是接口编号 0/3/0,接口编号用于区分相同类型的多个接口。

ssid 123456 是接口配置模式下使用的命令,该命令的作用是将 SSID 为 123456 的无线局域网与该无线局域网接口绑定在一起。

encryption mode ciphers aes-ccm 是接口配置模式下使用的命令,该命令的作用是指定密码体制,WPA 鉴别机制下,可以选择的密码体制有 aes-ccm 和 tkip。密码体制是指加密经过无线局域网传输的数据所使用的加密算法和密钥生成方法等。

4.3.5 实验步骤

(1) 路由器 2811 默认状态下只安装两个 100BASE-TX 接口,但图 4.23 中的路由器 R1 和 R3 需要三个 100BASE-TX 接口,路由器 R2 需要两个 100BASE-TX 接口和一个无线局域网接口。因此,需要在路由器 R1 和 R3 对应的 Router0 和 Router2 上安装模块 NM-1FE-TX,该模块有一个 100BASE-TX 接口。需要在路由器 R2 对应的 Router1 上安装 HWIC-AP-AG-B 模块,该模块有两个 IEEE 802.11bg 接口。在路由器 R2 对应的 Router1 上安装 HWIC-AP-AG-B 模块的过程如图 4.24 所示。

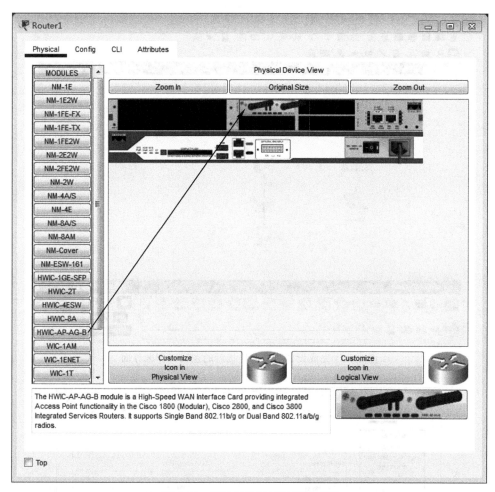

图 4.24　安装无线局域网模块过程

（2）根据如图 4.23 所示的互连的网络结构在逻辑工作区放置和连接设备，完成设备放置和连接后的逻辑工作区界面如图 4.25 所示。需要说明的是，在完成路由器 Router1 无线局域网接口配置前，移动终端无法与 Router1 的无线局域网接口建立关联。

（3）根据如图 4.23 所示的路由器 R1、R2 和 R3 各接口的网络信息，完成所有路由器各接口的配置过程。图形接口（Config）下，Router1 无线局域网接口的配置界面如图 4.26 所示。该接口配置界面只能完成以下配置过程，一是开启无线局域网接口，二是分配接口的 IP 地址 192.1.2.254 和子网掩码 255.255.255.0。其他无线局域网接口需要配置的信息只能在命令行接口（CLI）下，通过输入命令序列完成。需要说明的是，如果没有特别指出，图形接口下可以完成的配置过程，命令行接口下同样可以完成。Router1 命令行接口下的配置过程参见 4.3.6 节。完成路由器接口配置过程后，路由器 Router0、Router1 和 Router2 自动生成的直连路由项分别如图 4.27～图 4.29 所示。Laptop1 为了接入 Router1 的无线局域网，需要与 Router1 的无线局域网接口建立关联，因此，Laptop1 的无线接口需要配置与 Router1 无线局域网相同的 SSID、加密鉴别机制和密钥，如图 4.30 所示。

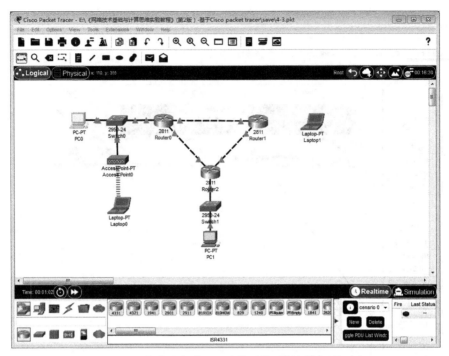

图 4.25　完成设备放置和连接后的逻辑工作区界面

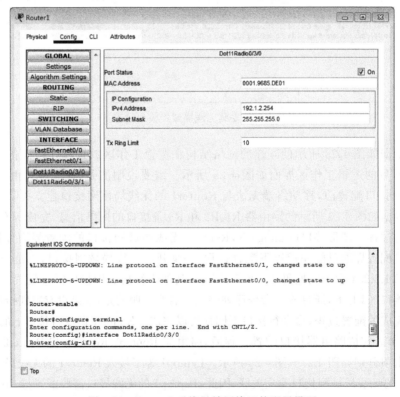

图 4.26　Router1 无线局域网接口的配置界面

Routing Table for Router0

Type	Network	Port	Next Hop IP	Metric
C	192.1.1.0/24	FastEthernet0/0	---	0/0
C	192.1.4.0/24	FastEthernet1/0	---	0/0
C	192.1.5.0/24	FastEthernet0/1	---	0/0

图 4.27　路由器 Router0 的直连路由项

Routing Table for Router1

Type	Network	Port	Next Hop IP	Metric
C	192.1.2.0/24	Dot11Radio0/3/0	---	0/0
C	192.1.4.0/24	FastEthernet0/0	---	0/0
C	192.1.6.0/24	FastEthernet0/1	---	0/0

图 4.28　路由器 Router1 的直连路由项

Routing Table for Router2

Type	Network	Port	Next Hop IP	Metric
C	192.1.3.0/24	FastEthernet0/0	---	0/0
C	192.1.5.0/24	FastEthernet0/1	---	0/0
C	192.1.6.0/24	FastEthernet1/0	---	0/0

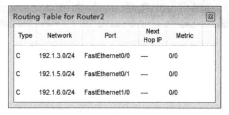

图 4.29　路由器 Router2 的直连路由项

图 4.30　Laptop1 无线接口配置界面

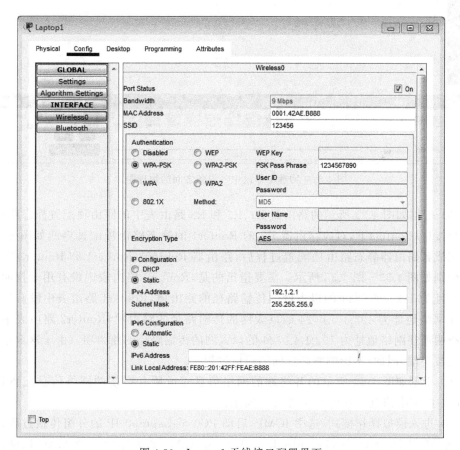

(4) 由于图 4.23 中的 AP 和路由器 R2 涉及电磁波传播范围,因此,需要在物理工作区中确定笔记本计算机 Laptop0 与 AP 之间的物理距离,笔记本计算机 Laptop1 与 Router1 之间的物理距离。物理工作区中调整后的各设备之间的物理距离如图 4.31 所示。

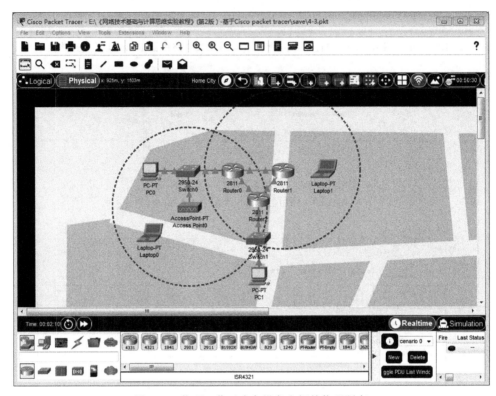

图 4.31　物理工作区中各设备之间的物理距离

(5) 根据如图 4.23 所示的路由器 R1、R2 和 R3 路由表中的路由项配置静态路由项,在图形接口(Config)下,对应路由器 R2 的 Router1 的静态路由项配置界面如图 4.32 所示。完成各路由器静态路由项配置过程后,路由器 Router0、Router1 和 Router2 完整路由表分别如图 4.33～图 4.35 所示。需要指出的是,Router0 路由表中没有用于指明通往网络地址为 192.1.6.0/24 的以太网的传输路径的路由项,Router1 路由表中没有用于指明通往网络地址为 192.1.5.0/24 的以太网的传输路径的路由项,Router2 路由表中没有用于指明通往网络地址为 192.1.4.0/24 的以太网的传输路径的路由项。由于这 3 个网络没有连接终端,因此,不影响终端之间的通信过程。

(6) 根据如图 4.23 所示的各终端的网络信息完成所有终端的网络信息配置过程,Laptop1 的网络信息配置界面如图 4.36 所示。

(7) 进入模拟操作模式,选中 ICMP,启动 PC0 至 Laptop0 IP 的分组传输过程,封装 IP 分组的以太网 MAC 帧格式如图 4.37 所示,源 MAC 地址为 PC0 的 MAC 地址,目的 MAC 地址为 Laptop0 的 MAC 地址。封装 IP 分组的无线局域网 MAC 帧格式如图 4.38

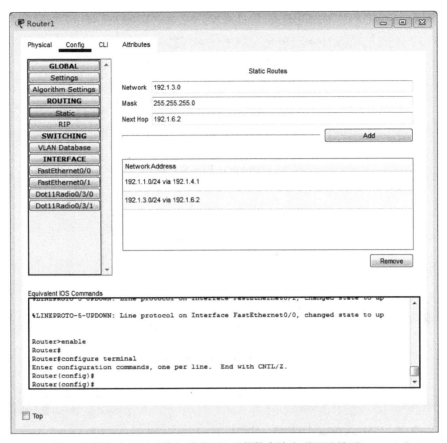

图 4.32　图形接口下 Router1 的静态路由项配置界面

图 4.33　Router0 的完整路由表

所示,地址字段 1(接收端 MAC 地址,这里也是目的 MAC 地址)为 Laptop0 的 MAC 地址,地址字段 2(发送端 MAC 地址)为 AP 的 MAC 地址,地址字段 3(源 MAC 地址)为 PC0 的 MAC 地址。因此,这两个 MAC 帧中的源和目的 MAC 地址是相同的。

启动 PC0 至 Laptop1 的 IP 分组传输过程,IP 分组 PC0 至 Router0 传输过程中,IP 分组封装成如图 4.39 所示的以太网 MAC 帧格式,源 MAC 地址为 PC0 的 MAC 地址,目的 MAC 地址为 Router0 连接网络地址为 192.1.1.0/24 的以太网接口的 MAC 地址。IP

第 4 章　IP 和网络互连实验

Routing Table for Router1

Type	Network	Port	Next Hop IP	Metric
S	192.1.1.0/24	---	192.1.4.1	1/0
C	192.1.2.0/24	Dot11Radio0/3/0	---	0/0
S	192.1.3.0/24	---	192.1.6.2	1/0
C	192.1.4.0/24	FastEthernet0/0	---	0/0
C	192.1.6.0/24	FastEthernet0/1	---	0/0

图 4.34　Router1 的完整路由表

Routing Table for Router2

Type	Network	Port	Next Hop IP	Metric
S	192.1.1.0/24	---	192.1.5.1	1/0
S	192.1.2.0/24	---	192.1.6.1	1/0
C	192.1.3.0/24	FastEthernet0/0	---	0/0
C	192.1.5.0/24	FastEthernet0/1	---	0/0
C	192.1.6.0/24	FastEthernet1/0	---	0/0

图 4.35　Router2 的完整路由表

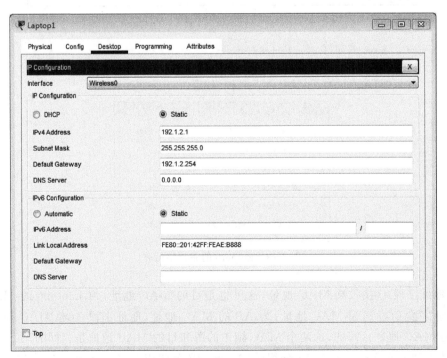

图 4.36　Laptop1 的网络信息配置界面

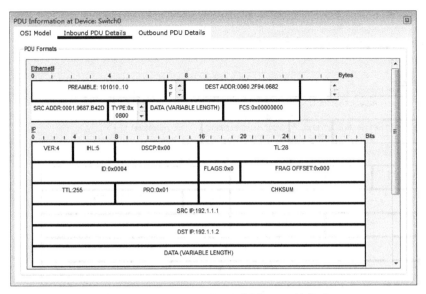

图 4.37　PC0 至 Laptop0 以太网 MAC 帧格式

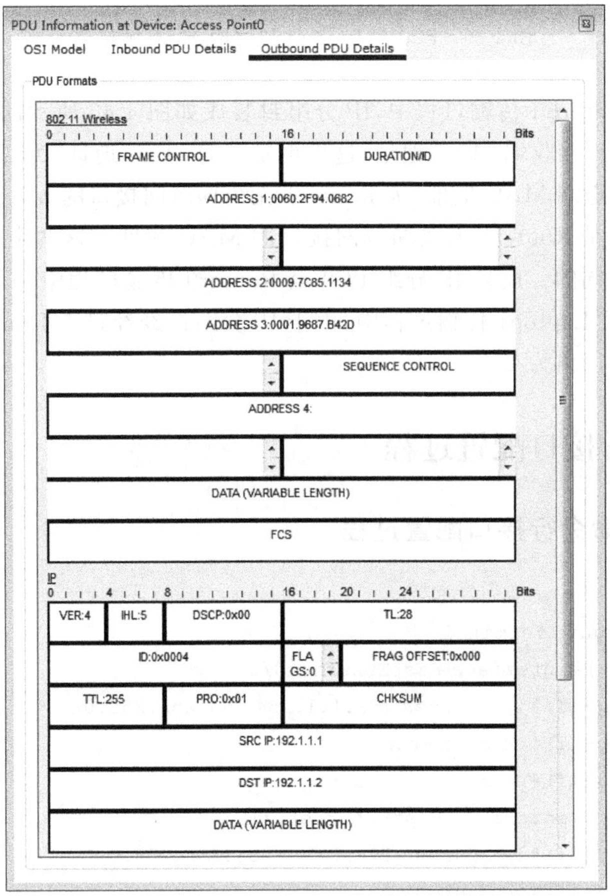

图 4.38　PC0 至 Laptop0 无线局域网 MAC 帧格式

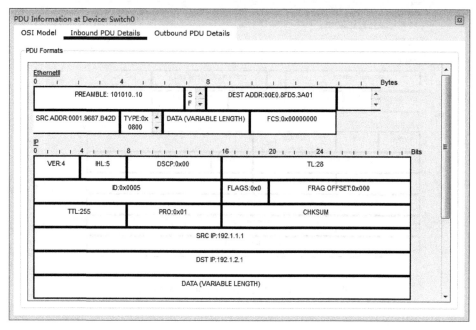

图 4.39　PC0 至 Laptop1 以太网 MAC 帧格式

分组 Router1 至 Laptop1 传输过程中，IP 分组封装成如图 4.40 所示的无线局域网 MAC 帧格式，地址字段 1(接收端 MAC 地址，这里也是目的 MAC 地址)为 Laptop1 的 MAC 地址，地址字段 2(发送端 MAC 地址)为 Router1 无线局域网接口的 MAC 地址，地址字段 3(源 MAC 地址)也是 Router1 无线局域网接口的 MAC 地址。这两个 MAC 帧的源和目的 MAC 地址是不同的。而且 IP 分组 PC0 至 Router0 传输过程中，TTL 字段值为 255，IP 分组 Router1 至 Laptop1 传输过程中，由于 IP 分组已经经过了 Router0 和 Router1 两跳路由器，TTL 字段值为 253。

4.3.6　命令行接口配置过程

1. Router0 命令行接口配置过程

```
Router>enable
Router#configure terminal
Router(config)#interface FastEthernet0/0
Router(config-if)#ip address 192.1.1.254 255.255.255.0
Router(config-if)#no shutdown
Router(config-if)#exit
Router(config)#interface FastEthernet0/1
Router(config-if)#ip address 192.1.5.1 255.255.255.0
Router(config-if)#no shutdown
Router(config-if)#exit
```

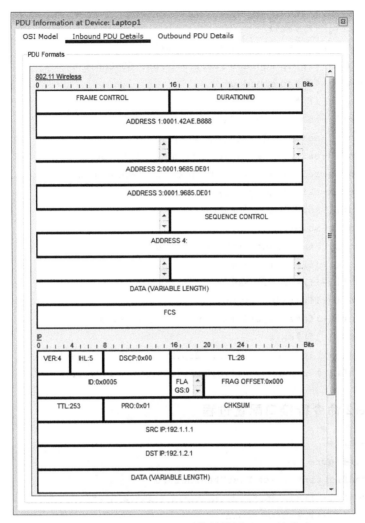

图 4.40　PC0 至 Laptop1 无线局域网 MAC 帧格式

```
Router(config)#interface FastEthernet1/0
Router(config-if)#ip address 192.1.4.1 255.255.255.0
Router(config-if)#no shutdown
Router(config-if)#exit
Router(config)#ip route 192.1.2.0 255.255.255.0 192.1.4.2
Router(config)#ip route 192.1.3.0 255.255.255.0 192.1.5.2
```

2. Router1 命令行接口配置过程

```
Router>enable
Router#configure terminal
Router(config)#interface FastEthernet0/0
Router(config-if)#ip address 192.1.4.2 255.255.255.0
```

```
Router(config-if)#no shutdown
Router(config-if)#exit
Router(config)#interface FastEthernet0/1
Router(config-if)#ip address 192.1.6.1 255.255.255.0
Router(config-if)#no shutdown
Router(config-if)#exit
Router(config)#dot11 ssid 123456
Router(config-ssid)#authentication open
Router(config-ssid)#no authentication network-eap
Router(config-ssid)#authentication key-management wpa
Router(config-ssid)#wpa-psk ascii 1234567890
Router(config-ssid)#guest-mode
Router(config-ssid)#exit
Router(config)#interface Dot11Radio0/3/0
Router(config-if)#no shutdown
Router(config-if)#ip address 192.1.2.254 255.255.255.0
Router(config-if)#ssid 123456
Router(config-if)#encryption mode ciphers aes-ccm
Router(config-if)#exit
Router(config)#ip route 192.1.1.0 255.255.255.0 192.1.4.1
Router(config)#ip route 192.1.3.0 255.255.255.0 192.1.6.2
```

3. Router2 命令行接口配置过程

```
Router>enable
Router#configure terminal
Router(config)#interface FastEthernet0/0
Router(config-if)#ip address 192.1.3.254 255.255.255.0
Router(config-if)#no shutdown
Router(config-if)#exit
Router(config)#interface FastEthernet0/1
Router(config-if)#ip address 192.1.5.2 255.255.255.0
Router(config-if)#no shutdown
Router(config-if)#exit
Router(config)#interface FastEthernet1/0
Router(config-if)#ip address 192.1.6.2 255.255.255.0
Router(config-if)#no shutdown
Router(config-if)#exit
Router(config)#ip route 192.1.1.0 255.255.255.0 192.1.5.1
Router(config)#ip route 192.1.2.0 255.255.255.0 192.1.6.1
```

4. 命令列表

路由器命令行接口配置过程中使用的命令及功能和参数说明如表 4.4 所示。

表 4.4 命令列表

命　　令	功能和参数说明
dot11 ssid *name*	该命令的作用一是为无线局域网分配 SSID,二是进入该无线局域网配置模式,即 SSID 配置模式。参数 *name* 给出该无线局域网的 SSID
authentication open	该命令的作用是指定开放系统鉴别机制作为终端与 AP 建立关联时使用的鉴别机制
no authentication network-eap	该命令的作用是不将 EAP 鉴别机制作为判别授权用户的鉴别机制
authentication key-management wpa	该命令的作用是指定 WPA 作为该无线局域网的鉴别和密钥管理机制
wpa-psk{hex ∣ ascii}[0 ∣ 7] *encryption-key*	该命令的作用是指定 WPA 预共享密钥,密钥可以选择十六进制形式(hex),也可以选择 ASCII 码形式(ascii),可以选择以明文形式存放(0),也可以选择加密后存放(7)。参数 *encryption-key* 给出 WPA 预共享密钥
guest-mode	该命令的作用是指定无线局域网支持 guest 模式
ssid *name*	该命令的作用是将无线局域网接口与某个无线局域网绑定在一起,参数 *name* 用于给出唯一标识该无线局域网的 SSID
encryption mode ciphers {aes-ccm ∣ tkip ∣ wep128 ∣ wep40}	该命令的作用是指定该无线局域网采用的密钥体制

4.4　RIPv1 实验

4.4.1　实验内容

如图 4.23 所示的某个路由器的路由表内容由两部分组成,一部分是直连路由项,用于指明通往与该路由器直接连接的网络的传输路径,在完成该路由器接口 IP 地址和子网掩码配置过程,且开启路由器接口后,由该路由器自动生成。另一部分路由项用于指明通往没有与该路由器直接连接的网络的传输路径,这部分路由项或者是手工配置的静态路由项,或者是由路由协议动态生成的动态路由项。4.3 节静态路由项实验验证了手工配置静态路由项的过程,本实验需要验证路由协议动态生成动态路由项的过程。因此,针对如图 4.23 所示的互连的网络结构,本实验给出各路由器通过路由协议动态生成用于指明通往没有与该路由器直接连接的网络的传输路径的动态路由项的过程。

4.4.2　实验目的

(1) 验证路由器路由信息协议(Routing Information Protocol,RIP)配置过程。

(2) 验证 RIP 生成动态路由项的过程。

(3) 验证动态路由项距离值。

(4) 验证路由项优先级。

(5) 验证静态路由项与动态路由项之间的区别。

4.4.3 实验原理

该实验在 4.3 节静态路由项实验的基础上进行,路由器接口配置信息保持不变,删除已经配置的静态路由项,完成路由协议 RIP 配置过程,由 RIP 生成用于指明通往没有与该路由器直接连接的网络的传输路径的动态路由项。分析动态路由项的距离和优先级。

4.4.4 关键命令说明

以下是命令行接口(CLI)下,完成 RIPv1 配置过程所涉及的命令。

```
Router(config)#router rip
Router(config-router)#network 192.1.1.0
Router(config-router)#network 192.1.4.0
Router(config-router)#network 192.1.5.0
Router(config-router)#exit
```

router rip 是全局模式下使用的命令,该命令的作用一是启动 RIP 进程,二是进入 RIP 配置模式。

network 192.1.1.0 是 RIP 配置模式下使用的命令,该命令的作用是指定一个与路由器直接连接的网络,192.1.1.0 是命令参数,以分类编址形式给出该网络的网络地址。指定该网络后,一是只有接口 IP 地址属于该网络的路由器接口才能接收、发送路由消息;二是只有这样的网络才能作为目的网络出现在<V,D>表中。针对如图 4.23 所示的互连的网络结构,路由器 R1 直接连接的 3 个网络的网络地址分别是 192.1.1.0/24、192.1.4.0/24 和 192.1.5.0/24,这 3 个网络地址如果以分类编址形式给出,分别是 192.1.1.0、192.1.4.0 和 192.1.5.0。

4.4.5 实验步骤

(1) 该实验在 4.3 节静态路由项实验的基础上进行,删除为路由器 Router0、Router1 和 Router2 配置的静态路由项,在图形接口(Config)下,完成 RIP 配置过程。选择配置栏中的 RIP,出现如图 4.41 所示的 RIP 配置界面,在网络(Network)输入框中以分类编址形式输入路由器直接连接的网络的网络地址,单击添加(Add)按钮,完成一个网络项的输入过程。重复上述过程,完成多个网络项的输入过程。图 4.41 所示是 Router0 的 RIP 配置界面,由于 Router0 直接连接的 3 个网络的网络地址分别是 192.1.1.0/24、192.1.4.0/24 和 192.1.5.0/24,因此,以分类编址形式输入的网络地址分别是 192.1.1.0、192.1.4.0 和 192.1.5.0。

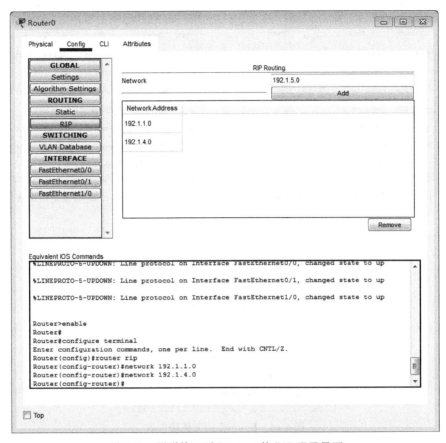

图 4.41　图形接口下 Router0 的 RIP 配置界面

（2）完成路由器 Router0、Router1 和 Router2 的 RIP 配置过程后，路由器 Router0、Router1 和 Router2 的路由表中自动生成用于指明通往没有与其直接连接的网络的传输路径的动态路由项。路由器 Router0、Router1 和 Router2 包含动态路由项的路由表分别如图 4.42～图 4.44 所示。类型（Type）字段值为 R，表明是 RIP 创建的动态路由项，距离（Metric）字段值 120/1 中的 120 是管理距离值，用于确定该路由项的优先级，管理距离值越小，对应的路由项的优先级越高。如果存在多项类型不同、目的网络地址相同的路由项，使用优先级高的路由项。120/1 中的 1 是跳数，跳数等于该路由器到达目的网络需要经过的路由器数目（不含该路由器自身）。

分析一下 RIP 生成的动态路由项与其他类型路由项的区别，直连路由项的类型（Type）字段值为 C，距离（Metric）字段值 0/0 表示管理距离值为 0，跳数为 0，该路由项的优先级最高。如图 4.33 所示的静态路由项的类型（Type）字段值为 S，距离（Metric）字段值 1/0 表示管理距离值为 1，跳数为 0，该路由项的优先级次高，仅次于直连路由项。

需要指出的是，一旦每个路由器配置 RIP 过程中，指定了所有直接连接的网络，RIP 生成的动态路由项中包含用于指明通往所有没有与该路由器直接连接的网络的传输路径的动态路由项。

Routing Table for Router0

Type	Network	Port	Next Hop IP	Metric
C	192.1.1.0/24	FastEthernet0/0	—	0/0
R	192.1.2.0/24	FastEthernet1/0	192.1.4.2	120/1
R	192.1.3.0/24	FastEthernet0/1	192.1.5.2	120/1
C	192.1.4.0/24	FastEthernet1/0	—	0/0
C	192.1.5.0/24	FastEthernet0/1	—	0/0
R	192.1.6.0/24	FastEthernet1/0	192.1.4.2	120/1
R	192.1.6.0/24	FastEthernet0/1	192.1.5.2	120/1

图 4.42　Router0 的完整路由表

Routing Table for Router1

Type	Network	Port	Next Hop IP	Metric
R	192.1.1.0/24	FastEthernet0/0	192.1.4.1	120/1
C	192.1.2.0/24	Dot11Radio0/3/0	—	0/0
R	192.1.3.0/24	FastEthernet0/1	192.1.6.2	120/1
C	192.1.4.0/24	FastEthernet0/0	—	0/0
R	192.1.5.0/24	FastEthernet0/0	192.1.4.1	120/1
R	192.1.5.0/24	FastEthernet0/1	192.1.6.2	120/1
C	192.1.6.0/24	FastEthernet0/1	—	0/0

图 4.43　Router1 的完整路由表

Routing Table for Router2

Type	Network	Port	Next Hop IP	Metric
R	192.1.1.0/24	FastEthernet0/1	192.1.5.1	120/1
R	192.1.2.0/24	FastEthernet1/0	192.1.6.1	120/1
C	192.1.3.0/24	FastEthernet0/0	—	0/0
R	192.1.4.0/24	FastEthernet1/0	192.1.6.1	120/1
R	192.1.4.0/24	FastEthernet0/1	192.1.5.1	120/1
C	192.1.5.0/24	FastEthernet0/1	—	0/0
C	192.1.6.0/24	FastEthernet1/0	—	0/0

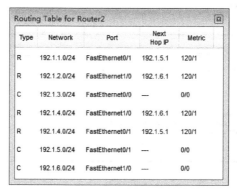

图 4.44　Router2 的完整路由表

4.4.6　命令行接口配置过程

命令行接口配置过程只给出 Router0 完整的命令行接口配置过程，Router1 和 Router2 只给出 RIP 相关的命令行接口配置过程。

1. Router0 命令行接口配置过程

```
Router>enable
Router#configure terminal
Router(config)#interface FastEthernet0/0
Router(config-if)#ip address 192.1.1.254 255.255.255.0
Router(config-if)#no shutdown
Router(config-if)#exit
Router(config)#interface FastEthernet0/1
Router(config-if)#ip address 192.1.5.1 255.255.255.0
Router(config-if)#no shutdown
Router(config-if)#exit
Router(config)#interface FastEthernet1/0
```

```
Router(config-if)#ip address 192.1.4.1 255.255.255.0
Router(config-if)#no shutdown
Router(config-if)#exit
Router(config)#router rip
Router(config-router)#network 192.1.1.0
Router(config-router)#network 192.1.4.0
Router(config-router)#network 192.1.5.0
Router(config-router)#exit
```

2. Router1 RIP 相关的命令行接口配置过程

```
Router(config)#router rip
Router(config-router)#network 192.1.2.0
Router(config-router)#network 192.1.4.0
Router(config-router)#network 192.1.6.0
Router(config-router)#exit
```

3. Router2 RIP 相关的命令行接口配置过程

```
Router(config)#router rip
Router(config-router)#network 192.1.3.0
Router(config-router)#network 192.1.5.0
Router(config-router)#network 192.1.6.0
Router(config-router)#exit
```

4. 命令列表

路由器命令行接口配置过程中使用的命令及功能和参数说明如表 4.5 所示。

表 4.5 命令列表

命 令	功能和参数说明
router rip	启动 RIP 进程，进入 RIP 配置模式，在 RIP 配置模式下完成 RIP 相关参数的配置过程
network *ip-address*	指定参与 RIP 创建动态路由项过程的路由器接口和直接连接的网络，参数 *ip-address* 以分类编址形式给出直接连接的网络的网络地址

4.5 RIPv2 实验

4.5.1 实验内容

构建如图 4.45 所示的互连的网络结构，通过 RIP 生成各路由器路由表中用于指明通往没有与其直接连接的网络的传输路径的路由项，完成各终端之间的数据传输过程。值得指出的是，网络地址 192.1.1.0/25、192.1.1.128/25 等与分类编址形式的网络地址并不一致，因此，需要选择支持无分类编址的 RIPv2。

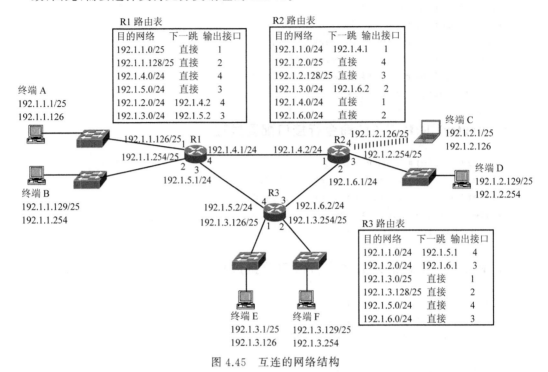

图 4.45 互连的网络结构

4.5.2 实验目的

(1) 验证路由器 RIPv2 配置过程。
(2) 验证 RIPv2 生成动态路由项的过程。
(3) 验证 RIPv2 支持无分类编址。
(4) 验证子网路由项生成过程。
(5) 验证路由项聚合过程。

4.5.3 实验原理

如图 4.45 所示，将与分类编址形式的网络地址一致的 CIDR 地址块 192.1.1.0/24 分解为两个 CIDR 地址块 192.1.1.0/25 和 192.1.1.128/25。将这两个 CIDR 地址块分别作为网络地址分配给两个网络，对 CIDR 地址块 192.1.2.0/24 和 192.1.3.0/24 做同样的处理。由于网络地址 192.1.1.0/25、192.1.1.128/25 等与分类编址形式的网络地址并不一致，因此，要求 RIPv2 支持无分类编址。

由于路由器 R1 通往网络 192.1.2.0/25 和 192.1.2.128/25 的传输路径有着相同的下一跳和输出接口，且 CIDR 地址块 192.1.2.0/25 和 192.1.2.128/25 可以合并成 CIDR 地址块192.1.2.0/24,因此,可以用目的网络为192.1.2.0/24的一项路由项指明通往网络192.1.2.0/25和192.1.2.128/25的传输路径。同理,路由器R1可以用目的网络为192.1.3.0/24的一项路由项指明通往网络192.1.3.0/25和192.1.3.128/25的传输路径。这种方法称为路由项聚合。RIPv2既可以支持路由项聚合功能,也可以取消路由项聚合功能,因此,可以基于这两种情况分别查看各路由器最终生成的路由表。

4.5.4 关键命令说明

完成路由器RIPv2配置过程的命令序列如下。

```
Router(config)#router rip
Router(config-router)#version 2
Router(config-router)#network 192.1.3.0
Router(config-router)#network 192.1.5.0
Router(config-router)#network 192.1.6.0
Router(config-router)#no auto-summary
Router(config-router)#exit
```

version 2是RIP配置模式下使用的命令,该命令的作用是指定RIPv2。

network 192.1.3.0是RIP配置模式下使用的命令,该命令的作用是以分类编址形式指定直接连接的网络的网络地址。对于路由器Router2,直接连接的网络的网络地址是192.1.3.0/25和192.1.3.128/25,但这两个直接连接的网络的网络地址聚合为与分类编址形式一致的网络地址192.1.3.0/24后,才能通过命令network 192.1.3.0配置为参与RIP生成动态路由项过程的网络。由此表明,RIPv2虽然支持无分类编址,但配置参与RIP生成动态路由项过程的直接连接的网络时,只能输入分类编址形式的网络地址。

no auto-summary是RIP配置模式下使用的命令,该命令的作用是取消路由项聚合功能。一旦取消路由项聚合功能,其他路由器最终生成的路由表中用两项路由项分别指明通往网络192.1.3.0/25和192.1.3.128/25的传输路径。如果启动路由项聚合功能,其他路由器最终生成的路由表中用目的网络为192.1.3.0/24的一项路由项指明通往网络192.1.3.0/25和192.1.3.128/25的传输路径。启动路由项聚合功能的命令是auto-summary。

4.5.5 实验步骤

(1) 根据如图4.45所示的互连的网络结构放置和连接设备。完成设备放置和连接后的逻辑工作区界面如图4.46所示。根据如图4.45所示的各路由器接口的网络信息,完成路由器各接口IP地址和子网掩码配置过程,图形接口(Config)下,Router0配置连接网络地址为192.1.1.0/25的网络接口的界面如图4.47所示。接口配置的IP地址192.1.1.126成为连接在该网络上的终端的默认网关地址,因此,PC0需要配置以下网络信息,属于网络地址192.1.1.0/25的IP地址192.1.1.1,子网掩码255.255.255.128,默认网关地址192.1.1.126。PC0网络信息配置界面如图4.48所示。根据如图4.45所示的各终端的网

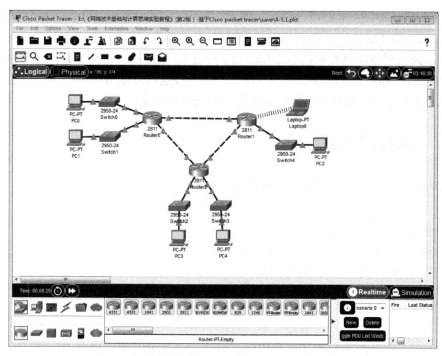

图 4.46 完成设备放置和连接后的逻辑工作区界面

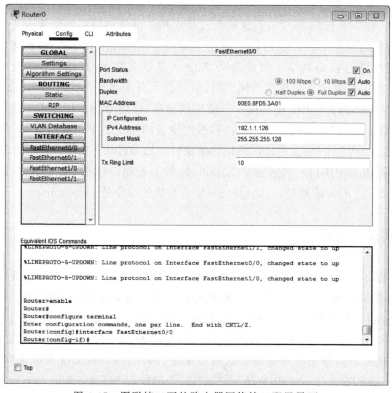

图 4.47 图形接口下的路由器网络接口配置界面

络信息完成其他所有终端的网络信息配置过程。

图 4.48　PC0 网络信息配置界面

（2）在命令行接口（CLI）下，完成各路由器 RIPv2 配置过程，为了体现 RIPv2 支持无分类编址，先取消路由项聚合功能。这种情况下，路由器 Router0、Router1 和 Router2 最终生成的路由表分别如图 4.49～图 4.51 所示。Router0 路由表中分别用两项目的网络为 192.1.2.0/25 和 192.1.2.128/25 的路由项指明通往网络 192.1.2.0/25 和 192.1.2.128/25 的传输路径。

Routing Table for Router0

Type	Network	Port	Next Hop IP	Metric
C	192.1.1.0/25	FastEthernet0/0	---	0/0
C	192.1.1.128/25	FastEthernet1/0	---	0/0
R	192.1.2.0/25	FastEthernet1/1	192.1.4.2	120/1
R	192.1.2.128/25	FastEthernet1/1	192.1.4.2	120/1
R	192.1.3.0/25	FastEthernet0/1	192.1.5.2	120/1
R	192.1.3.128/25	FastEthernet0/1	192.1.5.2	120/1
C	192.1.4.0/24	FastEthernet1/1	---	0/0
C	192.1.5.0/24	FastEthernet0/1	---	0/0
R	192.1.6.0/24	FastEthernet1/1	192.1.4.2	120/1
R	192.1.6.0/24	FastEthernet0/1	192.1.5.2	120/1

Routing Table for Router1

Type	Network	Port	Next Hop IP	Metric
R	192.1.1.0/25	FastEthernet0/0	192.1.4.1	120/1
R	192.1.1.128/25	FastEthernet0/0	192.1.4.1	120/1
C	192.1.2.0/25	Dot11Radio0/3/0	---	0/0
C	192.1.2.128/25	FastEthernet1/0	---	0/0
R	192.1.3.0/25	FastEthernet0/1	192.1.6.2	120/1
R	192.1.3.128/25	FastEthernet0/1	192.1.6.2	120/1
C	192.1.4.0/24	FastEthernet0/0	---	0/0
R	192.1.5.0/24	FastEthernet0/0	192.1.4.1	120/1
R	192.1.5.0/24	FastEthernet0/1	192.1.6.2	120/1
C	192.1.6.0/24	FastEthernet0/1	---	0/0

图 4.49　没有路由项聚合的 Router0 路由表　　图 4.50　没有路由项聚合的 Router1 路由表

第 4 章　IP 和网络互连实验

启动路由项聚合功能,这种情况下,路由器 Router0、Router1 和 Router2 最终生成的路由表分别如图 4.52～图 4.54 所示。Router0 路由表中用一项目的网络为 192.1.2.0/24 的路由项指明通往网络 192.1.2.0/25 和 192.1.2.128/25 的传输路径。

图 4.51　没有路由项聚合的 Router2 路由表　　　图 4.52　路由项聚合的 Router0 路由表

图 4.53　路由项聚合的 Router1 路由表　　　图 4.54　路由项聚合的 Router2 路由表

4.5.6　命令行接口配置过程

命令行接口配置过程只给出 Router0 的完整命令行接口配置过程,Router1 和 Router2 只给出 RIP 相关的命令行接口配置过程。

1. Router0 命令行接口配置过程

```
Router>enable
Router#configure terminal
Router(config)#interface FastEthernet0/0
```

```
Router(config-if)#ip address 192.1.1.126 255.255.255.128
Router(config-if)#no shutdown
Router(config-if)#exit
Router(config)#interface FastEthernet0/1
Router(config-if)#ip address 192.1.5.1 255.255.255.0
Router(config-if)#no shutdown
Router(config-if)#exit
Router(config)#interface FastEthernet1/0
Router(config-if)#ip address 192.1.1.254 255.255.255.128
Router(config-if)#no shutdown
Router(config-if)#exit
Router(config)#interface FastEthernet1/1
Router(config-if)#ip address 192.1.4.1 255.255.255.0
Router(config-if)#no shutdown
Router(config-if)#exit
Router(config)#router rip
Router(config-router)#version 2
Router(config-router)#network 192.1.1.0
Router(config-router)#network 192.1.4.0
Router(config-router)#network 192.1.5.0
Router(config-router)#no auto-summary
Router(config-router)#exit
```

2. Router1 RIP 相关的命令行接口配置过程

```
Router(config)#router rip
Router(config-router)#version 2
Router(config-router)#network 192.1.2.0
Router(config-router)#network 192.1.4.0
Router(config-router)#network 192.1.6.0
Router(config-router)#no auto-summary
Router(config-router)#exit
```

3. Router2 RIP 相关的命令行接口配置过程

```
Router(config)#router rip
Router(config-router)#version 2
Router(config-router)#network 192.1.3.0
Router(config-router)#network 192.1.5.0
Router(config-router)#network 192.1.6.0
Router(config-router)#no auto-summary
Router(config-router)#exit
```

4. 命令列表

路由器命令行接口配置过程中使用的命令及功能和参数说明如表 4.6 所示。

表 4.6 命令列表

命　令	功能和参数说明
version{1 | 2}	指定 RIP 版本,1 对应 RIPv1,2 对应 RIPv2
auto-summary	启动路由项聚合功能
no auto-summary	取消路由项聚合功能,这也是 Cisco 命令的特点,通过在命令前面加 no,取消原命令执行后的功能

4.6　ARP 演示实验

4.6.1　实验内容

构建如图 4.55 所示的网络结构,分析终端 A 根据终端 B 的 IP 地址 192.1.1.2 解析出终端 B 的 MAC 地址 MAC B 的过程。观察上述地址解析过程中,终端 B 获取终端 A 的 IP 地址 192.1.1.1 和终端 A 的 MAC 地址 MAC A 之间绑定项的过程。

图 4.55　网络结构

4.6.2　实验目的

(1) 验证地址解析协议(Address Resolution Protocol,ARP)完成地址解析的过程。
(2) 验证 ARP 报文结构。
(3) 验证显示和清除终端 ARP 缓冲器内容的命令。

4.6.3　实验原理

构建如图 4.55 所示的网络结构,启动终端 A 至终端 B 的 IP 分组传输过程。启动终端 A 至终端 B 的 IP 分组传输过程时,必须向终端 A 提供终端 B 的 IP 地址。终端 A 传输给终端 B 的 IP 分组需要封装成以终端 A 的 MAC 地址为源 MAC 地址、以终端 B 的 MAC 地址为目的 MAC 地址的 MAC 帧,因此,终端 A 向终端 B 传输 IP 分组前,必须获取终端 B 的 MAC 地址,终端 A 需要启动根据终端 B 的 IP 地址获取终端 B 的 MAC 地址的地址解析过程。ARP 就是一种用于完成地址解析过程的协议。

4.6.4 实验步骤

(1) 根据如图 4.55 所示的网络结构放置和连接设备,完成设备放置和连接后的逻辑工作区界面如图 4.56 所示。

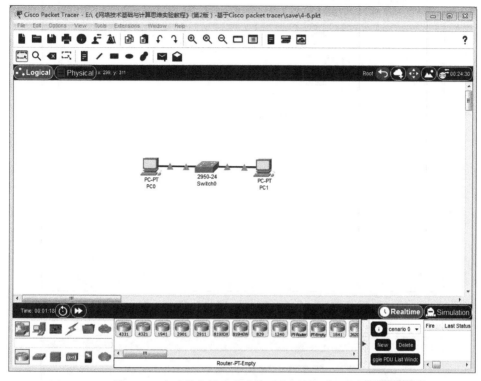

图 4.56 完成设备放置和连接后的逻辑工作区界面

(2) 完成 PC0 和 PC1 的 IP 地址和子网掩码配置过程,记录 PC0 和 PC1 的 MAC 地址。PC0 的 MAC 地址以及为 PC0 配置的 IP 地址和子网掩码如图 4.57 所示。PC1 的 MAC 地址以及为 PC1 配置的 IP 地址和子网掩码如图 4.58 所示。

(3) 检查 PC0 和 PC1 的 ARP 缓冲区,通过在 PC0 命令提示符下输入命令"arp -a",显示 PC0 的 ARP 缓冲区的内容,在完成地址解析过程前,PC0 的 ARP 缓冲区中没有 IP 地址与对应的 MAC 地址之间的绑定项,如图 4.59 所示。

(4) 进入模拟操作模式,选中 ARP,启动 PC0 至 PC1 的 ICMP 报文传输过程。PC0 向 PC1 传输 ICMP 报文前,开始根据 PC1 的 IP 地址解析出 PC1 的 MAC 地址的地址解析过程。单击 PC0 广播的 ARP 请求报文,弹出如图 4.60 所示的 ARP 请求报文格式。封装 ARP 请求报文的 MAC 帧的源 MAC 地址是 PC0 的 MAC 地址,目的 MAC 地址是广播地址。ARP 请求报文中,源 IP 地址(Source IP)是 PC0 的 IP 地址,源 MAC 地址(Source MAC)是 PC0 的 MAC 地址。目标 IP 地址(Target IP)是 PC1 的 IP 地址,目标 MAC 地址(Target MAC)是全 0,表明是需要根据目标 IP 地址解析出的目标 MAC 地址。

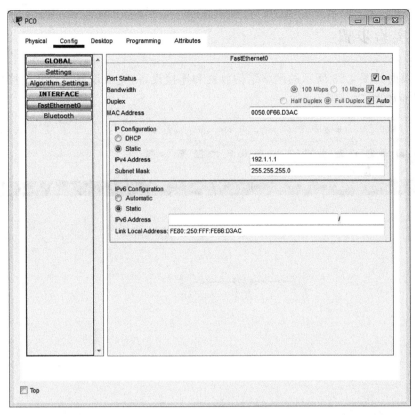

图 4.57 PC0 的 MAC 地址和网络信息

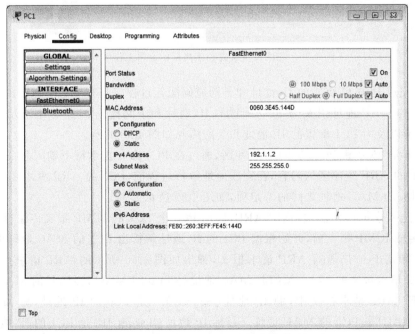

图 4.58 PC1 的 MAC 地址和网络信息

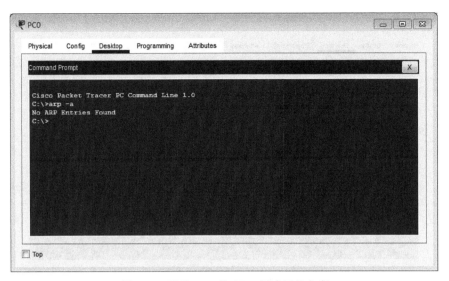

图 4.59　显示 PC0 的 ARP 缓冲区的内容

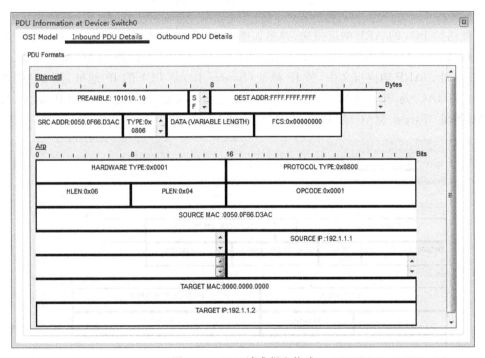

图 4.60　ARP 请求报文格式

(5) PC1 接收到 ARP 请求报文后,在 ARP 缓冲区中记录 ARP 请求报文中的源 IP 地址(Source IP)和源 MAC 地址(Source MAC)对,可以通过在 PC1 命令提示符下输入命令"arp -a",显示 PC1 的 ARP 缓冲区的内容,PC1 的 ARP 缓冲区中存在 PC0 的 IP 地址与 PC0 的 MAC 地址之间的绑定项,如图 4.61 所示。

(6) PC1 处理完 PC0 广播的 ARP 请求报文后,向 PC0 发送 ARP 响应报文。单击

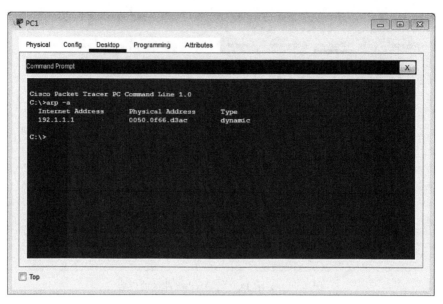

图 4.61 PC1 的 ARP 缓冲区的内容

PC1 发送给 PC0 的 ARP 响应报文,弹出如图 4.62 所示 ARP 响应报文格式。封装 ARP 响应报文的 MAC 帧的源 MAC 地址是 PC1 的 MAC 地址,目的 MAC 地址是 PC0 的 MAC 地址。ARP 响应报文中,源 IP 地址(Source IP)是 PC1 的 IP 地址,源 MAC 地址 (Source MAC)是 PC1 的 MAC 地址。目标 IP 地址(Target IP)是 PC0 的 IP 地址,目标 MAC 地址(Target MAC)是 PC0 的 MAC 地址。

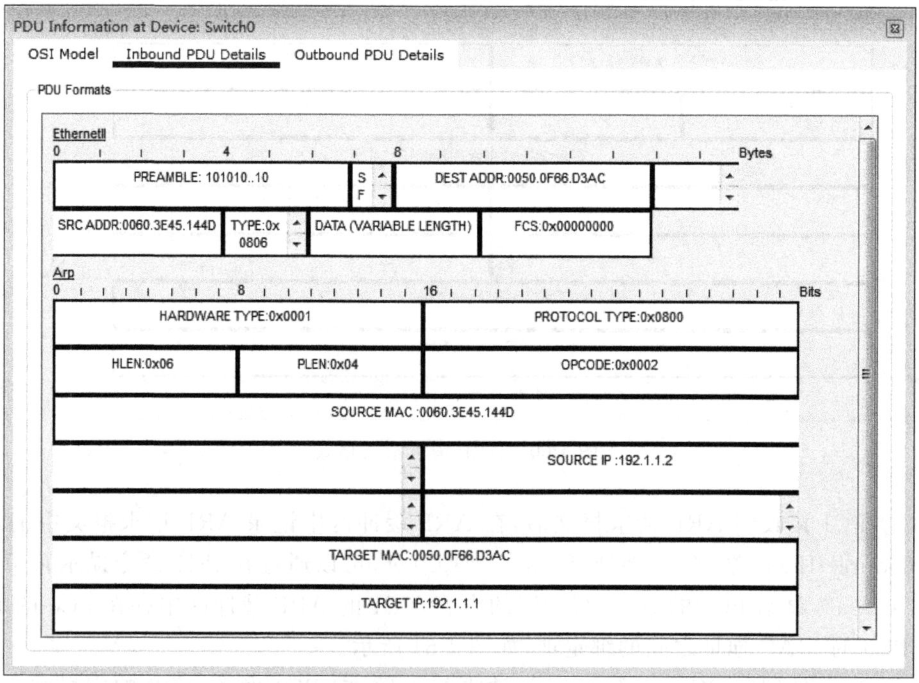

图 4.62 ARP 响应报文格式

（7）PC0 接收到 ARP 响应报文后，在 ARP 缓冲区中记录 ARP 响应报文中的源 IP 地址（Source IP）和源 MAC 地址（Source MAC）对，可以通过在 PC0 命令提示符下输入命令"arp -a"，显示 PC0 的 ARP 缓冲区的内容，PC0 的 ARP 缓冲区中存在 PC1 的 IP 地址与 PC1 的 MAC 地址之间的绑定项，如图 4.63 所示。可以通过在 PC0 命令提示符下输入命令"arp -d"，清除 PC0 的 ARP 缓冲区的内容。

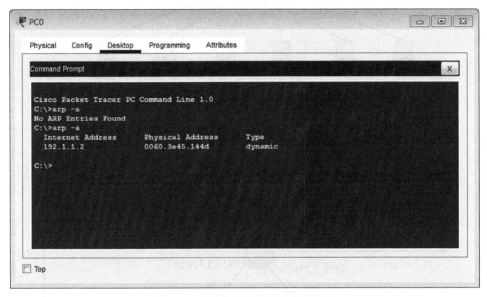

图 4.63　PC0 的 ARP 缓冲区的内容

4.7　多端口路由器互连 VLAN 实验

4.7.1　实验内容

构建如图 4.64(a)所示的互连的网络结构，在交换机中创建 3 个 VLAN，分别是 VLAN 2、VLAN 3 和 VLAN 4，将交换机端口 1、2 和 3 分配给 VLAN 2，将交换机端口 4、5 和 6 分配给 VLAN 3，将交换机端口 7、8 和 9 分配给 VLAN 4，路由器 3 个接口分别连接交换机端口 3、6 和 9。实现连接在属于不同 VLAN 的端口上的终端之间的通信过程。

4.7.2　实验目的

（1）验证交换机 VLAN 配置过程。
（2）验证路由器接口配置过程。
（3）验证 VLAN 间 IP 分组传输过程。

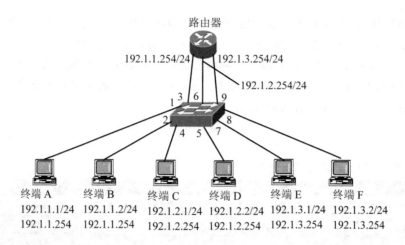

(a) 物理结构

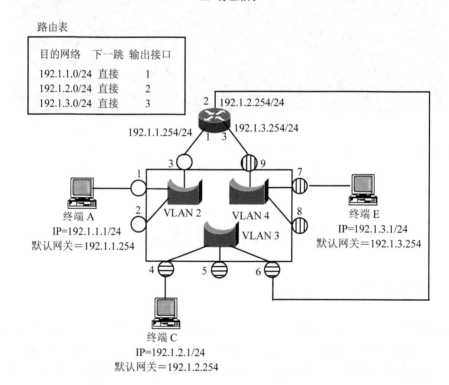

(b) 逻辑结构

图 4.64 多端口路由器互连 VLAN 过程

4.7.3 实验原理

在交换机中创建 3 个 VLAN,分别是 VLAN 2、VLAN 3 和 VLAN 4,并根据如表 4.7 所示的 VLAN 与交换机端口之间的映射,将交换机端口分配给 VLAN。

表 4.7 VLAN 与交换机端口映射表

VLAN	接 入 端 口
VLAN 2	1,2,3
VLAN 3	4,5,6
VLAN 4	7,8,9

路由器 3 个接口分别连接属于 3 个不同 VLAN 的交换机端口,如交换机端口 3、6 和 9,且这 3 个交换机端口必须作为接入端口分配给 3 个不同的 VLAN。路由器接口分配 IP 地址和子网掩码,每一个路由器接口分配的 IP 地址和子网掩码决定了该接口连接的 VLAN 的网络地址,连接在 VLAN 上的终端将该接口的 IP 地址作为默认网关地址。如图 4.64(b)所示,路由器接口 1 连接 VLAN 2,连接在 VLAN 2 上的终端将路由器接口 1 的 IP 地址作为默认网关地址。完成路由器 3 个接口的 IP 地址和子网掩码配置过程后,路由器自动生成如图 4.64 所示的直连路由项。

4.7.4 实验步骤

(1) 启动 Cisco Packet Tracer,在逻辑工作区根据如图 4.64(a)所示的互连的网络结构放置和连接设备,完成设备放置和连接后的逻辑工作区界面如图 4.65 所示。

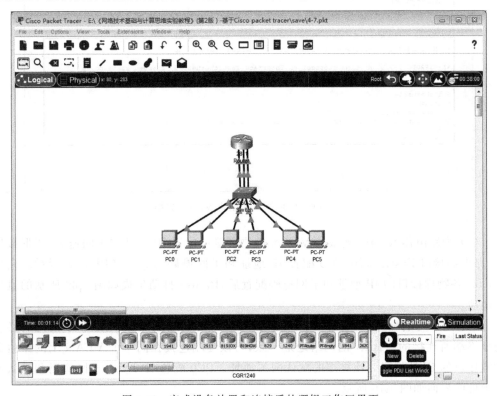

图 4.65 完成设备放置和连接后的逻辑工作区界面

（2）在交换机中创建 3 个 VLAN,图形接口(Config)下,创建 VLAN 的界面如图 4.66 所示。将交换机端口 FastEthernet0/1、FastEthernet0/2 和 FastEthernet0/3 作为接入端口分配给 VLAN 2,将交换机端口 FastEthernet0/4、FastEthernet0/5 和 FastEthernet0/6 作为接入端口分配给 VLAN 3,将交换机端口 FastEthernet0/7、FastEthernet0/8 和 FastEthernet0/9 作为接入端口分配给 VLAN 4,图形接口下,将交换机端口 FastEthernet0/1 作为接入端口分配给 VLAN 2 的界面如图 4.67 所示。

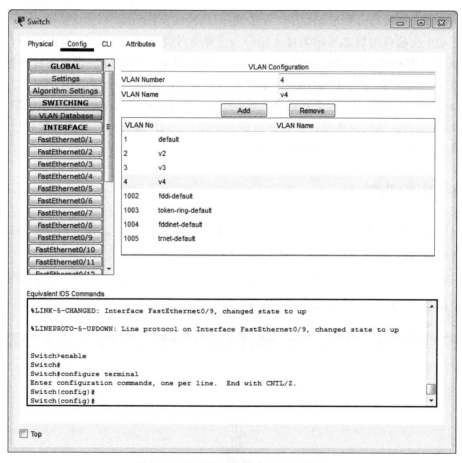

图 4.66　图形接口下创建 VLAN 界面

（3）为路由器 Router 连接各 VLAN 的物理接口配置 IP 地址和子网掩码,图形接口下,路由器接口 FastEthernet0/0 配置 IP 地址和子网掩码的界面如图 4.68 所示。完成 Router 各物理接口的 IP 地址和子网掩码配置后,Router 自动生成如图 4.69 所示的直连路由项。

（4）为各终端配置 IP 地址和子网掩码,每一个终端配置的 IP 地址和子网掩码必须与该终端所连接的 VLAN 的网络地址一致,与该终端连接在同一个 VLAN 上的路由器物理接口的 IP 地址成为该终端的默认网关地址。PC0 配置 IP 地址、子网掩码和默认网关地址的界面如图 4.70 所示。

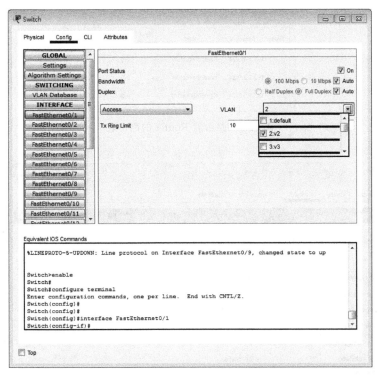

图 4.67　图形接口下为 VLAN 分配接入端口界面

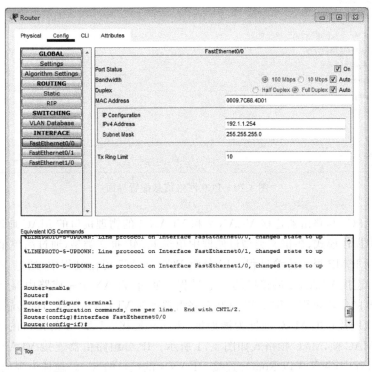

图 4.68　图形接口下路由器接口配置界面

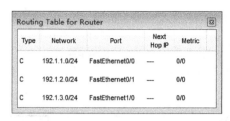

图 4.69　路由器 Router 的路由表

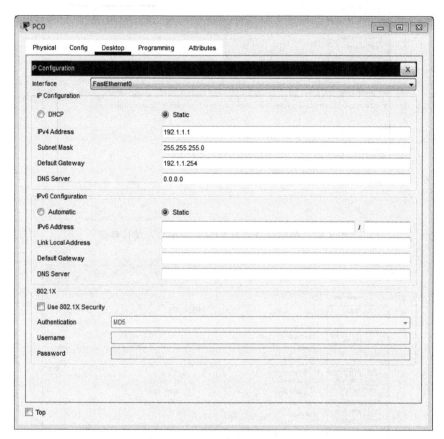

图 4.70　PC0 网络信息配置界面

（5）PC0、PC5 与路由器连接 VLAN 2 和 VLAN 4 的物理接口的 MAC 地址如表 4.8 所示。进入模拟操作模式,在报文类型过滤框中单选 ICMP 报文类型,通过简单报文工具启动 PC0 至 PC5 的 ICMP 报文传输过程。IP 分组 PC0 至 PC5 传输过程中,通过 VLAN 2 完成 PC0 至路由器连接 VLAN 2 的接口的传输过程。通过 VLAN 4 完成路由器连接 VLAN 4 的接口至 PC5 的传输过程。IP 分组 PC0 至路由器连接 VLAN 2 的接口的传输过程中,封装成以 PC0 以太网接口的 MAC 地址为源地址、Router 连接 VLAN 2 的接口的 MAC 地址为目的地址的 MAC 帧,MAC 帧格式如图 4.71 所示。IP 分组路由器连接 VLAN 4 的接口至 PC5 的传输过程中,封装成以 Router 连接 VLAN 4 的接口的 MAC 地址为源地址、PC5 以太网接口的 MAC 地址为目的地址的 MAC 帧,MAC 帧格式如图 4.72 所示。

表 4.8 终端和路由器接口的 MAC 地址

终端或路由器接口	MAC 地址
PC0	0001.96A7.3948
PC5	00D0.584B.7A2B
FastEthernet0/0（连接 VLAN 2 接口）	0009.7C68.4D01
FastEthernet1/0（连接 VLAN 4 接口）	0005.5E8C.E16C

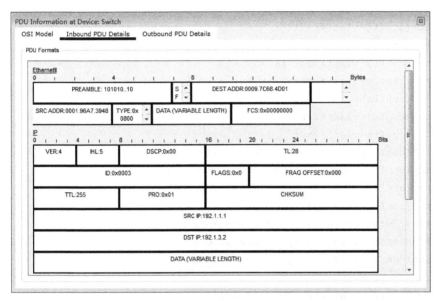

图 4.71 VLAN 2 内传输的 IP 分组的封装过程

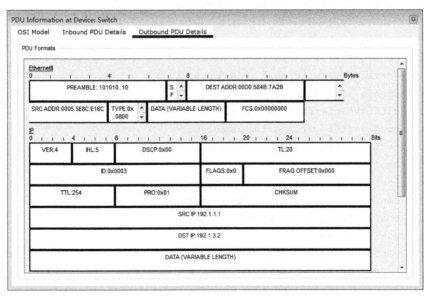

图 4.72 VLAN 4 内传输的 IP 分组的封装过程

4.7.5 命令行接口配置过程

1. 交换机 Switch 命令行接口配置过程

```
Switch>enable
Switch#configure terminal
Switch(config)#vlan 2
Switch(config-vlan)#name v2
Switch(config-vlan)#exit
Switch(config)#vlan 3
Switch(config-vlan)#name v3
Switch(config-vlan)#exit
Switch(config)#vlan 4
Switch(config-vlan)#name v4
Switch(config-vlan)#exit
Switch(config)#interface FastEthernet0/1
Switch(config-if)#switchport mode access
Switch(config-if)#switchport access vlan 2
Switch(config-if)#exit
Switch(config)#interface FastEthernet0/2
Switch(config-if)#switchport mode access
Switch(config-if)#switchport access vlan 2
Switch(config-if)#exit
Switch(config)#interface FastEthernet0/3
Switch(config-if)#switchport mode access
Switch(config-if)#switchport access vlan 2
Switch(config-if)#exit
Switch(config)#interface FastEthernet0/4
Switch(config-if)#switchport mode access
Switch(config-if)#switchport access vlan 3
Switch(config-if)#exit
Switch(config)#interface FastEthernet0/5
Switch(config-if)#switchport mode access
Switch(config-if)#switchport access vlan 3
Switch(config-if)#exit
Switch(config)#interface FastEthernet0/6
Switch(config-if)#switchport mode access
Switch(config-if)#switchport access vlan 3
Switch(config-if)#exit
Switch(config)#interface FastEthernet0/7
Switch(config-if)#switchport mode access
Switch(config-if)#switchport access vlan 4
Switch(config-if)#exit
```

```
Switch(config)#interface FastEthernet0/8
Switch(config-if)#switchport mode access
Switch(config-if)#switchport access vlan 4
Switch(config-if)#exit
Switch(config)#interface FastEthernet0/9
Switch(config-if)#switchport mode access
Switch(config-if)#switchport access vlan 4
Switch(config-if)#exit
```

2. 路由器 Router 命令行接口配置过程

```
Router>enable
Router#configure terminal
Router(config)#interface FastEthernet0/0
Router(config-if)#ip address 192.1.1.254 255.255.255.0
Router(config-if)#no shutdown
Router(config-if)#exit
Router(config)#interface FastEthernet0/1
Router(config-if)#ip address 192.1.2.254 255.255.255.0
Router(config-if)#no shutdown
Router(config-if)#exit
Router(config)#interface FastEthernet1/0
Router(config-if)#ip address 192.1.3.254 255.255.255.0
Router(config-if)#no shutdown
Router(config-if)#exit
```

4.8 三层交换机三层接口实验

4.8.1 实验内容

构建如图 4.73 所示的互连的网络结构,在交换机上创建 3 个 VLAN,分别将交换机端口 1、2 和 3 分配给 VLAN 2,将交换机端口 4、5 和 6 分配给 VLAN 3,将交换机端口 7、8 和 9 分配给 VLAN 4。实现连接在不同 VLAN 上的终端之间的通信过程。

默认状态下,三层交换机端口是交换端口,即在定义 VLAN 对应的 IP 接口之前,三层交换机等同于二层交换机。但可以将指定三层交换机端口转换为三层接口,某个三层交换机端口一旦转换为三层接口,该三层交换机端口完全等同于路由器以太网接口。因此,如果将 24 端口的三层交换机的所有端口全部转换为三层接口,该三层交换机不再有二层交换机功能,变为有着 24 个以太网接口的路由器。

4.8.2 实验目的

(1) 验证三层交换机的 IP 分组转发机制。

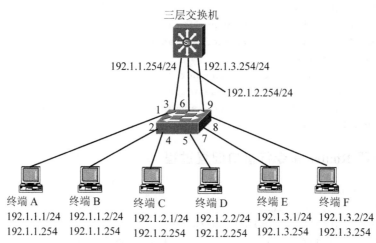

图 4.73　三层交换机三层接口实现 VLAN 互连的网络结构

(2) 验证三层交换机三层接口配置过程。
(3) 体会三层交换机三层接口等同于路由器以太网接口的含义。
(4) 学会区分三层接口与 VLAN 对应的 IP 接口之间的差别。

4.8.3　实验原理

将图 4.73 中三层交换机连接二层交换机端口 3、6 和 9 的 3 个端口转换成三层接口后,三层交换机这 3 个三层接口完全等同于路由器以太网接口,图 4.73 所示的实现 VLAN 互连的过程等同于图 4.64(a)所示的实现 VLAN 互连的过程。可以分别为这 3 个三层接口分配 IP 地址和子网掩码,每一个三层接口分配的 IP 地址和子网掩码决定了该三层接口连接的 VLAN 的网络地址,完成这 3 个三层接口的 IP 地址和子网掩码配置过程后,三层交换机自动生成包含 3 项直连路由项的路由表。

4.8.4　关键命令说明

1. 定义三层接口

以下命令序列实现将三层交换机端口 FastEthernet0/1 转换成三层接口,并为三层接口分配 IP 地址 192.1.1.254 和子网掩码 255.255.255.0 的功能。

```
Switch(config)#interface FastEthernet0/1
Switch(config-if)#no switchport
Switch(config-if)#ip address 192.1.1.254 255.255.255.0
Switch(config-if)#exit
```

no switchport 是接口配置模式下使用的命令,在接口 FastEthernet0/1 的接口配置模式下,该命令的作用是取消交换机端口 FastEthernet0/1 的交换功能。一旦取消交换机端口 FastEthernet0/1 的交换功能,交换机端口 FastEthernet0/1 完全等同于路由器物理接口。只有取消三层交换机端口的交换功能后,才能为该三层交换机端口分配 IP 地址和子网掩码。

2. 启动三层交换机的路由功能

```
Switch(config)#ip routing
```

ip routing 是全局模式下使用的命令,该命令的作用是启动三层交换机的 IP 分组路由功能。默认状态下三层交换机只有 MAC 帧转发功能,如果需要三层交换机具有 IP 分组转发功能,用该命令启动三层交换机的 IP 分组路由功能。路由器由于默认状态下已经具有 IP 分组路由功能,因此,无须使用该命令。需要说明的是,在为三层交换机配置路由协议前,必须已经通过该命令启动三层交换机的路由功能。

4.8.5 实验步骤

(1) 启动 Cisco Packet Tracer,在逻辑工作区根据如图 4.73 所示的互连的网络结构放置和连接设备,完成设备放置和连接后的逻辑工作区界面如图 4.74 所示。

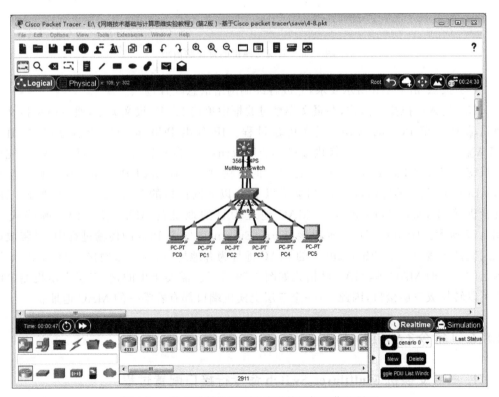

图 4.74 完成设备放置和连接后的逻辑工作区界面

(2) 按照如图 4.73 所示要求,在二层交换机上创建 3 个 VLAN,并为这 3 个 VLAN

分配交换机端口。

(3) 按照如图 4.73 所示要求,将三层交换机连接二层交换机的端口转换为三层接口,并完成接口 IP 地址和子网掩码配置过程。这个过程只能在命令行接口(CLI)下完成。完成三层接口配置过程后,三层接口信息如图 4.75 所示,自动生成的三项直连路由项如图 4.76 所示。

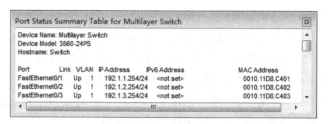

图 4.75　三层接口信息

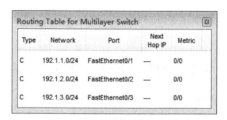

图 4.76　三层交换机的直连路由项

(4) 按照如图 4.73 所示要求,完成各终端网络信息配置过程。

(5) 进入模拟操作模式,在报文类型过滤框中单选 ICMP 报文类型,通过简单报文工具启动 PC0 至 PC5 的 ICMP 报文传输过程。IP 分组 PC0 至 PC5 传输过程中,通过 VLAN 2 完成 PC0 至三层交换机接口 FastEthernet0/1 的传输过程。通过 VLAN 4 完成三层交换机接口 FastEthernet0/3 至 PC5 的传输过程。IP 分组 PC0 至三层交换机接口 FastEthernet0/1 的传输过程中,封装成以 PC0 以太网接口的 MAC 地址为源地址、三层交换机接口 FastEthernet0/1 的 MAC 地址为目的地址的 MAC 帧,MAC 帧格式如图 4.77 所示。IP 分组三层交换机接口 FastEthernet0/3 至 PC5 的传输过程中,封装成以三层交换机接口 FastEthernet0/3 的 MAC 地址为源地址、PC5 以太网接口的 MAC 地址为目的地址的 MAC 帧,MAC 帧格式如图 4.78 所示。需要指出的是,三层交换机端口由于可以转换成三层接口,因此,每一个三层交换机端口都有着唯一的 MAC 地址。

4.8.6　命令行接口配置过程

1. 三层交换机 Multilayer Switch 命令行接口配置过程

```
Switch>enable
Switch#configure terminal
Switch(config)#interface FastEthernet0/1
```

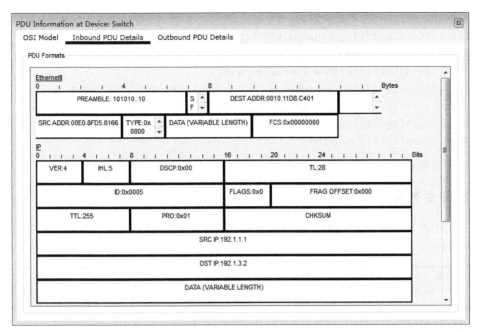

图 4.77 VLAN 2 内传输的 IP 分组的封装过程

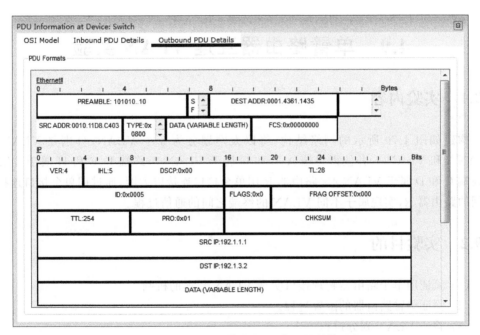

图 4.78 VLAN 4 内传输的 IP 分组的封装过程

```
Switch(config-if)#no switchport
Switch(config-if)#ip address 192.1.1.254 255.255.255.0
Switch(config-if)#exit
Switch(config)#interface FastEthernet0/2
```

```
Switch(config-if)#no switchport
Switch(config-if)#ip address 192.1.2.254 255.255.255.0
Switch(config-if)#exit
Switch(config)#interface FastEthernet0/3
Switch(config-if)#no switchport
Switch(config-if)#ip address 192.1.3.254 255.255.255.0
Switch(config-if)#exit
Switch(config)#ip routing
```

二层交换机命令行接口配置过程与 4.7 节相同，这里不再赘述。

2. 命令列表

三层交换机命令行接口配置过程中使用的命令及功能和参数说明如表 4.9 所示。

表 4.9 命令列表

命　　令	功能和参数说明
no switchport	取消某个三层交换机端口的交换功能，将该三层交换机端口转换为三层接口（路由接口）
ip routing	启动 IP 分组路由功能

4.9 单臂路由器互连 VLAN 实验

4.9.1 实验内容

构建如图 4.79 所示的网络结构，将以太网划分为 3 个 VLAN，分别是 VLAN 2、VLAN 3 和 VLAN 4，并使得终端 A、B 和 G 属于 VLAN 2，终端 E、F 和 H 属于 VLAN 3，终端 C 和 D 属于 VLAN 4。路由器 R 用单个接口连接以太网，通过用单个接口连接以太网的路由器 R，实现属于不同 VLAN 的终端之间的通信过程。

4.9.2 实验目的

(1) 验证用单个路由器物理接口实现 VLAN 互连的机制。
(2) 验证单臂路由器的配置过程。
(3) 验证 VLAN 划分过程。
(4) 验证 VLAN 间 IP 分组传输过程。

4.9.3 实验原理

如图 4.79 所示，路由器 R 物理接口 1 连接交换机 S2 端口 5。对于交换机 S2 端口 5，一

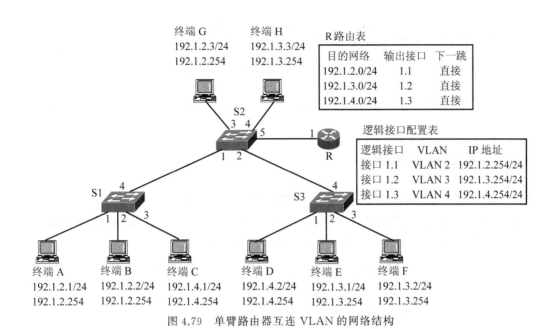

图 4.79 单臂路由器互连 VLAN 的网络结构

是必须被所有 VLAN 共享,二是必须存在至所有终端的交换路径。因此,在交换机 S1、S2 和 S3 中创建的 VLAN 以及 VLAN 与端口之间的映射分别如表 4.10~表 4.12 所示。对于路由器 R 物理接口 1:一是必须划分为多个逻辑接口,每一个逻辑接口连接一个 VLAN;二是路由器 R 物理接口 1 与交换机 S2 端口 5 之间传输的 MAC 帧必须携带 VLAN ID,路由器和交换机通过 VLAN ID 确定该 MAC 帧对应的逻辑接口和该 MAC 帧所属的 VLAN。

每一个逻辑接口需要分配 IP 地址和子网掩码,为某个逻辑接口分配的 IP 地址和子网掩码确定该逻辑接口连接的 VLAN 的网络地址,该逻辑接口的 IP 地址成为连接在该 VLAN 上的终端的默认网关地址。为所有逻辑接口分配 IP 地址和子网掩码后,路由器 R 自动生成如图 4.79 所示的路由表。

表 4.10 交换机 S1 VLAN 与端口映射表

VLAN	接入端口	主干端口(共享端口)
VLAN 2	1,2	4
VLAN 4	3	4

表 4.11 交换机 S2 VLAN 与端口映射表

VLAN	接入端口	主干端口(共享端口)
VLAN 2	3	1,5
VLAN 3	4	2,5
VLAN 4		1,2,5

表 4.12　交换机 S3 VLAN 与端口映射表

VLAN	接 入 端 口	主干端口(共享端口)
VLAN 3	2,3	4
VLAN 4	1	4

4.9.4　关键命令说明

路由器物理接口可以被划分为多个逻辑接口,每一个逻辑接口连接一个 VLAN,因此,定义逻辑接口时,需要指定该逻辑接口连接的 VLAN 的 VLAN ID,可以为逻辑接口分配 IP 地址和子网掩码。以下是定义逻辑接口的命令序列。

```
Router(config)#interface FastEthernet0/0.1
Router(config-subif)#encapsulation dot1q 2
Router(config-subif)#ip address 192.1.2.254 255.255.255.0
Router(config-subif)#exit
```

interface FastEthernet0/0.1 是全局模式下使用的命令,该命令的作用是在物理接口 FastEthernet0/0 上定义子接口编号为 1 的逻辑接口,并进入逻辑接口配置模式。用 FastEthernet0/0.1 表示在物理接口 FastEthernet0/0 上定义的子接口编号为 1 的逻辑接口。

encapsulation dot1q 2 是逻辑接口配置模式下使用的命令,该命令的作用是将通过该逻辑接口输入输出的 MAC 帧的封装格式指定为 VLAN ID=2 的 IEEE 802.1q 封装格式。同时建立指定逻辑接口(这里是 FastEthernet0/0.1)与 VLAN 2 之间的对应关系。

路由器完成连接在不同 VLAN 上的终端之间通信过程的步骤如下。一是能够确定接收到的 MAC 帧所对应的逻辑接口,能够从输入逻辑接口连接的 VLAN 所对应的 IEEE 802.1q 封装格式中分离出 IP 分组。二是根据 IP 分组的目的 IP 地址和路由表确定输出逻辑接口。三是将 IP 分组重新封装成输出逻辑接口连接的 VLAN 所对应的 IEEE 802.1q 封装格式。因此,需要建立每一个逻辑接口与输入输出该逻辑接口的 MAC 帧 IEEE 802.1q 封装格式和该逻辑接口连接的 VLAN 的 VLAN ID 之间的关联。只有建立上述关联后,才能为该逻辑接口分配 IP 地址和子网掩码。

4.9.5　实验步骤

(1) 启动 Cisco Packet Tracer,在逻辑工作区根据如图 4.79 所示的互连的网络结构放置和连接设备,逻辑工作区完成设备放置和连接后的界面如图 4.80 所示。

(2) 根据表 4.10～表 4.12 所示的 VLAN 与端口之间的映射,分别在交换机 Switch1、Switch2 和 Switch3 中完成 VLAN 创建和将相关端口分配给对应的 VLAN 的过程。

(3) 在命令行接口(CLI)下,在路由器物理接口 FastEthernet0/0 上定义逻辑接口

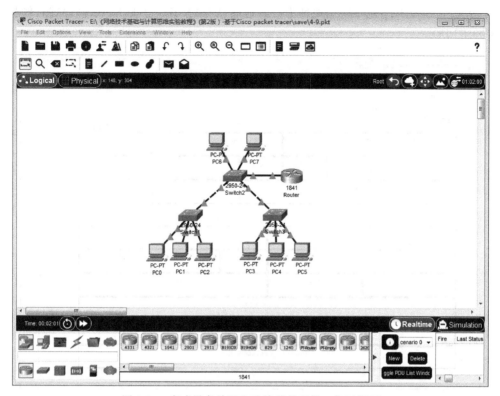

图 4.80　完成设备放置和连接后的逻辑工作区界面

FastEthernet0/0.1、FastEthernet0/0.2 和 FastEthernet0/0.3，建立这 3 个逻辑接口与对应的 MAC 帧 IEEE 802.1q 封装格式和 VLAN 之间的关联，并为这 3 个逻辑接口分配 IP 地址和子网掩码。完成这 3 个逻辑接口的配置过程后，路由器 Router 自动生成如图 4.81 所示的直连路由项。

Type	Network	Port	Next Hop IP	Metric
C	192.1.2.0/24	FastEthernet0/0.1	---	0/0
C	192.1.3.0/24	FastEthernet0/0.2	---	0/0
C	192.1.4.0/24	FastEthernet0/0.3	---	0/0

图 4.81　路由器 Router 的路由表

（4）根据如图 4.79 所示的终端网络信息完成终端 IP 地址、子网掩码和默认网关地址的配置过程。与终端连接的 VLAN 关联的逻辑接口的 IP 地址就是该终端的默认网关地址。

（5）进入模拟操作模式，启动 IP 分组 PC0 至 PC5 传输过程，在 Switch2 至 Router 这一段，IP 分组封装成以 PC0 的 MAC 地址为源地址、以 Router 物理接口 FastEthernet0/0 的 MAC 地址为目的地址、VLAN ID＝2 的 MAC 帧，MAC 帧格式如图 4.82 所示。在 Router 至 Switch2 这一段，IP 分组封装成以 Router 物理接口 FastEthernet0/0 的 MAC

第 4 章　IP 和网络互连实验

地址为源地址、以 PC5 的 MAC 地址为目的地址、VLAN ID=3 的 MAC 帧,MAC 帧格式如图 4.83 所示。

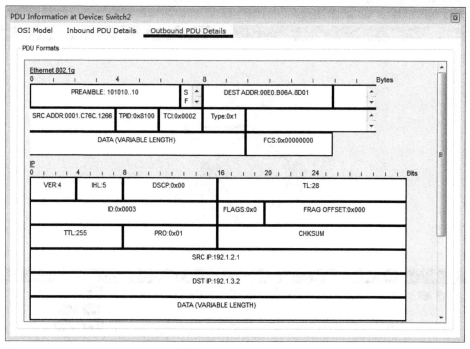

图 4.82　从逻辑接口 FastEthernet0/0.1 输入的 MAC 帧格式

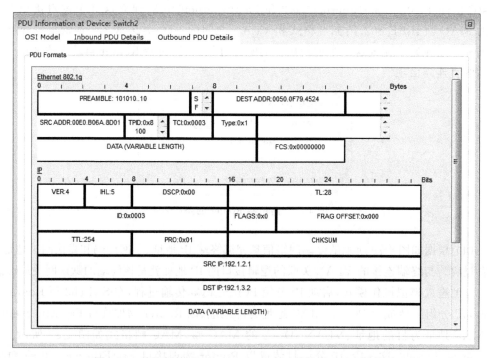

图 4.83　从逻辑接口 FastEthernet0/0.2 输出的 MAC 帧格式

4.9.6 命令行接口配置过程

1. 交换机 Switch2 命令行接口配置过程

```
Switch>enable
Switch#configure terminal
Switch(config)#hostname Switch2
Switch2(config)#vlan 2
Switch2(config-vlan)#name v2
Switch2(config-vlan)#exit
Switch2(config)#vlan 3
Switch2(config-vlan)#name v3
Switch2(config-vlan)#exit
Switch2(config)#vlan 4
Switch2(config-vlan)#name v4
Switch2(config-vlan)#exit
Switch2(config)#interface FastEthernet0/1
Switch2(config-if)#switchport mode trunk
Switch2(config-if)#switchport trunk allowed vlan 2,4
Switch2(config-if)#exit
Switch2(config)#interface FastEthernet0/2
Switch2(config-if)#switchport mode trunk
Switch2(config-if)#switchport trunk allowed vlan 3,4
Switch2(config-if)#exit
Switch2(config)#interface FastEthernet0/3
Switch2(config-if)#switchport mode access
Switch2(config-if)#switchport access vlan 2
Switch2(config-if)#exit
Switch2(config)#interface FastEthernet0/4
Switch2(config-if)#switchport mode access
Switch2(config-if)#switchport access vlan 3
Switch2(config-if)#exit
Switch2(config)#interface FastEthernet0/5
Switch2(config-if)#switchport mode trunk
Switch2(config-if)#switchport trunk allowed vlan 2,3,4
Switch2(config-if)#exit
```

交换机 Switch1 和 Switch3 的命令行接口配置过程与 2.4.5 节中 Switch1 和 Switch3 的命令行接口配置过程相同,这里不再赘述。

2. 路由器 Router 命令行接口配置过程

```
Router>enable
Router#configure terminal
```

```
Router(config)#interface FastEthernet0/0
Router(config-if)#no shutdown
Router(config-if)#exit
Router(config)#interface FastEthernet0/0.1
Router(config-subif)#encapsulation dot1q 2
Router(config-subif)#ip address 192.1.2.254 255.255.255.0
Router(config-subif)#exit
Router(config)#interface FastEthernet0/0.2
Router(config-subif)#encapsulation dot1q 3
Router(config-subif)#ip address 192.1.3.254 255.255.255.0
Router(config-subif)#exit
Router(config)#interface FastEthernet0/0.3
Router(config-subif)#encapsulation dot1q 4
Router(config-subif)#ip address 192.1.4.254 255.255.255.0
Router(config-subif)#exit
```

3. 命令列表

路由器命令行接口配置过程中使用的命令及功能和参数说明如表 4.13 所示。

表 4.13 命令列表

命 令	功能和参数说明
interface *type number .subinterface-number*	定义逻辑接口,并进入逻辑接口配置模式,参数 *type* 和 *number* 分别是物理接口的类型和编号,用于指定物理接口。参数 *subinterface-number* 是子接口编号,允许将单个物理接口划分为多个子接口编号不同的逻辑接口
encapsulation dot1q *vlan-id*	将通过某个逻辑接口输入输出的 MAC 帧格式定义为由参数 *vlan-id* 指定的 VLAN 对应的 IEEE 802.1q 格式。同时建立该逻辑接口与由参数 *vlan-id* 指定的 VLAN 之间的关联

4.10 三层交换机 IP 接口实验

4.10.1 实验内容

构建如图 4.84 所示的网络结构,在三层交换机 S1 上创建两个 VLAN,分别是 VLAN 2 和 VLAN 3,终端 A 和终端 B 属于 VLAN 2,终端 C 和终端 D 属于 VLAN 3,由三层交换机 S1 实现属于同一 VLAN 的终端之间的通信过程和属于不同 VLAN 的终端之间的通信过程。

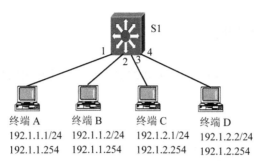

图 4.84 三层交换机实现 VLAN 互连的网络结构

4.10.2 实验目的

（1）验证三层交换机的路由功能。
（2）验证三层交换机的交换功能。
（3）验证三层交换机实现 VLAN 间通信的过程。
（4）区分 VLAN 关联的 IP 接口与路由器接口的差别。

4.10.3 实验原理

图 4.84 中的交换机 S1 是一个三层交换机,具有二层交换功能和三层路由功能。二层交换功能用于实现属于同一 VLAN 的终端之间的通信过程。三层路由功能用于实现属于不同 VLAN 的终端之间的通信过程。图 4.85 给出二层交换功能和三层路由功能的实现原理。每一个 VLAN 对应的网桥用于实现二层交换功能。路由模块能够为每一个 VLAN 定义一个 IP 接口,并为该 IP 接口分配 IP 地址和子网掩码,该 IP 接口的 IP 地址和子网掩码确定了该 IP 接口关联的 VLAN 的网络地址。连接在某个 VLAN 上的终端与该 VLAN 关联的 IP 接口之间必须建立交换路径,与某个 VLAN 关联的 IP 接口的 IP 地址作为连接在该 VLAN 上的终端的默认网关地址。为每一个 VLAN 定义的 IP 接口在实现 VLAN 间 IP 分组转发功能方面等同于路由器逻辑接口。由于三层交换机中可以定义大量 VLAN,因此,三层交换机的路由模块可以看作存在大量逻辑接口的路由器,且逻辑接口数量可以随着需要定义 IP 接口的 VLAN 数量的变化而变化。

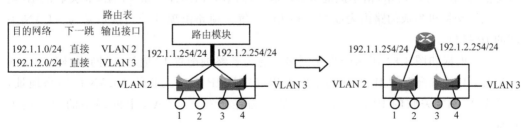

图 4.85 二层交换功能和三层路由功能的实现原理

4.10.4 关键命令说明

以下命令序列用于定义 VLAN 2 关联的 IP 接口，并为该 IP 接口分配 IP 地址和子网掩码。

```
Switch(config)#interface vlan 2
Switch(config-if)#ip address 192.1.1.254 255.255.255.0
Switch(config-if)#exit
```

interface vlan 2 是全局模式下使用的命令，该命令的作用是定义 VLAN 2 对应的 IP 接口，并进入 IP 接口配置模式。如果将三层交换机的路由模块看作路由器，则 IP 接口等同于路由器的逻辑接口。路由模块通过不同的 IP 接口连接不同的 VLAN，连接在某个 VLAN 上的终端必须建立与该 VLAN 对应的 IP 接口之间的交换路径，该终端发送给连接在其他 VLAN 上的终端的 IP 分组，封装成 MAC 帧后，通过 VLAN 内该终端与 IP 接口之间的交换路径发送给 IP 接口。

三层交换机中定义某个 VLAN 对应的 IP 接口的前提是，已经在三层交换机中创建该 VLAN，并已经有端口分配给该 VLAN。分配给该 VLAN 的端口可以是接入端口，也可以是共享端口。定义某个 VLAN 对应的 IP 接口后，可以为该 IP 接口分配 IP 地址和子网掩码。

4.10.5 实验步骤

（1）启动 Cisco Packet Tracer，在逻辑工作区根据如图 4.84 所示的互连的网络结构放置和连接设备，完成设备放置和连接后的逻辑工作区界面如图 4.86 所示。

（2）在三层交换机 Multilayer Switch 中创建编号分别为 2 和 3 的两个 VLAN（VLAN 2 和 VLAN 3），将端口 FastEthernet0/1、FastEthernet0/2 作为非标记端口（Access 端口）分配给 VLAN 2，将端口 FastEthernet0/3、FastEthernet0/4 作为非标记端口（Access 端口）分配给 VLAN 3。

（3）在命令行接口（CLI）下，分别为编号为 2 和 3 的 VLAN 定义 IP 接口，并为这两个 IP 接口配置 IP 地址和子网掩码。完成所有 IP 接口配置后，Multilayer Switch 的端口状态信息如图 4.87 所示，由不同的 MAC 地址标识与 VLAN 2 和 VLAN 3 关联的 IP 接口。三层交换机生成的路由表如图 4.88 所示，每一项路由项的输出接口是与 VLAN 关联的 IP 接口。

（4）根据如图 4.84 所示的终端网络信息为各终端配置 IP 地址、子网掩码和默认网关地址，IP 接口配置的 IP 地址和子网掩码确定该 IP 接口关联的 VLAN 的网络地址，与某个 VLAN 关联的 IP 接口的 IP 地址成为连接在该 VLAN 上的终端的默认网关地址。

（5）进入模拟操作模式，启动 IP 分组 PC0 至 PC3 传输过程，在 PC0 至 VLAN 2 关联

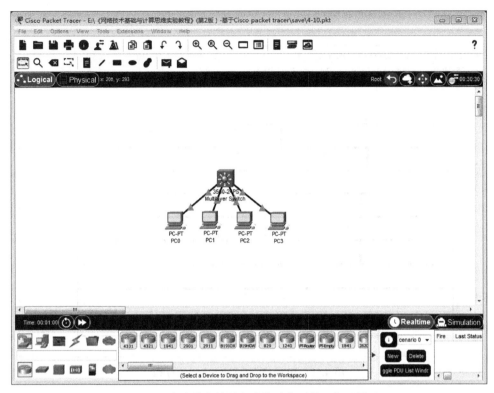

图 4.86　完成设备放置和连接后的逻辑工作区界面

Port Status Summary Table for Multilayer Switch

Vlan1	Down	1	<not set>	<not set>	0090.2B46.4D35
Vlan2	Up	2	192.1.1.254/24	<not set>	0090.2B46.4D01
Vlan3	Up	3	192.1.2.254/24	<not set>	0090.2B46.4D02

Physical Location: Intercity > Home City > Corporate Office > Main Wiring Closet > Rack > Multilayer Switch

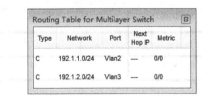

图 4.87　完成 IP 接口配置过程后的端口状态信息

Routing Table for Multilayer Switch

Type	Network	Port	Next Hop IP	Metric
C	192.1.1.0/24	Vlan2	—	0/0
C	192.1.2.0/24	Vlan3	—	0/0

图 4.88　三层交换机生成的路由表

的 IP 接口这一段，IP 分组封装成以 PC0 的 MAC 地址为源地址、以标识 VLAN 2 关联的 IP 接口的 MAC 地址为目的地址的 MAC 帧，MAC 帧格式如图 4.89 所示。在 VLAN 3 关联的 IP 接口至 PC3 这一段，IP 分组封装成以标识 VLAN 3 关联的 IP 接口的 MAC 地址为源地址、以 PC3 的 MAC 地址为目的地址的 MAC 帧，MAC 帧格式如图 4.90 所示。

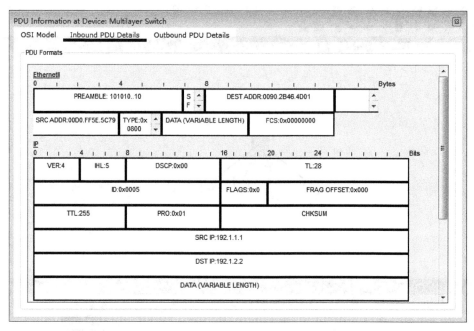

图 4.89　IP 分组 VLAN 2 内封装过程

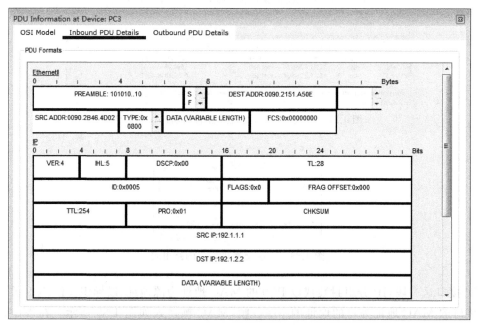

图 4.90　IP 分组 VLAN 3 内封装过程

4.10.6 命令行接口配置过程

1. 三层交换机命令行接口配置过程

```
Switch>enable
Switch#configure terminal
Switch(config)#vlan 2
Switch(config-vlan)#name vlan2
Switch(config-vlan)#exit
Switch(config)#vlan 3
Switch(config-vlan)#name vlan3
Switch(config-vlan)#exit
Switch(config)#interface FastEthernet0/1
Switch(config-if)#switchport mode access
Switch(config-if)#switchport access vlan 2
Switch(config-if)#exit
Switch(config)#interface FastEthernet0/2
Switch(config-if)#switchport mode access
Switch(config-if)#switchport access vlan 2
Switch(config-if)#exit
Switch(config)#interface FastEthernet0/3
Switch(config-if)#switchport mode access
Switch(config-if)#switchport access vlan 3
Switch(config-if)#exit
Switch(config)#interface FastEthernet0/4
Switch(config-if)#switchport mode access
Switch(config-if)#switchport access vlan 3
Switch(config-if)#exit
Switch(config)#interface vlan 2
Switch(config-if)#ip address 192.1.1.254 255.255.255.0
Switch(config-if)#exit
Switch(config)#interface vlan 3
Switch(config-if)#ip address 192.1.2.254 255.255.255.0
Switch(config-if)#exit
Switch(config)#ip routing
```

2. 命令列表

三层交换机命令行接口配置过程中使用的命令及功能和参数说明如表 4.14 所示。

表 4.14 命令列表

命 令	功能和参数说明
interface vlan *vlan-id*	定义 IP 接口,并进入 IP 接口配置模式,参数 *vlan-id* 用于指定与 IP 接口关联的 VLAN。三层交换机路由模块的 IP 接口等同于路由器的逻辑接口

4.11 三层交换机互连实验一

4.11.1 实验内容

构建如图 4.91 所示的网络结构。在三层交换机 S1 上创建两个 VLAN,分别是 VLAN 2 和 VLAN 3,终端 A 和终端 B 属于 VLAN 2,终端 C 和终端 D 属于 VLAN 3。在三层交换机 S2 上创建两个 VLAN,分别是 VLAN 4 和 VLAN 5,终端 E 和终端 F 属于 VLAN 4,终端 G 和终端 H 属于 VLAN 5。实现属于同一 VLAN 的两个终端之间的通信过程,属于不同 VLAN 的两个终端之间的通信过程。

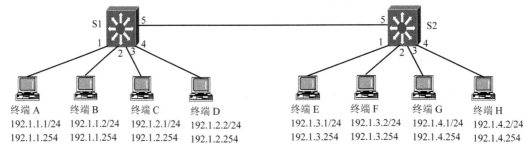

图 4.91 三层交换机互连的网络结构

4.11.2 实验目的

(1) 加深理解三层交换机的路由功能。
(2) 验证三层交换机建立完整路由表的过程。
(3) 验证三层交换机 RIP 配置过程。
(4) 验证多个三层交换机之间的互连过程。

4.11.3 实验原理

三层交换机 S1 针对 VLAN 2 和 VLAN 3 实现 VLAN 内和 VLAN 间通信的过程,和三层交换机 S2 针对 VLAN 4 和 VLAN 5 实现 VLAN 内和 VLAN 间通信的过程,已经在 4.10 节中做了详细讨论。这一节的重点是,如何实现 VLAN 2 和 VLAN 3 与

VLAN 4 和 VLAN 5 之间的通信过程。

为了实现 VLAN 2 和 VLAN 3 与 VLAN 4 和 VLAN 5 之间的通信过程,需要创建一个实现 S1 和 S2 互连的 VLAN,如图 4.92 所示的 VLAN 6。S1 中需要定义 VLAN 6 对应的 IP 接口,并为该 IP 接口分配 IP 地址 192.1.5.1 和子网掩码 255.255.255.0,S2 中需要定义 VLAN 6 对应的 IP 接口,并为该 IP 接口分配 IP 地址 192.1.5.2 和子网掩码 255.255.255.0。对于 S1,通往 VLAN 4 和 VLAN 5 的传输路径上的下一跳是 S2 中 VLAN 6 对应的 IP 接口。对于 S2,通往 VLAN 2 和 VLAN 3 的传输路径上的下一跳是 S1 中 VLAN 6 对应的 IP 接口。由此可以生成如图 4.92 所示的 S1 和 S2 的完整路由表。S1 和 S2 路由表中用于指明通往没有与其直接连接的网络的传输路径的路由项可以通过路由协议 RIP 生成。

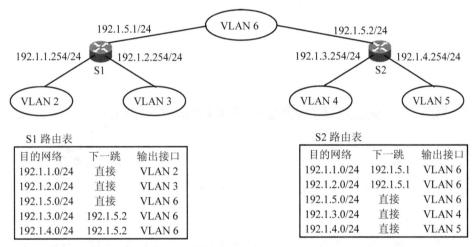

图 4.92 三层交换机互连过程实现原理

4.11.4 实验步骤

(1) 启动 Cisco Packet Tracer,在逻辑工作区根据如图 4.91 所示的互连的网络结构放置和连接设备,完成设备放置和连接后的逻辑工作区界面如图 4.93 所示。

(2) 在三层交换机 Multilayer Switch1 中创建编号分别为 2、3 和 6 的 3 个 VLAN (VLAN 2、VLAN 3 和 VLAN 6),将端口 FastEthernet0/1、FastEthernet0/2 作为非标记端口(Access 端口)分配给 VLAN 2。将端口 FastEthernet0/3、FastEthernet0/4 作为非标记端口(Access 端口)分配给 VLAN 3。将端口 FastEthernet0/5 作为非标记端口(Access 端口)分配给 VLAN 6。

在三层交换机 Multilayer Switch2 中创建编号分别为 4、5 和 6 的 3 个 VLAN (VLAN 4、VLAN 5 和 VLAN 6),将端口 FastEthernet0/1、FastEthernet0/2 作为非标记端口(Access 端口)分配给 VLAN 4。将端口 FastEthernet0/3、FastEthernet0/4 作为非标记端口(Access 端口)分配给 VLAN 5。将端口 FastEthernet0/5 作为非标记端口

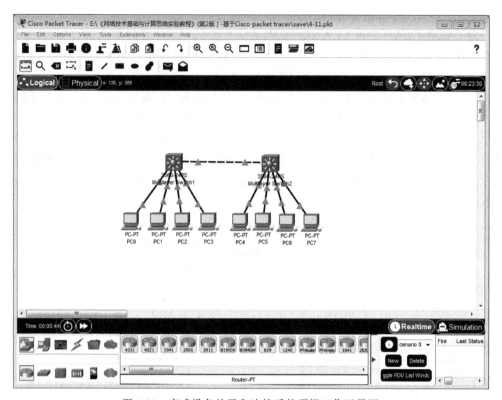

图 4.93 完成设备放置和连接后的逻辑工作区界面

(Access 端口)分配给 VLAN 6。

(3) 在三层交换机 Multilayer Switch1 命令行接口(CLI)下,分别为编号为 2、3 和 6 的 VLAN 定义 IP 接口,并为这 3 个 IP 接口配置 IP 地址和子网掩码。同样,在三层交换机 Multilayer Switch2 命令行接口下,分别为编号为 4、5 和 6 的 VLAN 定义 IP 接口,并为这 3 个 IP 接口配置 IP 地址和子网掩码。完成所有 IP 接口配置后,三层交换机 Multilayer Switch1 和 Multilayer Switch2 生成的直连路由项分别如图 4.94 和图 4.95 所示。

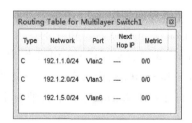

图 4.94 Multilayer Switch1 的直连路由项

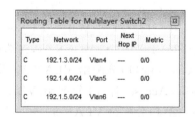

图 4.95 Multilayer Switch2 的直连路由项

(4) 完成三层交换机 Multilayer Switch1 和 Multilayer Switch2 的 RIP 配置过程,三层交换机 Multilayer Switch1 图形接口(Config)下的 RIP 配置界面如图 4.96 所示,192.1.1.0、192.1.2.0 和 192.1.5.0 是分类编址形式的 Multilayer Switch1 直接连接的 3 个网络的

网络地址。值得指出的是，三层交换机必须通过命令 ip routing 启动三层交换机的路由功能后，才能开始 RIP 配置过程。完成三层交换机 Multilayer Switch1 和 Multilayer Switch2 的 RIP 配置过程后，三层交换机 Multilayer Switch1 和 Multilayer Switch2 分别生成如图 4.97 和图 4.98 所示的完整路由表。

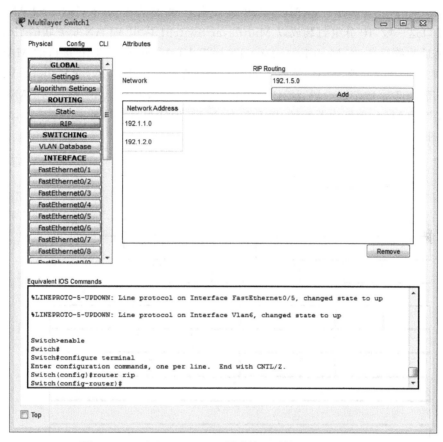

图 4.96　Multilayer Switch1 图形接口下的 RIP 配置界面

Routing Table for Multilayer Switch1

Type	Network	Port	Next Hop IP	Metric
C	192.1.1.0/24	Vlan2	---	0/0
C	192.1.2.0/24	Vlan3	---	0/0
R	192.1.3.0/24	Vlan6	192.1.5.2	120/1
R	192.1.4.0/24	Vlan6	192.1.5.2	120/1
C	192.1.5.0/24	Vlan6	---	0/0

图 4.97　Multilayer Switch1 的完整路由表

Routing Table for Multilayer Switch2

Type	Network	Port	Next Hop IP	Metric
R	192.1.1.0/24	Vlan6	192.1.5.1	120/1
R	192.1.2.0/24	Vlan6	192.1.5.1	120/1
C	192.1.3.0/24	Vlan4	---	0/0
C	192.1.4.0/24	Vlan5	---	0/0
C	192.1.5.0/24	Vlan6	---	0/0

图 4.98　Multilayer Switch2 的完整路由表

(5) 根据如图 4.91 所示的终端网络信息为各终端配置 IP 地址、子网掩码和默认网关地址，IP 接口配置的 IP 地址和子网掩码确定该 IP 接口关联的 VLAN 的网络地址，与某个 VLAN 关联的 IP 接口的 IP 地址成为连接在该 VLAN 上的终端的默认网关地址。

（6）进入模拟操作模式，启动 IP 分组 PC0 至 PC7 的传输过程，在 PC0 至 VLAN 2 关联的 IP 接口这一段，IP 分组封装成以 PC0 的 MAC 地址为源地址、以 Multilayer Switch1 标识 VLAN 2 关联的 IP 接口的 MAC 地址为目的地址的 MAC 帧，MAC 帧格式如图 4.99 所示。在 Multilayer Switch1 VLAN 6 关联的 IP 接口至 Multilayer Switch2 VLAN 6 关联的 IP 接口这一段，IP 分组封装成以 Multilayer Switch1 标识 VLAN 6 关联的 IP 接口的 MAC 地址为源地址、以 Multilayer Switch2 标识 VLAN 6 关联的 IP 接口的 MAC 地址为目的地址的 MAC 帧，MAC 帧格式如图 4.100 所示。在 Multilayer Switch2 VLAN 5 关联的 IP 接口至 PC7 这一段，IP 分组封装成以 Multilayer Switch2 标识 VLAN 5 关联的 IP 接口的 MAC 地址为源地址、以 PC7 的 MAC 地址为目的地址的 MAC 帧，MAC 帧格式如图 4.101 所示。

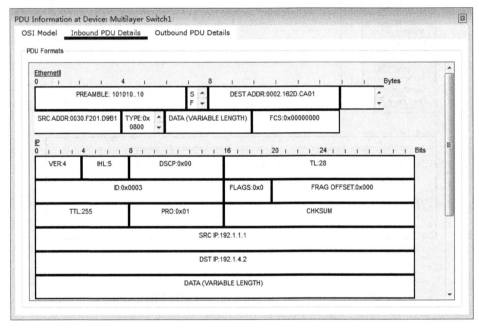

图 4.99　IP 分组 VLAN 2 内封装过程

4.11.5　命令行接口配置过程

三层交换机 Multilayer Switch1 命令行接口配置过程如下。

```
Switch>enable
Switch#configure terminal
Switch(config)#vlan 2
Switch(config-vlan)#name v2
Switch(config-vlan)#exit
Switch(config)#vlan 3
```

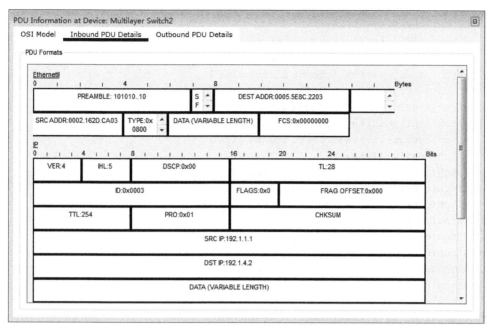

图 4.100 IP 分组 VLAN 6 内封装过程

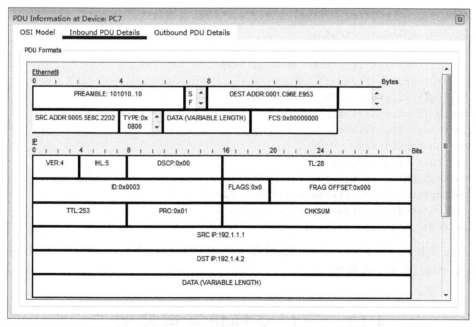

图 4.101 IP 分组 VLAN 5 内封装过程

```
Switch(config-vlan)#name v3
Switch(config-vlan)#exit
Switch(config)#vlan 6
```

```
Switch(config-vlan)#name v6
Switch(config-vlan)#exit
Switch(config)#interface FastEthernet0/1
Switch(config-if)#switchport mode access
Switch(config-if)#switchport access vlan 2
Switch(config-if)#exit
Switch(config)#interface FastEthernet0/2
Switch(config-if)#switchport mode access
Switch(config-if)#switchport access vlan 2
Switch(config-if)#exit
Switch(config)#interface FastEthernet0/3
Switch(config-if)#switchport mode access
Switch(config-if)#switchport access vlan 3
Switch(config-if)#exit
Switch(config)#interface FastEthernet0/4
Switch(config-if)#switchport mode access
Switch(config-if)#switchport access vlan 3
Switch(config-if)#exit
Switch(config)#interface FastEthernet0/5
Switch(config-if)#switchport mode access
Switch(config-if)#switchport access vlan 6
Switch(config-if)#exit
Switch(config)#interface vlan 2
Switch(config-if)#ip address 192.1.1.254 255.255.255.0
Switch(config-if)#exit
Switch(config)#interface vlan 3
Switch(config-if)#ip address 192.1.2.254 255.255.255.0
Switch(config-if)#exit
Switch(config)#interface vlan 6
Switch(config-if)#ip address 192.1.5.1 255.255.255.0
Switch(config-if)#exit
Switch(config)#ip routing
Switch(config)#router rip
Switch(config-router)#network 192.1.1.0
Switch(config-router)#network 192.1.2.0
Switch(config-router)#network 192.1.5.0
Switch(config-router)#exit
```

三层交换机 Multilayer Switch2 的命令行接口配置过程与三层交换机 Multilayer Switch1 相似，这里不再赘述。

4.12 三层交换机互连实验二

4.12.1 实验内容

构建如图 4.102 所示的互连的网络结构。在三层交换机 S1 上创建两个 VLAN，分别是 VLAN 2 和 VLAN 3,终端 A 和终端 B 属于 VLAN 2,终端 C 和终端 D 属于 VLAN 3。与 4.11 节不同的是,在三层交换机 S2 上同样创建两个编号分别是 2 和 3 的 VLAN,即 VLAN 2 和 VLAN 3,并使得终端 E 和终端 F 属于 VLAN 2,终端 G 和终端 H 属于 VLAN 3。实现属于同一 VLAN 的两个终端之间的通信过程和属于不同 VLAN 的两个终端之间的通信过程。

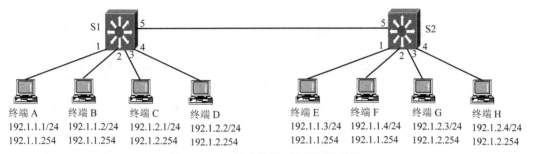

图 4.102 三层交换机互连的网络结构

4.12.2 实验目的

(1) 进一步理解三层交换机的二层交换功能。
(2) 区分三层交换机 IP 接口与路由器逻辑接口之间的差别。
(3) 区分三层交换机与路由器之间的差别。
(4) 了解跨交换机 VLAN 与 IP 接口组合带来的便利。
(5) 验证 IP 分组逐跳转发过程。
(6) 验证三层交换机静态路由项配置过程。

4.12.3 实验原理

1. VLAN 配置

为实现 VLAN 内通信过程,属于同一 VLAN 的终端之间必须建立交换路径。表 4.15 和表 4.16 分别给出三层交换机 S1 和 S2 VLAN 与端口之间的映射。根据表 4.15 和表 4.16 所示的 VLAN 与端口之间的映射,完成三层交换机 S1 和 S2 VLAN 配置过程后,三层交换机 S1 和 S2 的 VLAN 内交换路径如图 4.103 所示。

表 4.15 S1 VLAN 与端口映射表

VLAN	接入端口	主干端口(共享端口)
VLAN 2	1,2	5
VLAN 3	3,4	5

表 4.16　S2 VLAN 与端口映射表

VLAN	接入端口	主干端口（共享端口）
VLAN 2	1,2	5
VLAN 3	3,4	5

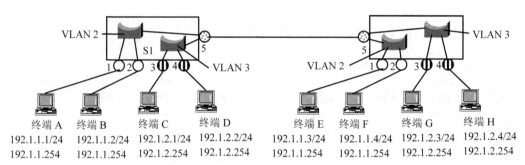

图 4.103　VLAN 配置过程

2. IP 接口配置方式一

S1 实现 VLAN 互连的过程如图 4.104 所示。图 4.104(a)给出 VLAN 内交换路径和 VLAN 间 IP 分组传输路径。图 4.104(b)给出由 S1 路由模块实现 VLAN 互连的逻辑结构。

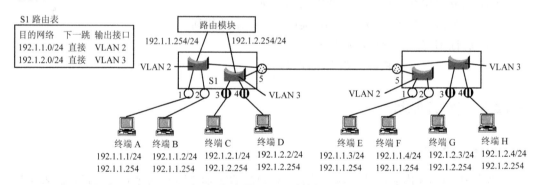

（a）实现VLAN互连过程

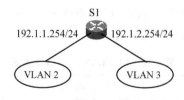

（b）逻辑结构

图 4.104　S1 实现 VLAN 互连的过程

在 S1 中定义两个分别对应 VLAN 2 和 VLAN 3 的 IP 接口。属于 VLAN 2 的终端必须建立与 VLAN 2 对应的 IP 接口之间的交换路径。属于 VLAN 3 的终端必须建立与 VLAN 3 对应的 IP 接口之间的交换路径。三层交换机 S2 完全作为二层交换机使用,用于建立属于同一 VLAN 的终端之间的交换路径和连接在三层交换机 S2 上、分别属于 VLAN 2 和 VLAN 3 的终端与三层交换机 S1 中对应 VLAN 2 和 VLAN 3 的 IP 接口之间的交换路径。为两个 IP 接口分配 IP 地址和子网掩码,为 IP 接口分配的 IP 地址和子网掩码决定了该 IP 接口连接的 VLAN 的网络地址,连接在 VLAN 上的终端以连接该 VLAN 的 IP 接口的 IP 地址为默认网关地址。属于同一 VLAN 的终端之间通过已经建立的终端之间的交换路径完成 MAC 帧传输过程。如终端 A 至终端 E MAC 帧传输过程经过的交换路径如下:S1.端口 1→S1.端口 5→S2.端口 5→S2.端口 1。

属于不同 VLAN 的终端之间的 IP 分组传输过程需要经过路由模块,由路由模块完成 IP 分组转发过程。因此,终端 E 至终端 G 的 IP 分组传输路径分为两段,一段是终端 E 至连接 VLAN 2 的 IP 接口,另一段是连接 VLAN 3 的 IP 接口至终端 G。IP 分组终端 E 至连接 VLAN 2 的 IP 接口传输过程中,IP 分组封装成以终端 E 的 MAC 地址为源 MAC 地址、以 S1 标识 VLAN 2 关联的 IP 接口的 MAC 地址为目的 MAC 地址的 MAC 帧,MAC 帧经过的交换路径如下:S2.端口 1→S2.端口 5→S1.端口 5→S1 中连接 VLAN 2 的 IP 接口。路由模块通过连接 VLAN 2 的 IP 接口接收到的该 MAC 帧,从该 MAC 帧中分离出 IP 分组,根据 IP 分组的目的 IP 地址和路由表,确定将 IP 分组通过连接 VLAN 3 的 IP 接口输出。IP 分组重新封装成以 S1 标识 VLAN 3 对应的 IP 接口的 MAC 地址为源 MAC 地址、以终端 G 的 MAC 地址为目的 MAC 地址的 MAC 帧,MAC 帧经过的交换路径如下:S1 中连接 VLAN 3 的 IP 接口→S1.端口 5→S2.端口 5→S2.端口 3。

3. IP 接口配置方式二

S1 和 S2 同时实现 VLAN 互连的过程如图 4.105 所示。图 4.105(a)给出 VLAN 内交换路径和 VLAN 间 IP 分组传输路径。图 4.105(b)给出由 S1 和 S2 路由模块同时实现 VLAN 互连的逻辑结构。

在 S1 和 S2 中定义 VLAN 2 和 VLAN 3 对应的 IP 接口,S1 和 S2 中连接相同 VLAN 的 IP 接口配置网络号相同、主机号不同的 IP 地址,如 S1 中连接 VLAN 2 的 IP 接口配置的 IP 地址和子网掩码是 192.1.1.254/24,S2 中连接 VLAN 2 的 IP 接口配置的 IP 地址和子网掩码是 192.1.1.253/24。属于不同 VLAN 的终端之间的 IP 分组传输过程需要经过路由模块,但可以选择经过 S1 中的路由模块,或是 S2 中的路由模块。终端根据默认网关地址确定经过的路由模块。如果终端 A 的默认网关地址是 192.1.1.254,终端 G 的默认网关地址是 192.1.2.253,则终端 A 至终端 G 的 IP 分组传输路径是终端 A→S1 路由模块→终端 G,终端 G 至终端 A 的 IP 分组传输路径是终端 G→S2 路由模块→终端 A。

4. IP 接口配置方式三

以 IP 接口配置方式三让 S1 和 S2 同时实现 VLAN 互连的过程如图 4.106 所示,S1 中只定义 VLAN 2 对应的 IP 接口,S2 中只定义 VLAN 3 对应的 IP 接口,因此,连接在 VLAN 2 中的终端,如果需要向连接在 VLAN 3 中的终端传输 IP 分组,只能将 IP 分组传

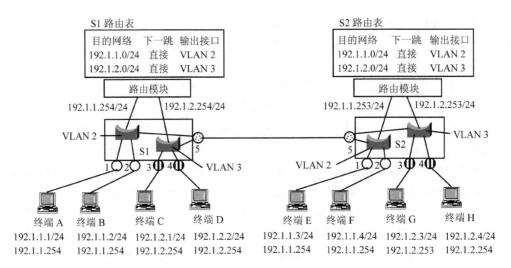

(a) 实现VLAN互连过程

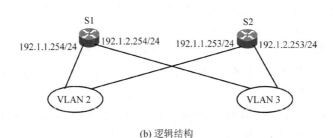

(b) 逻辑结构

图 4.105　S1 和 S2 同时实现 VLAN 互连的过程

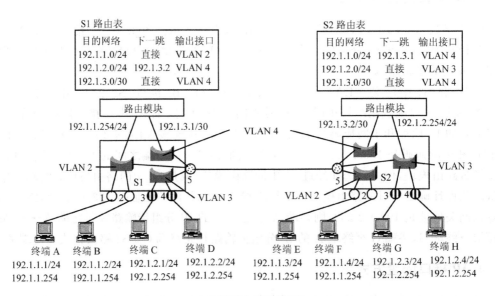

(a) 实现VLAN互连过程

图 4.106　S1 和 S2 实现 VLAN 互连的过程

(b) 逻辑结构

图 4.106（续）

输给 S1 的路由模块。由于只有 S2 的路由模块中定义了连接 VLAN 3 的 IP 接口，因此，需要建立 S1 路由模块与 S2 路由模块之间的 IP 分组传输路径。为了建立 S1 路由模块与 S2 路由模块之间的 IP 分组传输路径，如图 4.106(a) 所示，在 S1 和 S2 中创建 VLAN 4，同时在 S1 和 S2 定义 VLAN 4 对应的 IP 接口，建立 S1 中 VLAN 4 对应的 IP 接口与 S2 中 VLAN 4 对应的 IP 接口之间的交换路径，因此，S1 和 S2 中需要完成如表 4.17 和表 4.18 所示的 VLAN 与端口之间的映射。

表 4.17 S1 VLAN 与端口映射表

VLAN	接入端口	主干端口（共享端口）
VLAN 2	1,2	5
VLAN 3	3,4	5
VLAN 4		5

表 4.18 S2 VLAN 与端口映射表

VLAN	接入端口	主干端口（共享端口）
VLAN 2	1,2	5
VLAN 3	3,4	5
VLAN 4		5

当连接在 VLAN 2 中的终端 A 需要向连接在 VLAN 3 中的终端 C 传输 IP 分组时，IP 分组传输路径分为 3 段：第一段是终端 A 至 S1 中连接 VLAN 2 的 IP 接口，第二段是 S1 中连接 VLAN 4 的 IP 接口至 S2 中连接 VLAN 4 的 IP 接口，第三段是 S2 中连接 VLAN 3 的 IP 接口至终端 C。表示 VLAN 间传输路径的逻辑结构如图 4.106(b) 所示。S1 路由模块根据 IP 分组的目的 IP 地址和路由表确定 IP 分组的输出接口和下一跳 IP 地址，因此，S1 路由模块的路由表中需要建立用于指明通往 VLAN 3 的传输路径的路由项，该路由项的目的网络地址是 VLAN 3 的网络地址 192.1.2.0/24，输出接口是连接 VLAN 4 的 IP 接口，下一跳是 S2 中连接 VLAN 4 的 IP 接口的 IP 地址 192.1.3.2。同样，S2 路由模块的路由表中需要建立目的网络地址是 VLAN 2 的网络地址 192.1.1.0/24，输出接口是连接 VLAN 4 的 IP 接口，下一跳是 S1 中连接 VLAN 4 的 IP 接口的 IP 地址 192.1.3.1 的路由项。

对应如图 4.106(a) 所示的 VLAN 内和 VLAN 间传输路径，终端 A 传输给终端 C 的 IP 分组，在终端 A 至 S1 中连接 VLAN 2 的 IP 接口这一段的传输过程中，封装成以终端

A 的 MAC 地址为源 MAC 地址、以 S1 标识 VLAN 2 对应的 IP 接口的 MAC 地址为目的 MAC 地址的 MAC 帧,该 MAC 帧经过的交换路径如下:终端 A→S1.端口 1→S1 中连接 VLAN 2 的 IP 接口。IP 分组在 S1 中连接 VLAN 4 的 IP 接口至 S2 中连接 VLAN 4 的 IP 接口这一段的传输过程中,封装成以 S1 标识 VLAN 4 对应的 IP 接口的 MAC 地址为源 MAC 地址、以 S2 标识 VLAN 4 对应的 IP 接口的 MAC 地址为目的 MAC 地址的 MAC 帧,该 MAC 帧经过的交换路径如下:S1 中连接 VLAN 4 的 IP 接口→S1.端口 5→S2.端口 5→S2 中连接 VLAN 4 的 IP 接口。IP 分组在 S2 中连接 VLAN 3 的 IP 接口至终端 C 这一段的传输过程中,封装成以 S2 标识 VLAN 3 对应的 IP 接口的 MAC 地址为源 MAC 地址、以终端 C 的 MAC 地址为目的 MAC 地址的 MAC 帧,该 MAC 帧经过的交换路径如下:S2 中连接 VLAN 3 的 IP 接口→S2.端口 5→S1.端口 5→S1.端口 3→终端 C。

4.12.4 关键命令说明

下述命令用于为三层交换机定义共享端口,并指定输入输出共享端口的 MAC 帧的封装格式。

```
Switch(config)#interface FastEthernet0/5
Switch(config-if)#switchport trunk encapsulation dot1q
Switch(config-if)#switchport mode trunk
```

switchport trunk encapsulation dot1q 是接口配置模式下使用的命令,该命令的作用是指定 802.1Q 封装格式作为经过标记端口(trunk 端口)输入输出的 MAC 帧的封装格式。对于三层交换机的标记端口,该命令不能省略。

4.12.5 实验步骤

以下实验步骤用于完成 4.12.3 节中 IP 接口配置方式三的互连 VLAN 的过程。

(1) 启动 Cisco Packet Tracer,根据如图 4.102 所示的互连的网络结构放置和连接设备,完成设备放置和连接后的逻辑工作区界面如图 4.107 所示。

(2) 分别在三层交换机 Multilayer Switch1 和 Multilayer Switch2 上创建 3 个编号为 2、3 和 4 的 VLAN,根据表 4.17 和表 4.18 所示的 VLAN 与端口之间的映射为每一个 VLAN 分配端口。值得强调的是,将三层交换机 Multilayer Switch1 和 Multilayer Switch2 中的交换机端口 FastEthernet0/5 配置为被 VLAN 2、3 和 4 共享的共享端口前,需要在命令行接口(CLI)下,通过命令 switchport trunk encapsulation dot1q 指定该共享端口的 MAC 帧格式。

(3) 在三层交换机 Multilayer Switch1 上定义 VLAN 2 和 VLAN 4 对应的 IP 接口,为 IP 接口分配 IP 地址和子网掩码。在三层交换机 Multilayer Switch2 上定义 VLAN 3 和 VLAN 4 对应的 IP 接口,为 IP 接口分配 IP 地址和子网掩码。完成 IP 接口配置过程

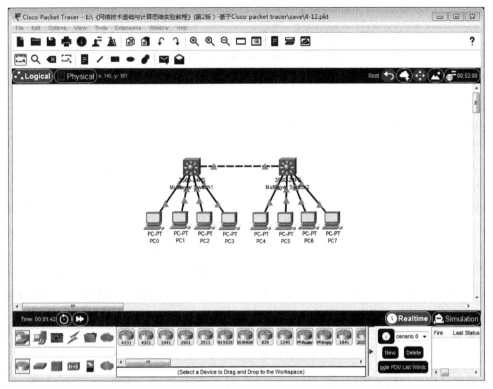

图 4.107　完成设备放置和连接后的逻辑工作区界面

后,三层交换机 Multilayer Switch1 和 Multilayer Switch2 自动生成如图 4.108 和图 4.109 所示的直连路由项。三层交换机 Multilayer Switch1 和 Multilayer Switch2 的端口状态分别如图 4.110 和图 4.111 所示,分别用不同的 MAC 地址标识不同 VLAN 关联的 IP 接口。

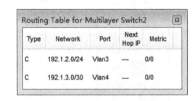

图 4.108　Multilayer Switch1 的直连路由项　　图 4.109　Multilayer Switch2 的直连路由项

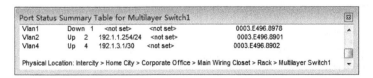

图 4.110　Multilayer Switch1 的端口状态

值得强调的是,完成 IP 接口配置过程后,三层交换机 Multilayer Switch1 和

第 4 章　IP 和网络互连实验

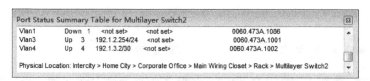

图 4.111　Multilayer Switch2 的端口状态

Multilayer Switch2 需要在命令行接口下，通过命令 ip routing 启动三层交换机 Multilayer Switch1 和 Multilayer Switch2 的路由功能。

（4）三层交换机 Multilayer Switch1 上需要配置用于指明通往 VLAN 3 的传输路径的静态路由项，路由项的目的网络是 VLAN 3 的网络地址 192.1.2.0/24，输出接口是 VLAN 4，下一跳是三层交换机 Multilayer Switch2 中 VLAN 4 对应的 IP 接口的 IP 地址 192.1.3.2。图形接口（Config）下，Multilayer Switch1 配置静态路由项的界面如图 4.112 所示。三层交换机 Multilayer Switch2 上需要配置用于指明通往 VLAN 2 的传输路径的静态路由项，路由项的目的网络是 VLAN 2 的网络地址 192.1.1.0/24，输出接口是 VLAN 4，下一跳是三层交换机 Multilayer Switch1 中 VLAN 4 对应的 IP 接口的 IP 地址 192.1.3.1。完成静态路由项配置过程后，三层交换机 Multilayer Switch1 和 Multilayer Switch2 的完整路由表分别如图 4.113 和图 4.114 所示。

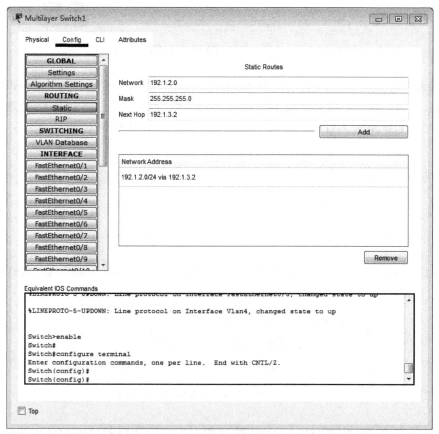

图 4.112　Multilayer Switch1 图形接口下的静态路由项配置界面

Type	Network	Port	Next Hop IP	Metric
C	192.1.1.0/24	Vlan2	—	0/0
S	192.1.2.0/24	—	192.1.3.2	1/0
C	192.1.3.0/30	Vlan4	—	0/0

图 4.113　Multilayer Switch1 的完整路由表

Type	Network	Port	Next Hop IP	Metric
S	192.1.1.0/24	—	192.1.3.1	1/0
C	192.1.2.0/24	Vlan3	—	0/0
C	192.1.3.0/30	Vlan4	—	0/0

图 4.114　Multilayer Switch2 的完整路由表

（5）根据如图 4.102 所示的终端网络信息为各终端配置 IP 地址、子网掩码和默认网关地址，IP 接口配置的 IP 地址和子网掩码确定该 IP 接口关联的 VLAN 的网络地址，与某个 VLAN 关联的 IP 接口的 IP 地址成为连接在该 VLAN 上的终端的默认网关地址。

（6）进入模拟操作模式，启动 IP 分组 PC0 至 PC2 的传输过程，在 PC0 至 VLAN 2 关联的 IP 接口这一段，IP 分组封装成以 PC0 的 MAC 地址为源地址、以 Multilayer Switch1 标识 VLAN 2 关联的 IP 接口的 MAC 地址为目的地址的 MAC 帧，MAC 帧格式如图 4.115 所示。在 Multilayer Switch1 VLAN 4 关联的 IP 接口至 Multilayer Switch2 VLAN 4 关联的 IP 接口这一段，IP 分组封装成以 Multilayer Switch1 标识 VLAN 4 关联的 IP 接口的 MAC 地址为源地址、以 Multilayer Switch2 标识 VLAN 4 关联的 IP 接口的 MAC 地址为目的地址的 MAC 帧，MAC 帧格式如图 4.116 所示。由于 Multilayer Switch1 的交换机端口 FastEthernet0/5 是共享端口，因此，通过该端口输出的 MAC 帧携带 VLAN 4 对应的 VLAN ID（TCI＝0x4）。在 Multilayer Switch2 VLAN 3 关联的 IP 接口至 PC2 这一段，IP 分组封装成以 Multilayer Switch2 标识 VLAN 3 关联的 IP 接口的 MAC 地址为源地址、以 PC2 的 MAC 地址为目的地址的 MAC 帧，MAC 帧格式如图 4.117 所示。由于 Multilayer Switch2 的交换机端口 FastEthernet0/5 是共享端口，因此，通过该端口输出的 MAC 帧携带 VLAN 3 对应的 VLAN ID（TCI＝0x3）。

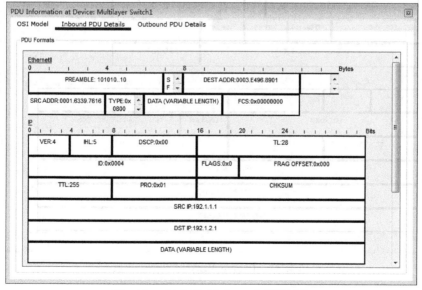

图 4.115　IP 分组 VLAN 2 内封装过程

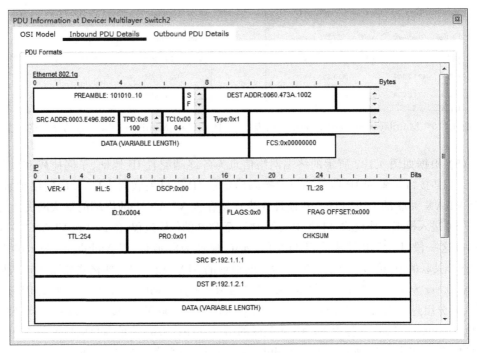

图 4.116 IP 分组 VLAN 4 内封装过程

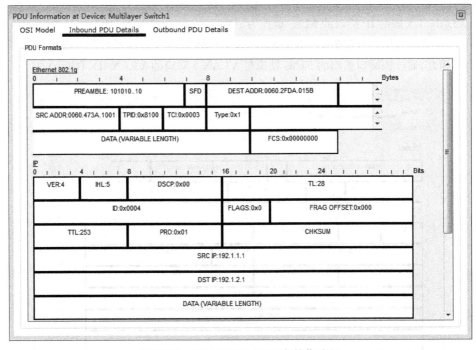

图 4.117 IP 分组 VLAN 3 内封装过程

4.12.6 命令行接口配置过程

以下命令行接口配置过程用于完成 4.12.3 节中 IP 接口配置方式三的互连 VLAN 的过程。

1. Multilayer Switch1 命令行接口配置过程

```
Switch>enable
Switch#configure terminal
Switch(config)#hostname Switch1
Switch1(config)#vlan 2
Switch1(config-vlan)#name v2
Switch1(config-vlan)#exit
Switch1(config)#vlan 3
Switch1(config-vlan)#name v3
Switch1(config-vlan)#exit
Switch1(config)#vlan 4
Switch1(config-vlan)#name v4
Switch1(config-vlan)#exit
Switch1(config)#interface FastEthernet0/1
Switch1(config-if)#switchport mode access
Switch1(config-if)#switchport access vlan 2
Switch1(config-if)#exit
Switch1(config)#interface FastEthernet0/2
Switch1(config-if)#switchport mode access
Switch1(config-if)#switchport access vlan 2
Switch1(config-if)#exit
Switch1(config)#interface FastEthernet0/3
Switch1(config-if)#switchport mode access
Switch1(config-if)#switchport access vlan 3
Switch1(config-if)#exit
Switch1(config)#interface FastEthernet0/4
Switch1(config-if)#switchport mode access
Switch1(config-if)#switchport access vlan 3
Switch1(config-if)#exit
Switch1(config)#interface FastEthernet0/5
Switch1(config-if)#switchport trunk encapsulation dot1q
Switch1(config-if)#switchport mode trunk
Switch1(config-if)#switchport trunk allowed vlan 2,3,4
Switch1(config-if)#exit
Switch1(config)#interface vlan 2
Switch1(config-if)#ip address 192.1.1.254 255.255.255.0
Switch1(config-if)#exit
```

```
Switch1(config)#interface vlan 4
Switch1(config-if)#ip address 192.1.3.1 255.255.255.252
Switch1(config-if)#exit
Switch1(config)#ip routing
Switch1(config)#ip route 192.1.2.0 255.255.255.0 192.1.3.2
```

2．Multilayer Switch2 命令行接口配置过程

```
Switch>enable
Switch#configure terminal
Switch(config)#hostname Switch2
Switch2(config)#vlan 2
Switch2(config-vlan)#name v2
Switch2(config-vlan)#exit
Switch2(config)#vlan 3
Switch2(config-vlan)#name v3
Switch2(config-vlan)#exit
Switch2(config)#vlan 4
Switch2(config-vlan)#name v4
Switch2(config-vlan)#exit
Switch2(config)#interface FastEthernet0/1
Switch2(config-if)#switchport mode access
Switch2(config-if)#switchport access vlan 2
Switch2(config-if)#exit
Switch2(config)#interface FastEthernet0/2
Switch2(config-if)#switchport mode access
Switch2(config-if)#switchport access vlan 2
Switch2(config-if)#exit
Switch2(config)#interface FastEthernet0/3
Switch2(config-if)#switchport mode access
Switch2(config-if)#switchport access vlan 3
Switch2(config-if)#exit
Switch2(config)#interface FastEthernet0/4
Switch2(config-if)#switchport mode access
Switch2(config-if)#switchport access vlan 3
Switch2(config-if)#exit
Switch2(config)#interface FastEthernet0/5
Switch2(config-if)#switchport trunk encapsulation dot1q
Switch2(config-if)#switchport mode trunk
Switch2(config-if)#switchport trunk allowed vlan 2,3,4
Switch2(config-if)#exit
Switch2(config)#interface vlan 3
Switch2(config-if)#ip address 192.1.2.254 255.255.255.0
Switch2(config-if)#exit
```

```
Switch2(config)#interface vlan 4
Switch2(config-if)#ip address 192.1.3.2 255.255.255.252
Switch2(config-if)#exit
Switch2(config)#ip routing
Switch2(config)#ip route 192.1.1.0 255.255.255.0 192.1.3.1
```

3. 命令列表

三层交换机命令行接口配置过程中使用的命令及功能和参数说明如表 4.19 所示。

表 4.19　命令列表

命　　令	功能和参数说明
switchport trunk encapsulation dot1q	将经过主干端口(共享端口)输入输出的 MAC 帧封装格式指定为 IEEE 802.1q 封装格式。三层交换机主干端口不能省略该命令

4.13　IP 和网络互连实验的启示和思政元素

第 5 章

Internet 接入实验

接入网络设计需要掌握用户终端宽带接入网络和局域网宽带接入网络的设计方法和过程,同时需要掌握本地鉴别方式与统一鉴别方式的区别,并掌握这两种鉴别方式的实现方法和过程。同时,还需要掌握连接在 Internet 中的终端通过虚拟专用网(Virtual Private Network,VPN)接入内部网络的过程。

5.1 终端通过以太网接入 Internet 实验

5.1.1 实验内容

构建如图 5.1 所示的接入网络,终端 A 和终端 B 通过启动宽带连接程序完成接入 Internet 的过程。

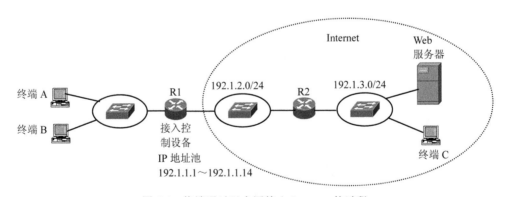

图 5.1 终端通过以太网接入 Internet 的过程

如图 5.1 所示的接入网络中,路由器 R1 作为接入控制设备,终端 A 和终端 B 通过以太网与路由器 R1 实现互连。路由器 R1 一端连接作为接入网络的以太网,另一端连接 Internet。实现宽带接入前,终端 A 和终端 B 没有配置任何网络信息,也无法访问 Internet。

终端 A 和终端 B 访问 Internet 前,需要完成以下操作过程。一是完成注册,获取有效的用户名和口令；二是启动宽带连接程序。成功接入 Internet 后，终端 A 和终端 B 可以访问 Internet 中的资源，如 Web 服务器，也可以和 Internet 中的其他终端进行通信。

5.1.2 实验目的

(1) 验证宽带接入网络的设计过程。
(2) 验证接入控制设备的配置过程。
(3) 验证终端宽带接入过程。
(4) 验证本地鉴别方式鉴别终端用户的过程。
(5) 验证用户终端访问 Internet 的过程。

5.1.3 实验原理

由于终端 A 和终端 B 通过以太网与作为接入控制设备的路由器 R1 实现互连。因此，需要通过基于以太网的点对点协议(PPP over Ethernet，PPPoE)完成接入过程。对于路由器 R1，一是需要配置授权用户，二是需要配置用于鉴别授权用户身份的鉴别协议，三是需要配置 IP 地址池。对于接入终端，需要启动宽带连接程序，并输入表明授权用户身份的有效用户名和口令。终端与路由器 R1 之间完成以下操作过程。一是建立终端与路由器 R1 之间的 PPP 会话。二是基于 PPP 会话建立终端与路由器 R1 之间的 PPP 链路。三是由路由器 R1 完成对终端用户的身份鉴别过程。四是由路由器 R1 对终端分配 IP 地址，并在路由表中创建用于将路由器 R1 与终端之间的 PPP 会话和为终端分配的 IP 地址绑定在一起的路由项。

5.1.4 关键命令说明

1. 定义 PPPoE 配置文件

```
Router(config)#bba-group pppoe aa1
Router(config-bba)#virtual-template 1
Router(config-bba)#exit
```

bba-group pppoe aa1 是全局模式下使用的命令，该命令的作用：一是创建名为 aa1 的 PPPoE 配置文件，二是进入宽带接入(Broadband Access，BBA)组配置模式。在 BBA 组配置模式下完成 PPPoE 配置文件的定义过程。

virtual-template 1 是 BBA 组配置模式下使用的命令，该命令的作用是指定通过使用编号为 1 的虚拟模板创建虚拟接入接口。路由器为每一次虚拟拨号接入过程创建一个虚拟接入接口，该虚拟接入接口等同于传统拨号接入网络连接语音信道的接口。所有通过使用编号为 1 的虚拟模板创建的虚拟接入接口统一使用定义编号为 1 的虚拟模板时所配置的参数。

2. 配置虚拟模板

终端通过 PPP 会话连接接入控制设备，接入控制设备通过虚拟接入接口连接 PPP 会话，虚拟模板用于定义虚拟接入接口的相关参数。

```
Router(config)#interface virtual-template 1
Router(config-if)#peer default ip address pool apool
Router(config-if)#ppp authentication chap
Router(config-if)#ip unnumbered FastEthernet0/0
Router(config-if)#exit
```

interface virtual-template 1 是全局模式下使用的命令，该命令的作用：一是创建编号为 1 的虚拟模板，二是进入虚拟模板配置模式。为该虚拟模板配置的参数作用于所有通过使用编号为 1 的虚拟模板创建的虚拟接入接口。

peer default ip address pool apool 是虚拟模板配置模式下使用的命令，该命令的作用是将接入终端获取 IP 地址的方式指定为从名为 apool 的本地 IP 地址池中分配 IP 地址。由于采用点对点虚拟线路互连接入终端与虚拟接入接口，因此接入终端就是虚拟接入接口的另一端。

ppp authentication chap 是虚拟模板配置模式下使用的命令，该命令的作用是指定挑战握手鉴别协议(Challenge Handshake Authentication Protocol，CHAP)作为鉴别接入用户的鉴别协议。默认情况下采用本地鉴别方式鉴别接入用户。

ip unnumbered FastEthernet0/0 是虚拟模板配置模式下使用的命令，该命令的作用是在一个没有分配 IP 地址的接口上启动 IP 处理功能。如果该接口需要产生并发送报文，使用接口 FastEthernet0/0 的 IP 地址。由于需要为每一次接入过程创建虚拟接入接口，因此不可能为每一个虚拟接入接口分配 IP 地址，但由于以下两个原因：一是需要启动虚拟接入接口输入输出 IP 分组的功能。二是允许虚拟接入接口产生并发送控制报文，如路由消息等，这些控制报文需要用其他接口的 IP 地址作为其源 IP 地址。

3. 配置本地 IP 地址池

本地 IP 地址池是路由器 R1 用于分配给接入终端的一组 IP 地址。以下是定义本地 IP 地址池的命令。

```
Router(config)#ip local pool apool 192.1.1.1 192.1.1.14
```

ip local pool apool 192.1.1.1 192.1.1.14 是全局模式下使用的命令，该命令的作用是定义一个名为 apool、IP 地址范围为 192.1.1.1～192.1.1.14 的本地 IP 地址池。

4. 创建授权用户

本地鉴别方式下，直接在接入控制设备中定义授权用户，以下命令用于定义授权用户。

```
Router(config)#username aaa1 password bbb1
```

username aaa1 password bbb1 是全局模式下使用的命令,该命令的作用是创建用户名为 aaa1、口令为 bbb1 的授权用户,每一个用户通过启动宽带连接程序接入 Internet 时,必须输入某个授权用户的用户名和口令。

5. 启动接口的 PPPoE 功能

```
Router(config)#interface FastEthernet0/0
Router(config-if)#pppoe enable group aa1
Router(config-if)#exit
```

pppoe enable group aa1 是接口配置模式下使用的命令,该命令的作用:一是在指定以太网接口(这里是接口 FastEthernet0/0)上启动协议 PPPoE,二是指定根据名为 aa1 的 PPPoE 配置文件创建 PPPoE 会话。用户终端通过以太网实现宽带接入前,路由器连接作为接入网络的以太网的接口必须启动协议 PPPoE,通过协议 PPPoE 创建用于连接接入终端的 PPPoE 会话。

5.1.5 实验步骤

(1)启动 Cisco Packet Tracer,在逻辑工作区根据如图 5.1 所示的宽带接入网络结构放置和连接设备,完成设备放置和连接后的逻辑工作区界面如图 5.2 所示。

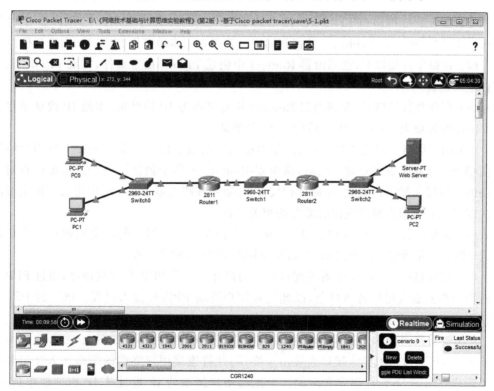

图 5.2 完成设备放置和连接后的逻辑工作区界面

(2) 完成路由器接口 IP 地址和子网掩码配置过程，完成各路由器静态路由项配置过程。路由器 Router1 和 Router2 的完整路由表分别如图 5.3 和图 5.4 所示。由于为接入终端分配的 IP 地址范围是 192.1.1.1～192.1.1.14，可以用 CIDR 地址块 192.1.1.0/28 表示该组 IP 地址。因此，Router2 中需要配置一项用于指明通往网络地址为 192.1.1.0/28 的网络的传输路径的静态路由项，该路由项不能由 RIP 动态生成的原因是，Router1 各接口配置的 IP 地址和子网掩码并不能说明 Router1 直接连接网络地址为 192.1.1.0/28 的网络。Router1 中需要配置用于指明通往网络地址为 192.1.3.0/24 的网络的传输路径的静态路由项。需要指出的是，Router1 中并没有用于指明通往网络地址为 192.1.1.0/28 的网络的传输路径的路由项，这是因为，Router1 只有在为某个接入终端分配 IP 地址后，路由表中才动态创建一项将分配给该终端的 IP 地址和 Router1 与该终端之间的 PPP 会话绑定在一起的路由项。

Routing Table for Router1

Type	Network	Port	Next Hop IP	Metric
C	1.0.0.0/8	FastEthernet0/0	---	0/0
C	192.1.2.0/24	FastEthernet0/1	---	0/0
S	192.1.3.0/24	---	192.1.2.253	1/0

图 5.3　Router1 的路由表

Routing Table for Router2

Type	Network	Port	Next Hop IP	Metric
S	192.1.1.0/28	---	192.1.2.254	1/0
C	192.1.2.0/24	FastEthernet0/0	---	0/0
C	192.1.3.0/24	FastEthernet0/1	---	0/0

图 5.4　Router2 的路由表

(3) 在命令行接口(CLI)下，在路由器 Router1 中定义两个用户名和口令分别是＜aaa1，bbb1＞和＜aaa2，bbb2＞的授权用户。确定采用本地鉴别方式鉴别用户身份。

(4) 在命令行接口下，在路由器 Router1 中创建 PPPoE 配置文件，完成 PPPoE 配置文件定义过程。

(5) 在命令行接口下，在路由器 Router1 中定义本地 IP 地址池，本地 IP 地址池包含由 CIDR 地址块 192.1.1.0/28 表示的一组 IP 地址。

(6) 用户终端一旦完成接入过程，作为接入控制设备的路由器 Router1 与用户终端之间相当于建立了虚拟点对点线路，路由器 Router1 等同于创建了用于连接虚拟点对点线路的虚拟接入接口。因此，在命令行接口下，通过在路由器 Router1 中定义虚拟模板的方式定义建立虚拟点对点线路所需要的相关参数。

(7) 在命令行接口下，在路由器 Router1 连接作为接入网络的以太网的接口上启动协议 PPPoE，并指定创建 PPPoE 会话时使用的 PPPoE 配置文件。

(8) 完成路由器 Router1 有关配置后。用户终端启动 PPPoE 连接程序，通过 PPPoE 连接程序界面输入用户名和口令，以此完成用户终端 PPPoE 接入过程。PC0 的 PPPoE 连接程序界面如图 5.5 所示。用同样的方式完成 PC1 PPPoE 接入过程。

(9) 查看路由器 Router1 的路由表，路由器 Router1 的路由表如图 5.6 所示。路由器 Router1 直接通过虚拟接入接口连接用户终端，并将连接用户终端的虚拟接入接口和分配给用户终端的 IP 地址绑定在一起。分配给用户终端的 IP 地址从 IP 地址池中选择。如果虚拟接入接口产生并发送报文，可以将 Router1 接口 FastEthernet0/0 的 IP 地址作

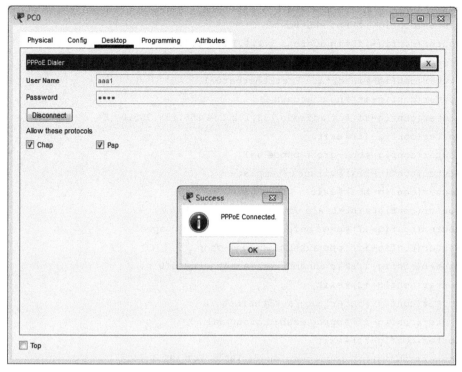

图 5.5 PC0 的 PPPoE 连接程序界面

为该报文的源 IP 地址,这种指定似乎将 Router1 接口 FastEthernet0/0 作为虚拟接入接口用于向终端传输 IP 分组的传输路径的下一跳。

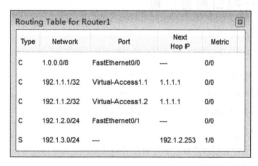

图 5.6 终端接入后的 Router1 路由表

5.1.6 命令行接口配置过程

1. Router1 命令行接口配置过程

```
Router>enable
Router#configure terminal
```

第 5 章 Internet 接入实验

```
Router(config)#interface FastEthernet0/0
Router(config-if)#no shutdown
Router(config-if)#ip address 1.1.1.1 255.0.0.0
Router(config-if)#exit
Router(config)#interface FastEthernet0/1
Router(config-if)#no shutdown
Router(config-if)#ip address 192.1.2.254 255.255.255.0
Router(config-if)#exit
Router(config)#bba-group pppoe aa1
Router(config-bba)#virtual-template 1
Router(config-bba)#exit
Router(config)#interface virtual-template 1
Router(config-if)#peer default ip address pool apool
Router(config-if)#ppp authentication chap
Router(config-if)#ip unnumbered FastEthernet0/0
Router(config-if)#exit
Router(config)#interface FastEthernet0/0
Router(config-if)#pppoe enable group aa1
Router(config-if)#exit
Router(config)#ip local pool apool 192.1.1.1 192.1.1.14
Router(config)#username aaa1 password bbb1
Router(config)#username aaa2 password bbb2
Router(config)#ip route 192.1.3.0 255.255.255.0 192.1.2.253
```

2. Router2 命令行接口配置过程

```
Router>enable
Router#configure terminal
Router(config)#interface FastEthernet0/0
Router(config-if)#no shutdown
Router(config-if)#ip address 192.1.2.253 255.255.255.0
Router(config-if)#exit
Router(config)#interface FastEthernet0/1
Router(config-if)#no shutdown
Router(config-if)#ip address 192.1.3.254 255.255.255.0
Router(config-if)#exit
Router(config)#ip route 192.1.1.0 255.255.255.240 192.1.2.254
```

3. 命令列表

路由器命令行接口配置过程中使用的命令及其功能和参数说明如表 5.1 所示。

表 5.1 命令及其功能和参数说明列表

命 令	功能和参数说明
bba-group pppoe {*group-name* | **global**}	创建并定义 PPPoE 配置文件,参数 *group-name* 是配置文件名,如果选择选项 global,该配置文件作用于所有启动 PPPoE 且没有指定 PPPoE 配置文件的接口
ppp authentication {*protocol*1 [*protocol*2 …]} [*list-name* | **default**]	为 PPP 指定鉴别协议和鉴别机制,参数 *protocol* 用于指定鉴别协议,PAP 和 CHAP 是 Cisco Packet Tracer 常用的鉴别协议。参数 *list-name* 用于指定鉴别机制列表,default 选项指定默认鉴别机制列表
virtual-template *template-number*	为虚拟接入接口定义虚拟模板。参数 *template-number* 是虚拟模板编号
interface virtual-template *number*	创建虚拟模板,创建的虚拟模板将作用于动态创建的虚拟接入接口。参数 *number* 是虚拟模板编号
ip unnumbered *type number*	启动一个没有分配 IP 地址的接口的 IP 处理功能。如果该接口需要产生并发送报文,使用由参数 *type* 和参数 *number* 指定的接口的 IP 地址。参数 *type* 是接口类型,参数 *number* 是接口编号,两者一起唯一指定某个接口
pppoe enable[**group** *group-name*]	在以太网接口启动协议 PPPoE。如果用参数指定 PPPoE 配置文件名,创建 PPPoE 会话时使用该 PPPoE 配置文件,否则使用选择选项 global 的 PPPoE 配置文件
ip local pool{**default** | *poolname*} [*low-ip-address* [*high-ip-address*]]	定义 IP 地址池,参数 *low-ip-address* 和 *high-ip-address* 用于确定 IP 地址池的地址范围,可以为该地址池分配名字 *poolname*,也可以通过选项 default 将该地址池指定为默认地址池
peer default ip address {*ip-address* | **dhcp** | **pool** [*pool-name*]}	确定虚拟接入接口另一端的 IP 地址获取方式,用参数 *ip-address* 指定 IP 地址。通过选项 dhcp 指定通过 DHCP 服务器获得。通过选项 pool 指定通过地址池获得,如果没有指定地址池名 *pool-name*,选择默认地址池

5.2 终端通过 ADSL 接入 Internet 实验

5.2.1 实验内容

构建如图 5.7 所示的接入网络,终端 A 和终端 B 通过启动宽带连接程序完成接入 Internet 的过程。

如图 5.7 所示的接入网络和如图 5.1 所示的接入网络之间的差别在于,铺设到家庭的不是可以将终端接入以太网的双绞线缆,而是用户线(俗称电话线),通过用户线实现家庭中的非对称数字用户线路(Asymmetric Digital Subscriber Line,ADSL)Modem 与本地局中的数字用户线接入复用器(Digital Subscriber Line Access Multiplexer,DSLAM)之间的互连。终端可以通过以太网与 ADSL Modem 实现互连。对于终端,ADSL Modem 和 DSLAM 是透明的,因此,图 5.7 中的终端 A 和终端 B 可以与图 5.1 中的终端 A 和终端 B 一样通过宽带连接程序接入 Internet。

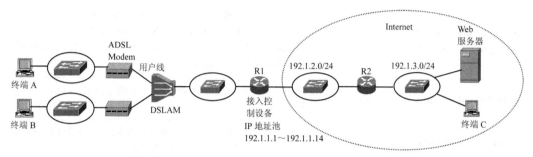

图 5.7　终端通过 ADSL 接入 Internet 的过程

5.2.2　实验目的

(1) 验证 ADSL Modem 与终端之间的连接过程。
(2) 验证 DSLAM 与 ADSL Modem 之间的连接过程。
(3) 验证 DSLAM 与以太网之间的连接过程。
(4) 验证终端通过 ADSL 接入 Internet 的过程。

5.2.3　实验原理

该实验在 5.1 节终端通过以太网接入 Internet 实验的基础上完成,主要工作在于:一是实现用户线互连 ADSL Modem 和 DSLAM 的过程,二是实现以太网互连 DSLAM 和作为接入控制设备的路由器 R1 的过程,三是实现以太网互连终端和 ADSL Modem 的过程。单个 DSLAM 设备可以连接多条用户线,实现多个基于用户线的 ADSL 接入网络与以太网之间的互连。

5.2.4　实验步骤

(1) 选择图 5.7 中 ADSL Modem 的过程如下。①在设备类型选择框的上半部分选择网络设备(Network Devices)。②在设备类型选择框的下半部分选择广域网仿真设备(Wan Emulation)。③在设备选择框中选择 DSL-Modem。该设备有两个接口:一个是连接双绞线缆的以太网接口,一个是连接电话线的 Modem 接口。选择图 5.7 中 DSLAM 设备类型的过程与 ADSL Modem 相同。在设备选择框中选择 Generics(Cloud-PT)。该设备有两个连接电话线的 Modem 接口和一个连接双绞线缆的以太网接口。

为了用该设备仿真如图 5.7 中所示的实现基于两条电话线的两个 ADSL 接入网络与以太网互连的 DSLAM,需要通过配置将两个连接电话线的 Modem 接口与以太网接口绑定在一起。两个连接电话线的 Modem 接口与以太网接口绑定在一起的配置界面如图 5.8 所示。过程如下,单击 Generics(Cloud-PT),选择图形接口(Config)配置方式,选择 DSL,在出现的 DSL 配置界面中,一边指定连接电话线的 Modem 接口,一边指定以太网接口,单击添加(Add)按钮建立 Modem 接口与以太网接口之间的绑定。可以通过选中某项绑定项,单击删除(Remove)按钮,删除已经建立的 Modem 接口与以太网接口之间的绑定。

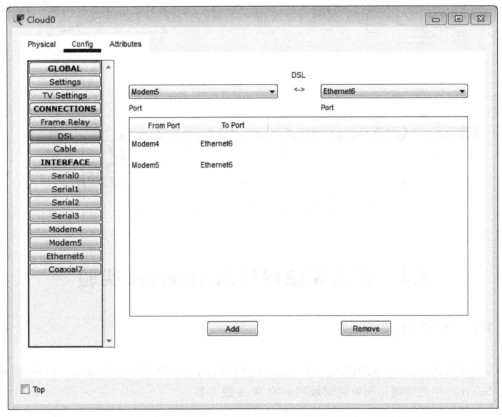

图 5.8　Cloud-PT 将 Modem 接口与以太网接口绑定在一起的界面

(2) 根据如图 5.7 所示的接入网络结构,完成设备放置和连接,终端以太网接口与 DSL-Modem 以太网接口之间用直连双绞线(Copper Straight-Through)互连,DSL-Modem Modem 接口与 Generics(Cloud-PT)Modem 接口之间用电话线(Phone)互连。Generics(Cloud-PT)以太网接口与交换机之间用直连双绞线互连。完成设备放置和连接后的逻辑工作区界面如图 5.9 所示。其他实验步骤与 5.1 节终端通过以太网接入 Internet 实验相同,这里不再赘述。

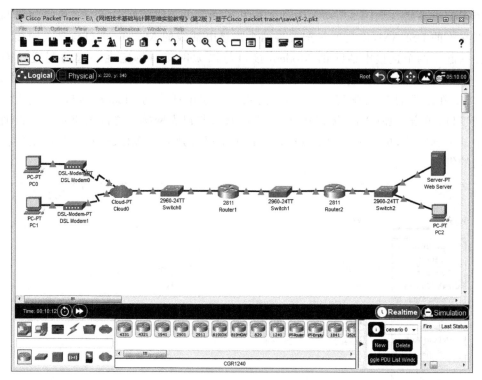

图 5.9 完成设备放置和连接后的逻辑工作区界面

5.3 家庭局域网接入 Internet 实验

5.3.1 实验内容

构建如图 5.10 所示的接入网络，实现家庭局域网中的终端访问 Internet 的过程，允许 Internet 中的终端访问家庭局域网中的 Web 服务器。

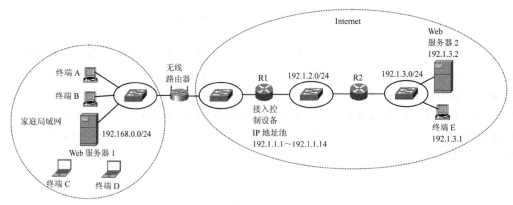

图 5.10 家庭局域网接入 Internet 的过程

如图 5.10 所示的家庭局域网接入 Internet 的过程中,关键设备是无线路由器,无线路由器主要具备以下功能。一是由内嵌的 AP 实现以太网与无线局域网的互联,因此,家庭局域网中的终端可以连接在以太网上,也可以连接在无线局域网上。二是作为边缘路由器实现家庭局域网与 Internet 互联。三是通过 PPPoE 接入 Internet。无线路由器通过 PPPoE 接入 Internet 时,路由器 R1 作为接入控制设备,无线路由器等同于通过以太网接入 Internet 的终端。四是实现家庭局域网的私有 IP 地址与无线路由器 Internet 接口的全球 IP 地址之间的转换。

5.3.2 实验目的

（1）验证家庭局域网的设计过程。
（2）验证无线路由器的配置过程。
（3）验证家庭局域网接入 Internet 的过程。
（4）验证无线路由器 PPPoE 的接入过程。
（5）验证无线路由器的网络地址转换(Network Address Translation,NAT)功能。
（6）验证无线路由器静态地址转换项的配置过程。

5.3.3 实验原理

如图 5.10 所示的家庭局域网接入 Internet 的过程中,对于家庭局域网中的终端,无线路由器是默认网关,这些终端发送给 Internet 的 IP 分组首先传输给无线路由器,由无线路由器转发给 Internet。对于 Internet 中的路由器,无线路由器等同于连接在 Internet 上的一个终端。家庭局域网以及家庭局域网分配的私有 IP 地址对 Internet 中的终端和路由器都是透明的,因此,当无线路由器将家庭局域网中的终端发送给 Internet 的 IP 分组转发给 Internet 时,需要将该 IP 分组的源 IP 地址转换成无线路由器连接 Internet 接口的全球 IP 地址。当 Internet 中的终端向家庭局域网中的终端发送 IP 分组时,这些 IP 分组以无线路由器连接 Internet 接口的全球 IP 地址为目的 IP 地址。

家庭局域网中的终端分配私有 IP 地址,无线路由器作为 DHCP 服务器可以自动为家庭局域网中的终端分配网络信息。

无线路由器内嵌 AP,家庭局域网中安装无线网卡的终端(移动终端)可以通过无线信道与 AP 建立关联,由 AP 完成对移动终端的身份鉴别过程。

PPPoE 接入方式下,无线路由器自动启动宽带接入过程,与终端 PPPoE 方式接入 Internet 相同,需要为无线路由器配置授权用户的用户名和口令。

完成无线路由器配置过程后,家庭局域网中的终端自动从无线路由器获取网络信息,其中默认网关地址是无线路由器连接家庭局域网接口(LAN 接口)的 IP 地址。无线路由器通过启动宽带接入过程,建立与路由器 R1 之间的 PPP 会话,由路由器 R1 完成对无线路由器的身份鉴别过程,无线路由器从路由器 R1 获取全球 IP 地址。

当家庭局域网中的终端需要访问 Internet 资源时,向 Internet 发送 IP 分组,终端发送给 Internet 的 IP 分组首先传输给无线路由器,无线路由器完成地址转换过程后,将其转发给 Internet。Internet 回送给家庭局域网中的终端的 IP 分组,以无线路由器连接 Internet 接口的全球 IP 地址为目的 IP 地址,因此,该 IP 分组被发送给无线路由器,由无线路由器根据建立的地址转换表完成地址转换过程后,将其转发给家庭局域网中的终端。

5.3.4 实验步骤

(1) 该实验在 5.1 节实验的基础上进行。在逻辑工作区根据如图 5.10 所示的接入网络结构添加和连接设备,完成设备放置和连接后的逻辑工作区界面如图 5.11 所示。选择无线路由器的过程如下。① 在设备类型选择框的上半部分选择网络设备(Network Devices)。② 在设备类型选择框的下半部分选择无线设备(Wireless Devices)。③ 在设备选择框中选择无线路由器 WRT300N。

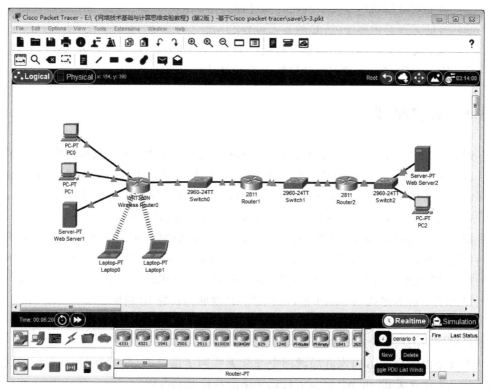

图 5.11 完成设备放置和连接后的逻辑工作区界面

(2) 单击无线路由器,选择 GUI 配置方式,选择基本配置(Setup)选项卡,弹出如图 5.12 所示的无线路由器基本配置界面,Internet 连接类型(Internet Connection type)选择 PPPoE,用户名(Username)输入框中输入 aaa1,口令(Password)输入框中输入 bbb1,aaa1 和 bbb1 是路由器 R1 中定义的某个授权用户的用户名和口令。DHCP 服务器默认配置如图 5.12 所示,默认网关地址是 192.168.0.1,即无线路由器 LAN 接口 IP 地址,子网掩码是 255.255.255.0,IP 地址范围是 192.168.0.100～192.168.0.149。家庭局域网中,终端如果选择 DHCP 自动获取网络信息方式,由无线路由器在 IP 地址范围 192.168.0.100～192.168.0.149 中选择一个 IP 地址作为分配给该终端的 IP 地址,图 5.13 所示为 PC0 自动获取的网络信息。需要说明的是,在单击配置界面底部的 Save Settings 按钮后,已经完成的无线路由器配置才开始生效。

图 5.12　无线路由器的 Internet 连接方式和 DHCP 服务器配置界面

(3) 完成无线路由器 AP 的配置过程。选择无线(Wireless)选项卡,再选择基本无线配置(Basic Wireless Settings)选项,弹出如图 5.14 所示的基本无线网络配置界面,在 SSID(Network Name(SSID))输入框中输入 123456,123456 是无线局域网的 SSID。选择无线安全(Wireless Security)选项,弹出如图 5.15 所示的无线路由器安全机制和密钥配置界面,安全模式(Security Mode)选择 WPA2 Personal,加密算法(Encryption)选择 AES,预共享密钥(Passphrase)输入框中输入 1234567890,1234567890 是无线局域网的密钥。移动终端需要配置与 AP 相同的 SSID、安全模式、加密算法和密钥。图 5.16 所示为移动终端 Laptop0 的无线接口配置界面。值得强调的是,完成每一项无线路由器配置后,需要单击配置界面底部的保存配置(Save Settings)按钮,否则,所做的配置无效。

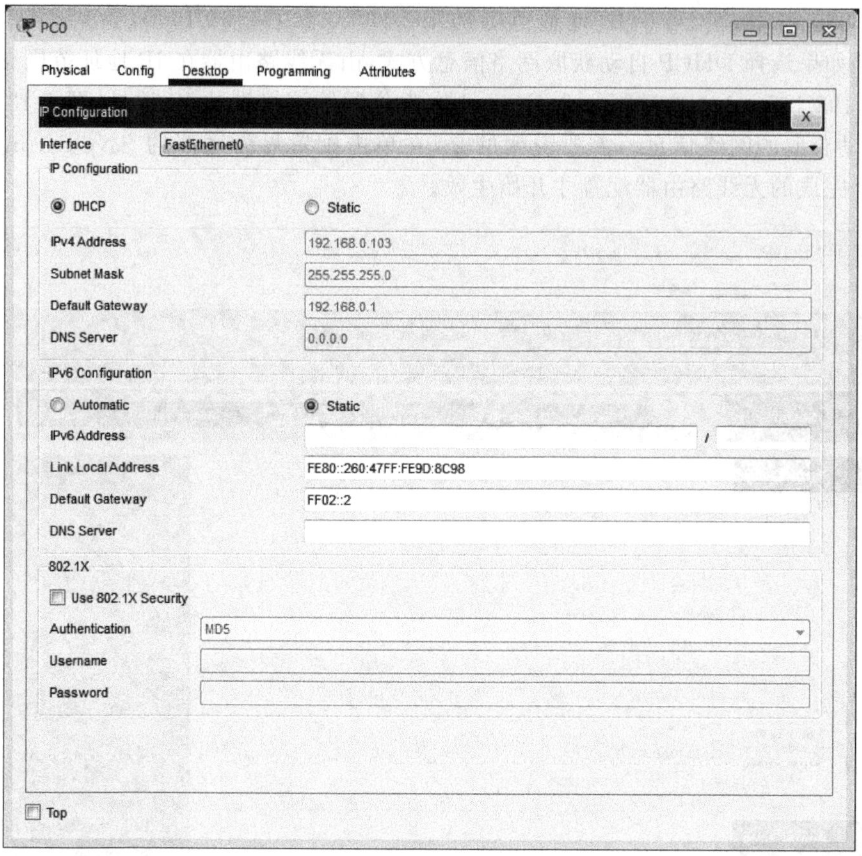

图 5.13 PC0 自动获取的网络信息

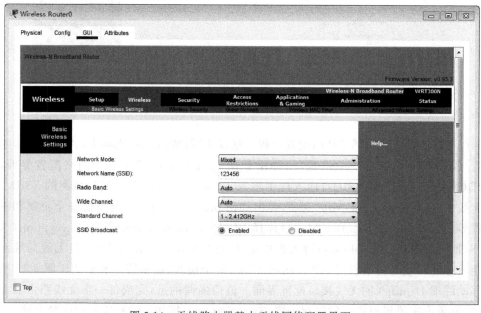

图 5.14 无线路由器基本无线网络配置界面

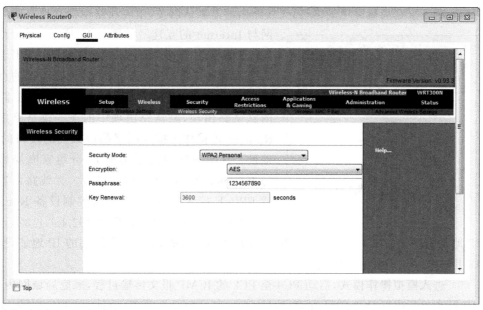

图 5.15 无线路由器安全机制和密钥配置界面

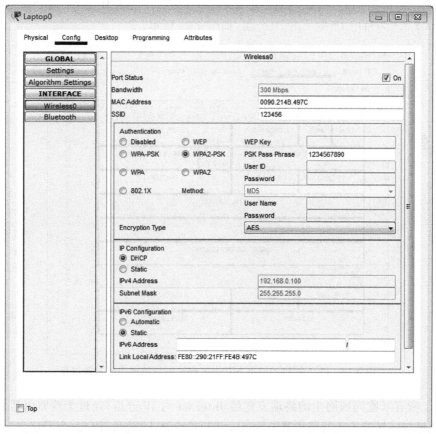

图 5.16 Laptop0 的无线接口配置界面

第 5 章 Internet 接入实验

(4)对于家庭局域网中的终端,无线路由器是默认网关,由无线路由器实现家庭局域网与 Internet 的互连。如图 5.17 所示,无线路由器的路由表中至少具有两项路由项,一是用于指明通往直接连接的家庭局域网的传输路径的直连路由项;二是用于指明通往 Internet 的传输路径的默认路由项,默认路由项中的下一跳是路由器 Router1 连接作为接入网络的以太网的接口的 IP 地址。这两项路由用于实现 IP 分组家庭局域网与 Internet 之间的相互转发过程。无线路由器完成 PPPoE 接入过程后,由接入控制设备 Router1 为其分配全球 IP 地址,这里是 192.1.1.1/32,该全球 IP 地址既是无线路由器 Internet 接口的 IP 地址,也是 PPPoE 会话端的 IP 地址,这里用 Dialer1 表示 PPPoE 会话端。

Type	Network	Port	Next Hop IP	Metric
S	0.0.0.0/0	—	1.1.1.1	1/0
C	1.1.1.1/32	Dialer1	—	0/0
C	192.1.1.1/32	Dialer1	—	0/0
C	192.1.1.1/32	Internet	—	0/0
C	192.168.0.0/24	Vlan1	—	0/0

图 5.17 无线路由器的路由表

(5)进入模拟操作模式,启动 PC0 至 PC2 的 ICMP 报文传输过程,家庭局域网内,该 ICMP 报文封装成以 PC0 的私有 IP 地址 192.168.0.103 为源 IP 地址、以 PC2 的全球 IP 地址 192.1.3.1 为目的 IP 地址的 IP 分组,如图 5.18 所示。Internet 中,该 ICMP 报文封装成以无线路由器 Internet 接口的全球 IP 地址 192.1.1.1 为源 IP 地址、以 PC2 的全球 IP 地址 192.1.3.1 为目的 IP 地址的 IP 分组,如图 5.19 所示。

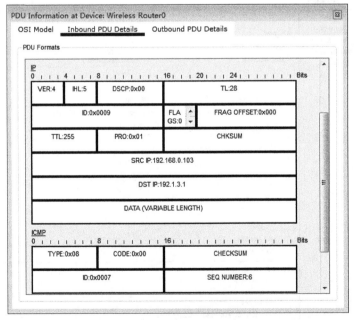

图 5.18 PC0 至 PC2 的 ICMP 报文在家庭局域网内的封装过程

由于所有家庭局域网中的终端发送给 Internet 的 IP 分组,经过无线路由器转发后,源 IP 地址统一转换为无线路由器 Internet 接口的全球 IP 地址,因此,为了建立 ICMP 报

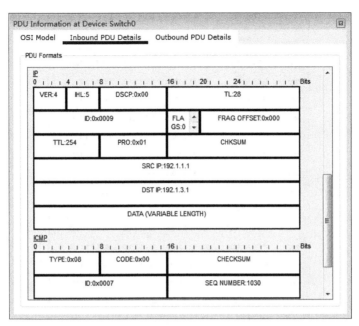

图 5.19　PC0 至 PC2 ICMP 报文在 Internet 内的封装过程

文与实际发送终端之间的关联,无线路由器创建网络地址转换表,如图 5.20 所示。终端发送的 ICMP 报文中携带序号(Seq Number),同一终端发送的不同 ICMP 报文有着不同的序号。但不同终端发送的不同 ICMP 报文有可能有着相同的序号,如私有 IP 地址为 192.168.0.100 和 192.168.0.101 的终端均发送了序号为 1 的 ICMP 报文。由于这些 ICMP 报文经无线路由器转发后有着相同的源 IP 地址,因此,需要用序号唯一标识 ICMP 报文的实际发送终端。为了做到这一点,一是经无线路由器转发后的每一个 ICMP 报文分配唯一的序号,即全局序号。二是建立 ICMP 报文全局序号与实际发送终端之间的关联。如图 5.20 所示,私有 IP 地址为 192.168.0.100 终端发送的 ICMP 报文经无线路由器转发后,全局序号为 1026。私有 IP 地址为 192.168.0.101 的终端发送的 ICMP 报文经无线路由器转发后,全局序号为 1,与原始序号相同。私有 IP 地址为 192.168.0.103 的终端发送的 ICMP 报文经无线路由器转发后,全局序号为 1030。为了建立某个 ICMP 报文的全局序号与该 ICMP 报文的实际发送终端之间的关联,在网络地址转换表中建立对应的 3 项转换项<192.168.0.100:1,192.1.1.1:1026>、<192.168.0.101:1,192.1.1.1:1>和 <192.168.0.103:6,192.1.1.1:1030>,这 3 项转换项表明,Internet 中全局序号为 1026 的 ICMP 报文是由私有 IP 地址为 192.168.0.100 的终端发送的 ICMP 报文,该 ICMP 报文的原始序号为 1。Internet 中全局序号为 1 的 ICMP 报文是由私有 IP 地址为 192.168.0.101 的终端发送的 ICMP 报文,该 ICMP 报文的原始序号为 1。Internet 中全局序号为 1030 的 ICMP 报文是由私有 IP 地址为 192.168.0.103 的终端发送的 ICMP 报文,该 ICMP 报文的原始序号为 6。当前 PC0 与 PC2 之间相互交换的 ICMP 报文,对应地址转换表中的地址转换项<192.168.0.103:6,192.1.1.1:1030>,该 ICMP 报文家庭局域网内的原始序号为 6,Internet 中的全局序号为 1030。

Protocol	Inside Global	Inside Local	Outside Local	Outside Global
icmp	192.1.1.1:1026	192.168.0.100:1	192.1.3.1:1	192.1.3.1:1026
icmp	192.1.1.1:2	192.168.0.100:2	192.1.3.1:2	192.1.3.1:2
icmp	192.1.1.1:1	192.168.0.101:1	192.1.3.1:1	192.1.3.1:1
icmp	192.1.1.1:1029	192.168.0.101:2	192.1.3.1:2	192.1.3.1:1029
icmp	192.1.1.1:3	192.168.0.102:3	192.1.3.1:3	192.1.3.1:3
icmp	192.1.1.1:1024	192.168.0.102:4	192.1.3.1:4	192.1.3.1:1024
icmp	192.1.1.1:5	192.168.0.102:5	192.1.3.1:5	192.1.3.1:5
icmp	192.1.1.1:6	192.168.0.102:6	192.1.3.1:6	192.1.3.1:6
icmp	192.1.1.1:4	192.168.0.103:4	192.1.3.1:4	192.1.3.1:4
icmp	192.1.1.1:1027	192.168.0.103:5	192.1.3.1:5	192.1.3.1:1027
icmp	192.1.1.1:1030	192.168.0.103:6	192.1.3.1:6	192.1.3.1:1030
icmp	192.1.1.1:1025	192.168.0.37:1	192.1.3.1:1	192.1.3.1:1025
icmp	192.1.1.1:1028	192.168.0.37:2	192.1.3.1:2	192.1.3.1:1028
tcp	192.1.1.1:8080	192.1.1.1:80	---	---
tcp	192.1.1.1:80	192.168.0.37:80	---	---

图 5.20　无线路由器的网络地址转换表

当 Internet 中的终端向家庭局域网中的终端回送 ICMP 响应报文时，封装该 ICMP 响应报文的目的 IP 地址是无线路由器连接 Internet 接口的全球 IP 地址 192.1.1.1，但该 ICMP 响应报文的序号是全局序号。

PC2 接收到 PC0 发送的 ICMP 请求报文后，向 PC0 回送 ICMP 响应报文。ICMP 响应报文从 PC2 至 PC0 的传输过程中，在 Internet 内，该 ICMP 响应报文封装成目的 IP 地址为 192.1.1.1 的 IP 分组，如图 5.21 所示。当无线路由器接收到该 ICMP 响应报文，用目的 IP 地址 192.1.1.1 和全局序号 1030 检索网络地址转换表，找到唯一的地址转换项 <192.168.0.103:6,192.1.1.1:1030>，将该 ICMP 响应报文重新封装成以 192.168.0.103 为目的 IP 地址的 IP 分组，如图 5.22 所示。该 ICMP 响应报文通过家庭局域网到达 PC0。

值得强调的是，网络地址转换表中的地址转换项是在无线路由器完成家庭局域网至 Internet 的 IP 分组转发过程时建立的，因此，对于 PC0 和 PC2 之间，只有当 PC0 向 PC2 发送了 ICMP 请求报文后，PC2 才能向 PC0 发送 ICMP 响应报文。这意味着只能由家庭局域网中的终端发起访问 Internet 中资源的过程，不能由 Internet 中的终端发起访问家庭局域网中资源的过程，如 PC2 不能发起访问家庭局域网中的 Web 服务器 Web Server1。

（6）为了让 Internet 中的终端可以访问家庭局域网中的 Web 服务器，需要在网络地址转换表中手工创建地址转换项，该地址转换项用于将 Internet 中的终端发送给家庭局域网中 Web 服务器的 IP 分组与家庭局域网中 Web 服务器的私有 IP 地址绑定在一起。Internet 中的终端发送给家庭局域网中 Web 服务器的 IP 分组的特征是，该 IP 分组的净荷是 TCP 报文，且 TCP 报文的目的端口号是 80。因此，手工创建的地址转换项是 <192.168.0.37:80,192.1.1.1:80>，如图 5.20 所示。该地址转换项表明，家庭局域网中私有 IP

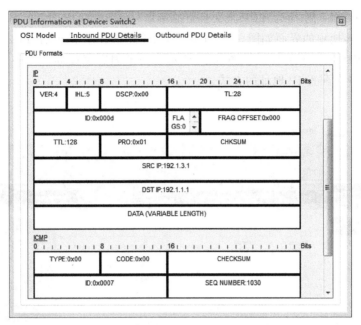

图 5.21 PC2 至 PC0 的 ICMP 响应报文在 Internet 内的封装过程

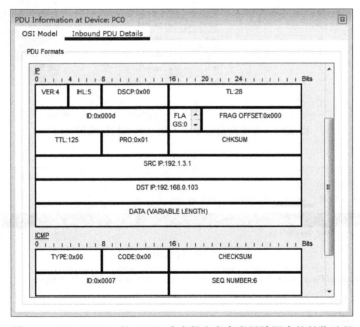

图 5.22 PC2 至 PC0 的 ICMP 响应报文在家庭局域网内的封装过程

地址为 192.168.0.37 的 Web 服务器发送的、净荷为 TCP 报文且源端口号为 80 的 IP 分组,经无线路由器转发后,转换成源 IP 地址为 192.1.1.1,净荷为 TCP 报文且源端口为 80 的 IP 分组。反之,无线路由器通过连接 Internet 的接口接收到的目的 IP 地址为 192.1.1.1、净荷为 TCP 报文且目的端口号为 80 的 IP 分组,经无线路由器转发后,转换成目的 IP

地址为 192.168.0.37、净荷为 TCP 报文且目的端口号为 80 的 IP 分组。在无线路由器中手工创建地址转换项的界面如图 5.23 所示。手工创建地址转换项后，PC2 发起访问家庭局域网中的 Web 服务器的界面如图 5.24 所示。为了固定家庭局域网中 Web 服务器的 IP 地址，采用静态配置 IP 地址的方式。

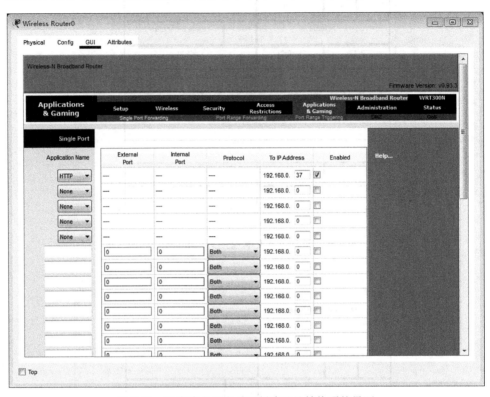

图 5.23　无线路由器中手工创建地址转换项的界面

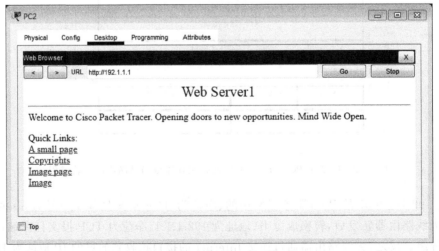

图 5.24　PC2 发起访问家庭局域网中的 Web 服务器的界面

5.4 无线路由器静态 IP 地址接入方式实验一

5.4.1 实验内容

构建如图 5.25 所示的接入网络，实现企业局域网中终端访问 Internet 的过程，并允许 Internet 中的终端访问企业局域网中的 Web 服务器。

如图 5.25 所示的企业局域网接入 Internet 的过程和如图 5.10 所示的家庭局域网接入 Internet 的过程相比，最大不同在于无线路由器接入 Internet 的方式，图 5.10 中的无线路由器采用 PPPoE 接入方式接入 Internet。这种接入方式下，无线路由器通过启动宽带接入过程接入 Internet，每一次接入 Internet 时，由作为接入控制设备的路由器 R1 完成对无线路由器的身份鉴别过程，为无线路由器动态分配 IP 地址，并在路由表中创建一项将分配给无线路由器的 IP 地址和无线路由器与路由器 R1 之间的 PPP 会话绑定在一起的路由项。

图 5.25 中的无线路由器采用静态 IP 地址接入方式接入 Internet。这种接入方式下，需要为互连无线路由器和路由器 R1 的 LAN 1 分配网络地址，无线路由器连接 Internet 的接口和路由器 R1 连接 LAN 1 的接口被分配属于该网络地址的 IP 地址，路由器 R1 连接 LAN 1 的接口的 IP 地址成为无线路由器的默认网关地址。由于 LAN 1 是路由器 R1 直接连接的网络，因此可以通过路由协议在路由器 R2 的路由表中生成用于指明通往 LAN 1 的传输路径的路由项。

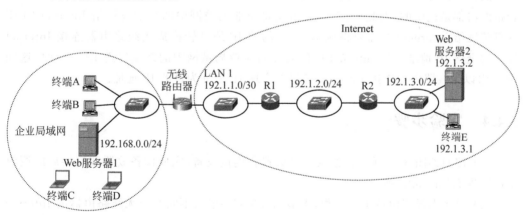

图 5.25 企业局域网接入 Internet 的过程

5.4.2 实验目的

（1）验证企业局域网的设计过程。
（2）验证无线路由器的配置过程。

（3）验证无线路由器静态 IP 地址接入方式接入 Internet 的过程。

（4）验证企业局域网接入 Internet 的过程。

（5）验证无线路由器的 NAT 功能。

（6）验证无线路由器静态地址转换项的配置过程。

5.4.3 实验原理

无线路由器通过 PPPoE 接入方式接入 Internet 时，无线路由器连接 Internet 的接口的 IP 地址不是固定的，这会带来以下问题。一是即使无线路由器配置了静态地址转换项，Internet 中的终端由于不能确定无线路由器连接 Internet 接口的全球 IP 地址，从而无法访问企业局域网中的 Web 服务器。二是即使无线路由器支持 VPN 接入，Internet 中的终端由于不能确定无线路由器连接 Internet 接口的全球 IP 地址，从而无法远程接入企业局域网。三是由于不能确定无线路由器连接 Internet 接口的全球 IP 地址，使得 Internet 中的终端不方便用域名访问企业局域网中的 Web 服务器。

静态 IP 地址接入方式下，路由器 R1 连接 LAN 1 的接口配置的 IP 地址和子网掩码确定了 LAN 1 的网络地址，无线路由器连接 Internet 的接口需要配置属于该网络地址的 IP 地址，且将路由器 R1 连接 LAN 1 的接口的 IP 地址作为默认网关地址。完成路由器 R1 连接 LAN 1 的接口的 IP 地址和子网掩码配置过程后，路由器 R1 自动生成用于指明通往 LAN 1 的传输路径的直连路由项。路由器 R2 可以通过路由协议生成用于指明通往 LAN 1 的传输路径的动态路由项。

值得强调的是，企业局域网以及企业局域网分配的私有 IP 地址对 Internet 中的终端和路由器都是透明的，因此，当无线路由器将企业局域网中的终端发送给 Internet 的 IP 分组转发给 Internet 时，需要将该 IP 分组的源 IP 地址转换成无线路由器连接 Internet 接口的全球 IP 地址。当 Internet 中的终端向企业局域网中的终端发送 IP 分组时，这些 IP 分组以无线路由器连接 Internet 接口的全球 IP 地址为目的 IP 地址。

5.4.4 实验步骤

（1）按照如图 5.25 所示的接入网络放置和连接设备，完成设备放置和连接后的逻辑工作区界面如图 5.26 所示。

（2）对于无线路由器配置过程，本节与 5.3 节的最大不同在于无线路由器的 Internet 接入方式的配置过程，如图 5.27 所示。Internet 接入方式选择静态 IP 地址（Static IP）接入方式。一旦选择静态 IP 地址接入方式，出现如图 5.27 所示的连接 Internet 接口的配置界面。Internet IP 地址（Internet IP Address）输入框中输入分配给无线路由器的全球 IP 地址，子网掩码（Subnet Mask）输入框中输入分配给无线路由器的子网掩码，默认网关（Default Gateway）输入框中输入路由器 Router1 连接 Switch0 的接口的 IP 地址。无线路由器的其他配置过程与 5.3 节相同。

（3）完成路由器 Router1 和 Router2 各接口的 IP 地址和子网掩码的配置过程，完成

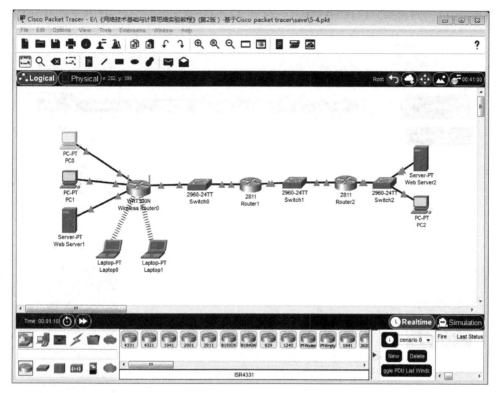

图 5.26　完成设备放置和连接后的逻辑工作区界面

路由器 Router1 和 Router2 的 RIP 配置过程。路由器 Router1 和 Router2 分别生成如图 5.28 和图 5.29 所示的路由表。值得强调的是，静态 IP 地址接入方式下，路由器 Router1 无须配置与 PPPoE 相关的信息。

（4）无线路由器生成的路由表如图 5.30 所示，用于实现企业局域网与 Internet 互联的路由项有两项，一项是用于指明通往企业局域网的传输路径的直连路由项，一项是用于指明通往 Internet 的传输路径的默认路由项。企业局域网与 Internet 之间的数据传输过程与 5.3 节相同。

5.4.5　命令行接口配置过程

1. Router1 命令行接口配置过程

```
Router>enable
Router#configure terminal
Router(config)#hostname Router1
Router1(config)#interface FastEthernet0/0
Router1(config-if)#no shutdown
Router1(config-if)#ip address 192.1.1.1 255.255.255.252
Router1(config-if)#exit
```

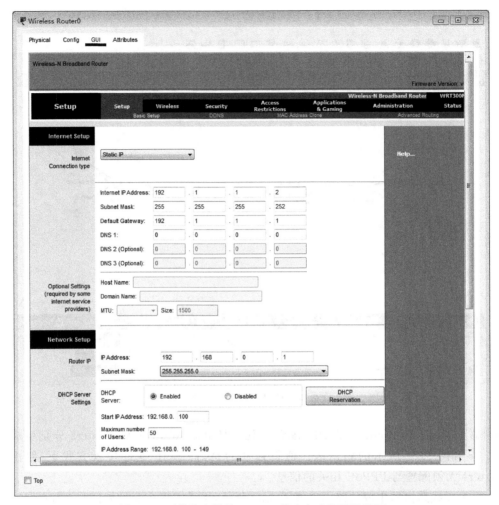

图 5.27 无线路由器的 Internet 接入方式的配置界面

图 5.28 Router1 的路由表

Router1(config)#interface FastEthernet0/1

Router1(config-if)#no shutdown

Router1(config-if)#ip address 192.1.2.254 255.255.255.0

Router1(config-if)#exit

Router1(config)#router rip

```
Router1(config-router)#network 192.1.1.0
Router1(config-router)#network 192.1.2.0
Router1(config-router)#exit
```

Routing Table for Router2				
Type	Network	Port	Next Hop IP	Metric
R	192.1.1.0/24	FastEthernet0/0	192.1.2.254	120/1
C	192.1.2.0/24	FastEthernet0/0	—	0/0
C	192.1.3.0/24	FastEthernet0/1	—	0/0

Routing Table for Wireless Router0				
Type	Network	Port	Next Hop IP	Metric
S	0.0.0.0/0	—	192.1.1.1	1/0
C	192.1.1.0/30	Internet	—	0/0
S	192.1.1.1/32	Internet	—	1/0
C	192.168.0.0/24	Vlan1	—	0/0

图 5.29 Router2 的路由表   图 5.30 无线路由器生成的路由表

2. Router2 命令行接口配置过程

```
Router>enable
Router#configure terminal
Router(config)#hostname Router2
Router2(config)#interface FastEthernet0/0
Router2(config-if)#no shutdown
Router2(config-if)#ip address 192.1.2.253 255.255.255.0
Router2(config-if)#exit
Router2(config)#interface FastEthernet0/1
Router2(config-if)#no shutdown
Router2(config-if)#ip address 192.1.3.254 255.255.255.0
Router2(config-if)#exit
Router2(config)#router rip
Router2(config-router)#network 192.1.2.0
Router2(config-router)#network 192.1.3.0
Router2(config-router)#exit
```

5.5 无线路由器静态 IP 地址接入方式实验二

5.5.1 实验内容

构建如图 5.31 所示的接入网络,实现企业局域网 1 和企业局域网 2 中的终端访问 Internet 的过程,允许 Internet 中的终端发起访问企业局域网 1 中的 Web 服务器 1 和企业局域网 2 中的 Web 服务器 2。

图 5.31 所示的接入网络和图 5.25 所示的接入网络的最大不同在于,通过两个无线路由器级联,将企业局域网 1 和企业局域网 2 一起接入 Internet。

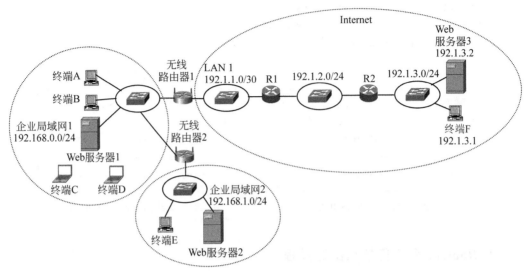

图 5.31 两个企业局域网一起接入 Internet 的过程

无线路由器 1 连接 Internet 的接口分配全球 IP 地址 192.1.1.2，无线路由器 2 连接企业局域网 1 的接口分配属于网络地址 192.168.0.0/24 的 IP 地址 192.168.0.33。企业局域网 2 分配网络地址 192.168.1.0/24，该网络地址属于私有 IP 地址且与分配给企业局域网 1 的网络地址不同。

5.5.2 实验目的

（1）进一步验证静态 IP 地址接入方式接入 Internet 的过程。
（2）验证多个企业局域网一起接入 Internet 的过程。
（3）验证静态地址转换项的配置过程。
（4）验证网络地址转换过程。
（5）验证 Internet 中的终端发起访问企业局域网中的 Web 服务器的过程。

5.5.3 实验原理

图 5.31 中无线路由器 1 连接 Internet 的接口分配全球 IP 地址 192.1.1.2，无线路由器 2 连接企业局域网 1 的接口分配属于网络地址 192.168.0.0/24 的 IP 地址 192.168.0.33。企业局域网 2 分配网络地址 192.168.1.0/24。

企业局域网 1、企业局域网 2 以及为企业局域网 1 和企业局域网 2 分配的私有 IP 地址对 Internet 中的终端和路由器都是透明的，因此，当无线路由器 1 将企业局域网 1 和企业局域网 2 中的终端发送给 Internet 的 IP 分组转发给 Internet 时，需要将该 IP 分组的源 IP 地址转换成无线路由器 1 连接 Internet 接口的全球 IP 地址。当 Internet 中的终端向企业局域网 1 和企业局域网 2 中的终端发送 IP 分组时，这些 IP 分组以无线路由器 1

连接 Internet 接口的全球 IP 地址为目的 IP 地址。

企业局域网 2 以及为企业局域网 2 分配的私有 IP 地址对企业局域网 1 中的终端和无线路由器 1 都是透明的，因此，当无线路由器 2 将企业局域网 2 中的终端发送给企业局域网 1 的 IP 分组转发给企业局域网 1 时，需要将该 IP 分组的源 IP 地址转换成无线路由器 2 连接企业局域网 1 的接口的私有 IP 地址。当企业局域网 1 中的终端向企业局域网 2 中的终端发送 IP 分组时，这些 IP 分组以无线路由器 2 连接企业局域网 1 的接口的私有 IP 地址为目的 IP 地址。

企业局域网 1 中的终端发起访问 Internet 的过程与 5.4 节相同。下面以企业局域网 2 中的终端 E 访问 Internet 中的终端 F 为例，讨论企业局域网 2 中的终端发起访问 Internet 的过程。企业局域网 2 中的终端 E 向 Internet 中的终端 F 传输 IP 分组过程中，该 IP 分组在企业局域网 2 内的源 IP 地址是终端 E 的私有 IP 地址。该 IP 分组在企业局域网 1 内的源 IP 地址是无线路由器 2 连接企业局域网 1 的接口的 IP 地址。该 IP 分组在 Internet 中的源 IP 地址是无线路由器 1 连接 Internet 接口的全球 IP 地址。Internet 中的终端 F 向企业局域网 2 中的终端 E 传输 IP 分组过程中，该 IP 分组在 Internet 中的目的 IP 地址是无线路由器 1 连接 Internet 接口的全球 IP 地址。该 IP 分组在企业局域网 1 内的目的 IP 地址是无线路由器 2 连接企业局域网 1 的接口的 IP 地址。该 IP 分组在企业局域网 2 内的目的 IP 地址是终端 E 的私有 IP 地址。

在配置静态地址转换项前，只允许企业局域网 2 和企业局域网 1 中的终端发起访问 Internet 的过程，只允许企业局域网 2 中的终端发起访问企业局域网 1 的过程。不允许 Internet 中的终端发起访问企业局域网 2 和企业局域网 1 的过程，不允许企业局域网 1 中的终端发起访问企业局域网 2 的过程。

配置允许 Internet 中的终端发起访问企业局域网 2 中的 Web 服务器 2 和企业局域网 1 中的 Web 服务器 1 的过程的静态地址转换项时，必须用唯一的端口号标识 Internet 中的终端分别传输给企业局域网 2 中的 Web 服务器 2 和企业局域网 1 中的 Web 服务器 1 的 TCP 报文。

5.5.4 实验步骤

（1）该实验在 5.4 节实验的基础上进行，按照如图 5.31 所示的接入网络结构添加和连接设备，完成设备放置和连接后的逻辑工作区界面如图 5.32 所示。

（2）Wireless Router1 的 Internet 接口直接连接到 Wireless Router0 的交换机端口，如图 5.32 所示。Wireless Router1 连接 Internet 方式选择为静态 IP 地址接入方式，Internet 接口配置 IP 地址 192.168.0.33、子网掩码 255.255.255.0 和默认网关地址 192.168.0.1，以此保证 Wireless Router1 的 Internet 接口配置的 IP 地址属于 Wireless Router0 连接的 LAN 的网络地址 192.168.0.0/24。默认网关地址是 Wireless Router0 的 LAN 接口的 IP 地址。Wireless Router1 的 Internet 接口和 DHCP 服务器的配置界面如图 5.33 所示。

（3）如图 5.34 所示，为 Wireless Router1 LAN 接口配置 IP 地址 192.168.1.1 和子网

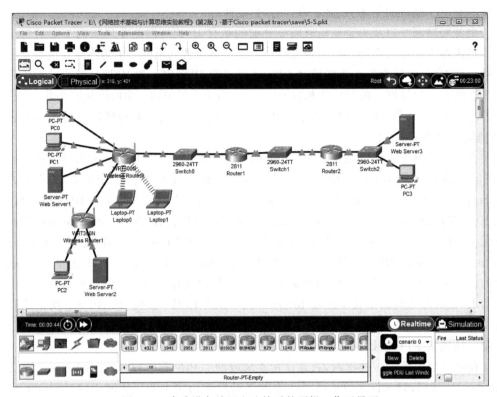

图 5.32　完成设备放置和连接后的逻辑工作区界面

掩码 255.255.255.0,将 Wireless Router1 连接的 LAN 的网络地址确定为 192.168.1.0/24,同时该 IP 地址成为连接在 Wireless Router1 连接的 LAN 上的终端和服务器的默认网关地址。Wireless Router1 DHCP 服务器的配置界面如图 5.33 所示,可以自动为连接在 Wireless Router1 连接的 LAN 上的终端和服务器分配范围为 192.168.1.100～192.168.1.149 的 IP 地址。

(4) 假定 PC2 通过 DHCP 服务器自动获取的 IP 地址是 192.168.1.100,进入模拟操作模式,启动 PC2 至 PC3 的 ICMP 报文传输过程。如图 5.35 所示,该 ICMP 报文从 PC2 至 Wireless Router1 这一段封装成以 PC2 的 IP 地址为源 IP 地址、以 PC3 的 IP 地址为目的 IP 地址的 IP 分组,该 IP 分组从 PC2 至 PC3 传输过程中,目的 IP 地址是不变的。如图 5.36 所示,该 ICMP 报文从 Wireless Router1 至 Wireless Router0 这一段封装成以 Wireless Router1 的 Internet 接口的 IP 地址为源 IP 地址的 IP 分组。如图 5.37 所示,该 ICMP 报文在 Internet 中封装成以 Wireless Router0 的 Internet 接口的全球 IP 地址为源 IP 地址的 IP 分组。以此表明,Wireless Router1 连接的 LAN 中的终端发送的 IP 分组,进入 Wireless Router0 连接的 LAN 时,统一以 Wireless Router1 的 Internet 接口的 IP 地址为源 IP 地址。Wireless Router1 连接的 LAN 和 Wireless Router0 连接的 LAN 中的终端发送的 IP 分组,进入 Internet 时,统一以 Wireless Router0 的 Internet 接口的全球 IP 地址为源 IP 地址。同样,Internet 中的终端发送给 Wireless Router1 连接的 LAN

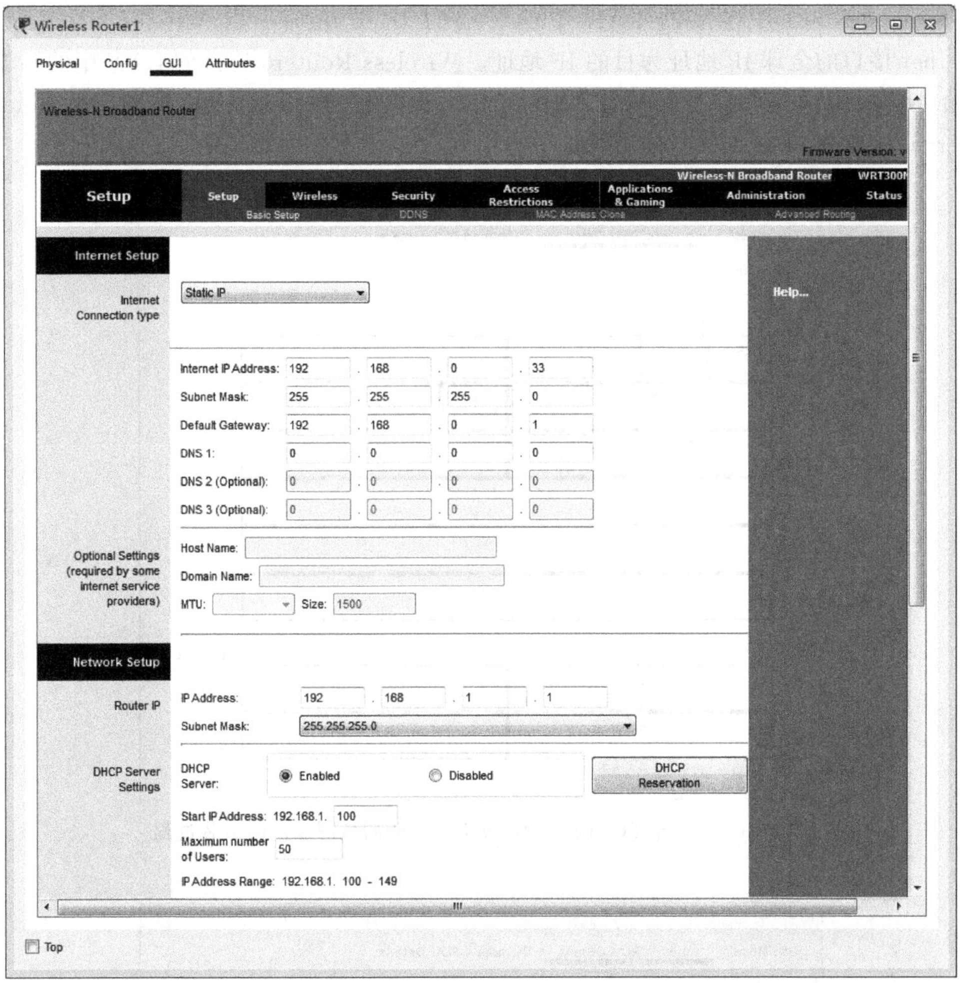

图 5.33　Wireless Router1 的 Internet 接口和 DHCP 服务器的配置界面

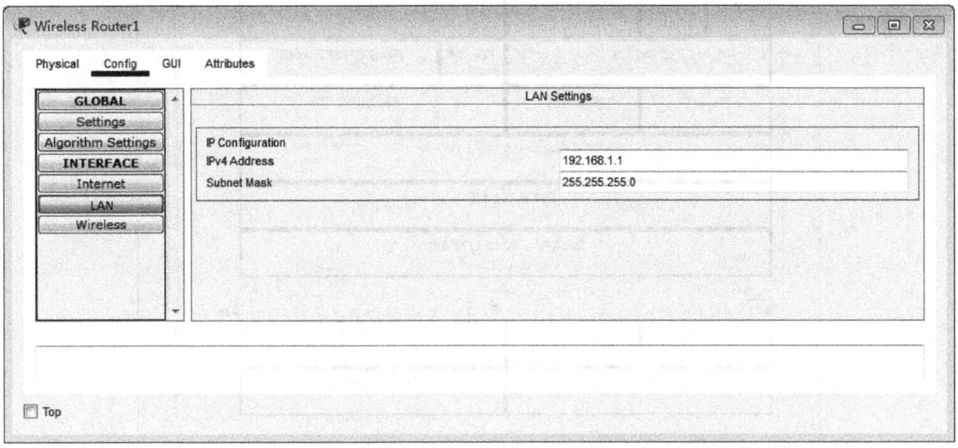

图 5.34　Wireless Router1 的 LAN 接口的配置界面

和 Wireless Router0 连接的 LAN 中的终端的 IP 分组统一以 Wireless Router0 的 Internet 接口的全球 IP 地址为目的 IP 地址。Wireless Router0 连接的 LAN 中的终端发送给 Wireless Router1 连接的 LAN 中的终端的 IP 分组统一以 Wireless Router1 Internet 接口的 IP 地址为目的 IP 地址。

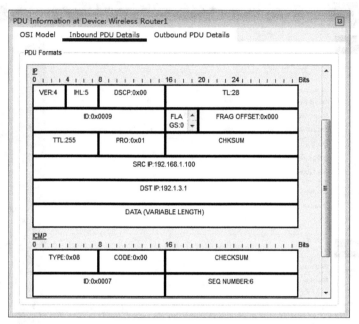

图 5.35　PC2 至 PC3 的 ICMP 报文在企业局域网 2 内的封装过程

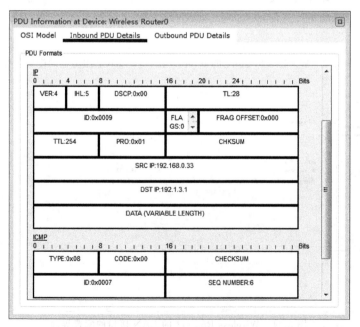

图 5.36　PC2 至 PC3 的 ICMP 报文在企业局域网 1 内的封装过程

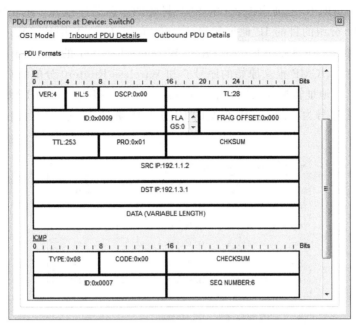

图 5.37　PC2 至 PC3 的 ICMP 报文在 Internet 内的封装过程

无线路由器根据建立的网络地址转换表将这些相同目的 IP 地址的 IP 分组正确转发给连接在 LAN 上的终端。Wireless Router0 和 Wireless Router1 的网络地址转换表分别如图 5.38 和图 5.39 所示。Wireless Router1 的地址转换项<192.168.1.100：6，192.168.0.33：6>建立 PC2 的私有 IP 地址 192.168.1.100、ICMP 报文原始的序号 6 和 Wireless Router1 分配的唯一的全局序号 6 之间的关联。该地址转换项表明，当 Wireless

NAT Table for Wireless Router0

Protocol	Inside Global	Inside Local	Outside Local	Outside Global
icmp	192.1.1.2:1	192.168.0.102:1	192.1.3.1:1	192.1.3.1:1
icmp	192.1.1.2:1026	192.168.0.102:2	192.1.3.1:2	192.1.3.1:1026
icmp	192.1.1.2:1027	192.168.0.103:1	192.1.3.1:1	192.1.3.1:1027
icmp	192.1.1.2:1024	192.168.0.33:1024	192.1.3.2:1024	192.1.3.2:1024
icmp	192.1.1.2:1025	192.168.0.33:1025	192.1.3.2:1025	192.1.3.2:1025
icmp	192.1.1.2:3	192.168.0.33:3	192.1.3.1:3	192.1.3.1:3
icmp	192.1.1.2:4	192.168.0.33:4	192.1.3.1:4	192.1.3.1:4
icmp	192.1.1.2:5	192.168.0.33:5	192.1.3.1:5	192.1.3.1:5
icmp	192.1.1.2:6	192.168.0.33:6	192.1.3.1:6	192.1.3.1:6
icmp	192.1.1.2:1028	192.168.0.37:1	192.1.3.2:1	192.1.3.2:1028
tcp	192.1.1.2:8080	192.1.1.2:80	—	—
tcp	192.1.1.2:8000	192.168.0.33:80	—	—
tcp	192.1.1.2:80	192.168.0.37:80	—	—

图 5.38　Wireless Router0 的 NAT 表

Router1 接收到目的 IP 地址为 192.168.0.33、封装的净荷是序号为 6 的 ICMP 报文的 IP 分组时，将该 IP 分组的目的 IP 地址转换成 192.168.1.100。Wireless Router0 的地址转换项<192.168.0.33：6，192.1.1.2：6>建立 Wireless Router1 的 Internet 接口的私有 IP 地址 192.168.0.33、ICMP 报文原始的序号 6 和 Wireless Router0 分配的唯一的全局序号 6 之间的关联。该地址转换项表明，当 Wireless Router0 接收到目的 IP 地址为 192.1.1.2、封装的净荷是序号为 6 的 ICMP 报文的 IP 分组时，将该 IP 分组的目的 IP 地址转换成 192.168.0.33。

NAT Table for Wireless Router1

Protocol	Inside Global	Inside Local	Outside Local	Outside Global
icmp	192.168.0.33:3	192.168.1.100:3	192.1.3.1:3	192.1.3.1:3
icmp	192.168.0.33:4	192.168.1.100:4	192.1.3.1:4	192.1.3.1:4
icmp	192.168.0.33:5	192.168.1.100:5	192.1.3.1:5	192.1.3.1:5
icmp	192.168.0.33:6	192.168.1.100:6	192.1.3.1:6	192.1.3.1:6
icmp	192.168.0.33:1024	192.168.1.37:1	192.1.3.2:1	192.1.3.2:1024
icmp	192.168.0.33:1025	192.168.1.37:2	192.1.3.2:2	192.1.3.2:1025
tcp	192.168.0.33:8080	192.168.0.33:80	—	—
tcp	192.168.0.33:80	192.168.1.37:80	—	—

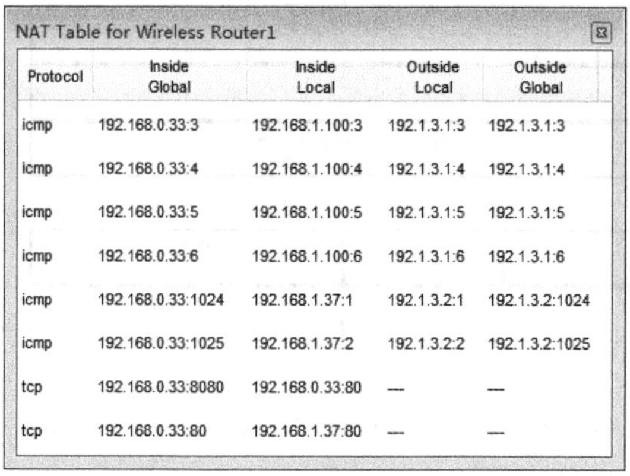

图 5.39　Wireless Router1 的 NAT 表

（5）PC3 回送给 PC2 的 ICMP 响应报文的序号是 Wireless Router0 分配的全局序号 6。该 ICMP 响应报文被 PC3 封装成目的 IP 地址为 192.1.1.2 的 IP 分组，如图 5.40 所示。当 Wireless Router0 接收到该 IP 分组，根据地址转换项<192.168.0.33：6，192.1.1.

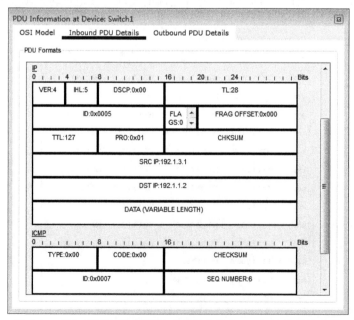

图 5.40　PC3 至 PC2 的 ICMP 响应报文在 Internet 内的封装过程

2:6>,将该 IP 分组的目的 IP 地址转换成 192.168.0.33,如图 5.41 所示。当 Wireless Router1 接收到该 IP 分组,根据地址转换项<192.168.1.100:6,192.168.0.33:6>,将该 IP 分组的目的 IP 地址转换成 192.168.1.100,如图 5.42 所示。需要说明的是,该 ICMP 响应报文在无线局域网 1 内的传输过程中,序号是 Wireless Router1 分配的全局序号 6。

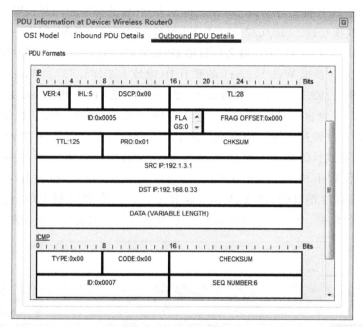

图 5.41　PC3 至 PC2 的 ICMP 响应报文在企业局域网 1 内的封装过程

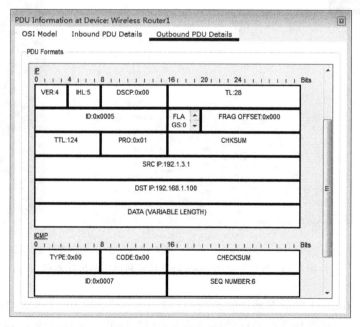

图 5.42　PC3 至 PC2 的 ICMP 响应报文在企业局域网 2 内的封装过程

(6) 如果允许 Internet 中的终端发起访问 Web Server1 和 Web Server2，Wireless Router0 配置的静态地址转换项需要将访问 Web Server1 的 TCP 报文与 Web Server1 的私有 IP 地址绑定在一起，访问 Web Server2 的 TCP 报文与 Wireless Router1 的 Internet 接口的私有 IP 地址绑定在一起。Wireless Router1 配置的静态地址转换项需要将访问 Web Server2 的 TCP 报文与 Web Server2 的私有 IP 地址绑定在一起。Wireless Router0 的静态地址转换项<192.168.0.37：80，192.1.1.2：80>表明，当 Wireless Router0 接收到净荷是目的端口号为 80 的 TCP 报文且目的 IP 地址是 192.1.1.2 的 IP 分组时，将该 IP 分组的目的 IP 地址转换成 Web Server1 的私有 IP 地址 192.168.0.37。Wireless Router0 的静态地址转换项<192.168.0.33：80，192.1.1.2：8000>表明，当 Wireless Router0 接收到净荷是目的端口号为 8000 的 TCP 报文且目的 IP 地址是 192.1.1.2 的 IP 分组时，将该 IP 分组的目的 IP 地址转换成 Wireless Router1 的 Internet 接口的私有 IP 地址 192.168.0.33，并将净荷转换成目的端口号为 80 的 TCP 报文。目的端口号 8000 唯一标识 Internet 中的终端发送给 Web Server2 的 TCP 报文，目的端口号 80 唯一标识 Internet 中的终端发送给 Web Server1 的 TCP 报文，Wireless Router0 根据 TCP 报文的目的端口号确定 TCP 报文的接收终端。Wireless Router0 静态地址转换项的配置界面如图 5.43 所示。

图 5.43 Wireless Router0 静态地址转换项的配置界面

Wireless Router1 的静态地址转换项<192.168.1.37：80，192.168.0.33：80>表明，当 Wireless Router1 接收到净荷是目的端口号为 80 的 TCP 报文且目的 IP 地址是 192.168.

0.33 的 IP 分组时,将该 IP 分组的目的 IP 地址转换成 Web Server2 的私有 IP 地址 192.168.1.37。Wireless Router1 静态地址转换项的配置界面如图 5.44 所示。

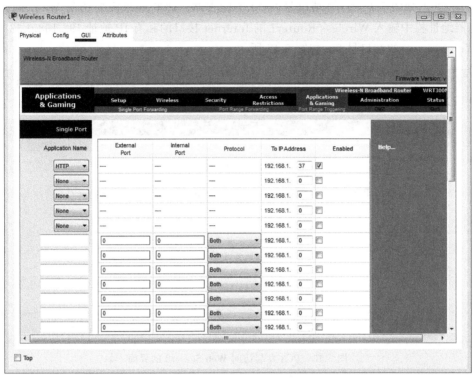

图 5.44　Wireless Router1 静态地址转换项的配置界面

(7) PC3 如果需要访问 Web Server1,在浏览器地址栏中输入 Wireless Router0 的 Internet 接口的全球 IP 地址 192.1.1.2 和标识 Web Server1 的端口号 80,如图 5.45 所示。

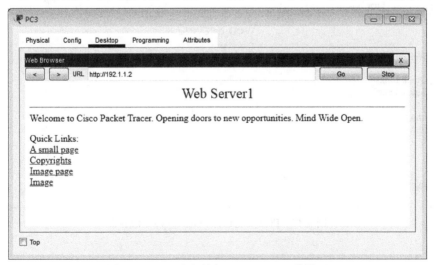

图 5.45　PC3 发起访问 Web Server1 的界面

端口号 80 是默认端口号,可以省略。PC3 如果需要访问 Web Server2,浏览器地址栏中输入 Wireless Router0 的 Internet 接口的全球 IP 地址 192.1.1.2 和标识 Web Server2 的端口号 8000,如图 5.46 所示,端口号 8000 不能省略。PC0 如果需要访问 Web Server2,浏览器地址栏中输入 Wireless Router1 的 Internet 接口的私有 IP 地址 192.168.0.33 和标识 Web Server2 的端口号 80,如图 5.47 所示。

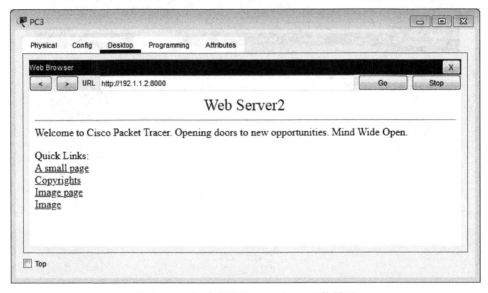

图 5.46　PC3 发起访问 Web Server2 的界面

图 5.47　PC0 发起访问 Web Server2 的界面

5.6 无线路由器 DHCP 接入方式实验

5.6.1 实验内容

构建如图 5.48 所示的接入网络,实现企业局域网中的终端访问 Internet 的过程,允许 Internet 中的终端发起访问企业局域网中的 Web 服务器 1。

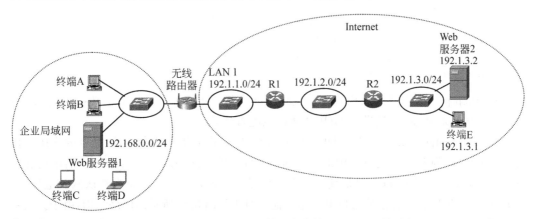

图 5.48 无线路由器 DHCP 接入方式接入 Internet 的过程

无线路由器采用动态主机配置协议(Dynamic Host Configuration Protocol,DHCP)接入方式,无线路由器连接 Internet 的接口通过 DHCP 自动获取 IP 地址、子网掩码和默认网关地址等网络信息。路由器 R1 配置成为 DHCP 服务器,为无线路由器提供网络信息配置服务。

5.6.2 实验目的

(1) 验证无线路由器 DHCP 接入方式接入 Internet 的过程。
(2) 验证无线路由器 DHCP 接入方式的配置过程。
(3) 验证路由器 DHCP 服务器的配置过程。
(4) 验证路由器完整路由表的生成过程。
(5) 验证企业局域网中的终端访问 Internet 的过程。
(6) 验证 Internet 中的终端访问企业局域网中的 Web 服务器的过程。

5.6.3 实验原理

路由器 R1 中配置的 DHCP 地址池,以路由器 R1 连接 LAN 1 的接口的 IP 地址为默认网关地址,意味着该地址池中的一组 IP 地址与路由器 R1 连接 LAN 1 的接口的 IP 地址有着相同的网络地址。因此，地址池中的一组 IP 地址属于为路由器 R1 直接连接的 LAN 1 分配的网络地址。一旦配置路由器 R1 连接 LAN 1 的接口的 IP 地址和子网掩码，路由器 R1 中自动生成用于指明通往 LAN 1 的传输路径的直连路由项，Internet 中的其他路由器通过路由协议生成用于指明通往 LAN 1 的传输路径的动态路由项。

5.6.4 关键命令说明

以下命令序列用于在路由器 R1 中定义 DHCP 地址池。

```
Router1(config)#ip dhcp pool aa1
Router1(dhcp-config)#default-router 192.1.1.254
Router1(dhcp-config)#network 192.1.1.0 255.255.255.0
Router1(dhcp-config)#exit
```

ip dhcp pool aa1 是全局模式下使用的命令，该命令的作用：一是定义一个名为 aa1 的 IP DHCP 地址池，二是进入 DHCP 地址池配置模式。

default-router 192.1.1.254 是 DHCP 地址池配置模式下使用的命令，该命令的作用是指定 192.1.1.254 为 DHCP 地址池中的默认网关地址。默认网关地址 192.1.1.254 的作用有两个：一是确定如果由该 DHCP 地址池分配网络信息，则以 192.1.1.254 为默认网关地址；二是用于为 DHCP 请求消息匹配 DHCP 地址池。对于如图 5.48 所示的网络结构，由于无线路由器发送的 DHCP 请求消息通过路由器 R1 连接 LAN 1 的接口进入路由器 R1，而且路由器 R1 连接 LAN 1 的接口的 IP 地址为 192.1.1.254，因此路由器 R1 将默认网关地址为 192.1.1.254 的 DHCP 地址池作为与该 DHCP 请求消息匹配的 DHCP 地址池。

network 192.1.1.0 255.255.255.0 是 DHCP 地址池配置模式下使用的命令，该命令的作用是指定 DHCP 地址池的 IP 地址范围为 192.1.1.1～192.1.1.254，其中 192.1.1.0 是网络地址，255.255.255.0 是子网掩码。当路由器 R1 需要为终端或无线路由器分配网络信息时，从 IP 地址范围 192.1.1.1～192.1.1.254 中选择一个未分配的 IP 地址作为 IP 地址，以 255.255.255.0 为子网掩码，以 192.1.1.254 为默认网关地址。

5.6.5 实验步骤

(1) 该实验与 5.4 节实验有着许多相同之处，互连的网络结构和完成设备放置和连接后的逻辑工作区界面与 5.4 节相同，下面主要讨论与 5.4 节不同的配置内容。

(2) 完成路由器接口 IP 地址和子网掩码的配置过程，路由器 Router1 的接口 FastEthernet0/0 配置 IP 地址 192.1.1.254 和子网掩码 255.255.255.0，完成路由器 RIP 的配置过程。

(3) 在命令行接口(CLI)下，完成路由器 Router1 DHCP 地址池的配置过程。无线路由器接入 Internet 类型选择自动配置-DHCP(Automatic Configuration -DHCP)方式，如图 5.49 所示。无线路由器的 Internet 接口自动通过 DHCP 从路由器 Router1 获取如图 5.50 所示的网络信息，其中 IP 地址是从 IP 地址范围 192.1.1.1～192.1.1.254 中选择的

IP 地址 192.1.1.1,子网掩码为 255.255.255.0,默认网关地址为 192.1.1.254。

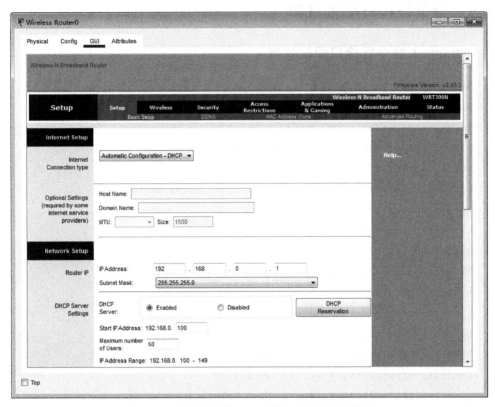

图 5.49　无线路由器 DHCP 接入方式的配置界面

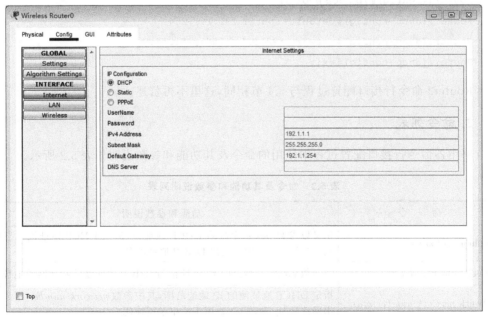

图 5.50　无线路由器通过 DHCP 获取的网络信息

5.6.6 命令行接口配置过程

1. Router1 命令行接口配置过程

```
Router>enable
Router#configure terminal
Router(config)#hostname Router1
Router1(config)#interface FastEthernet0/0
Router1(config-if)#no shutdown
Router1(config-if)#ip address 192.1.1.254 255.255.255.0
Router1(config-if)#exit
Router1(config)#interface FastEthernet0/1
Router1(config-if)#no shutdown
Router1(config-if)#ip address 192.1.2.1 255.255.255.0
Router1(config-if)#exit
Router1(config)#router rip
Router1(config-router)#version 2
Router1(config-router)#no auto-summary
Router1(config-router)#network 192.1.1.0
Router1(config-router)#network 192.1.2.0
Router1(config-router)#exit
Router1(config)#ip dhcp pool a1
Router1(dhcp-config)#default-router 192.1.1.254
Router1(dhcp-config)#network 192.1.1.0 255.255.255.0
Router1(dhcp-config)#exit
```

Router2 命令行接口配置过程与 5.4 节相同，这里不再赘述。

2. 命令列表

路由器命令行接口配置过程中使用的命令及其功能和参数说明如表 5.2 所示。

表 5.2 命令及其功能和参数说明列表

命 令	功能和参数说明
ip dhcp pool *name*	定义以参数 *name* 为名的 DHCP 地址池，进入 DHCP 地址池配置模式。参数 *name* 用于给出 DHCP 地址池名
default-router *address*	将参数 *address* 给出的 IP 地址作为 DHCP 地址池的默认网关地址
network *network-number mask*	指定 DHCP 地址池的 IP 地址范围，其中参数 *network-number* 用于给出网络地址，参数 *mask* 用于给出子网掩码

5.7 无线网桥实验

5.7.1 实验内容

使用无线网桥的企业局域网接入 Internet 的过程如图 5.51 所示,与 5.4 节不同的是,由于企业局域网部分地区不适合铺设双绞线缆,因此,需要通过无线网桥将这部分地区的终端接入企业局域网。

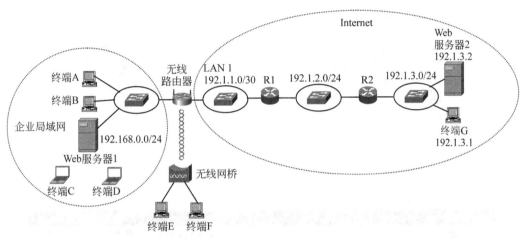

图 5.51　企业局域网接入 Internet 的过程

5.7.2 实验目的

(1) 验证无线网桥的配置过程。
(2) 验证无线网桥与无线路由器之间的区别。
(3) 验证无线网桥与无线路由器之间建立无线连接的过程。

5.7.3 实验原理

无线网桥是一个用于将终端 E 和终端 F 接入企业局域网的二层设备,因此,终端 E 和终端 F 与企业局域网中的其他终端属于同一个网络,统一由无线路由器为其分配网络信息。

5.7.4 实验步骤

(1) 该实验在 5.4 节实验的基础上进行,根据如图 5.51 所示的接入网络结构添加和连接设备,完成设备放置和连接后的逻辑工作区界面如图 5.52 所示。无线网桥设备选择 HomeRouter-PT-AC。选择 HomeRouter-PT-AC 的过程如下。①设备类型选择框的上半部分选择网络设备(Network Devices)。②设备类型选择框的下半部分选择无线设备(Wireless Devices)。③设备选择框中选择无线路由器 HomeRouter-PT-AC。

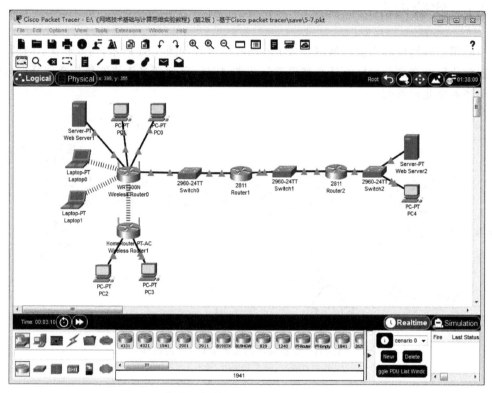

图 5.52　完成设备放置和连接后的逻辑工作区界面

(2) 单击 HomeRouter-PT-AC,选择 GUI 配置方式,选择基本配置(Setup)选项卡,弹出如图 5.53 所示的 HomeRouter-PT-AC 基本配置界面,Internet 连接类型(Internet Connection type)选择 Wireless Media Bridge。HomeRouter-PT-AC 一旦作为无线网桥使用,用和无线终端一样的方式与无线路由器建立关联,因此,需要为 HomeRouter-PT-AC 配置与无线路由器一样的加密鉴别机制和密钥。选择无线(Wireless)配置界面,在无线配置界面下,选择无线安全(Wireless Security)配置界面。配置与无线路由器一样的SSID、加密鉴别机制和密钥,如图 5.54 所示。完成上述配置过程后,HomeRouter-PT-AC 成功建立与无线路由器之间的关联,如图 5.52 所示。需要说明的是,Cisco Packet Tracer 8.1 中的 HomeRouter,已经保存的配置信息有可能丢失,再次打开 PKT 文件时,可能需要重新配置。

(3) 连接在 HomeRouter-PT-AC 上的终端可以通过 DHCP 从无线路由器获取网络信息,PC3 从无线路由器获取的网络信息如图 5.55 所示。自动获取网络信息后,PC2 和 PC3 可以发起访问 Internet 的过程,也可以与企业局域网中的其他终端相互通信。

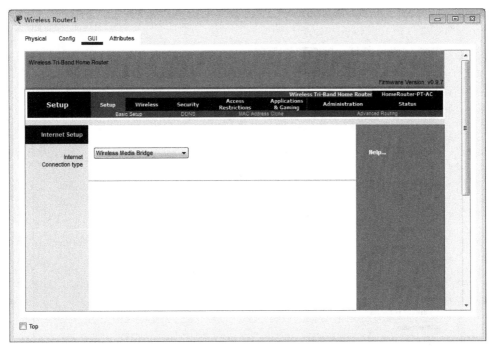

图 5.53　HomeRouter-PT-AC 基本配置界面

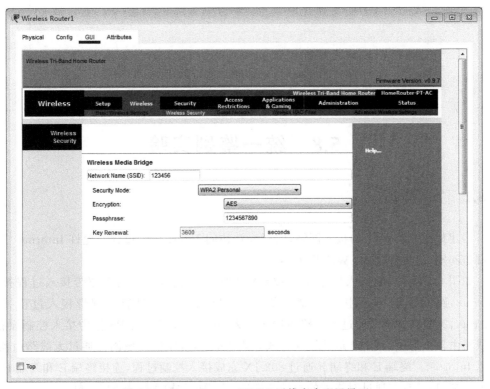

图 5.54　HomeRouter-PT-AC 无线安全配置界面

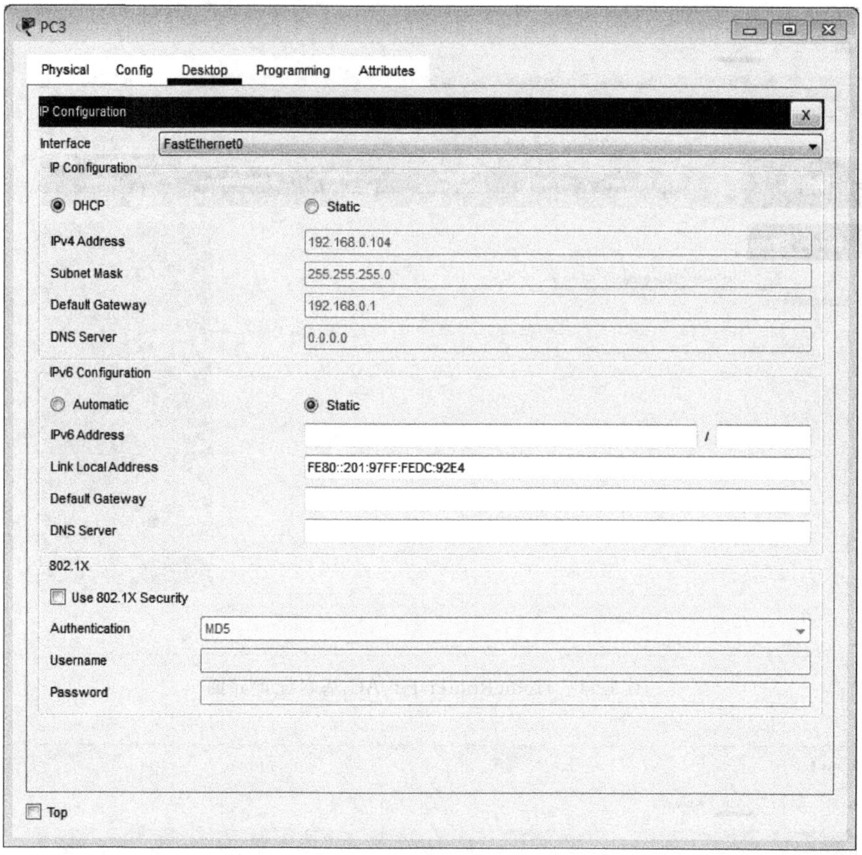

图 5.55　PC3 从无线路由器获取的网络信息

5.8　统一鉴别实验

5.8.1　实验内容

构建如图 5.56 所示的接入网络，实现终端访问 Internet 的过程。允许 Internet 中的终端访问家庭局域网中的 Web 服务器 1。

如图 5.56 所示的接入网络中，终端 A 和终端 B 直接通过启动宽带接入过程接入 Internet，路由器 R1 作为接入控制设备。无线路由器 1 通过启动宽带接入过程接入 Internet，家庭局域网 1 通过无线路由器 1 接入 Internet，路由器 R3 作为接入控制设备。无线路由器 2 通过静态 IP 地址接入方式接入 Internet，家庭局域网 2 通过无线路由器 2 接入 Internet。终端 E 和终端 F 通过 802.1X 完成接入控制过程，连接终端 E 和终端 F 的交换机端口，只有在通过对终端的身份鉴别后，才能正常输入输出 MAC 帧。

本地鉴别方式下，路由器 R1 中需要定义授权用户，启动终端 A 和终端 B 宽带接入过程的用户必须是路由器 R1 中定义的授权用户。同样,无线路由器 1 中配置的用户名和口令必须是路由器 R3 中定义的某个授权用户的用户名和口令。无线终端只能采取基于共享密钥的身份鉴别机制,无法采取基于用户的身份鉴别机制。

如果如图 5.56 所示的是某个校园网的接入网络,要求实现每一个学生可以在不同的地点,通过不同的终端接入校园网。如学生 A 可以在机房通过启动终端 A 或终端 B 的宽带接入过程接入校园网,也可以在校园中通过无线终端接入校园网,甚至可以在宿舍通过无线路由器将一个简单的局域网接入校园网。如果采用本地鉴别方式,一是路由器 R1 和 R3 中都需要将用户 A 定义为授权用户,二是无线终端无法采用基于用户的身份鉴别机制。因此,目前类似校园网的接入网络通常都采用统一鉴别机制。

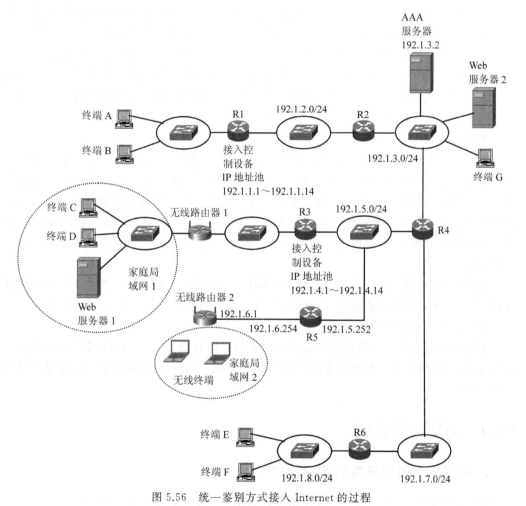

图 5.56 统一鉴别方式接入 Internet 的过程

5.8.2 实验目的

(1) 验证综合接入网络的设计过程。

第 5 章 Internet 接入实验

(2) 验证统一鉴别方式下接入控制设备的配置过程。

(3) 验证 AAA 服务器的配置过程。

(4) 验证基于用户的无线局域网安全协议的配置过程。

(5) 验证交换机 IEEE 802.1x 的配置过程。

(6) 验证终端通过 IEEE 802.1x 完成接入控制的过程。

(7) 验证统一鉴别方式下的接入过程。

5.8.3 实验原理

统一鉴别机制下,在鉴别服务器中统一定义授权用户,图 5.56 中的 AAA 服务器就是一个鉴别服务器。当作为接入控制设备的路由器 R1、R3 与连接终端 E 和终端 F 的交换机接收到用户发送的用户名和口令等鉴别信息,通过互联网将鉴别信息转发给鉴别服务器,由鉴别服务器判别是否为授权用户,并将判别结果回送给作为接入控制设备的路由器 R1、R3 与连接终端 E 和终端 F 的交换机,只有当鉴别服务器确定是授权用户后,路由器 R1 和 R3 才继续完成 IP 地址分配和路由项建立等工作,连接终端 E 和终端 F 的交换机端口才能正常输入输出 MAC 帧。

作为接入控制设备的路由器 R1、R3 与连接终端 E 和终端 F 的交换机为了将用户发送的鉴别信息安全地传输给鉴别服务器,一是需要获得鉴别服务器的 IP 地址,二是需要配置与鉴别服务器之间的共享密钥。每一个接入控制设备配置与鉴别服务器之间的共享密钥的原因有两个:一是通过共享密钥实现双向身份鉴别,避免假冒接入控制设备或鉴别服务器的情况发生;二是用于加密接入控制设备与鉴别服务器之间传输的鉴别信息和鉴别结果。

鉴别服务器针对每一个接入控制设备,同样需要配置与该接入控制设备之间的共享密钥,每一个接入控制设备由 IP 地址和接入控制设备标识符唯一标识。另外,鉴别服务器中必须定义所有授权用户。

无线路由器 2 对接入的无线终端采取基于用户的身份鉴别机制时,同样需要配置鉴别服务器的 IP 地址和与鉴别服务器之间的共享密钥。同样由鉴别服务器完成用户身份鉴别的过程。

5.8.4 关键命令说明

1. 配置接入控制设备的鉴别方式

以下命令序列用于在作为接入控制设备的路由器中指定统一鉴别机制。

```
Router(config)#aaa new-model
Router(config)#aaa authentication ppp default group radius
```

aaa authentication ppp default group radius 是全局模式下使用的命令,该命令的作用是指定 PPP 的默认鉴别机制,这里将采用基于 RADIUS 协议的统一鉴别方式指定为

PPP 的默认鉴别机制。

2. 配置交换机 IEEE 802.1x 的鉴别方式

以下命令序列用于在交换机中指定统一鉴别机制。

```
Switch(config)#aaa new-model
Switch(config)#aaa authentication dot1x default group radius
```

aaa authentication dot1x default group radius 是全局模式下使用的命令,该命令的作用是指定 IEEE 802.1x 的默认鉴别机制,这里将采用基于 RADIUS 协议的统一鉴别方式指定为 IEEE 802.1x 的默认鉴别机制。

3. 配置鉴别服务器地址和共享密钥

以下命令用于在作为接入控制设备的路由器中配置鉴别服务器的 IP 地址和与鉴别服务器之间的共享密钥。

```
Router(config)#radius-server host 192.1.3.3 auth-port 1645 key 123456
```

radius-server host 192.1.3.3 auth-port 1645 key 123456 是全局模式下使用的命令,该命令的作用是给出基于 RADIUS 协议的鉴别服务器的 IP 地址 192.1.3.3、RADIUS 协议使用的端口号 1645 和接入控制设备与鉴别服务器之间的共享密钥 123456。

4. 交换机 IEEE 802.1x 的配置过程

```
Switch(config)#dot1x system-auth-control
```

dot1x system-auth-control 是全局模式下使用的命令,该命令的作用是启动交换机 IEEE 802.1x 的鉴别功能,在使用该命令前,需要指定 IEEE 802.1x 的鉴别机制。

5. 交换机 IEEE 802.1x 端口的配置过程

```
Switch(config)#interface FastEthernet0/2
Switch(config-if)#switchport mode access
Switch(config-if)#authentication port-control auto
Switch(config-if)#dot1x pae authenticator
Switch(config-if)#exit
```

authentication port-control auto 是接口配置模式下使用的命令,该命令的作用是指定某个交换机端口(这里是交换机端口 FastEthernet0/2)的 IEEE 802.1x 状态,auto 表明根据 802.1X 鉴别结果决定该交换机端口为授权状态或非授权状态,只有授权状态的交换机端口才能正常输入输出 MAC 帧。

dot1x pae authenticator 是接口配置模式下使用的命令,该命令的作用是将当前交换机端口(这里是交换机端口 FastEthernet0/2)指定为 IEEE 802.1x 端口访问实体(PAE)鉴别者。

5.8.5 实验步骤

(1) 在逻辑工作区根据如图 5.56 所示的综合接入网络结构放置和连接设备,完成设备放置和连接后的逻辑工作区界面如图 5.57 所示。

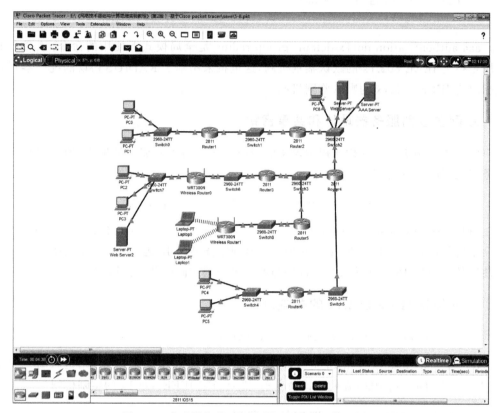

图 5.57　完成设备放置和连接后的逻辑工作区界面

(2) 作为接入控制设备的路由器 Router1 的配置过程与 5.1 节中的路由器 Router1 基本相同。作为接入控制设备的路由器 Router3 的配置过程与 5.3 节中的路由器 Router1 基本相同。但存在以下两点不同。一点不同是图 5.57 中的 Router1 和 Router3 需要配置 AAA Server 的 IP 地址,以及与 AAA Server 之间的共享密钥。另一点不同是图 5.57 中的 Router1 和 Router3 无须定义授权用户,所有授权用户统一在 AAA Server 中定义。路由器 Router5 的配置过程与 5.4 节中的路由器 Router1 基本相同。交换机 Switch4 需要通过命令行接口 (CLI) 完成以下配置过程。一是配置 VLAN 1 对应的 IP 接口的 IP 地址和默认网关地址;二是配置 IEEE 802.1x 的鉴别方式、AAA Server 的 IP 地址以及与 AAA Server 之间的共享密钥;三是在交换机和对应端口中启动 IEEE 802.1x 鉴别功能。

(3) 完成路由器接口配置过程和 RIP 配置过程后,路由器 Router1～Router6 的路由表分别如图 5.58～图 5.63 所示。需要指出的是,除了直连路由项和 RIP 生成的动态路由项,各路由器还需配置用于分别指明通往网络 192.1.1.0/28 和 192.1.4.0/28 的传输路径的静态路由项。网络 192.1.1.0/28 是路由器 Router1 配置的 IP 地址池，网络 192.1.4.0/28 是路由器 Router3 配置的 IP 地址池。

Routing Table for Router1

Type	Network	Port	Next Hop IP	Metric
C	1.0.0.0/8	FastEthernet0/0	—	0/0
C	192.1.1.1/32	Virtual-Access1.1	1.1.1.1	0/0
C	192.1.1.2/32	Virtual-Access1.2	1.1.1.1	0/0
C	192.1.2.0/24	FastEthernet0/1	—	0/0
R	192.1.3.0/24	FastEthernet0/1	192.1.2.253	120/1
S	192.1.4.0/28	—	192.1.2.253	1/0
R	192.1.5.0/24	FastEthernet0/1	192.1.2.253	120/2
R	192.1.6.0/24	FastEthernet0/1	192.1.2.253	120/3
R	192.1.7.0/24	FastEthernet0/1	192.1.2.253	120/2
R	192.1.8.0/24	FastEthernet0/1	192.1.2.253	120/3

图 5.58　Router1 的路由表

Routing Table for Router2

Type	Network	Port	Next Hop IP	Metric
S	192.1.1.0/28	—	192.1.2.254	1/0
C	192.1.2.0/24	FastEthernet0/0	—	0/0
C	192.1.3.0/24	FastEthernet0/1	—	0/0
S	192.1.4.0/28	—	192.1.3.253	1/0
R	192.1.5.0/24	FastEthernet0/1	192.1.3.253	120/1
R	192.1.6.0/24	FastEthernet0/1	192.1.3.253	120/2
R	192.1.7.0/24	FastEthernet0/1	192.1.3.253	120/1
R	192.1.8.0/24	FastEthernet0/1	192.1.3.253	120/2

图 5.59　Router2 的路由表

Routing Table for Router3

Type	Network	Port	Next Hop IP	Metric
C	2.0.0.0/8	FastEthernet0/0	—	0/0
S	192.1.1.0/28	—	192.1.5.254	1/0
R	192.1.2.0/24	FastEthernet0/1	192.1.5.254	120/2
R	192.1.3.0/24	FastEthernet0/1	192.1.5.254	120/1
C	192.1.4.1/32	Virtual-Access1.1	2.2.2.2	0/0
C	192.1.5.0/24	FastEthernet0/1	—	0/0
R	192.1.6.0/24	FastEthernet0/1	192.1.5.252	120/1
R	192.1.7.0/24	FastEthernet0/1	192.1.5.254	120/1
R	192.1.8.0/24	FastEthernet0/1	192.1.5.254	120/2

图 5.60　Router3 的路由表

Routing Table for Router4

Type	Network	Port	Next Hop IP	Metric
S	192.1.1.0/28	—	192.1.3.254	1/0
R	192.1.2.0/24	FastEthernet0/0	192.1.3.254	120/1
C	192.1.3.0/24	FastEthernet0/0	—	0/0
S	192.1.4.0/28	—	192.1.5.253	1/0
C	192.1.5.0/24	FastEthernet1/0	—	0/0
R	192.1.6.0/24	FastEthernet1/0	192.1.5.252	120/1
C	192.1.7.0/24	FastEthernet0/1	—	0/0
R	192.1.8.0/24	FastEthernet0/1	192.1.7.253	120/1

图 5.61　Router4 的路由表

Routing Table for Router5

Type	Network	Port	Next Hop IP	Metric
S	192.1.1.0/28	—	192.1.5.254	1/0
R	192.1.2.0/24	FastEthernet0/1	192.1.5.254	120/2
R	192.1.3.0/24	FastEthernet0/1	192.1.5.254	120/1
S	192.1.4.0/28	—	192.1.5.253	1/0
C	192.1.5.0/24	FastEthernet0/1	—	0/0
C	192.1.6.0/24	FastEthernet0/0	—	0/0
R	192.1.7.0/24	FastEthernet0/1	192.1.5.254	120/1
R	192.1.8.0/24	FastEthernet0/1	192.1.5.254	120/2

图 5.62　Router5 的路由表

Routing Table for Router6

Type	Network	Port	Next Hop IP	Metric
S	192.1.1.0/28	—	192.1.7.254	1/0
R	192.1.2.0/24	FastEthernet0/1	192.1.7.254	120/2
R	192.1.3.0/24	FastEthernet0/1	192.1.7.254	120/1
S	192.1.4.0/28	—	192.1.7.254	1/0
R	192.1.5.0/24	FastEthernet0/1	192.1.7.254	120/1
R	192.1.6.0/24	FastEthernet0/1	192.1.7.254	120/2
C	192.1.7.0/24	FastEthernet0/1	—	0/0
C	192.1.8.0/24	FastEthernet0/0	—	0/0

图 5.63　Router6 的路由表

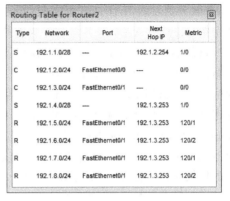

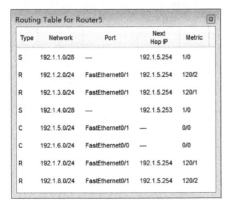

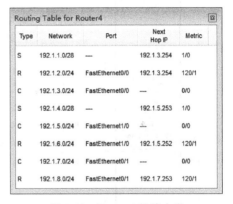

(4) AAA Server 的配置界面如图 5.64 所示。一是建立与各个作为接入控制设备的路由器、采用基于用户身份鉴别机制的交换机和无线路由器之间的关联。关联中的客户端名字(Client Name)是设备名,这里采用设备的显示名。关联中的客户端 IP 地址(Client IP)是 Router1、Router3、交换机 Switch4 和无线路由器 Wireless Router1 向 AAA 服务器发送 RADIUS 报文时,用于输出 RADIUS 报文的接口的 IP 地址。关联中的密钥(Key)是 AAA 服务器与作为客户端设备的 Router1、Router3、交换机 Switch4 和无线路由器 Wireless Router1 之间的共享密钥。Router1、Router3、交换机 Switch4 和无线路由器 Wireless Router1 中需要配置与 AAA 服务器相同的共享密钥。如 Router1 需要配置共享密钥 123456,Router3 需要配置共享密钥 333333,交换机 Switch4 需要配置共享密钥 654321,无线路由器 Wireless Router1 需要配置共享密钥 111111。Router1、Router3 和 Switch4 通过命令行接口(CLI)配置与 AAA 服务器之间的共享密钥,无线路由器 Wireless Router1 通过图形接口配置与 AAA 服务器之间的共享密钥。二是定义所有的授权用户。如图 5.64 所示的 AAA Server 的配置界面中定义了用户名分别为 aaa1~

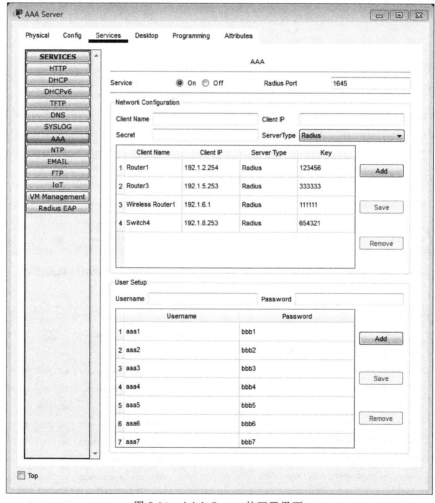

图 5.64 AAA Server 的配置界面

aaa7,口令分别为 bbb1～bbb7 的 7 个授权用户。Switch4 发送给 AAA Server 的 RADIUS 报文中包含 EAP 报文,为了能够让 AAA Server 识别 EAP 报文,在服务(Services)选项卡中选择 Radius EAP,勾选 Allow EAP-MD5 复选框,如图 5.65 所示。

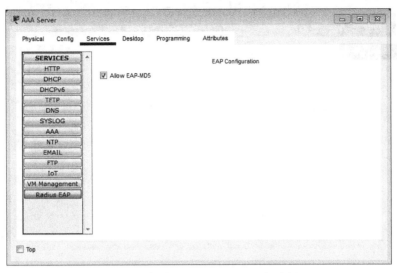

图 5.65　勾选 Allow EAP-MD5 复选框

(5) 无线路由器 Wireless Router1 基于用户身份鉴别机制的配置界面如图 5.66 所示,安全模式(Security Mode)选择 WAP2 企业版(WPA2 Enterprise),RADIUS 服务器(RADIUS Server)地址是 AAA 服务器的 IP 地址 192.1.3.3,共享密钥(Shared Secret)和 AAA 服务器中配置的与无线路由器 Wireless Router1 之间的共享密钥相同,为 111111。

(6) 无线路由器 Wireless Router1 安全模式一旦选择 WAP2 企业版,无线终端接入无线路由器 Wireless Router1 时需要提供某个授权用户的用户名和口令,如图 5.67 所示的 Laptop0 无线接口的配置界面,一旦鉴别机制选中 WPA2 单选按钮,出现用户名(User ID)和口令(Password)输入框,分别在用户名和口令输入框中输入 AAA 服务器中定义的某个授权用户的用户名和口令,如图 5.67 所示的用户名 aaa6 和口令 bbb6。

(7) 无线路由器 Wireless Router0 的 Internet 接入类型(Internet Connection type)选择 PPPoE,选择 PPPoE 后,出现用户名(Username)和口令(Password)输入框,分别在用户名和口令输入框中输入 AAA 服务器中定义的某个授权用户的用户名和口令,如图 5.68 所示的用户名 aaa5 和口令 bbb5。当 PC0 需要接入 Internet 时,启动 PPPoE 拨号程序,出现如图 5.69 所示的 PPPoE 拨号程序界面,分别在用户名(User Name)和口令(Password)输入框中输入 AAA 服务器中定义的某个授权用户的用户名和口令,如图 5.69 所示的用户名 aaa1 和口令 bbb1。

(8) 交换机 Switch4 通过 IEEE 802.1x 实现对终端的接入控制过程,PC4 IEEE 802.1x 的配置界面如图 5.70 所示。勾选 Use IEEE 802.1x Security 复选框,在用户名(Username)和口令(Password)输入框中输入 AAA Server 中定义的某个授权用户的用户名和口令,如 aaa3 和 bbb3。

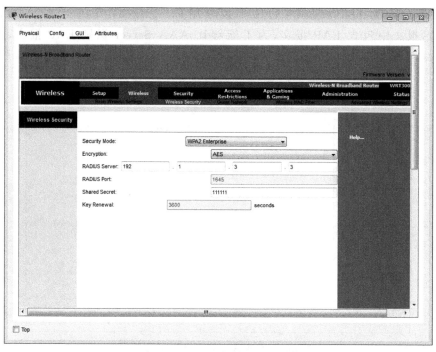

图 5.66　Wireless Router1 基于用户身份鉴别机制的配置界面

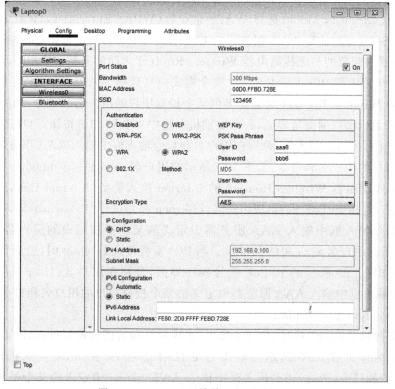

图 5.67　Laptop0 无线接口的配置界面

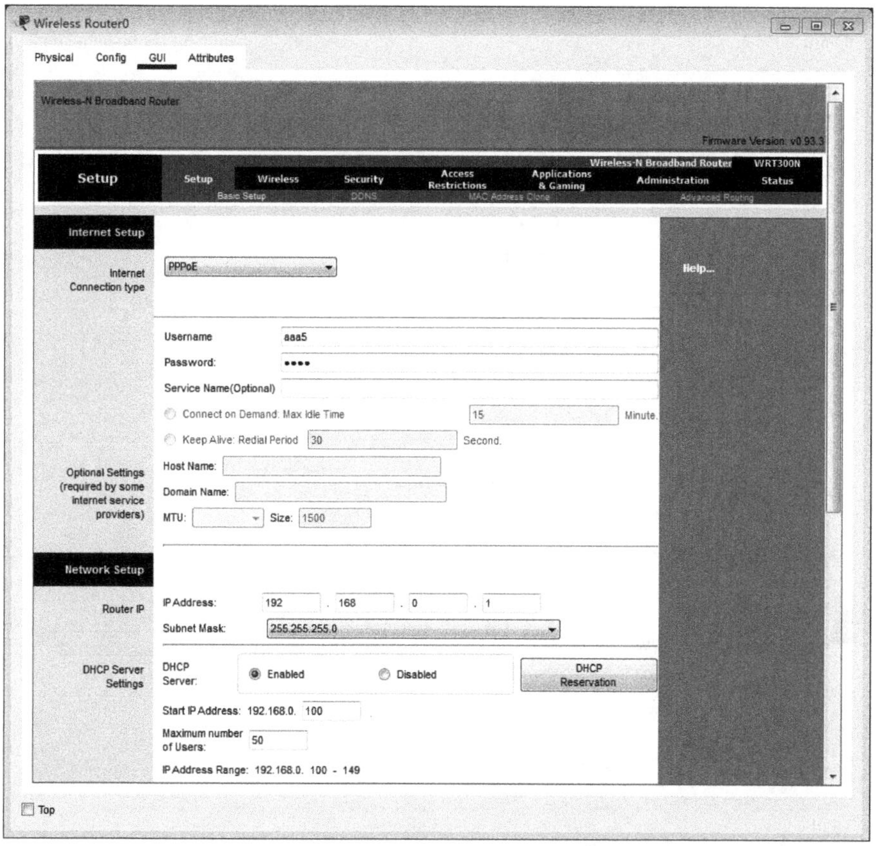

图 5.68 Wireless Router0 PPPoE 的配置界面

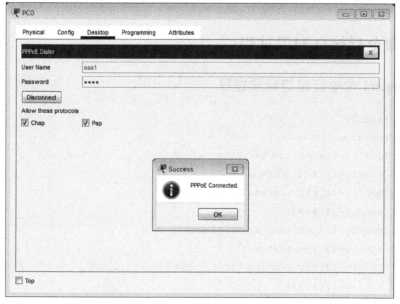

图 5.69 PC0 PPPoE 拨号程序界面

第 5 章 Internet 接入实验

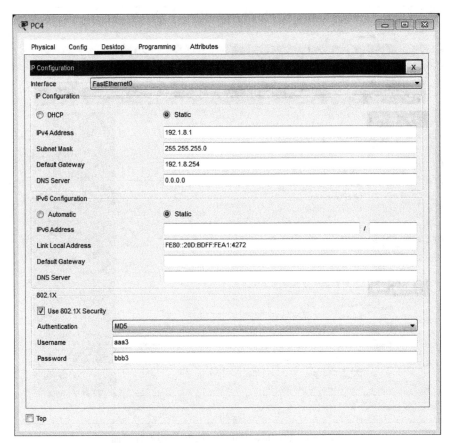

图 5.70　PC4 IEEE 802.1x 的配置界面

5.8.6　命令行接口配置过程

1. Router1 命令行接口配置过程

```
Router>enable
Router#configure terminal
Router(config)#interface FastEthernet0/0
Router(config-if)#no shutdown
Router(config-if)#ip address 1.1.1.1 255.0.0.0
Router(config-if)#exit
Router(config)#interface FastEthernet0/1
Router(config-if)#no shutdown
Router(config-if)#ip address 192.1.2.254 255.255.255.0
Router(config-if)#exit
Router(config)#router rip
Router(config-router)#network 192.1.2.0
```

```
Router(config-router)#exit
Router(config)#aaa new-model
Router(config)#aaa authentication ppp default group radius
Router(config)#bba-group pppoe aa1
Router(config-bba)#virtual-template 1
Router(config-bba)#exit
Router(config)#interface virtual-template 1
Router(config-if)#peer default ip address pool apol
Router(config-if)#ppp authentication chap
Router(config-if)#ip unnumbered FastEthernet0/0
Router(config-if)#exit
Router(config)#interface FastEthernet0/0
Router(config-if)#pppoe enable group aa1
Router(config-if)#exit
Router(config)#ip local pool apol 192.1.1.1 192.1.1.14
Router(config)#radius-server host 192.1.3.3 auth-port 1645 key 123456
Router(config)#ip route 192.1.4.0 255.255.255.240 192.1.2.253
```

2. Router2 命令行接口配置过程

```
Router>enable
Router#configure terminal
Router(config)#interface FastEthernet0/0
Router(config-if)#no shutdown
Router(config-if)#ip address 192.1.2.253 255.255.255.0
Router(config-if)#exit
Router(config)#interface FastEthernet0/1
Router(config-if)#no shutdown
Router(config-if)#ip address 192.1.3.254 255.255.255.0
Router(config-if)#exit
Router(config)#router rip
Router(config-router)#network 192.1.2.0
Router(config-router)#network 192.1.3.0
Router(config-router)#exit
Router(config)#ip route 192.1.1.0 255.255.255.240 192.1.2.254
Router(config)#ip route 192.1.4.0 255.255.255.240 192.1.3.253
```

3. Router3 命令行接口配置过程

```
Router>enable
Router#configure terminal
Router(config)#interface FastEthernet0/0
Router(config-if)#no shutdown
Router(config-if)#ip address 2.2.2.2 255.0.0.0
```

```
Router(config-if)#exit
Router(config)#interface FastEthernet0/1
Router(config-if)#no shutdown
Router(config-if)#ip address 192.1.5.253 255.255.255.0
Router(config-if)#exit
Router(config)#router rip
Router(config-router)#network 192.1.5.0
Router(config-router)#exit
Router(config)#ip route 192.1.1.0 255.255.255.240 192.1.5.254
Router(config)#aaa new-model
Router(config)#aaa authentication ppp default group radius
Router(config)#bba-group pppoe aa2
Router(config-bba)#virtual-template 1
Router(config-bba)#exit
Router(config)#interface virtual-template 1
Router(config-if)#peer default ip address pool bpol
Router(config-if)#ppp authentication chap
Router(config-if)#ip unnumbered FastEthernet0/0
Router(config-if)#exit
Router(config)#interface FastEthernet0/0
Router(config-if)#pppoe enable group aa2
Router(config-if)#exit
Router(config)#ip local pool bpol 192.1.4.1 192.1.4.14
Router(config)#radius-server host 192.1.3.3 auth-port 1645 key 333333
```

4. Router4 命令行接口配置过程

```
Router>enable
Router#configure terminal
Router(config)#interface FastEthernet0/0
Router(config-if)#no shutdown
Router(config-if)#ip address 192.1.3.253 255.255.255.0
Router(config-if)#exit
Router(config)#interface FastEthernet0/1
Router(config-if)#no shutdown
Router(config-if)#ip address 192.1.7.254 255.255.255.0
Router(config-if)#exit
Router(config)#interface FastEthernet1/0
Router(config-if)#no shutdown
Router(config-if)#ip address 192.1.5.254 255.255.255.0
Router(config-if)#exit
Router(config)#router rip
Router(config-router)#network 192.1.3.0
Router(config-router)#network 192.1.5.0
```

```
Router(config-router)#network 192.1.7.0
Router(config-router)#exit
Router(config)#ip route 192.1.1.0 255.255.255.240 192.1.3.254
Router(config)#ip route 192.1.4.0 255.255.255.240 192.1.5.253
```

5. Router5 命令行接口配置过程

```
Router>enable
Router#configure terminal
Router(config)#interface FastEthernet0/0
Router(config-if)#no shutdown
Router(config-if)#ip address 192.1.6.254 255.255.255.0
Router(config-if)#exit
Router(config)#interface FastEthernet0/1
Router(config-if)#no shutdown
Router(config-if)#ip address 192.1.5.252 255.255.255.0
Router(config-if)#exit
Router(config)#router rip
Router(config-router)#network 192.1.5.0
Router(config-router)#network 192.1.6.0
Router(config-router)#exit
Router(config)#ip route 192.1.1.0 255.255.255.240 192.1.5.254
Router(config)#ip route 192.1.4.0 255.255.255.240 192.1.5.253
```

6. Router6 命令行接口配置过程

```
Router>enable
Router#configure terminal
Router(config)#interface FastEthernet0/0
Router(config-if)#no shutdown
Router(config-if)#ip address 192.1.8.254 255.255.255.0
Router(config-if)#exit
Router(config)#interface FastEthernet0/1
Router(config-if)#no shutdown
Router(config-if)#ip address 192.1.7.253 255.255.255.0
Router(config-if)#exit
Router(config)#router rip
Router(config-router)#network 192.1.7.0
Router(config-router)#network 192.1.8.0
Router(config-router)#exit
Router(config)#ip route 192.1.1.0 255.255.255.240 192.1.7.254
Router(config)#ip route 192.1.4.0 255.255.255.240 192.1.7.254
```

7. Switch4 命令行接口配置过程

```
Switch>enable
```

```
Switch#configure terminal
Switch(config)#interface vlan 1
Switch(config-if)#no shutdown
Switch(config-if)#ip address 192.1.8.253 255.255.255.0
Switch(config-if)#exit
Switch(config)#ip default-gateway 192.1.8.254
Switch(config)#aaa new-model
Switch(config)#aaa authentication dot1x default group radius
Switch(config)#dot1x system-auth-control
Switch(config)#interface FastEthernet0/2
Switch(config-if)#switchport mode access
Switch(config-if)#authentication port-control auto
Switch(config-if)#dot1x pae authenticator
Switch(config-if)#exit
Switch(config)#interface FastEthernet0/3
Switch(config-if)#switchport mode access
Switch(config-if)#authentication port-control auto
Switch(config-if)#dot1x pae authenticator
Switch(config-if)#exit
Switch(config)#radius-server host 192.1.3.3 auth-port 1645 key 654321
```

8. 命令列表

路由器和交换机命令行接口配置过程中使用的命令及其功能和参数说明如表 5.3 所示。

表 5.3 命令及其功能和参数说明列表

命 令	功能和参数说明
radius-server host *ip-address* auth-port *udp-port* key *string*	指定基于 RADIUS 协议的鉴别服务器的 IP 地址、端口号和共享密钥。参数 *ip-address* 用于给出鉴别服务器的 IP 地址。参数 *udp-port* 用于给出 RADIUS 使用的 UDP 端口号。参数 *string* 用于指定共享密钥。路由器或交换机和鉴别服务器必须配置相同的共享密钥,但不同的路由器或交换机和鉴别服务器之间可以配置不同的共享密钥
aaa authentication dot1x default *method* 1	指定交换机 IEEE 802.1x 使用的默认鉴别机制,参数 *method* 1 用于指定鉴别机制,大多数情况下,鉴别机制是 group radius
dot1x system-auth-control	启动交换机 IEEE 802.1x 的鉴别功能
dot1x port-control{auto | force-authorized | force-unauthorized}	手工控制端口的授权状态,选项 *auto* 表明根据 IEEE 802.1x 鉴别结果确定端口的授权状态。选项 *force-authorized* 强迫端口处于授权状态。选项 *force-unauthorized* 强迫端口处于非授权状态
dot1x pae authenticator	将端口指定为 IEEE 802.1x PAE 鉴别者

5.9 Cisco Easy VPN 配置实验

5.9.1 实验内容

构建如图 5.71 所示的 VPN 接入网络,使得 Internet 中的终端 C 和终端 D 能够像内部网络中的终端一样访问内部网络中的资源。

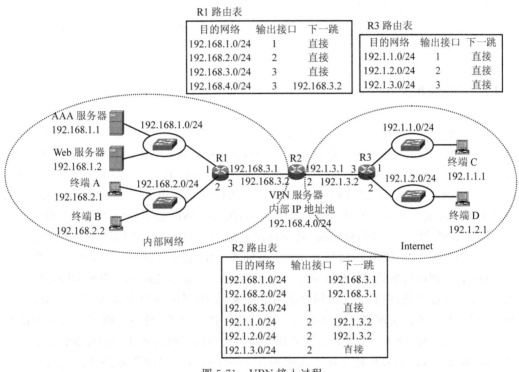

图 5.71 VPN 接入过程

如图 5.71 所示的 VPN 接入网络中,Internet 中的终端是不能发起访问内部网络的,除非在互连内部网络和 Internet 的边界路由器(图 5.71 中的路由器 R2)上配置静态地址转换项。如果 Internet 中的终端需要像内部网络中的终端一样访问内部网络中的资源,需要采用 VPN 接入技术。VPN 接入技术下,Internet 中的终端 C 和终端 D 同时具有两个 IP 地址,属于内部网络的私有 IP 地址和 Internet 的全球 IP 地址,当终端 C 或终端 D 向内部网络中的终端 A 发送 IP 分组时,该 IP 分组的源 IP 地址是终端 C 或终端 D 的私有 IP 地址,目的 IP 地址是终端 A 的私有 IP 地址。由于 Internet 中的路由器无法路由该 IP 分组,因此,将该 IP 分组封装成隧道报文,隧道报文的净荷是该 IP 分组,隧道报文外层 IP 首部的源 IP 地址是终端 C 或终端 D 的全球 IP 地址,目的 IP 地址是路由器 R2 连接 Internet 接口的全球 IP 地址。由 Internet 负责将该隧道报文传输给路由器 R2,路由器 R2 从隧道报文中分离出原始的以私有 IP 地址为源和目的 IP 地址的 IP 分组,通过内部网络将该 IP 分组传输给终端 A。

5.9.2 实验目的

（1）验证 Internet 安全关联密钥管理协议（Internet Security Association Key Management Protocol,ISAKMP)策略的配置过程。
（2）验证 IPSec 参数的配置过程。
（3）验证 VPN 服务器的配置过程。
（4）验证 VPN 接入过程。
（5）验证封装安全净荷（Encapsulate Security Payload,ESP)报文的封装过程。
（6）验证 Cisco Easy VPN 的工作原理。

5.9.3 实验原理

Cisco Easy VPN 用于解决连接在 Internet 上的终端访问内部网络资源的问题。图 5.71 给出了用于实现 VPN 接入过程的互连的网络结构。内部网络由路由器 R1 互连的网络地址分别是 192.168.1.0/24、192.168.2.0/24 和 192.168.3.0/24 的 3 个子网组成，Internet 由路由器 R3 互连的网络地址分别是 192.1.1.0/24、192.1.2.0/24 和 192.1.3.0/24 的 3 个子网组成。从 R1 和 R3 的路由表可以看出，R1 路由表中只包含用于指明通往内部网络各子网的传输路径的路由项，其中网络地址 192.168.4.0/24 用于作为分配给连接在 Internet 上的终端的内部网络私有 IP 地址池。R3 路由表中只包含用于指明通往 Internet 各子网的传输路径的路由项。终端 C 和终端 D 配置 Internet 全球 IP 地址，在实现 VPN 接入过程前，它们无法访问内部网络资源，如内部网络的 Web 服务器。R2 一方面作为 VPN 服务器实现终端 C 和终端 D 的 VPN 接入功能，另一方面实现内部网络和 Internet 互连。R1 和 R2 通过 RIP 建立用于指明通往内部网络各子网的传输路径的路由项。R2 和 R3 通过 OSPF 建立用于指明通往 Internet 各子网的传输路径的路由项。因此，路由器 R2 同时具有用于指明通往内部网络各子网和 Internet 各子网的传输路径的路由项。

终端 C 和终端 D 这类通过 VPN 接入内部网络的终端称为 VPN 接入终端。Cisco Easy VPN 实现终端 C 和终端 D VPN 接入的过程如下。首先建立安全传输通道，然后鉴别 VPN 接入用户身份，在完成用户身份鉴别后，向 VPN 接入用户推送配置信息，包括私有 IP 地址、子网掩码等。最后建立 VPN 服务器 R2 与 VPN 接入终端之间的 IPSec 安全关联，用于实现数据 VPN 接入终端与 VPN 服务器之间的安全传输。VPN 接入终端访问内部网络资源时使用 VPN 服务器 R2 为其分配的内部网络私有 IP 地址。

1. 配置客户组

与建立隧道两端之间的 IPSec 安全关联不同，在 VPN 接入终端发起 VPN 接入过程前，路由器 R2 并不知道安全关联的另一端，如果采用共享密钥鉴别方式，无法事先确定用共享密钥相互鉴别身份的两端,只能通过定义客户组的方式确定与路由器 R2 用共享密钥相互鉴别身份的一组客户。

2. 集成安全关联与身份鉴别

建立安全关联的前提是 VPN 接入用户成功完成身份鉴别,因此,需要将安全关联建立过程与身份鉴别机制集成在一起。成功建立安全关联后,通过安全关联对 VPN 接入终端分配私有 IP 地址。

5.9.4 关键命令说明

1. OSPF 配置命令

以下命令序列用于完成路由器 Router2 路由协议 OSPF 的配置过程。

```
Router2(config)#router ospf 22
Router2(config-router)#network 192.1.3.0 0.0.0.255 area 1
Router2(config-router)#exit
```

router ospf 22 是全局模式下使用的命令,该命令的作用是进入 OSPF 配置模式。和 RIP 不同,Cisco 允许同一个路由器运行多个 OSPF 进程,不同的 OSPF 进程用不同的进程标识符标识,22 是 OSPF 进程标识符,进程标识符只有本地意义。执行该命令后,进入 OSPF 配置模式。

network 192.1.3.0 0.0.0.255 area 1 是 OSPF 配置模式下使用的命令,该命令的作用:一是指定参与 OSPF 创建动态路由项过程的路由器接口。所有接口 IP 地址属于 CIDR 地址块 192.1.3.0/24 的路由器接口均参与 OSPF 创建动态路由项的过程。确定参与 OSPF 创建动态路由项过程的路由器接口将接收和发送 OSPF 报文。二是指定参与 OSPF 创建动态路由项过程的网络。直接连接的网络中所有网络地址属于 CIDR 地址块 192.1.3.0/24 的网络均参与 OSPF 创建动态路由项的过程。其他路由器创建的动态路由项中包含用于指明通往确定参与 OSPF 创建动态路由项过程的网络的传输路径的动态路由项。参数 192.1.3.0 和 0.0.0.255 用于指定 CIDR 地址块 192.1.3.0/24,0.0.0.255 是子网掩码 255.255.255.0 的反码,其作用等同于子网掩码 255.255.255.0。无论是指定参与 OSPF 创建动态路由项过程的路由器接口,还是指定参与 OSPF 创建动态路由项过程的网络都是与针对某个 OSPF 区域的,用区域标识符唯一指定该区域,所有路由器中指定属于相同区域的路由器接口和网络必须使用相同的区域标识符。area 1 表示区域标识符为 1,只有主干区域才能使用区域标识符 0。值得指出的是,虽然如图 5.71 所示的 VPN 接入网络中,路由器 R2 直接连接的网络有 192.1.3.0/24 和 192.168.3.0/24,由于路由协议 OSPF 只是建立用于指明通往属于 Internet 的各子网的传输路径的路由项,因此,路由器 R2 直接连接的网络中,只有网络 192.1.3.0/24 参与 OSPF 动态创建路由项的过程。

2. 配置安全策略

安全策略用于建立两端之间的安全传输通道,安全传输通道的两端之间需要进行基于共享密钥的双向身份鉴别过程，相互传输的数据需要加密，接收端需要对数据进行完整性检测。因此，用以下命令序列完成加密算法、报文摘要算法、密钥生成算法等配置过程。

```
Router(config)#crypto isakmp policy 1
Router(config-isakmp)#authentication pre-share
Router(config-isakmp)#encryption aes 256
Router(config-isakmp)#hash sha
Router(config-isakmp)#group 2
Router(config-isakmp)#lifetime 900
```

crypto isakmp policy 1 是全局模式下使用的命令，该命令的作用是定义编号和优先级为 1 的安全策略，并进入策略配置模式。需要建立安全传输通道的两端可以定义多个安全策略，编号和优先级越小的安全策略优先级越高，两端成功建立安全传输通道的前提是，两端存在匹配的安全策略。

authentication pre-share 是策略配置模式下使用的命令，该命令的作用是为该安全策略指定鉴别机制，pre-share 表示采用共享密钥鉴别机制。存在多种鉴别机制，如基于 RSA 的数字签名等，但 Cisco Packet Tracer 只支持共享密钥鉴别机制。

encryption aes 256 是策略配置模式下使用的命令，该命令的作用是为该安全策略指定加密算法 aes，密钥长度为 256 位。Cisco Packet Tracer 支持的加密算法有 3DES、AES 和 DES。

hash sha 是策略配置模式下使用的命令，该命令的作用是为该安全策略指定报文摘要算法 sha。Cisco Packet Tracer 支持的报文摘要算法有 MD5 和 SHA。

group 2 是策略配置模式下使用的命令，该命令的作用是为该安全策略指定 Diffie-Hellman 组标识符 2。Cisco Packet Tracer 支持的 Diffie-Hellman 组标识符 1、2 和 5。

lifetime 900 是策略配置模式下使用的命令，该命令的作用是为该安全策略指定 ISAKMP 安全关联(SA)存活时间。一旦过了 900s 存活时间，将重新建立 ISAKMP 安全关联。

由于无法确定需要建立安全传输通道的另一端，因此，无法在需要建立安全传输通道的两端配置共享密钥。只能通过配置客户组的方式解决这一问题。

3. 配置客户组

将相同属性的一组 VPN 接入用户定义为客户组，为客户组配置组名和密钥，同时将本地 IP 地址池和子网掩码与客户组绑定在一起。

```
Router (config)#ip local pool vpnpool 192.168.4.1 192.168.4.100
Router(config)#crypto isakmp client configuration group asdf
Router(config-isakmp-group)#key asdf
Router(config-isakmp-group)#pool vpnpool
Router(config-isakmp-group)#netmask 255.255.255.0
Router(config-isakmp-group)#exit
```

ip local pool vpnpool 192.168.4.1 192.168.4.100 是全局模式下使用的命令，该命令的

作用是定义名为 vpnpool 的本地 IP 地址池,指定 IP 地址池的 IP 地址范围为 192.168.4.1～192.168.4.100。

crypto isakmp client configuration group asdf 是全局模式下使用的命令,该命令的作用有两个。一是定义名为 asdf 的客户组。二是进入该客户组的安全策略配置模式,安全策略配置模式下配置的安全属性适用于所有属于该客户组的 VPN 接入用户。

key asdf 是安全策略配置模式下使用的命令,该命令的作用是指定 VPN 服务器与属于该客户组的 VPN 接入用户之间的共享密钥 asdf。

VPN 接入用户发起 VPN 接入过程时,必须通过输入组名 asdf 和共享密钥 asdf 证明自己属于该客户组。

pool vpnpool 是安全策略配置模式下使用的命令,该命令的作用是指定用于为 VPN 接入终端分配本地 IP 地址的本地 IP 地址池。vpnpool 是本地 IP 地址池名。

netmask 255.255.255.0 是安全策略配置模式下使用的命令,该命令的作用是指定 VPN 接入终端的子网掩码。

4. 配置鉴别机制

鉴别机制分为本地鉴别机制和基于 RADIUS 协议的统一鉴别机制,以下命令序列指定使用基于 RADIUS 协议的统一鉴别机制鉴别 VPN 接入用户。

```
Router(config)#aaa new-model
Router(config)#aaa authentication login vpna group radius
Router(config)#aaa authorizatio network vpnb local
```

aaa authentication login vpna group radius 是全局模式下使用的命令,需要在启动路由器 AAA 功能后输入。该命令的作用是指定用于鉴别 VPN 接入用户身份的鉴别机制列表,vpna 是鉴别机制列表名,group radius 是鉴别机制,表明采用基于 RADIUS 协议的统一鉴别机制,因此,需要配套配置与基于 RADIUS 协议的 AAA 服务器有关的信息。

aaa authorizatio network vpnb local 是全局模式下使用的命令,该命令的作用是指定用于鉴别是否授权访问网络的鉴别机制列表,vpnb 是鉴别机制列表名,local 是鉴别机制,表明采用本地鉴别机制。这里要求只允许属于指定客户组的用户访问网络。

因此,VPN 接入用户发起 VPN 接入过程时,一是需要提供证明自己属于指定客户组的信息,二是需要提供证明自己是授权用户的身份信息(用户名和口令)。

5. 配置动态安全映射

完成 VPN 接入后,VPN 接入用户与 VPN 服务器之间建立 IPSec 安全关联,两端通过 IPSec 安全关联实现数据的安全传输。以下命令序列用于定义 IPSec 安全关联参数,并将 IPSec 安全关联与 VPN 接入过程绑定在一起。

```
Router(config)#crypto ipsec transform-set vpnt esp-3des esp-sha-hmac
Router(config)#crypto dynamic-map vpn 10
Router(config-crypto-map)#set transform-set vpnt
```

```
Router(config-crypto-map)#reverse-route
Router(config-crypto-map)#exit
```

crypto ipsec transform-set vpnt esp-3des esp-sha-hmac 是全局模式下使用的命令，用于定义名为 vpnt 的变换集，变换集中指定 IPSec 安全关联使用的安全协议（ESP）、加密算法（3DES）和鉴别算法（SHA-HMAC）。

crypto dynamic-map vpn 10 是全局模式下使用的命令，该命令的作用是创建名为 vpn，序号为 10 的动态加密映射，并进入加密映射配置模式。

set transform-set vpnt 是加密映射配置模式下使用的命令，该命令的作用是指定建立 IPSec 安全关联时使用的变换集，这里，指定使用名为 vpnt 的变换集所指定的安全协议和各种相关算法。

reverse-route 是加密映射配置模式下使用的命令，该命令的作用有两个。一是在路由表中自动增加通往 VPN 接入终端的路由项，二是自动将目的地为该 VPN 接入终端的 IP 分组加入需要经过 IPSec 安全关联传输的 IP 分组集。动态安全映射与普通安全映射相比，一是无法定义 IPSec 安全关联的另一端，二是无法定义用于指定经过 IPSec 安全关联传输的 IP 分组集的分组过滤器。reverse-route 命令用于实现 VPN 接入环境下的上述部分功能。

6. 集成安全关联与鉴别机制

以下命令序列用于将安全关联建立过程与身份鉴别机制集成在一起。

```
router(config)#crypto map vpn client authentication list vpna
router(config)#crypto map vpn isakmp authorization list vpnb
router(config)#crypto map vpn client configuration address respond
```

crypto map vpn client authentication list vpna 是全局模式下使用的命令，该命令的作用是将名为 vpn 的动态映射与名为 vpna 的用于鉴别 VPN 接入用户身份的鉴别机制列表绑定在一起，表示成功建立安全关联的前提是成功完成 VPN 接入用户的身份鉴别过程。

crypto map vpn isakmp authorization list vpnb 是全局模式下使用的命令，该命令的作用是将名为 vpn 的动态映射与名为 vpnb 的用于鉴别是否授权访问网络的鉴别机制列表绑定在一起，表示只与属于指定客户组的 VPN 接入用户建立安全传输通道。

crypto map vpn client configuration address respond 是全局模式下使用的命令，该命令的作用是指定路由器接受来自 IPSec 安全关联另一端的 IP 地址请求。这是通过 IPSec 安全关联实现 VPN 安全接入所需要的功能。

7. 作用加密映射

```
router(config)#crypto map vpn 10 ipsec-isakmp dynamic vpn
router(config)#interface FastEthernet0/1
router(config-if)#crypto map vpn
router(config-if)#exit
```

crypto map vpn 10 ipsec-isakmp dynamic vpn 是全局模式下使用的命令,该命令的作用是引用已经存在的名为 vpn 的动态加密映射为名为 vpn、序号为 10 的加密映射。

接下来的两条命令用于完成将名为 vpn 的加密映射作用到路由器接口 FastEthernet0/1 的过程。

5.9.5 实验步骤

(1) 启动 Cisco Packet Tracer,在逻辑工作区根据如图 5.71 所示的 VPN 接入网络结构放置和连接设备,完成设备放置和连接后的逻辑工作区界面如图 5.72 所示。

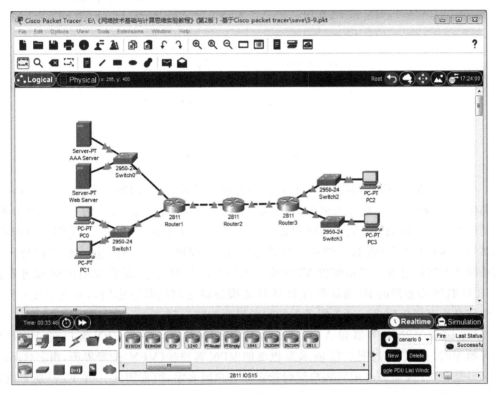

图 5.72 完成设备放置和连接后的逻辑工作区界面

(2) 按照图 5.71 所示的各路由器接口的 IP 地址和子网掩码完成路由器接口 IP 地址和子网掩码配置过程。在路由器 Router1 和 Router2 中启动 RIP 路由进程,在路由表中建立用于指明通往内部网络各子网的传输路径的路由项。在路由器 Router2 和 Router3 中启动 OSPF 路由进程,在路由表中建立用于指明通往 Internet 各子网的传输路径的路由项。路由器 Router1、Router2 和 Router3 的路由表分别如图 5.73~图 5.75 所示。值得指出的是,路由器 Router3 的路由表中只包含用于指明通往 Internet 各子网的传输路径的路由项,路由器 Router1 的路由表中只包含用于指明通往内部网络各子网的传输路径的路由项,因此,配置全球 IP 地址的 VPN 接入终端 PC2 和 PC3 是无法访问内部网络的。

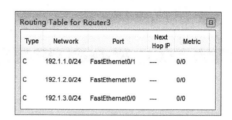

图 5.73　Router1 的路由表

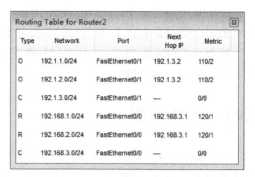

图 5.74　Router2 的路由表

图 5.75　Router3 的路由表

(3) 完成 VPN 服务器(路由器 Router2)的配置过程,配置内容分为如下 3 部分。一是和建立 IPSec 安全关联相关的配置,包括 ISAKMP 策略、IPSec 变换集和加密映射等,只是由于无法确定 IPSec 安全关联的另一端,必须建立动态加密映射。二是客户组配置,为属于该客户组的 VPN 接入终端配置共享密钥、内部网络本地 IP 地址池、子网掩码及其他网络配置信息等。三是配置 VPN 接入用户身份鉴别信息,配置 RADIUS 服务器信息(RADIUS 服务器的 IP 地址和与 RADIUS 服务器之间的共享密钥),并在 AAA 服务器中定义所有授权用户,AAA 服务器的配置界面如图 5.76 所示。

(4) 完成 VPN 服务器和 AAA 服务器配置后,通过启动终端 VPN 客户端(VPN)程序开始 VPN 接入过程,图 5.77 所示为 PC2 的 VPN 客户端(VPN)配置界面,组名(Group Name)是在 VPN 服务器配置客户组时指定的客户组名字,组密钥(Group Key)是为该客户组配置的共享密钥,VPN 服务器的 IP 地址(Server IP)是路由器 Router2 作用加密映射的接口的全球 IP 地址。用户名(Username)和口令(Password)必须是 AAA 服务器中配置的某个授权用户的用户标识信息。一旦终端 VPN 接入成功,终端将分配一个内部网络本地 IP 地址。图 5.78 所示是 PC2 成功完成 VPN 接入过程后分配的内部网络本地 IP 地址,是在 VPN 服务器定义的本地 IP 地址池中选择的一个私有 IP 地址。VPN 服务器为 VPN 接入终端分配内部网络本地 IP 地址的同时,建立以该内部网络本地 IP 地址为目的地址的路由项,该路由项将该内部网络本地 IP 地址和 VPN 服务器与 VPN 接入终端之间的安全隧道绑定在一起,因此,该路由项的下一跳是安全隧道另一端的全球 IP 地址,即该 VPN 接入终端配置的全球 IP 地址。路由器 Router2 在完成 PC2 和 PC3 的 VPN 接入过程后的路由表如图 5.79 所示。

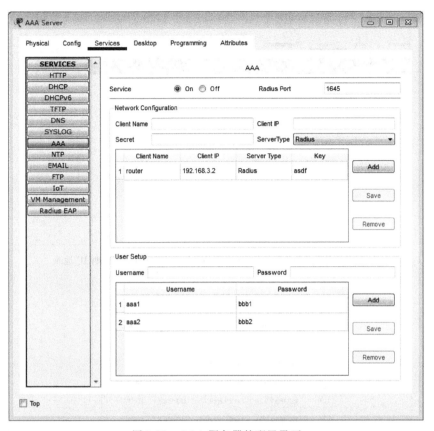

图 5.76 AAA 服务器的配置界面

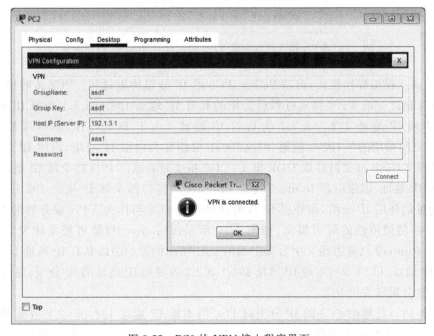

图 5.77 PC2 的 VPN 接入程序界面

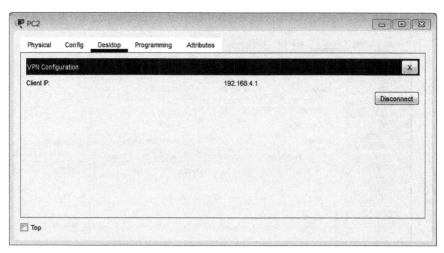

图 5.78　PC2 完成 VPN 接入过程后分配的内部网络本地 IP 地址

Routing Table for Router2

Type	Network	Port	Next Hop IP	Metric
O	192.1.1.0/24	FastEthernet0/1	192.1.3.2	110/2
O	192.1.2.0/24	FastEthernet0/1	192.1.3.2	110/2
C	192.1.3.0/24	FastEthernet0/1	---	0/0
R	192.168.1.0/24	FastEthernet0/0	192.168.3.1	120/1
R	192.168.2.0/24	FastEthernet0/0	192.168.3.1	120/1
C	192.168.3.0/24	FastEthernet0/0	---	0/0
S	192.168.4.1/32	FastEthernet0/1	192.1.1.1	1/0
S	192.168.4.2/32	FastEthernet0/1	192.1.2.1	1/0

图 5.79　VPN 接入终端完成 VPN 接入后的 Router2 的路由表

(5) 进入模拟操作模式，启动 PC2 至 PC0 的 IP 分组传输过程。PC2 传输给 PC0 的 IP 分组以 PC2 完成 VPN 接入过程后分配的私有 IP 地址 192.168.4.1 为源 IP 地址，以 PC0 的本地 IP 地址 192.168.2.1 为目的 IP 地址。由于 PC2 与作为 VPN 服务器的 Router2 之间采用的是 IPSec 隧道，因此，该 IP 分组作为内层 IP 分组，内层 IP 分组封装成 ESP 报文，ESP 报文封装成 UDP 报文，UDP 报文封装成以 PC2 的全球 IP 地址 192.1.1.1 为源 IP 地址、以路由器 Router2 连接 Internet 的接口的全球 IP 地址 192.1.3.1 为目的 IP 地址的外层 IP 分组，该外层 IP 分组就是经过 PC2 与作为 VPN 服务器的 Router2 之间 IPSec 隧道传输的隧道报文，如图 5.80 所示。Internet 将隧道报文转发给路由器 Router2，Router2 从隧道报文中分离出如图 5.81 所示的原始的以私有 IP 地址 192.168.4.1 为源 IP 地址、以 PC0 的本地 IP 地址 192.168.2.1 为目的 IP 地址的 IP 分组，通过内部网络将该 IP 分组转发给 PC0。

同样，PC0 传输给 PC2 的 IP 分组以 PC0 的本地 IP 地址 192.168.2.1 为源 IP 地址，以 PC2 完成 VPN 接入过程后分配的私有 IP 地址 192.168.4.1 为目的 IP 地址，如图 5.82

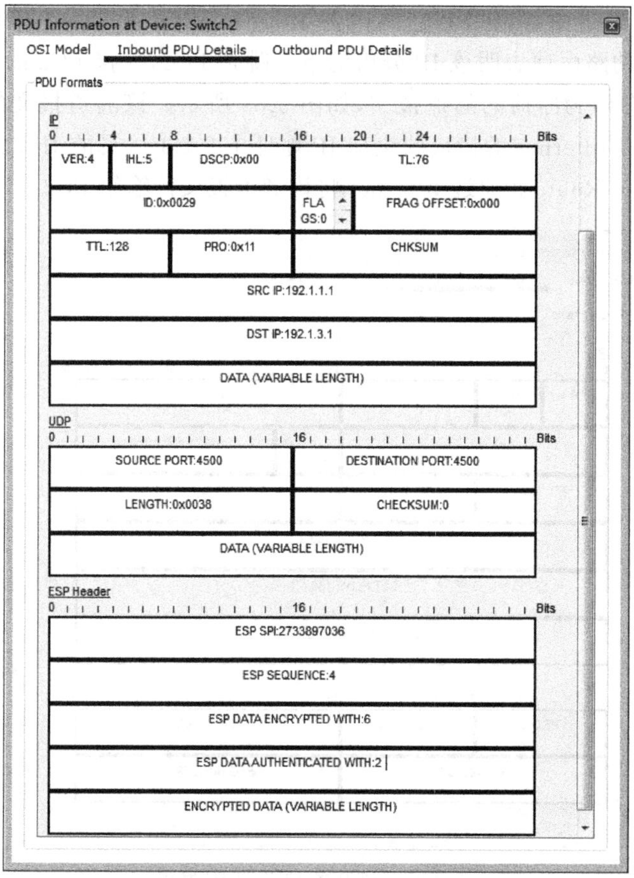

图 5.80 封装 PC2 至 PC0 的 IP 分组的隧道报文

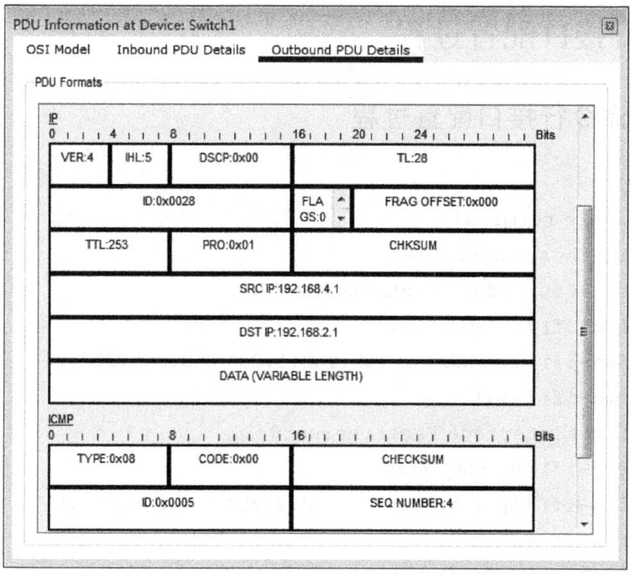

图 5.81 PC2 至 PC0 的 IP 分组

所示。该 IP 分组经过内部网络到达路由器 Router2，Router2 路由表中与目的 IP 地址 192.168.4.1 匹配的路由项表明该 IP 分组的下一跳是 PC2，连接 PC2 的是 IPSec 隧道，因此，生成以该 IP 分组为净荷的隧道报文，如图 5.83 所示。该隧道报文的源 IP 地址是路由器 Router2 连接 Internet 的接口的全球 IP 地址 192.1.3.1，目的 IP 地址是 PC2 的全球 IP 地址 192.1.1.1。Router2 通过 Internet 将该隧道报文传输给 PC2。

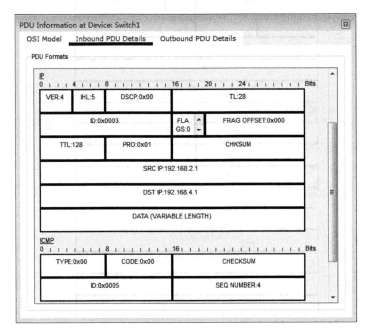

图 5.82　PC0 至 PC2 的 IP 分组

5.9.6　命令行接口配置过程

1. Router1 命令行接口配置过程

```
Router>enable
Router#configure terminal
Router(config)#hostname Router1
Router1(config)#interface FastEthernet0/0
Router1(config-if)#no shutdown
Router1(config-if)#ip address 192.168.1.254 255.255.255.0
Router1(config-if)#exit
Router1(config)#interface FastEthernet0/1
Router1(config-if)#no shutdown
Router1(config-if)#ip address 192.168.2.254 255.255.255.0
Router1(config-if)#exit
Router1(config)#interface FastEthernet1/0
Router1(config-if)#no shutdown
```

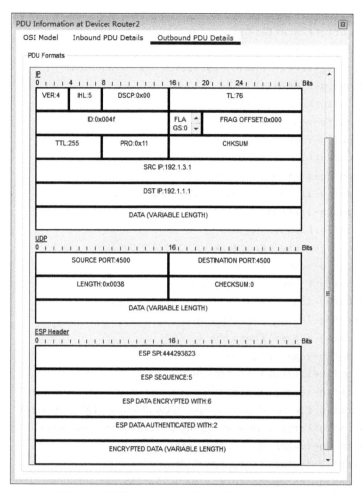

图 5.83 封装 PC0 至 PC2 的 IP 分组的隧道报文

```
Router1(config-if)#ip address 192.168.3.1 255.255.255.0
Router1(config-if)#exit
Router1(config)#ip route 192.168.4.0 255.255.255.0 192.168.3.2
Router1(config)#router rip
Router1(config-router)#network 192.168.1.0
Route1r(config-router)#network 192.168.2.0
Router1(config-router)#network 192.168.3.0
Router1(config-router)#exit
```

注意：Router1 用 RIP 建立用于指明通往内部网络中各子网的传输路径的路由项，用静态路由项指明通往 VPN 接入终端的传输路径。

2. Router2 命令行接口配置过程

```
Router>enable
Router#configure terminal
```

```
Router(config)#hostname Router2
Router2(config)#interface FastEthernet0/0
Router2(config-if)#no shutdown
Router2(config-if)#ip address 192.168.3.2 255.255.255.0
Router2(config-if)#exit
Router2(config)#router rip
Router2(config-router)#network 192.168.3.0
Router2(config-router)#exit
Router2(config)#interface FastEthernet0/1
Router2(config-if)#no shutdown
Router2(config-if)#ip address 192.1.3.1 255.255.255.0
Router2(config-if)#exit
Router2(config)#router ospf 22
Router2(config-router)#network 192.1.3.0 0.0.0.255 area 1
Router2(config-router)#exit
Router2(config)#crypto isakmp policy 1
Router2(config-isakmp)#authentication pre-share
Router2(config-isakmp)#encryption aes 256
Router2(config-isakmp)#hash sha
Router2(config-isakmp)#group 2
Router2(config-isakmp)#lifetime 900
Router2(config-isakmp)#exit
Router2(config)#ip local pool vpnpool 192.168.4.1 192.168.4.100
Router2(config)#crypto isakmp client configuration group asdf
Router2(config-isakmp-group)#key asdf
Router2(config-isakmp-group)#pool vpnpool
Router2(config-isakmp-group)#netmask 255.255.255.0
Router2(config-isakmp-group)#exit
Router2(config)#crypto ipsec transform-set vpnt esp-3des esp-sha-hmac
Router2(config)#crypto dynamic-map vpn 10
Router2(config-crypto-map)#set transform-set vpnt
Router2(config-crypto-map)#reverse-route
Router2(config-crypto-map)#exit
Router2(config)#aaa new-model
Router2(config)#aaa authentication login vpna group radius
Router2(config)#aaa authorization network vpnb local
Router2(config)#radius-server host 192.168.1.1
Router2(config)#radius-server key asdf
Router2(config)#hostname router
router(config)#crypto map vpn client authentication list vpna
router(config)#crypto map vpn isakmp authorization list vpnb
router(config)#crypto map vpn client configuration address respond
router(config)#crypto map vpn 10 ipsec-isakmp dynamic vpn
router(config)#interface FastEthernet0/1
```

```
router(config-if)#crypto map vpn
router(config-if)#exit
```

注意：Router2 用 RIP 建立用于指明通往内部网络中各子网的传输路径的路由项，用 OSPF 建立用于指明通往 Internet 中各子网的传输路径的路由项。

3. Router3 命令行接口配置过程

```
Router>enable
Router#configure terminal
Router(config)#hostname Router3
Router3(config)#interface FastEthernet0/0
Router3(config-if)#no shutdown
Router3(config-if)#ip address 192.1.3.2 255.255.255.0
Router3(config-if)#exit
Router3(config)#interface FastEthernet0/1
Router3(config-if)#no shutdown
Router3(config-if)#ip address 192.1.1.254 255.255.255.0
Router3(config-if)#exit
Router3(config)#interface FastEthernet1/0
Router3(config-if)#no shutdown
Router3(config-if)#ip address 192.1.2.254 255.255.255.0
Router3(config-if)#exit
Router3(config)#router ospf 33
Router3(config-router)#network 192.1.1.0 0.0.0.255 area 1
Router3(config-router)#network 192.1.2.0 0.0.0.255 area 1
Router3(config-router)#network 192.1.3.0 0.0.0.255 area 1
Router3(config-router)#exit
```

注意：Router3 用 OSPF 建立用于指明通往 Internet 中各子网的传输路径的路由项。

4. 命令列表

路由器命令行接口配置过程中使用的命令及其功能和参数说明如表 5.4 所示。

表 5.4 命令及其功能和参数说明列表

命　　令	功能和参数说明
crypto isakmp policy *priority*	定义安全策略，并进入策略配置模式。参数 *priority* 的作用：一是作为编号用于唯一标识该策略，二是为该策略分配优先级，1 是最高优先级
authentication{**rsa-sig** | **rsa-encr** | **pre-share**}	指定鉴别机制，**rsa-sig** 指 RSA 数字签名鉴别机制，**rsa-encr** 指 RSA 加密随机数鉴别机制，**pre-share** 指共享密钥鉴别机制
encryption{**des** | **3des** | **aes** | **aes 192** | **aes 256**}	指定加密算法。**des**、**3des**、**aes**、**aes 192** 和 **aes 256** 是各种加密算法以及对应的密钥长度。

续表

命　令	功能和参数说明
hash{**sha** | **md5**}	指定报文摘要算法。**sha** 和 **md5** 是两种报文摘要算法
group{1 | 2 | 5}	指定 Diffie-Hellman 组标识符。**1**、**2** 和 **5** 是可供选择的组号
lifetime *seconds*	定义安全关联(SA)存活时间,参数 *seconds* 以秒为单位给出存活时间
crypto isakmp client configuration group *group-name*	创建客户组,并进入客户组安全策略配置模式。参数 *group-name* 是客户组名
key *name*	配置 VPN 服务器与属于客户组的所有 VPN 接入终端之间的共享密钥
pool *pool-name*	指定客户组使用的 IP 地址池。参数 *pool-name* 为地址池名
netmask *name*	指定客户组使用的子网掩码
crypto dynamic-map *dynamic-map-name dynamic-seq-num*	创建一个动态的加密映射,参数 *dynamic-map-nam* 指定加密映射名,参数 *dynamic-seq-num* 用于为加密映射分配序号。同时进入加密映射配置模式
reverse-route	一是在路由表中自动增加通往 VPN 接入终端的路由项,二是自动将目的地为该 VPN 接入终端的 IP 分组加入需要经过 IPSec 安全关联传输的 IP 分组集
aaa authorization network{**default** | *list-name*} [*method1* [*method2*…]]	定义用于鉴别是否授权访问网络的鉴别机制列表,鉴别机制通过参数 *method* 指定,Cisco Packet Tracer 常用的鉴别机制有 local(本地),group radius(radius 服务器统一鉴别)等。可以为定义的鉴别机制列表分配名字,参数 *list-name* 用于为该鉴别机制列表指定名字。**default** 选项将该鉴别机制列表作为默认列表
aaa authentication login{**default** | *list-name*} [*method1* [*method2*…]]	定义用于鉴别 VPN 接入用户身份的鉴别机制列表,鉴别机制通过参数 *method* 指定,Cisco Packet Tracer 常用的鉴别机制有 local(本地),group radius(radius 服务器统一鉴别)等。可以为定义的鉴别机制列表分配名字,参数 *list-name* 用于为该鉴别机制列表指定名字。**default** 选项将该鉴别机制列表作为默认列表
crypto map *map-name* **client authentication list** *list-name*	将安全关联建立过程与身份鉴别过程集成在一起,参数 *map-name* 指定加密映射名,参数 *list-name* 指定鉴别机制列表名
crypto map *map-name* **isakmp authorization list** *list-name*	将安全关联建立过程与访问网络权限鉴别过程集成在一起,参数 *map-name* 指定加密映射名,参数 *list-name* 指定鉴别机制列表名

续表

命　令	功能和参数说明
crypto map *tag* **client configuration address respond**	将安全关联建立过程与地址配置集成在一起,参数 *tag* 指定加密映射名,表示路由器接受来自安全关联另一端的 IP 地址请求
crypto map *map-name* *seq-num* **ipsec-isakmp dynamic** *dynamic-map-name*	引用已经存在的动态加密映射作为指定的加密映射,参数 *map-name* 是指定加密映射名,参数 *seq-num* 是指定加密映射序号,参数 *dynamic-map-name* 是已经创建的动态加密映射名

5.10　Internet 接入实验的启示和思政元素

第 6 章

应用层实验

应用层实验主要完成各种应用系统的配置过程。实现各种应用系统的基础是互连的网络,因此,各种应用系统的配置过程分为互连的网络设计与配置过程和应用服务器的配置过程。根据网络应用的不同,应用系统配置过程可以分为域名系统配置过程、DHCP 配置过程、电子邮件系统配置过程等。

6.1 域名系统配置实验

6.1.1 实验内容

构建如图 6.1(a)所示的互连的网络结构,根据如图 6.1(b)所示完成域名服务器中的资源记录的配置过程,实现终端 A 和终端 B 通过域名访问 Web 服务器 1、Web 服务器 2 和 Web 服务器 3 的过程。

图 6.1 所示是一个简单的域名系统,该域名系统包含两个一级域名 com 和 edu,com 域包含两个子域 a.com 和 b.com,edu 域包含一个子域 b.edu,每一个子域设置 Web 服务器,分别用完全合格的域名 www.a.com、www.b.com 和 www.b.edu 标识这 3 个 Web 服

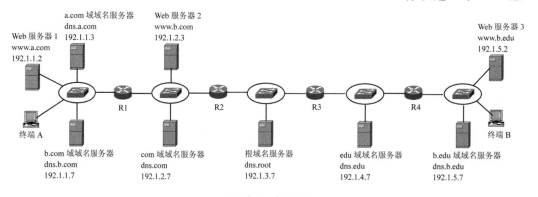

(a) 域名服务器设置

图 6.1 一个简单域名系统的域名服务器的配置过程

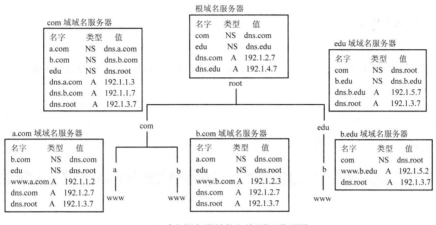

（b）域名服务器结构与资源记录配置

图 6.1（续）

务器。终端 A 选择负责 a.com 域的域名服务器作为本地域名服务器，终端 B 选择负责 b.edu 域的域名服务器作为本地域名服务器，域名系统实现将完全合格的域名 www.a.com、www.b.com 和 www.b.edu 转换成这 3 个 Web 服务器对应的 IP 地址 192.1.1.2、192.1.2.3 和 192.1.5.2 的过程。

6.1.2 实验目的

（1）验证 DNS 的工作机制。
（2）验证资源记录的功能和作用。
（3）验证域名服务器结构与域名结构之间的关系。
（4）验证域名服务器的配置过程。
（5）验证域名的解析过程。

6.1.3 实验原理

域名服务器中的资源记录能够将任何有效的完全合格的域名的解析过程导向配置名字为完全合格的域名、类型为 A 的资源记录的域名服务器。假定完全合格的域名为 www.b.edu，从任何一个域名服务器开始，域名服务器中的资源记录都能够将域名解析过程导向 b.edu 域域名服务器。如从 a.com 域域名服务器开始的导向过程如下：a.com 域域名服务器中的资源记录<edu,NS,dns.root>和<dns.root,A,192.1.3.7>将域名解析过程导向根域名服务器。根域名服务器中的资源记录<edu,NS,dns.edu>和<dns.edu,A,192.1.4.7>将域名解析过程导向 edu 域域名服务器。edu 域域名服务器中的资源记录<b.edu,NS,dns.b.edu>和<dns.b.edu,A,192.1.5.7>将域名解析过程导向 b.edu 域域名服务器。b.edu 域域名服务器中存在资源记录<www.b.edu,A,192.1.5.2>。

6.1.4 实验步骤

(1) 根据如图 6.1(a)所示的互连的网络结构放置和连接设备,完成设备放置和连接后的逻辑工作区界面如图 6.2 所示。

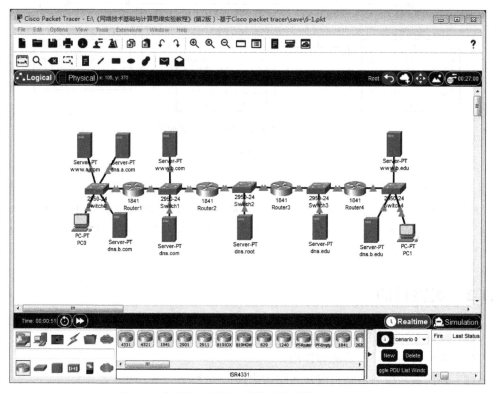

图 6.2 完成设备放置和连接后的逻辑工作区界面

(2) 完成各路由器的接口配置过程,从左到右 4 个路由器互连的 5 个以太网的网络地址分别是 192.1.1.0/24、192.1.2.0/24、192.1.3.0/24、192.1.4.0/24 和 192.1.5.0/24,完成各路由器 RIP 的配置过程。完成上述配置过程后,路由器 Router1～Router4 的路由表分别如图 6.3～图 6.6 所示。

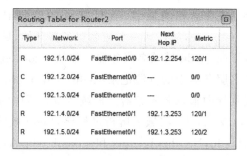

图 6.3 Router1 的路由表   图 6.4 Router2 的路由表

Routing Table for Router3				
Type	Network	Port	Next Hop IP	Metric
R	192.1.1.0/24	FastEthernet0/0	192.1.3.254	120/2
R	192.1.2.0/24	FastEthernet0/0	192.1.3.254	120/1
C	192.1.3.0/24	FastEthernet0/0	---	0/0
C	192.1.4.0/24	FastEthernet0/1	---	0/0
R	192.1.5.0/24	FastEthernet0/1	192.1.4.253	120/1

图 6.5　Router3 的路由表

Routing Table for Router4				
Type	Network	Port	Next Hop IP	Metric
R	192.1.1.0/24	FastEthernet0/0	192.1.4.254	120/3
R	192.1.2.0/24	FastEthernet0/0	192.1.4.254	120/2
R	192.1.3.0/24	FastEthernet0/0	192.1.4.254	120/1
C	192.1.4.0/24	FastEthernet0/0	---	0/0
C	192.1.5.0/24	FastEthernet0/1	---	0/0

图 6.6　Router4 的路由表

(3) 根据如图 6.1(a)所示的各个终端和服务器的网络信息完成这些终端和服务器的网络信息的配置过程,终端配置的网络信息包括 IP 地址、子网掩码、默认网关地址和本地域名服务器地址,如图 6.7 所示的 PC0 配置的网络信息,其中本地域名服务器地址(DNS Server)是 a.com 域域名服务器的 IP 地址。

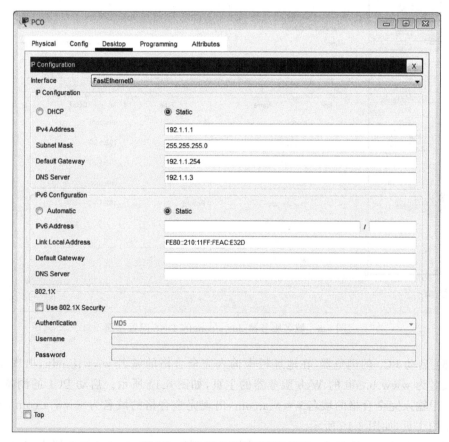

图 6.7　PC0 网络信息的配置界面

(4) 完成各域名服务器的配置过程。单击域名服务器 dns.a.com,选择服务(Services)配置选项,在左边的服务(SERVICES)栏中选择域名服务系统(DNS)后,出现

第 6 章　应用层实验

域名服务系统(DNS)配置界面,在 DNS 服务(DNS Service)这一栏中选中 On 单选按钮,在资源记录输入界面中依次输入各资源记录。资源记录＜edu,NS,dns.root＞输入过程如下。名字(Name)输入框中输入 edu,类型(Type)框中选择 NS record,服务器名(Server Name)输入框中输入 dns.root,单击添加(Add)按钮。资源记录＜dns.root,A,192.1.3.7＞输入过程如下。名字(Name)输入框中输入 dns.root,类型(Type)框中选择 A Record,地址(Address)输入框中输入 IP 地址 192.1.3.7,单击添加(Add)按钮。根据如图 6.1(b)所示的各个域名服务器的资源记录配置,完成各个域名服务器的资源记录输入过程。完成资源记录输入过程后的各个域名服务器的 DNS 配置界面分别如图 6.8～图 6.13 所示。

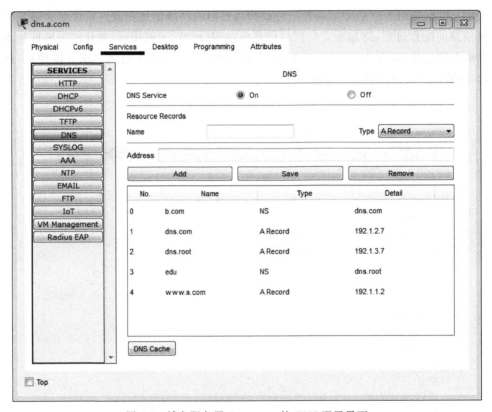

图 6.8　域名服务器 dns.a.com 的 DNS 配置界面

(5) 启动 PC0 的浏览器,在地址栏中输入完全合格的域名 www.b.edu,出现完全合格的域名为 www.b.edu 的 Web 服务器的主页,如图 6.14 所示。启动 PC1 的浏览器,在地址栏中输入完全合格的域名 www.a.com,出现完全合格的域名为 www.a.com 的 Web 服务器的主页,如图 6.15 所示。

(6) 本地域名服务器 dns.a.com 完成域名解析过程后,在 DNS 缓冲器中记录下解析出的域名和值之间的关联。在如图 6.8 所示的域名服务器 dns.a.com 的 DNS 配置界面中,单击左下角的 DNS 缓冲器(DNS Cache)按钮,出现如图 6.16 所示的 DNS 缓冲器界面,DNS 缓冲器中记录下已经完成的域名解析过程中解析出的域名和值之间的关联。

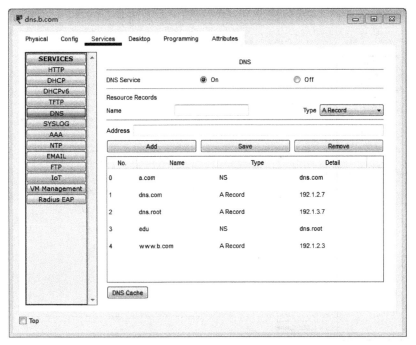

图 6.9　域名服务器 dns.b.com 的 DNS 配置界面

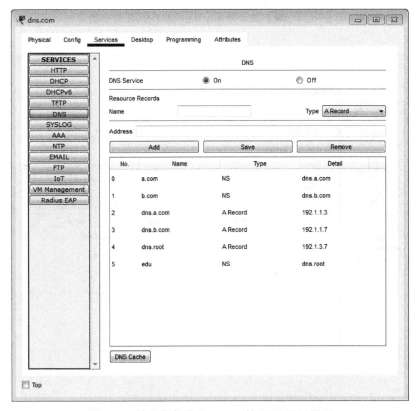

图 6.10　域名服务器 dns.com 的 DNS 配置界面

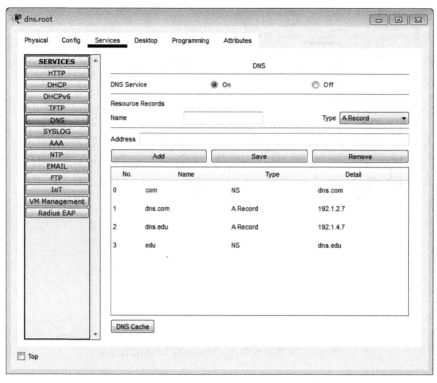

图 6.11 域名服务器 dns.root 的 DNS 配置界面

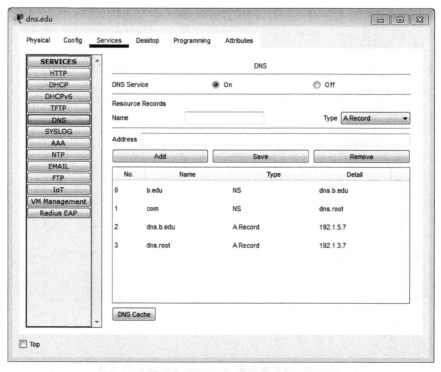

图 6.12 域名服务器 dns.edu 的 DNS 配置界面

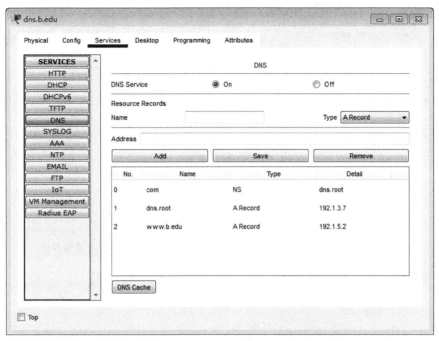

图 6.13　域名服务器 dns.b.edu 的 DNS 配置界面

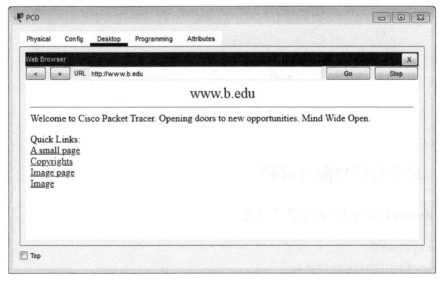

图 6.14　PC0 访问完全合格的域名为 www.b.edu 的 Web 服务器的界面

图 6.15　PC1 访问完全合格的域名为 www.a.com 的 Web 服务器的界面

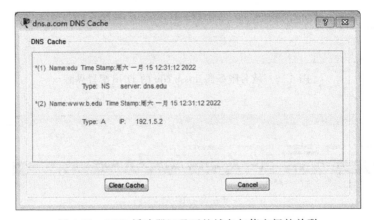

图 6.16　DNS 缓冲器记录下的域名与值之间的关联

6.1.5　命令行接口配置过程

1. Router1 命令行接口配置过程

```
Router>enable
Router#configure terminal
Router(config)#interface FastEthernet0/0
Router(config-if)#no shutdown
Router(config-if)#ip address 192.1.1.254 255.255.255.0
Router(config-if)#exit
Router(config)#interface FastEthernet0/1
```

```
Router(config-if)#no shutdown
Router(config-if)#ip address 192.1.2.254 255.255.255.0
Router(config-if)#exit
Router(config)#router rip
Router(config-router)#network 192.1.1.0
Router(config-router)#network 192.1.2.0
Router(config-router)#exit
```

2. Router2 命令行接口配置过程

```
Router>enable
Router#configure terminal
Router(config)#interface FastEthernet0/0
Router(config-if)#no shutdown
Router(config-if)#ip address 192.1.2.253 255.255.255.0
Router(config-if)#exit
Router(config)#interface FastEthernet0/1
Router(config-if)#no shutdown
Router(config-if)#ip address 192.1.3.254 255.255.255.0
Router(config-if)#exit
Router(config)#router rip
Router(config-router)#network 192.1.2.0
Router(config-router)#network 192.1.3.0
Router(config-router)#exit
```

其他路由器的命令行接口配置过程与 Router1 和 Router2 的命令行接口配置过程相似，这里不再赘述。

6.2 无中继 DHCP 配置实验

6.2.1 实验内容

构建如图 6.17 所示的网络，完成 DHCP 服务器配置，使得终端 A 和终端 B 可以通过 DHCP 自动获得网络信息。

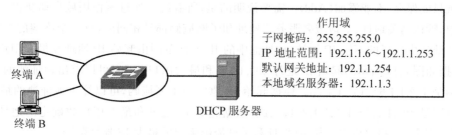

图 6.17 无中继 DHCP 的工作过程

每一个接入互联网的终端只有在配置 IP 地址、子网掩码、默认网关地址和本地域名服务器地址等网络信息后，才能访问 Internet。这些网络信息可以手工配置，也可以通过 DHCP 自动获得。通过 DHCP 自动获得的前提是，在网络中配置 DHCP 服务器，并在 DHCP 服务器中配置作用域，作用域中给出用于分配给不同终端的网络信息。

6.2.2 实验目的

(1) 验证无中继 DHCP 的工作过程。
(2) 验证 DHCP 服务器的配置过程。
(3) 验证终端通过 DHCP 自动获取网络信息的过程。

6.2.3 实验原理

终端和 DHCP 服务器需要连接在同一个以太网上，即终端和 DHCP 服务器属于同一个广播域。DHCP 服务器中需要配置属于相同网络地址的一组 IP 地址、子网掩码、默认网关地址和本地域名服务器地址等。所有终端自动获取的网络信息中，子网掩码、默认网关地址和本地域名服务器地址是相同的，不同终端自动获取的 IP 地址是不同的。

6.2.4 实验步骤

(1) 根据如图 6.17 所示网络结构放置和连接设备，完成设备放置和连接后的逻辑工作区界面如图 6.18 所示。

(2) 完成 DHCP 服务器的配置过程。单击 DHCP 服务器 DHCP Server，选择服务(Services)配置选项，在左边的服务(SERVICES)栏中选择 DHCP 后，出现如图 6.19 所示的 DHCP 服务器的配置界面。在服务(Service)一栏中选中 On 单选按钮，地址池名(Pool Name)为 serverPool 的作用域，可以编辑、修改，但不能删除，地址池名 serverPool 也不能改变。在默认网关(Default Gateway)输入框中输入默认网关地址 192.1.1.254，本地域名服务器(DNS Server)输入框中输入本地域名服务器地址 192.1.1.3，地址池起始 IP 地址(Start IP Address)输入框中输入地址池中的起始 IP 地址 192.1.1.6，子网掩码(Subnet Mask)输入框中输入子网掩码 255.255.255.0，最大用户数(Maximum Number of Users)输入框中输入地址池中可分配的 IP 地址数量 50。单击保存(Save)按钮。地址池名(Pool Name)为 serverPool 的作用域只能保存，不能添加(Add)。需要说明的是，所有终端通过该作用域自动获得的网络信息中，默认网关地址、本地域名服务器地址和子网掩码都是相同的，每一个终端的 IP 地址是在地址池中选择的不同 IP 地址，地址池中的 IP 地址范围由起始 IP 地址和最大用户数确定，根据如图 6.19 所示的起始 IP 地址 192.1.1.6 和最大用户数 50，可以求出地址池的 IP 地址范围是 192.1.1.6～192.1.1.55。根据起始 IP 地址和子网掩码，可以算出地址池的最大 IP 地址范围是 192.1.1.6～192.1.1.254，因此，根据起始 IP 地址和最大用户数确定的地址池的 IP 地址范围不能超出根据起始 IP 地址和子网掩码确定的最大 IP 地址范围。

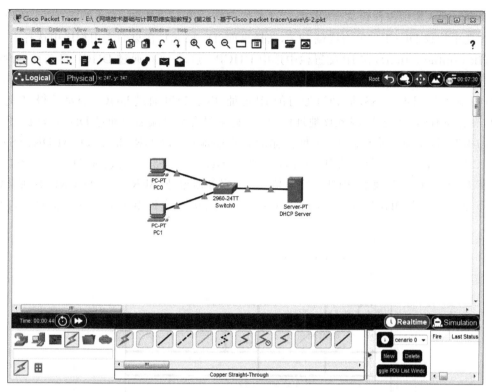

图 6.18 完成设备放置和连接后的逻辑工作区界面

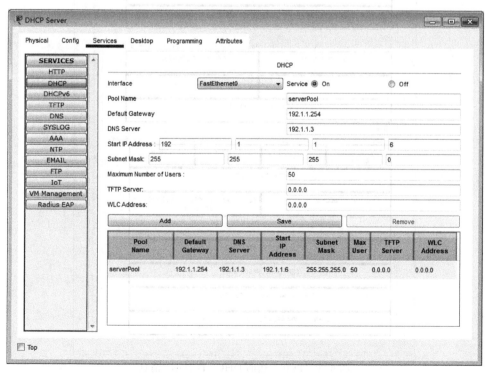

图 6.19 DHCP 服务器的配置界面

(3) 进入模拟操作模式,单击编辑过滤器(Edit Filters)按钮,在出现的 IPv4 协议选项中选中协议 DHCP。单击终端 PC0,选择桌面(Desktop),在桌面实用程序中选择 IP 配置(IP Configuration),在 IP 配置栏中选中 DHCP。启动 PC0 通过 DHCP 自动获得网络信息的过程。如图 6.20 所示的是 PC0 发送的 DHCP Discover 消息,消息中的客户端地址(CLIENT ADDRESS)是 PC0 原有的 IP 地址,由于 PC0 通过 DHCP 自动获得 IP 地址前,没有原有的 IP 地址,因此该地址值为 0。通常只有在终端需要通过 DHCP 延长 IP 地址的租期时,才会有原有的 IP 地址。你的客户端地址(YOUR CLIENT ADDRESS)是 DHCP 服务器为 PC0 分配的 IP 地址,PC0 发送 DHCP Discover 消息时,DHCP 服务器还没有为 PC0 分配 IP 地址,因此该字段值为 0。服务器地址(SERVER ADDRESS)是 PC0 选择为其服务的 DHCP 服务器的 IP 地址,由于 PC0 发送 DHCP Discover 消息时,PC0

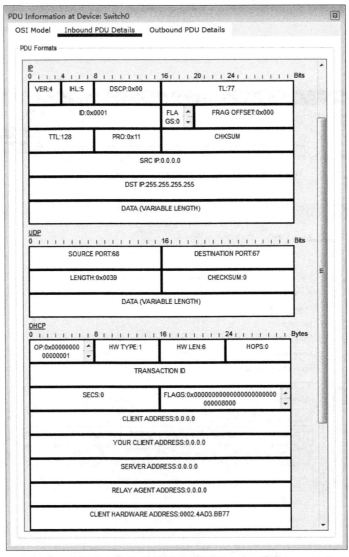

图 6.20　PC0 发送的 DHCP Discover 消息

还没有选择 DHCP 服务器,因此该字段值为 0。中继代理地址(RELAY AGENT ADDRESS)是中继 DHCP 工作过程中 DHCP Discover 或 Request 消息经过的中继路由器的地址,无中继 DHCP 工作过程中,该字段值为 0。客户端硬件地址(CLIENT HARDWARE ADDRESS)是 PC0 的 MAC 地址,作为 PC0 的终端标识符。

DHCP Discover 消息封装成源端口号为 68、目的端口号为 67 的 UDP 报文,UDP 报文封装成源 IP 地址为 0.0.0.0、目的 IP 地址为 255.255.255.255 的 IP 分组。IP 分组封装成源 MAC 地址为 PC0 的 MAC 地址、目的 MAC 地址为全 1 的 MAC 帧,封装过程如图 6.20 所示。

(4) 如图 6.21 所示的是 DHCP 服务器发送的 DHCP Offer 消息,消息中你的客户端地址(YOUR CLIENT ADDRESS)是 DHCP 服务器为 PC0 预分配的 IP 地址 192.1.1.6,

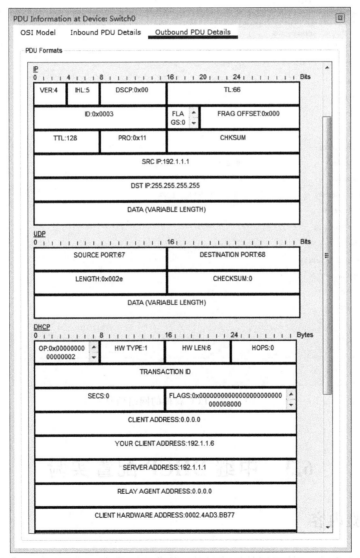

图 6.21 DHCP 服务器发送的 DHCP Offer 消息

第 6 章 应用层实验

服务器地址(SERVER ADDRESS)是 DHCP 服务器的 IP 地址 192.1.1.1。DHCP 服务器为 PC0 分配的其他网络信息通过附加的可选项给出。

DHCP Offer 消息封装成源端口号为 67、目的端口号为 68 的 UDP 报文，UDP 报文封装成源 IP 地址为 DHCP 服务器的 IP 地址 192.1.1.1、目的 IP 地址为 255.255.255.255 的 IP 分组。IP 分组封装成源 MAC 地址为 DHCP 服务器的 MAC 地址、目的 MAC 地址为全 1 的 MAC 帧，封装过程如图 6.21 所示。

（5）PC0 完成通过 DHCP 自动获得网络信息的过程后，由 DHCP 服务器配置如图 6.22 所示的网络信息。

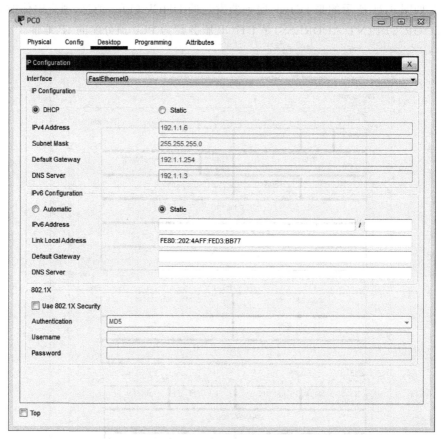

图 6.22　PC0 获得的网络信息

6.3　中继 DHCP 配置实验

6.3.1　实验内容

构建如图 6.23 所示的互连的网络结构，完成 DHCP 服务器配置，使得连接在不同网络上的终端可以通过同一个 DHCP 服务器自动获得网络信息。

中继 DHCP 的工作过程与无中继 DHCP 的工作过程的区别在于，互连的网络中存在需要通过 DHCP 自动获得网络信息，但没有和 DHCP 服务器连接在同一个网络上的终端，如图 6.23 所示的终端 C 和终端 D。这些终端与 DHCP 服务器之间存在路由设备，因此，这些终端广播的 DHCP Discover 消息或 DHCP Request 消息需要经过该路由设备转发后才能到达 DHCP 服务器。转发 DHCP 消息的路由设备称为 DHCP 中继设备，也称为 DHCP 中继代理。

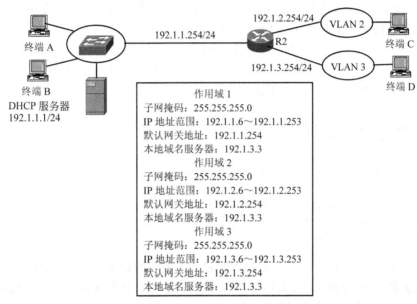

图 6.23　中继 DHCP 的工作过程

6.3.2　实验目的

(1) 验证中继 DHCP 的工作过程。
(2) 验证中继 DHCP 的工作过程下的 DHCP 服务器的配置过程。
(3) 验证路由器中继 DHCP 消息的过程。
(4) 验证中继后的 DHCP 消息的封装过程。
(5) 验证 DHCP 服务器根据 DHCP 消息中的中继代理地址匹配作用域的过程。

6.3.3　实验原理

实现如图 6.23 所示的中继 DHCP 的工作过程需要完成以下配置，一是 DHCP 服务器需要配置 3 个作用域，其中一个作用域的 IP 地址范围属于 DHCP 服务器连接的网络的网络地址，由于 DHCP 服务器的 IP 地址和子网掩码分别是 192.1.1.1 和 255.255.255.0，因此，DHCP 服务器连接的网络的网络地址为 192.1.1.0/24。其他两个作用域分别用

192.1.2.254 和 192.1.3.254 作为默认网关地址，这两个默认网关地址也是中继路由器分别连接 VLAN 2 和 VLAN 3 的接口的 IP 地址。二是路由器连接 VLAN 2 和 VLAN 3 的接口需要配置 DHCP 服务器的 IP 地址。完成上述配置过程后，终端 C 发送给 DHCP 服务器的 DHCP 消息经过两段传输路径，一段是终端 C 至路由器连接 VLAN 2 的接口。由于终端 C 发送的 DHCP 消息最终封装成目的地址为广播地址的 MAC 帧，因此，终端 C 发送的 DHCP 消息到达连接在 VLAN 2 上的所有终端和路由器接口。另一段是路由器至 DHCP 服务器。路由器通过连接 VLAN 2 的接口接收到终端 C 发送的 DHCP 消息后，将 DHCP 消息封装成以路由器连接 VLAN 2 的接口的 IP 地址为源 IP 地址、以 DHCP 服务器的 IP 地址为目的 IP 地址的 IP 分组，该 IP 分组经过 IP 传输路径到达 DHCP 服务器。路由器将终端 C 发送的 DHCP 消息转发给 DHCP 服务器时，将连接 VLAN 2 的接口的 IP 地址作为 DHCP 消息中的中继代理地址，DHCP 服务器根据 DHCP 消息中的中继代理地址匹配作用域。

6.3.4 关键命令说明

以下命令序列用于在逻辑接口中配置 DHCP 服务器的 IP 地址。

```
Router(config)#interface FastEthernet0/1.1
Router(config-subif)#ip helper-address 192.1.1.1
Router(config-subif)#exit
```

ip helper-address 192.1.1.1 是接口配置模式下使用的命令，该命令的作用：一是配置 DHCP 服务器的 IP 地址 192.1.1.1，二是启动接口的 DHCP 中继功能。某个接口配置该命令后，如果通过该接口接收到源 IP 地址为 0.0.0.0、目的 IP 地址为 255.255.255.255，且净荷是源端口号为 68、目的端口号为 67 的 UDP 报文的 IP 分组，将该接口的 IP 地址作为该 UDP 报文封装的 DHCP 消息中的中继代理地址，同时将该 UDP 报文重新封装成源 IP 地址为该接口的 IP 地址、目的 IP 地址为 DHCP 服务器的 IP 地址的 IP 分组，通过正常的 IP 传输路径完成该 IP 分组路由器至 DHCP 服务器的传输过程。如果路由器接收到以该接口的 IP 地址为目的 IP 地址，且净荷是源端口号为 67、目的端口号为 68 的 UDP 报文的 IP 分组，将该 UDP 报文重新封装成以该接口的 IP 地址为源 IP 地址、以 32 位全 1 的受限广播地址为目的 IP 地址的 IP 分组，并通过该接口输出该 IP 分组。

6.3.5 实验步骤

(1) 根据如图 6.23 所示的互连的网络结构放置和连接设备，完成设备放置和连接后的逻辑工作区界面如图 6.24 所示。交换机 Switch1 中创建两个编号分别为 2 和 3 的 VLAN，将连接路由器的交换机端口 FastEthernet0/1 定义为被 VLAN 2 和 VLAN 3 共享的共享端口，将连接 PC2 的交换机端口 FastEthernet0/2 定义为属于 VLAN 2 的接入端口，将连接 PC3 的交换机端口 FastEthernet0/3 定义为属于 VLAN 3 的接入端口。

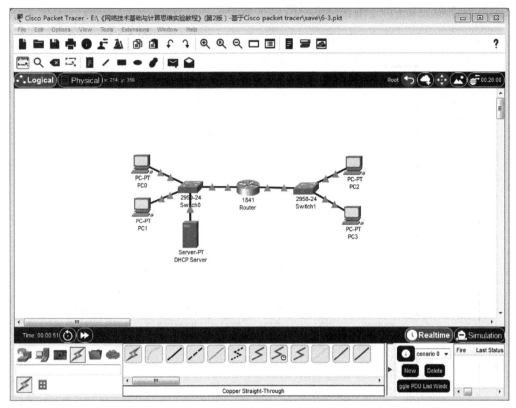

图 6.24 完成设备放置和连接后的逻辑工作区界面

(2) 完成路由器 Router 各接口的配置过程。路由器 Router 连接交换机 Switch1 的接口被划分为两个逻辑接口,这两个逻辑接口分别绑定 VLAN 2 和 VLAN 3。完成两个逻辑接口 IP 地址和子网掩码的配置过程,同时在接口配置模式下完成 DHCP 服务器 IP 地址的配置过程。完成两个逻辑接口的配置过程后,路由器 Router 的路由表如图 6.25 所示。

Type	Network	Port	Next Hop IP	Metric
C	192.1.1.0/24	FastEthernet0/0	—	0/0
C	192.1.2.0/24	FastEthernet0/1.1	—	0/0
C	192.1.3.0/24	FastEthernet0/1.2	—	0/0

图 6.25 路由器 Router 的路由表

(3) 完成 DHCP 服务器的配置过程,分别对应由交换机 Switch0 构成的以太网和 VLAN 2、VLAN 3 定义 3 个作用域,VLAN 2、VLAN 3 对应的作用域将路由器 Router 连接 VLAN 2 和 VLAN 3 的逻辑接口的 IP 地址作为默认网关地址,对于由交换机 Switch0 构成的以太网对应的作用域,IP 地址范围必须属于为该以太网分配的网络地址。

DHCP 服务器中定义的 3 个作用域如图 6.26 所示。

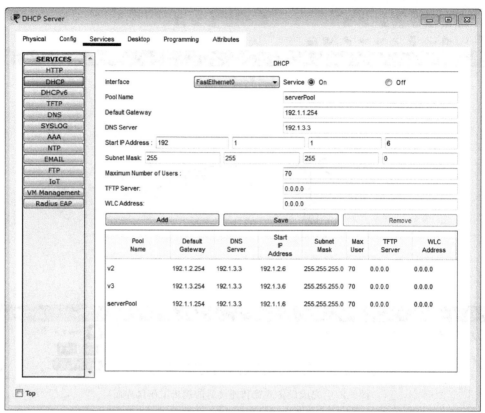

图 6.26　DHCP 服务器中定义的 3 个作用域

（4）启动 PC2 通过 DHCP 自动获取网络信息的过程。PC2 发送的 DHCP Discover 消息封装成源端口号为 68、目的端口号为 67 的 UDP 报文，该 UDP 报文封装成源 IP 地址为 0.0.0.0、目的 IP 地址为 255.255.255.255 的 IP 分组。该 IP 分组封装成源 MAC 地址为 PC2 的 MAC 地址、目的 MAC 地址为全 1 的 MAC 帧，封装过程如图 6.27 所示。当路由器 Router 连接 VLAN 2 的接口接收到该 DHCP Discover 消息时，将路由器 Router 连接 VLAN 2 的接口的 IP 地址作为该 DHCP Discover 消息的中继代理地址（RELAY AGENT ADDRESS），该 DHCP Discover 消息封装成源端口号为 68、目的端口号为 67 的 UDP 报文。将该 UDP 报文封装成源 IP 地址为路由器 Router 连接 VLAN 2 的接口的 IP 地址 192.1.2.254、目的 IP 地址为 DHCP 服务器的 IP 地址 192.1.1.1 的 IP 分组。将该 IP 分组封装成源 MAC 地址为路由器连接 Switch0 的接口的 MAC 地址、目的 MAC 地址为 DHCP 服务器以太网接口的 MAC 地址的 MAC 帧，封装过程如图 6.28 所示。

（5）DHCP 服务器接收到该 DHCP Discover 消息后，检索默认网关地址与该 DHCP Discover 消息的中继代理地址相同的作用域，在该作用域定义的 IP 地址范围中选择一个未分配的 IP 地址 192.1.2.6 作为预分配给 PC2 的 IP 地址。构建 DHCP Offer 消息，将该 DHCP Offer 消息封装成源端口号为 67、目的端口号为 68 的 UDP 报文。将该 UDP 报文

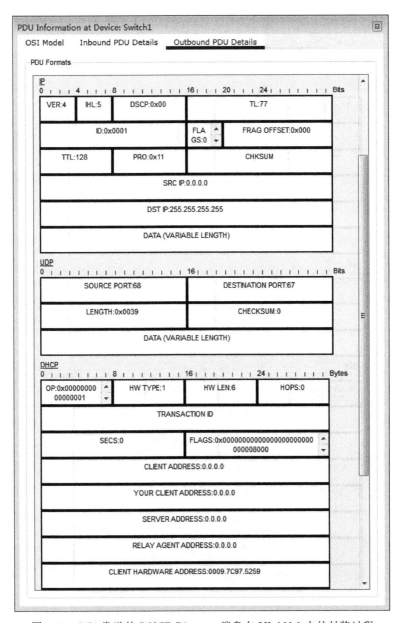

图 6.27　PC2 发送的 DHCP Discover 消息在 VLAN 2 内的封装过程

封装成源 IP 地址为 DHCP 服务器的 IP 地址 192.1.1.1、目的 IP 地址为路由器 Router 连接 VLAN 2 的接口的 IP 地址 192.1.2.254 的 IP 分组。将该 IP 分组封装成源 MAC 地址为 DHCP 服务器以太网接口的 MAC 地址、目的 MAC 地址为路由器连接 Switch0 的接口的 MAC 地址的 MAC 帧,封装过程如图 6.29 所示。由于该 IP 分组的目的 IP 地址等于路由器 Router 连接 VLAN 2 的接口的 IP 地址,路由器 Router 重新将封装该 DHCP Offer 消息的 UDP 报文封装成源 IP 地址为路由器 Router 连接 VLAN 2 的接口的 IP 地址、目的 IP 地址为 32 位全 1 的受限广播地址的 IP 分组,将该 IP 分组封装成以路由器

第 6 章　应用层实验

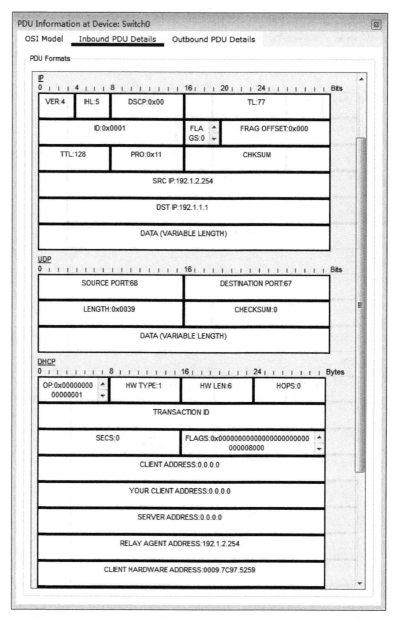

图 6.28　PC2 发送的 DHCP Discover 消息在以太网内的封装过程

Router 连接 Switch1 的接口的 MAC 地址为源 MAC 地址、以广播地址为目的 MAC 地址的 MAC 帧，封装过程如图 6.30 所示。

（6）PC2 和 PC3 通过 DHCP 自动获取的网络信息分别如图 6.31 和图 6.32 所示，PC2 的网络信息来自默认网关地址等于路由器 Router 连接 VLAN 2 的逻辑接口的 IP 地址的作用域。PC3 的网络信息来自默认网关地址等于路由器 Router 连接 VLAN 3 的逻辑接口的 IP 地址的作用域。

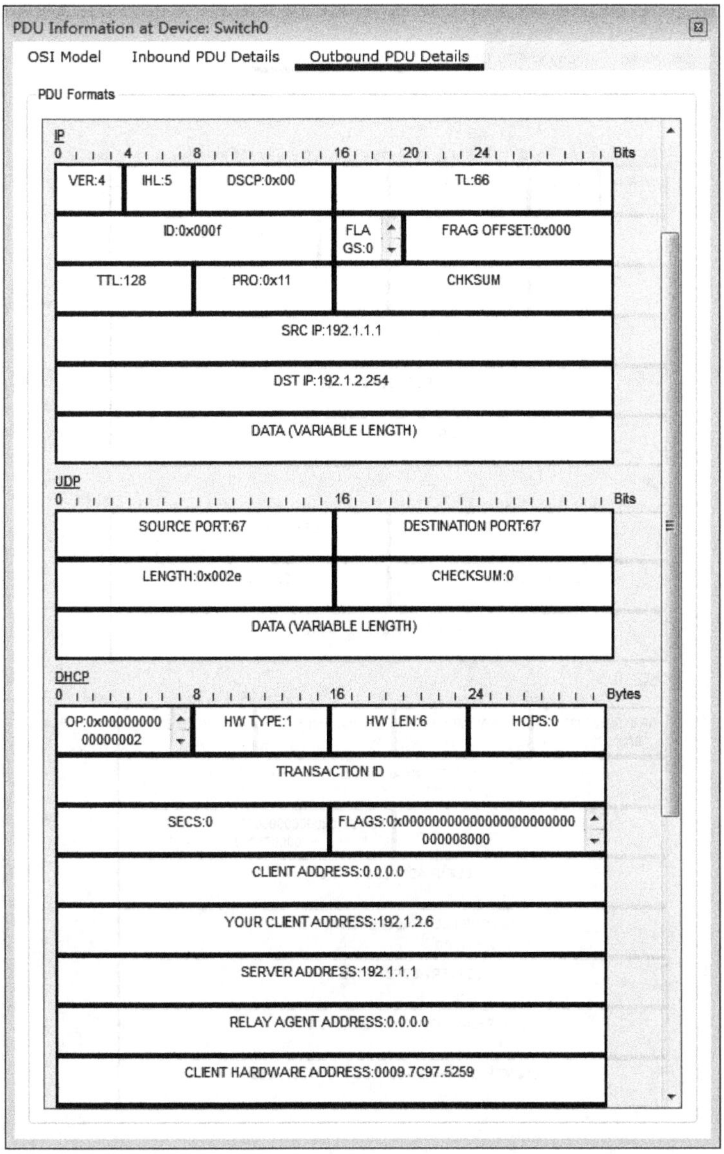

图 6.29 DHCP 服务器发送的 DHCP Offer 消息在以太网内的封装过程

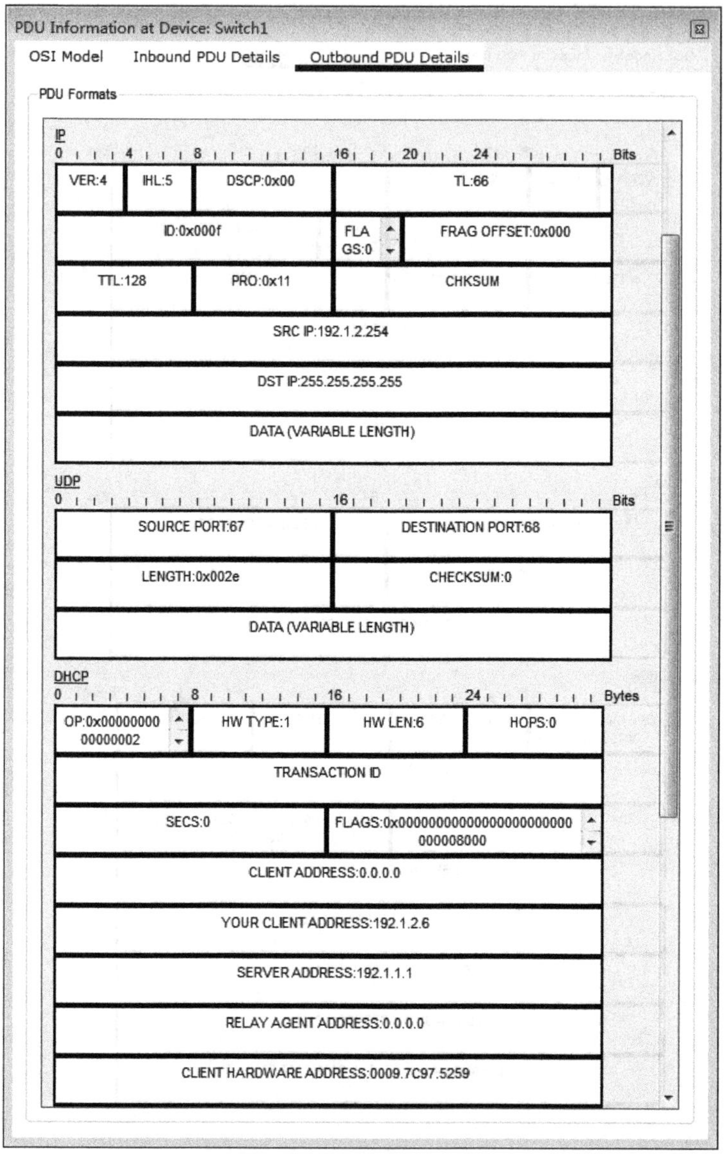

图 6.30　DHCP 服务器发送的 DHCP Offer 消息在 VLAN 2 内的封装过程

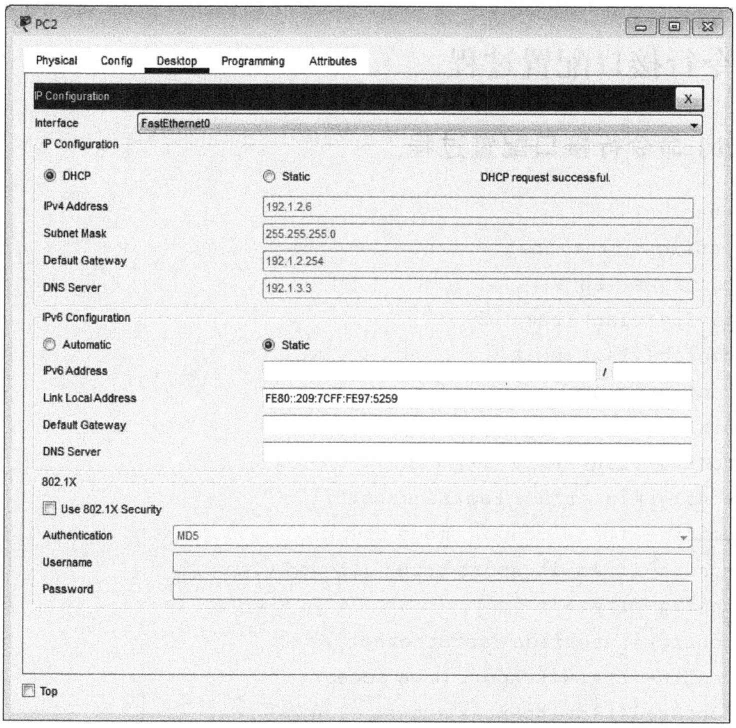

图 6.31　PC2 通过 DHCP 自动获取的网络信息

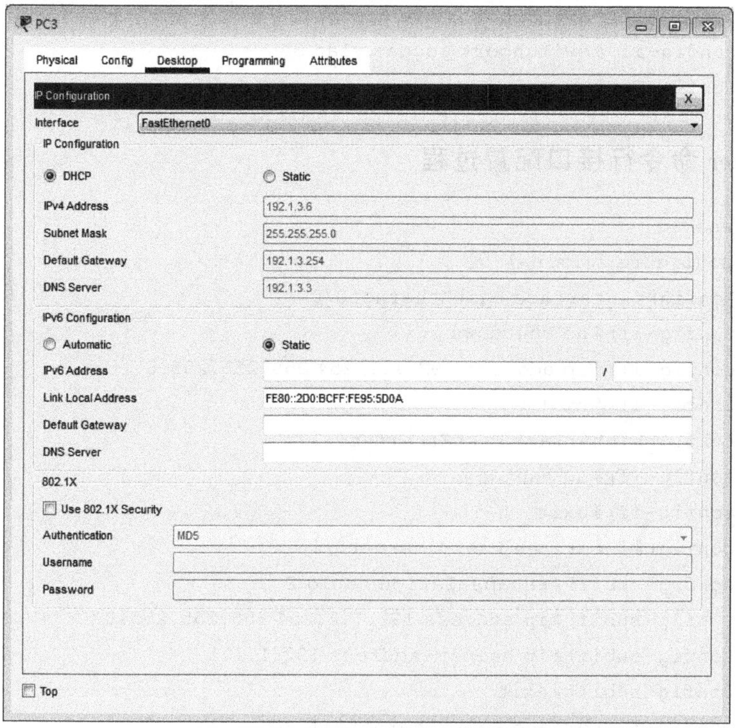

图 6.32　PC3 通过 DHCP 自动获取的网络信息

第 6 章　应用层实验

6.3.6 命令行接口配置过程

1. Switch1 命令行接口配置过程

```
Switch>enable
Switch#configure terminal
Switch(config)#vlan 2
Switch(config-vlan)#name v2
Switch(config-vlan)#exit
Switch(config)#vlan 3
Switch(config-vlan)#name v3
Switch(config-vlan)#exit
Switch(config)#interface FastEthernet0/1
Switch(config-if)#switchport mode trunk
Switch(config-if)#switchport trunk allowed vlan 2,3
Switch(config-if)#exit
Switch(config)#interface FastEthernet0/2
Switch(config-if)#switchport mode access
Switch(config-if)#switchport access vlan 2
Switch(config-if)#exit
Switch(config)#interface FastEthernet0/3
Switch(config-if)#switchport mode access
Switch(config-if)#switchport access vlan 3
Switch(config-if)#exit
```

2. Router 命令行接口配置过程

```
Router>enable
Router#configure terminal
Router(config)#interface FastEthernet0/0
Router(config-if)#no shutdown
Router(config-if)#ip address 192.1.1.254 255.255.255.0
Router(config-if)#exit
Router(config)#interface FastEthernet0/1
Router(config-if)#no shutdown
Router(config-if)#exit
Router(config)#interface FastEthernet0/1.1
Router(config-subif)#encapsulation dot1q 2
Router(config-subif)#ip address 192.1.2.254 255.255.255.0
Router(config-subif)#ip helper-address 192.1.1.1
Router(config-subif)#exit
Router(config)#interface FastEthernet0/1.2
Router(config-subif)#encapsulation dot1q 3
```

```
Router(config-subif)#ip address 192.1.3.254 255.255.255.0
Router(config-subif)#ip helper-address 192.1.1.1
Router(config-subif)#exit
```

3. 命令列表

路由器命令行接口配置过程中使用的命令及其功能和参数说明如表 6.1 所示。

表 6.1　命令及其功能和参数说明列表

命　　令	功能和参数说明
ip helper-address *address*	一是配置 DHCP 服务器的 IP 地址，二是启动接口的 DHCP 中继功能。参数 *address* 给出 DHCP 服务器的 IP 地址

6.4　路由器承担 DHCP 服务器功能配置实验

6.4.1　实验内容

构建如图 6.33 所示的互连的网络结构，完成路由器的 DHCP 服务器功能配置，使得各终端能够通过 DHCP 自动获得网络信息。

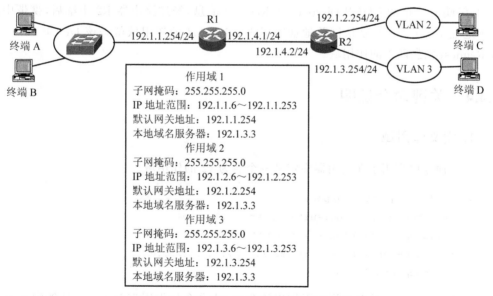

图 6.33　路由器作为 DHCP 服务器的过程

图 6.33 所示的互连的网络结构改由路由器承担 DHCP 服务器的功能。因此，需要在路由器中定义 3 个作用域，每一个作用域作用于一个网络，通过默认网关地址建立作用域与该作用域作用的网络之间的关联，如默认网关地址为 192.1.2.254 的作用域，由于 IP

地址 192.1.2.254 是路由器连接 VLAN 2 的逻辑接口的 IP 地址，因此，默认网关地址为 192.1.2.254 的作用域所作用的网络是 VLAN 2。

6.4.2　实验目的

（1）验证路由器承担 DHCP 服务器功能的配置过程。
（2）验证用默认网关地址建立作用域与作用域作用的网络之间关联的过程。
（3）验证终端通过 DHCP 自动获取网络信息的过程。

6.4.3　实验原理

在路由器 R1 中为每一个需要通过 DHCP 自动获取网络信息的网络定义作用域，路由器 R1 确定与 DHCP 消息匹配的作用域的方法有两种。一种用于没有携带中继代理地址的 DHCP 消息，路由器用默认网关地址等于接收该 DHCP 消息的路由器接口的 IP 地址的作用域作为与该 DHCP 消息匹配的作用域。如图 6.33 所示，当路由器通过 IP 地址为 192.1.1.254 的接口接收到终端 A 或终端 B 广播的 DHCP Discover 或 Request 消息时，默认网关地址等于 192.1.1.254 的作用域就是该 DHCP Discover 或 Request 消息匹配的作用域。另一种用于携带中继代理地址的 DHCP 消息，路由器用默认网关地址等于该 DHCP 消息携带的中继代理地址的作用域作为与该 DHCP 消息匹配的作用域。如图 6.33 所示，终端 C 广播的 DHCP Discover 或 Request 消息，经过路由器 R2 中继后，携带中继代理地址 192.1.2.254、默认网关地址等于 192.1.2.254 的作用域就是该 DHCP Discover 或 Request 消息匹配的作用域。

6.4.4　关键命令说明

1. 定义作用域

以下命令序列用于在路由器中定义一个名为 v2 的作用域。

```
Router(config)#ip dhcp pool v2
Router(dhcp-config)#default-router 192.1.2.254
Router(dhcp-config)#dns-server 192.1.3.3
Router(dhcp-config)#network 192.1.2.0 255.255.255.0
Router(dhcp-config)#exit
```

ip dhcp pool v2 是全局模式下使用的命令，该命令的作用有两个：一是创建名为 v2 的作用域，二是进入 DHCP 配置模式。在 DHCP 配置模式下完成该作用域相关网络信息的配置过程。

default-router 192.1.2.254 是 DHCP 配置模式下使用的命令，该命令的作用是将 192.1.2.254 作为该作用域的默认网关地址。如果该作用域作用于某个该路由器直接连接的网络,将路由器直接连接该网络的接口的 IP 地址作为该作用域的默认网关地址。如果该作用域作用于某个该路由器非直接连接的网络,中继路由器直接连接该网络的接口的 IP 地址作为该作用域的默认网关地址。名为 v2 的作用域是作用于 VLAN 2 的作用域,因此,中继路由器 R2 连接 VLAN 2 的逻辑接口的 IP 地址 192.1.2.254 作为该作用域的默认网关地址。

dns-server 192.1.3.3 是 DHCP 配置模式下使用的命令,该命令的作用是将 192.1.3.3 作为该作用域的本地域名服务器地址。

network 192.1.2.0 255.255.255.0 是 DHCP 配置模式下使用的命令,该命令的作用是将 IP 地址范围指定为网络地址 192.1.2.0/24 包含的 IP 地址范围,其中 192.1.2.0 是网络地址,255.255.255.0 是子网掩码。命令 network 指定的 IP 地址范围只能是某个网络地址包含的 IP 地址范围,当实际的 IP 地址范围与某个网络地址包含的 IP 地址范围不一致时,可以在全局模式下,通过命令"ip dhcp excluded-address"来调整 IP 地址范围。

2. 调整 IP 地址范围

以下命令序列用于在 IP 地址范围中剔除 IP 地址 192.1.1.1～192.1.1.5 和 192.1.1.254。

```
Router(config)#ip dhcp excluded-address 192.1.1.1 192.1.1.5
Router(config)#ip dhcp excluded-address 192.1.1.254
```

ip dhcp excluded-address 192.1.1.1 192.1.1.5 是全局模式下使用的命令,该命令的作用是在某个作用域定义的 IP 地址范围中去掉 IP 地址 192.1.1.1～192.1.1.5,即 IP 地址 192.1.1.1～192.1.1.5 不再包含在该作用域的 IP 地址范围内。

ip dhcp excluded-address 192.1.1.254 是全局模式下使用的命令,该命令的作用是在某个作用域定义的 IP 地址范围中去掉 IP 地址 192.1.1.254。

如果某个作用域要求的 IP 地址范围是 192.1.1.6～192.1.1.253,而 DHCP 配置模式下命令 network 192.1.1.0 255.255.255.0 定义的 IP 地址范围是 192.1.1.1～192.1.1.254,因此需要通过命令 ip dhcp excluded-address 192.1.1.1 192.1.1.5 和 ip dhcp excluded-address 192.1.1.254,在 IP 地址范围 192.1.1.1～192.1.1.254 中去掉 IP 地址 192.1.1.1～192.1.1.5 和 192.1.1.254。

6.4.5 实验步骤

(1) 根据如图 6.33 所示的互连的网络结构放置和连接设备,完成设备放置和连接后的逻辑工作区界面如图 6.34 所示。

(2) 在 Switch1 中创建两个编号分别为 2 和 3 的 VLAN,将 Switch1 中连接路由器的交换机端口 FastEthernet0/1 定义为被 VLAN 2 和 VLAN 3 共享的共享端口,将连接 PC2 的交换机端口 FastEthernet0/2 定义为属于 VLAN 2 的接入端口,将连接 PC3 的交换机端口 FastEthernet0/3 定义为属于 VLAN 3 的接入端口。

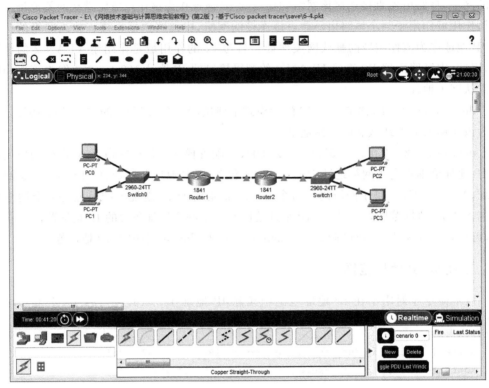

图 6.34　完成设备放置和连接后的逻辑工作区界面

（3）完成路由器 Router1 和 Router2 各接口的配置过程。路由器 Router2 连接交换机 Switch1 的接口被划分为两个逻辑接口，这两个逻辑接口分别绑定 VLAN 2 和 VLAN 3。完成路由器 Router1 和 Router2 的 RIP 配置过程，路由器 Router1 和 Router2 生成的完整路由表分别如图 6.35 和图 6.36 所示。

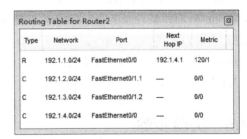

图 6.35　路由器 Router1 的路由表　　　　图 6.36　路由器 Router2 的路由表

（4）在路由器 Router1 中定义 3 个作用域，完成 3 个作用域中的网络信息配置过程。3 个作用域的网络信息如图 6.37 所示。

（5）启动 PC0、PC2 和 PC3 通过 DHCP 自动获取网络信息的过程。PC0、PC2 和 PC3 通过 DHCP 自动获取的网络信息分别如图 6.38～图 6.40 所示。

图 6.37　路由器 Router1 中定义的 3 个作用域

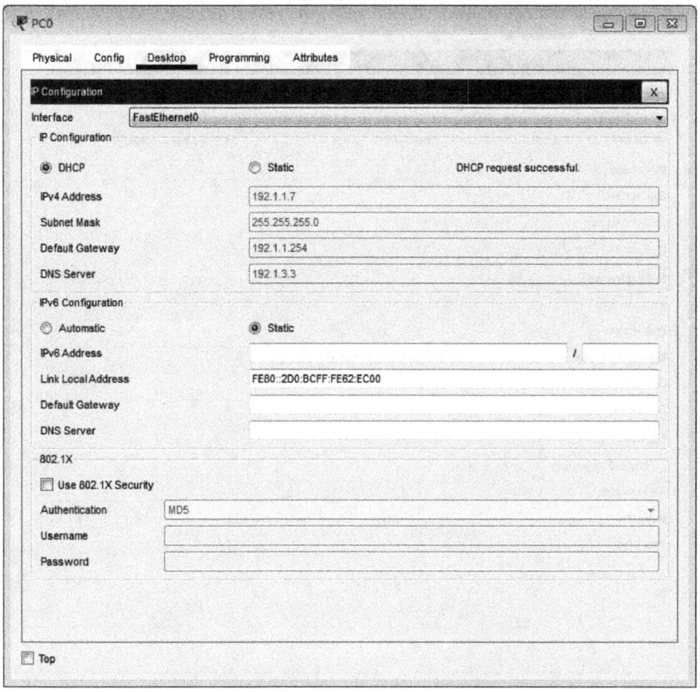

图 6.38　PC0 通过 DHCP 自动获取的网络信息

第 6 章　应用层实验

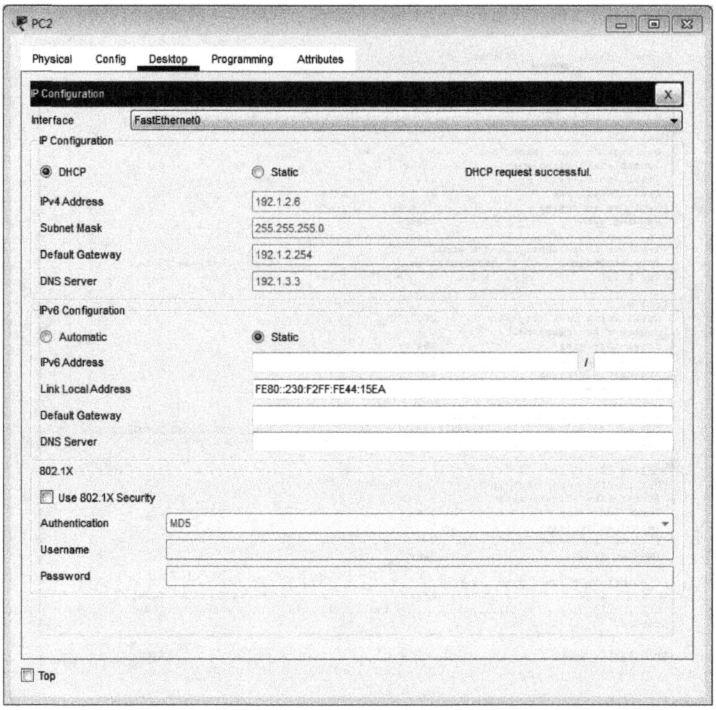

图 6.39　PC2 通过 DHCP 自动获取的网络信息

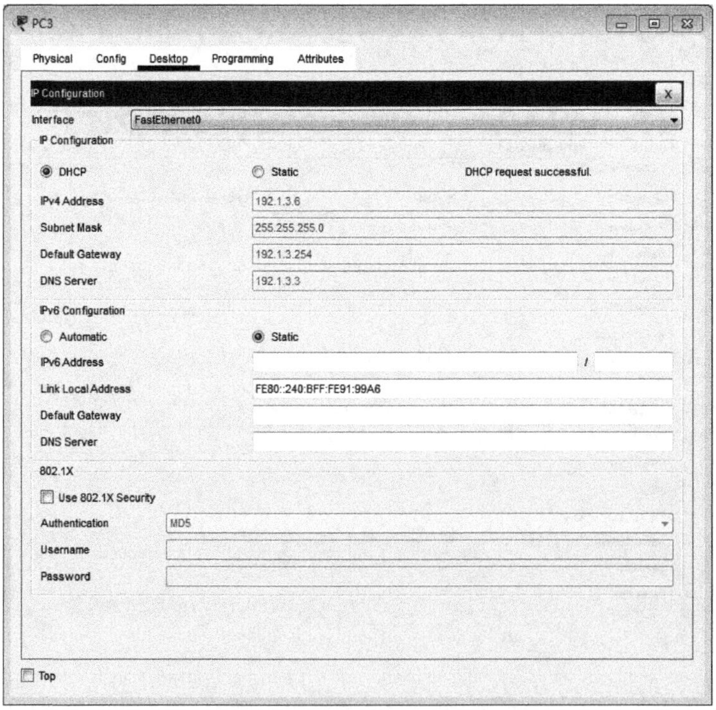

图 6.40　PC3 通过 DHCP 自动获取的网络信息

6.4.6 命令行接口配置过程

1. Router1 命令行接口配置过程

```
Router>enable
Router#configure terminal
Router(config)#interface FastEthernet0/0
Router(config-if)#no shutdown
Router(config-if)#ip address 192.1.1.254 255.255.255.0
Router(config-if)#exit
Router(config)#interface FastEthernet0/1
Router(config-if)#no shutdown
Router(config-if)#ip address 192.1.4.1 255.255.255.0
Router(config-if)#exit
Router(config)#router rip
Router(config-router)#network 192.1.1.0
Router(config-router)#network 192.1.4.0
Router(config-router)#exit
Router(config)#ip dhcp pool v1
Router(dhcp-config)#default-router 192.1.1.254
Router(dhcp-config)#dns-server 192.1.3.3
Router(dhcp-config)#network 192.1.1.0 255.255.255.0
Router(dhcp-config)#exit
Router(config)#ip dhcp pool v2
Router(dhcp-config)#default-router 192.1.2.254
Router(dhcp-config)#dns-server 192.1.3.3
Router(dhcp-config)#network 192.1.2.0 255.255.255.0
Router(dhcp-config)#exit
Router(config)#ip dhcp pool v3
Router(dhcp-config)#default-router 192.1.3.254
Router(dhcp-config)#dns-server 192.1.3.3
Router(dhcp-config)#network 192.1.3.0 255.255.255.0
Router(dhcp-config)#exit
Router(config)#ip dhcp excluded-address 192.1.1.1 192.1.1.5
Router(config)#ip dhcp excluded-address 192.1.1.254
Router(config)#ip dhcp excluded-address 192.1.2.1 192.1.2.5
Router(config)#ip dhcp excluded-address 192.1.2.254
Router(config)#ip dhcp excluded-address 192.1.3.1 192.1.3.5
Router(config)#ip dhcp excluded-address 192.1.3.254
```

2. Router2 命令行接口配置过程

```
Router>enable
Router#configure terminal
```

```
Router(config)#interface FastEthernet0/0
Router(config-if)#no shutdown
Router(config-if)#ip address 192.1.4.2 255.255.255.0
Router(config-if)#exit
Router(config)#interface FastEthernet0/1
Router(config-if)#no shutdown
Router(config-if)#exit
Router(config)#interface FastEthernet0/1.1
Router(config-subif)#encapsulation dot1q 2
Router(config-subif)#ip address 192.1.2.254 255.255.255.0
Router(config-subif)#exit
Router(config)#interface FastEthernet0/1.2
Router(config-subif)#encapsulation dot1q 3
Router(config-subif)#ip address 192.1.3.254 255.255.255.0
Router(config-subif)#exit
Router(config)#router rip
Router(config-router)#network 192.1.4.0
Router(config-router)#network 192.1.2.0
Router(config-router)#network 192.1.3.0
Router(config-router)#exit
Router(config)#interface FastEthernet0/1.1
Router(config-subif)#ip helper-address 192.1.4.1
Router(config-subif)#exit
Router(config)#interface FastEthernet0/1.2
Router(config-subif)#ip helper-address 192.1.4.1
Router(config-subif)#exit
```

Switch1 的命令行接口配置过程与 6.3 节相同。

3. 命令列表

路由器命令行接口配置过程中使用的命令及其功能和参数说明如表 6.2 所示。

表 6.2　命令及其功能和参数说明列表

命　　令	功能和参数说明
ip dhcp pool *name*	创建名字由参数 *name* 指定的作用域，并进入 DHCP 配置模式
default-router *address*	配置对应作用域中的默认网关地址，参数 *address* 是默认网关的 IP 地址
dns-server *address* [*address2* … *address8*]	配置对应作用域中的本地域名服务器地址，参数 *address* 是本地域名服务器的 IP 地址。最多可以配置 8 个域名服务器地址
network *network-number mask*	配置对应作用域中的 IP 地址范围，IP 地址范围是属于指定网络地址的全部可用 IP 地址。参数 *network-number* 是网络地址，参数 *mask* 是子网掩码
ip dhcp excluded-address *ip-address last-ip-address*	在 IP 地址范围中去掉 IP 地址 *ip-address*～*last-ip-address*，或者去掉 IP 地址 *ip-address*（不带参数 *last-ip-address* 的情况）

6.5 电子邮件系统配置实验

6.5.1 实验内容

构建如图 6.41 所示的电子邮件系统，分别在 E-mail 服务器 1 和 E-mail 服务器 2 上注册两个电子信箱 aaa@a.com 和 ccc@b.edu，终端 A 和终端 B 分别通过这两个电子信箱完成发送和接收邮件过程。

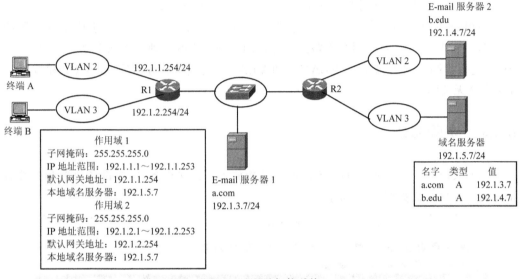

图 6.41 电子邮件系统

路由器 R1 实现 DHCP 服务器功能，终端 A 和终端 B 通过 DHCP 自动获取网络信息。E-mail 服务器 1 和 E-mail 服务器 2 的域名分别是 a.com 和 b.edu，需要通过域名系统完成域名解析过程。域名服务器中配置用于将域名 a.com 和 b.edu 解析成对应的 IP 地址的资源记录。

6.5.2 实验目的

（1）验证邮件服务器的配置过程。
（2）验证终端通过电子信箱发送和接收邮件的过程。
（3）验证 DHCP 和 DNS 与 SMTP 和 POP3 的相互作用过程。
（4）验证 DHCP 服务器、DNS 服务器和电子邮件服务器之间的相互关系。

6.5.3 实验原理

如图 6.41 所示,路由器 R1 实现 DHCP 服务器功能,分别定义对应 VLAN 2 和 VLAN 3 的两个作用域,两个作用域中的默认网关地址分别是路由器 R1 连接 VLAN 2 和 VLAN 3 的接口的 IP 地址。本地域名服务器地址是图中域名服务器的 IP 地址。由于两个邮件服务器分别取名 a.com 和 b.edu,因此,域名服务器中用两条 A 类型的资源记录建立域名 a.com 和 b.edu 与这两个邮件服务器的 IP 地址之间的关联。为了验证邮件通信过程,在域名为 a.com 的邮件服务器中注册信箱 aaa@a.com,在域名为 b.edu 的邮件服务器中注册信箱 ccc@b.edu,终端 A 和终端 B 分别可以通过这两个信箱发送和接收邮件。

值得强调的是,连接终端 A 和终端 B 的 VLAN 2 和 VLAN 3 与连接服务器的 VLAN 2 和 VLAN 3 是在两个由路由器分隔的完全独立的物理以太网上创建的 VLAN,因此,连接终端 A 和终端 B 的 VLAN 2 和 VLAN 3 与连接服务器的 VLAN 2 和 VLAN 3 是完全无关的。

6.5.4 实验步骤

(1) 根据如图 6.41 所示的互连的网络结构放置和连接设备,完成设备放置和连接后的逻辑工作区界面如图 6.42 所示。

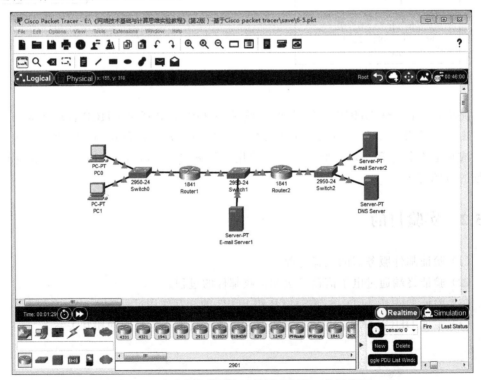

图 6.42 完成设备放置和连接后的逻辑工作区界面

(2) 分别在 Switch0 和 Switch2 上创建 VLAN 2 和 VLAN 3，将 Switch0 中连接路由器 Router1 的交换机端口 FastEthernet0/1 定义为被 VLAN 2 和 VLAN 3 共享的共享端口，将连接 PC0 的交换机端口 FastEthernet0/2 定义为属于 VLAN 2 的接入端口，将连接 PC1 的交换机端口 FastEthernet0/3 定义为属于 VLAN 3 的接入端口。将 Switch2 中连接路由器 Router2 的交换机端口 FastEthernet0/1 定义为被 VLAN 2 和 VLAN 3 共享的共享端口，将连接 E-mail Server2 的交换机端口 FastEthernet0/2 定义为属于 VLAN 2 的接入端口，将连接 DNS Server 的交换机端口 FastEthernet0/3 定义为属于 VLAN 3 的接入端口。

(3) 完成路由器 Router1 和 Router2 各接口的配置过程。完成路由器 Router1 和 Router2 的 RIP 配置过程。完成上述配置过程后，路由器 Router1 和 Router2 的路由表分别如图 6.43 和图 6.44 所示。

Routing Table for Router1

Type	Network	Port	Next Hop IP	Metric
C	192.1.1.0/24	FastEthernet0/0.1	---	0/0
C	192.1.2.0/24	FastEthernet0/0.2	---	0/0
C	192.1.3.0/24	FastEthernet0/1	---	0/0
R	192.1.4.0/24	FastEthernet0/1	192.1.3.253	120/1
R	192.1.5.0/24	FastEthernet0/1	192.1.3.253	120/1

图 6.43　路由器 Router1 的路由表

Routing Table for Router2

Type	Network	Port	Next Hop IP	Metric
R	192.1.1.0/24	FastEthernet0/0	192.1.3.254	120/1
R	192.1.2.0/24	FastEthernet0/0	192.1.3.254	120/1
C	192.1.3.0/24	FastEthernet0/0	---	0/0
C	192.1.4.0/24	FastEthernet0/1.1	---	0/0
C	192.1.5.0/24	FastEthernet0/1.2	---	0/0

图 6.44　路由器 Router2 的路由表

(4) 在路由器 Router1 上分别定义对应 VLAN 2 和 VLAN 3 的两个作用域，完成每一个作用域中的网络信息配置过程。路由器 Router1 中定义的两个作用域如图 6.45 所示。PC0 通过 DHCP 自动获取的网络信息如图 6.46 所示。

(5) 完成各服务器网络信息配置过程。为了固定服务器的 IP 地址，采用静态配置服务器网络信息的方式，E-mail Server1 静态配置的网络信息如图 6.47 所示。

(6) 完成 E-mail Server 配置过程。单击 E-mail Server1，选择服务(Services)配置选项，在左边的服务(SERVICES)栏中选择 EMAIL 后，出现如图 6.48 所示的邮件服务器的配置界面。分别在 SMTP 服务(SMTP Service)和 POP3 服务(POP3 Service)一栏中选

图 6.45　路由器 Router1 中定义的两个作用域

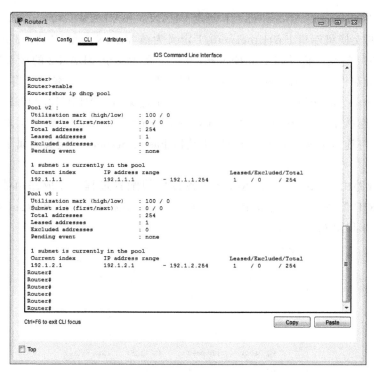

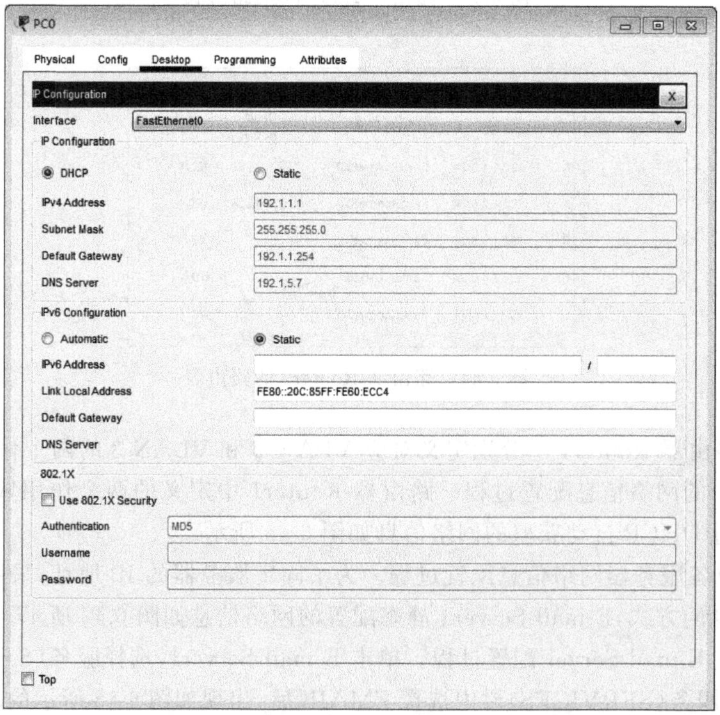

图 6.46　PC0 通过 DHCP 自动获取的网络信息

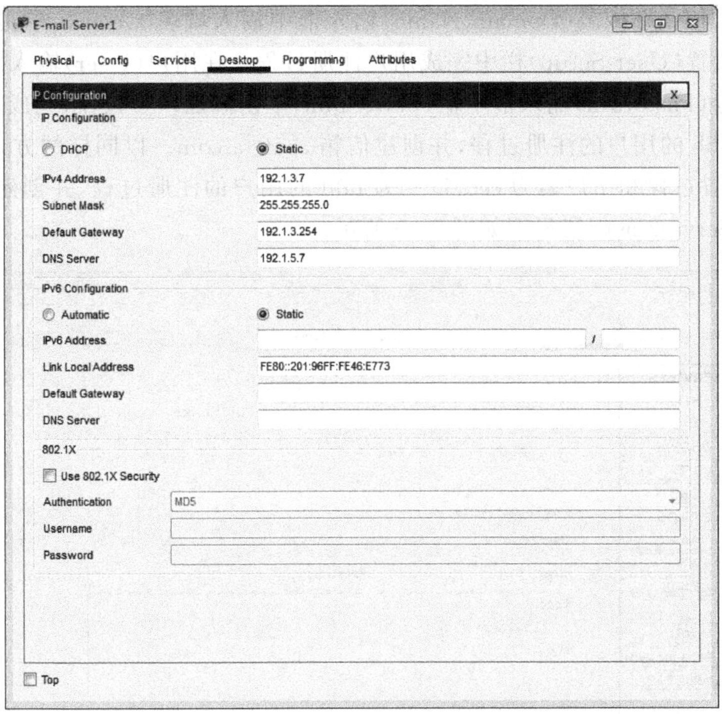

图 6.47 E-mail Server1 静态配置的网络信息

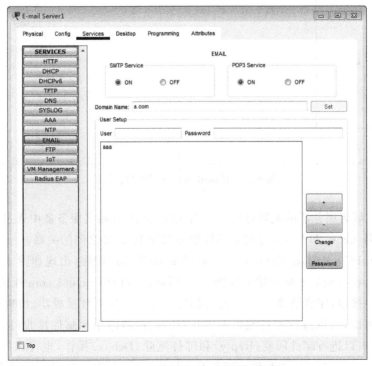

图 6.48 E-mail Server1 的配置界面

中 ON 单选按钮。在域名(Domain Name)输入框中输入域名 a.com。单击设置(Set)按钮。在用户设置(User Setup)栏中完成用户注册过程。在用户(User)输入框中输入用户名 aaa,在口令(Password)输入框中输入口令 bbb,单击添加(+)按钮,完成一个用户名为 aaa、口令为 bbb 的用户的注册过程,并创建信箱 aaa@a.com。以同样的方式完成 E-mail Server2 的配置过程和用户名为 ccc、口令为 ddd 的用户的注册过程,并创建信箱 ccc@b.edu,E-mail Server2 的配置界面如图 6.49 所示。

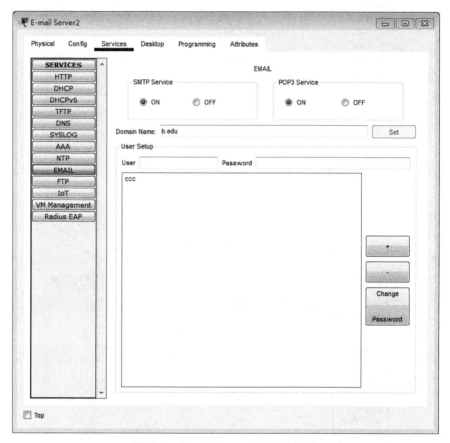

图 6.49 E-mail Server2 的配置界面

(7) 完成域名服务器的配置过程。如图 6.50 所示,在域名服务器中通过 A 类型资源记录建立域名 a.com 和 b.edu 与两个邮件服务器的 IP 地址之间的关联。

(8) 单击 PC0,选择桌面(Desktop),启动 E-mail 实用程序,出现如图 6.51 所示的信箱登录界面。在对应输入框中输入如图 6.51 所示的与信箱 aaa@a.com 相关的信息。单击保存(Save)按钮,完成信箱 aaa@a.com 的登录过程。如果登录成功,出现信箱 aaa@a.com 的操作界面,可以进行邮件编辑和发送(Compose)操作和邮件接收(Receive)操作,选中邮件后,可以进行邮件回复(Reply)和邮件删除(Delete)操作,也可以回到信箱登录界面(Configure mail)。选择邮件编辑和发送操作,出现如图 6.52 所示的邮件编辑界面,收件人(To)输入框中输入接收信箱地址,如 ccc@b.edu。主题(Subject)输入框中输入邮

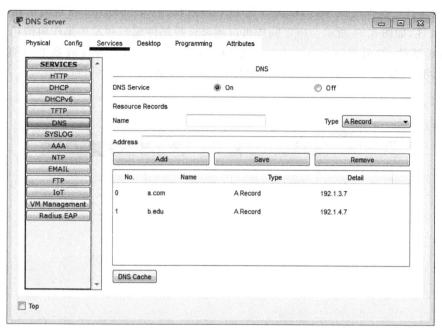

图 6.50 域名服务器的配置界面

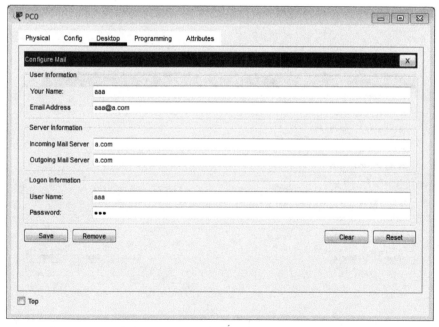

图 6.51 PC0 登录信箱 aaa@a.com 的界面

件主题。在邮件内容编辑框中输入邮件内容。完成邮件编辑过程后,单击发送按钮(Send),完成邮件发送过程。在 PC1 中完成信箱 ccc@b.edu 的登录过程,登录过程中输入的与信箱 ccc@b.edu 相关的信息,如图 6.53 所示。完成登录过程,进入信箱操作过程

第 6 章 应用层实验

界面后,选择接收邮件操作,可以接收到 PC0 通过信箱 aaa@a.com 发送给信箱 ccc@b.edu 的邮件,如图 6.54 所示。PC1 同样可以通过选择邮件编辑和发送操作向信箱 aaa@a.com 发送邮件,如图 6.55 所示。PC0 可以通过选择接收邮件操作接收到 PC1 通过信箱 ccc@b.edu 发送给信箱 aaa@a.com 的邮件,如图 6.56 所示。

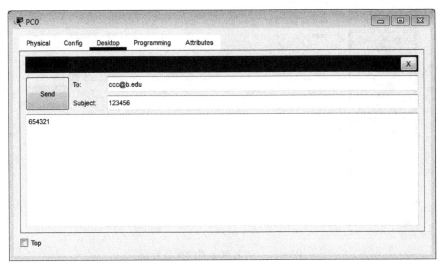

图 6.52　PC0 邮件编辑界面

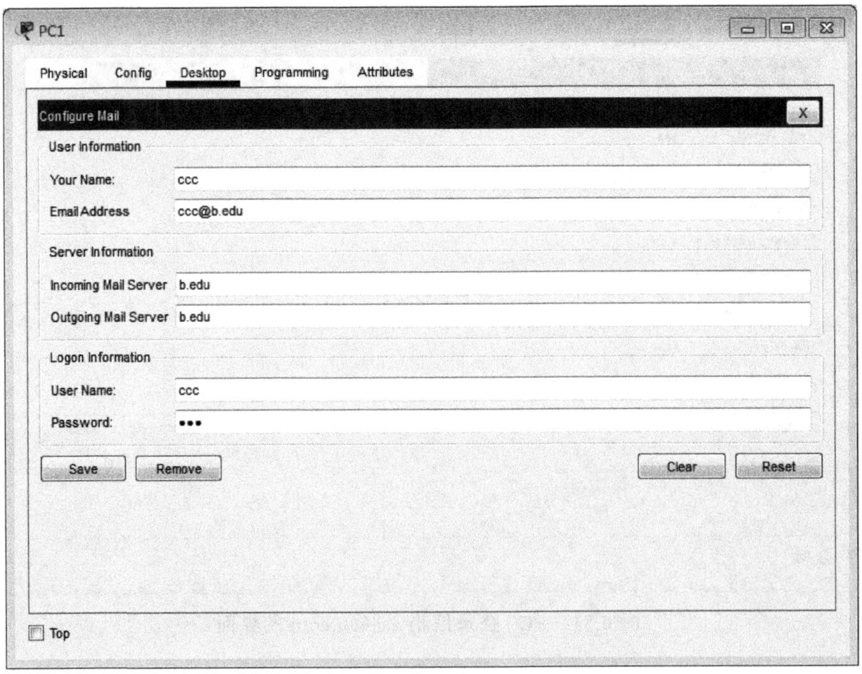

图 6.53　PC1 登录信箱 ccc@b.edu 的界面

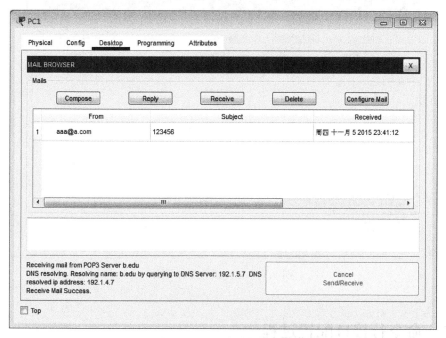

图 6.54　PC1 接收邮件界面

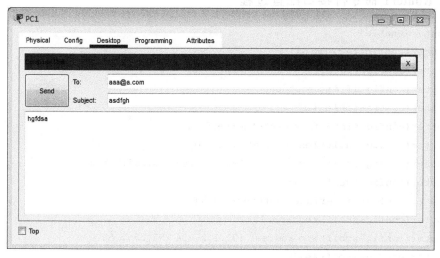

图 6.55　PC1 发送邮件界面

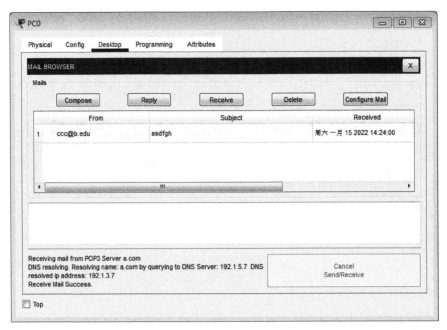

图 6.56　PC0 接收邮件界面

6.5.5　命令行接口配置过程

1. Router1 命令行接口配置过程

```
Router>enable
Router#configure terminal
Router(config)#interface FastEthernet0/0
Router(config-if)#no shutdown
Router(config-if)#exit
Router(config)#interface FastEthernet0/0.1
Router(config-subif)#encapsulation dot1q 2
Router(config-subif)#ip address 192.1.1.254 255.255.255.0
Router(config-subif)#exit
Router(config)#interface FastEthernet0/0.2
Router(config-subif)#encapsulation dot1q 3
Router(config-subif)#ip address 192.1.2.254 255.255.255.0
Router(config-subif)#exit
Router(config)#interface FastEthernet0/1
Router(config-if)#no shutdown
Router(config-if)#ip address 192.1.3.254 255.255.255.0
Router(config-if)#exit
Router(config)#ip dhcp pool v2
```

```
Router(dhcp-config)#default-router 192.1.1.254
Router(dhcp-config)#dns-server 192.1.5.7
Router(dhcp-config)#network 192.1.1.0 255.255.255.0
Router(dhcp-config)#exit
Router(config)#ip dhcp pool v3
Router(dhcp-config)#default-router 192.1.2.254
Router(dhcp-config)#dns-server 192.1.5.7
Router(dhcp-config)#network 192.1.2.0 255.255.255.0
Router(dhcp-config)#exit
Router(config)#router rip
Router(config-router)#network 192.1.1.0
Router(config-router)#network 192.1.2.0
Router(config-router)#network 192.1.3.0
Router(config-router)#exit
```

2. Router2 命令行接口配置过程

```
Router>enable
Router#configure terminal
Router(config)#interface FastEthernet0/0
Router(config-if)#no shutdown
Router(config-if)#ip address 192.1.3.253 255.255.255.0
Router(config-if)#exit
Router(config)#interface FastEthernet0/1
Router(config-if)#no shutdown
Router(config-if)#exit
Router(config)#interface FastEthernet0/1.1
Router(config-subif)#encapsulation dot1q 2
Router(config-subif)#ip address 192.1.4.254 255.255.255.0
Router(config-subif)#exit
Router(config)#interface FastEthernet0/1.2
Router(config-subif)#encapsulation dot1q 3
Router(config-subif)#ip address 192.1.5.254 255.255.255.0
Router(config-subif)#exit
Router(config)#router rip
Router(config-router)#network 192.1.3.0
Router(config-router)#network 192.1.4.0
Router(config-router)#network 192.1.5.0
Router(config-router)#exit
```

Switch0 和 Switch2 的命令行接口配置过程与 6.3 节的 Switch1 命令行接口配置过程相同。

6.6 控制台端口设备配置实验

Cisco Packet Tracer 通过单击某个网络设备启动配置界面,在配置界面中选择图形接口(Config),或命令行接口(CLI)开始网络设备的配置过程,但实际网络设备的配置过程与此不同。目前存在多种配置实际网络设备的方式,主要有控制台端口配置方式、Telnet 配置方式、Web 界面配置方式、SNMP 配置方式和配置文件加载方式等。Cisco Packet Tracer 支持除 Web 界面配置方式以外的其他所有配置方式。

6.6.1 实验内容

交换机和路由器出厂时,只有默认配置,如果需要对刚购买的交换机和路由器进行配置,最直接的配置方式是采用如图 6.57 所示的控制台端口配置方式,用串行口连接线互连 PC 的 RS-232 串行口和网络设备的控制台(Consol)端口,启动 PC 的超级终端程序,完成超级终端程序相关参数的配置过程,按回车键进入网络设备的命令行接口配置界面。

(a) 路由器配置方式　　　　　　　　(b) 交换机配置方式

图 6.57　控制台端口配置方式

6.6.2 实验目的

(1) 验证真实设备的初始配置过程。
(2) 验证超级终端程序相关参数的配置过程。
(3) 验证通过超级终端程序进入设备命令行接口配置过程的步骤。

6.6.3 实验原理

完成如图 6.57 所示的连接过程后,一旦启动 PC 的超级终端程序,PC 成为路由器或交换机的终端,用于输入命令、显示命令执行结果。

6.6.4 实验步骤

(1) 在逻辑工作区中放置终端和网络设备,用串行口连接线(Consol)互连终端的 RS-232 端口和网络设备的控制台端口(Console)。完成设备放置和连接后的逻辑工作区界面如图 6.58 所示。

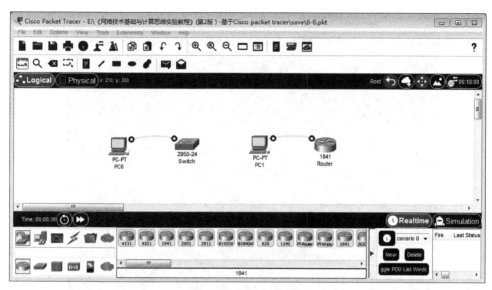

图 6.58　完成设备放置和连接后的逻辑工作区界面

（2）单击终端 PC0，启动终端的配置界面，选择桌面（Desktop）选项卡，选择超级终端（Terminal）程序，弹出如图 6.59 所示的 PC0 超级终端程序配置界面，单击 OK 按钮，进入图 6.60 所示的交换机 Switch 的命令行接口配置界面。PC1 可以用同样的方式进入路由器 Router 的命令行接口配置界面。通过命令行接口配置界面完成对网络设备的初始配置过程。

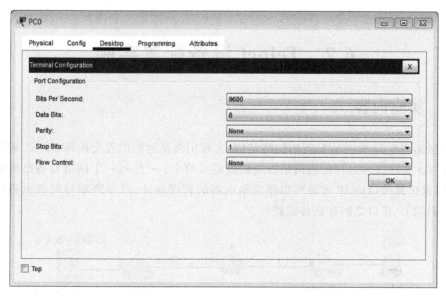

图 6.59　PC0 超级终端程序配置界面

第 6 章　应用层实验

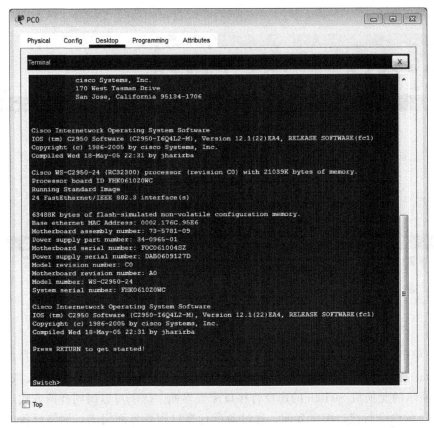

图 6.60　通过超级终端程序进入的交换机命令行接口配置界面

6.7　Telnet 设备配置实验

6.7.1　实验内容

构建如图 6.61 所示的互连的网络结构,实现用终端远程配置交换机 S1、S2 和路由器 R 的过程。实现终端远程配置网络设备的前提有两个:一是每一个网络设备已经定义管理地址,路由器接口的 IP 地址可以作为路由器的管理地址;二是终端与网络设备管理地址所标识的 IP 接口之间存在传输路径。

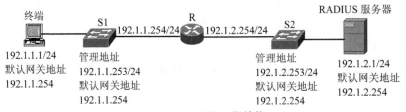

图 6.61　互连的网络结构

6.7.2 实验目的

（1）验证定义交换机管理地址的过程。
（2）验证交换机默认网关地址配置过程。
（3）验证网络设备鉴别用户身份的机制。
（4）验证配置网络设备 Telnet 相关参数的过程。
（5）验证网络设备远程配置过程。

6.7.3 实验原理

实现终端远程配置网络设备的前提是，建立终端与远程设备管理地址所标识的 IP 接口之间的传输路径。对于如图 6.61 所示的交换机 S1，如果交换机 S1 连接终端的交换机端口属于默认 VLAN——VLAN 1，则管理地址应该是 VLAN 1 对应的 IP 接口的 IP 地址，否则，终端与管理地址所标识的 IP 接口之间无法建立传输路径。对于交换机 S2，如果交换机 S2 连接路由器 R 的交换机端口属于默认 VLAN——VLAN 1，则管理地址应该是 VLAN 1 对应的 IP 接口的 IP 地址，且以路由器 R 连接交换机 S2 的接口的 IP 地址为默认网关地址。同样，终端和路由器接口之间也必须存在传输路径。

6.7.4 关键命令说明

1. 交换机管理地址和默认网关地址配置过程

为二层交换机某个 VLAN 对应的 IP 接口配置的 IP 地址是交换机的管理地址，二层交换机的 IP 接口之间不能转发 IP 分组。以下命令序列用于为交换机配置管理地址和该管理地址对应的默认网关地址。

```
Switch(config)#interface vlan 1
Switch(config-if)#no shutdown
Switch(config-if)#ip address 192.1.1.253 255.255.255.0
Switch(config-if)#exit
Switch(config)#ip default-gateway 192.1.1.254
```

interface vlan 1 是全局模式下使用的命令，该命令的作用是定义 VLAN 1 对应的 IP 接口，并进入该 IP 接口的配置模式，交换机执行该命令后，进入接口配置模式。在接口配置模式下，可以为该 IP 接口配置 IP 地址和子网掩码。

no shutdown 是接口配置模式下使用的命令，该命令的作用是开启 VLAN 1 对应的 IP 接口，默认状态下，该 IP 接口是关闭的。如果某个 IP 接口是关闭的，则不能对该 IP 接口进行访问。

ip address 192.1.1.253 255.255.255.0 是接口配置模式下使用的命令，该命令的作用是为指定 IP 接口(这里是 VLAN 1 对应的 IP 接口)配置 IP 地址 192.1.1.253 和子网掩码 255.255.255.0。

值得强调的是,二层交换机中定义的 VLAN 对应的 IP 接口,只是用于配置管理地址,以此实现与远程终端之间的通信过程。与三层交换机中定义的 VLAN 对应的 IP 接口有所不同,IP 接口之间不能转发 IP 分组,也不会生成用于指明通往 IP 接口对应的 VLAN 的传输路径的直连路由项。

ip default-gateway 192.1.1.254 是全局模式下使用的命令,该命令的作用是为二层交换机指定默认网关地址 192.1.1.254。如果和交换机不在同一个网络的终端需要访问该交换机,该交换机必须配置默认网关地址。和终端一样,如果 IP 分组的目的地和交换机不在同一个网络,交换机首先将该 IP 分组发送给由默认网关地址指定的路由器。

2. 三种身份鉴别机制

1) 口令鉴别方式

以下命令序列指定用口令来鉴别 Telnet 登录用户的身份。

```
Switch(config)#line vty 0 4
Switch(config-line)#password dcba
Switch(config-line)#login
Switch(config-line)#exit
```

由于 Telnet 是终端仿真协议,用于模拟终端输入方式,因此,需要在交换机仿真终端配置模式下配置鉴别授权用户的方式。

line vty 0 4 是全局模式下使用的命令,该命令的作用有两个。一是定义允许同时建立的 Telnet 会话数量,将允许同时建立的 Telnet 会话的编号范围指定为 0~4。二是从全局模式进入仿真终端配置模式,仿真终端配置模式下完成的配置同时作用于编号范围为 0~4 的 Telnet 会话。

password dcba 是仿真终端配置模式下使用的命令,该命令的作用是配置 Telnet 登录时需要输入的口令,即交换机用口令 dcba 鉴别 Telnet 登录用户的身份。

login 是仿真终端配置模式下使用的命令,该命令的作用是指定用口令来鉴别 Telnet 登录用户的身份,即 Telnet 登录用户需要提供用命令 password 指定的口令。

2) 本地鉴别方式

以下命令序列指定用本地定义的授权用户来鉴别 Telnet 登录用户的身份。

```
Switch(config)#username aaa2 password bbb2
Switch(config)#line vty 0 4
Switch(config-line)#login local
Switch(config-line)#exit
```

login local 是仿真终端配置模式下使用的命令,该命令的作用是指定用本地定义的授权用户鉴别 Telnet 登录用户的身份,即 Telnet 登录用户需要提供某个本地定义的授权用户的用户名和口令。

3）统一鉴别方式

统一鉴别方式的特点有两个：一是基于用户名和口令鉴别登录用户身份；二是统一在鉴别服务器中定义授权用户。以下命令序列用于指定统一鉴别方式、鉴别服务器的 IP 地址、路由器与鉴别服务器之间的共享密钥及路由器名等。

```
Router(config)#aaa new-model
Router(config)#aaa authentication login a1 group radius
Router(config)#line vty 0 4
Router(config-line)#login authentication a1
Router(config-line)#exit
Router(config)#radius-server host 192.1.2.1
Router(config)#radius-server key 123456
Router(config)#hostname router
```

login authentication a1 是仿真终端配置模式下使用的命令，该命令的作用是指定用名为 a1 的鉴别机制列表定义的鉴别机制来鉴别 Telnet 登录用户的身份，名为 a1 的鉴别机制列表定义的鉴别机制是统一鉴别机制，因此，需要在 AAA 服务器中统一定义授权用户，同时指定 AAA 服务器的 IP 地址和与 AAA 服务器之间的共享密钥。

3. 特权模式加密

以下命令用于设置进入特权模式的口令。

```
Switch(config)#enable password abcd
router(config)#enable password abcd
```

enable password abcd 是全局模式下使用的命令，该命令的作用是设置进入特权模式的口令。如果没有设置进入特权模式的口令，用 Telnet 远程登录网络设备后，远程用户只具有最低的网络设备配置权限，因此，需要对远程配置的网络设备设置进入特权模式的口令，使得远程用户具有正常的网络设备配置权限。

6.7.5 实验步骤

（1）根据图 6.61 所示的互连的网络结构放置和连接设备，完成设备放置和连接后的逻辑工作区界面如图 6.62 所示。

（2）交换机 Switch0 的管理地址为 192.1.1.253，鉴别 Telnet 登录用户身份的机制为本地鉴别，在交换机 Switch0 中定义名为 aaa2、口令为 bbb2 的授权用户。交换机 Switch1 的管理地址为 192.1.2.253，鉴别 Telnet 登录用户身份的机制为口令鉴别，设置口令 dcba。路由器任何接口的 IP 地址可以作为管理地址，鉴别 Telnet 登录用户身份的机制为统一鉴别，设置 AAA 服务器，在 AAA 服务器中统一定义授权用户，AAA 服务器配置界面如图 6.63 所示。

（3）启动 PC0 Telnet 登录交换机 Switch0 的过程，输入的管理地址为 192.1.1.253，鉴别用户身份过程中分别输入交换机 Switch0 本地定义的授权用户的用户名 aaa2 和口

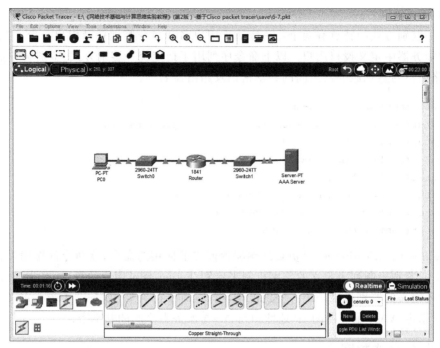

图 6.62　完成设备放置和连接后的逻辑工作区界面

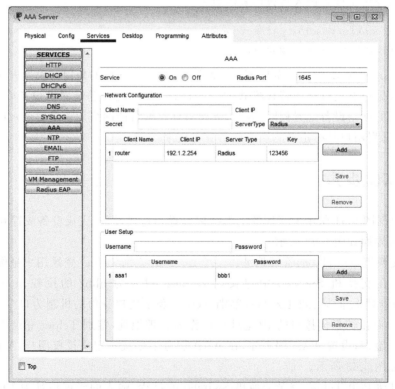

图 6.63　AAA 服务器配置界面

令 bbb2。成功登录后,出现如图 6.64 所示的交换机 Switch0 的命令行接口界面,在用户模式下输入用于进入特权模式的命令 enable 后,要求输入进入特权模式的口令,输入口令后,进入交换机 Switch0 的特权模式。

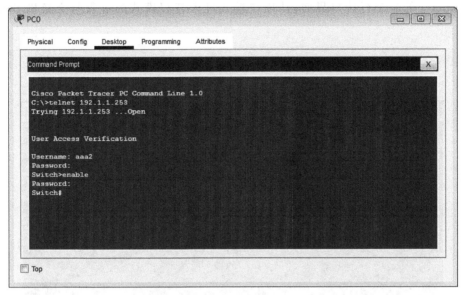

图 6.64 交换机 Switch0 的命令行接口界面

(4) 启动 PC0 Telnet 登录交换机 Switch1 的过程,输入的管理地址为 192.1.2.253,鉴别用户身份过程中输入交换机 Switch1 仿真终端配置模式下配置的鉴别口令 dcba。成功登录后,出现如图 6.65 所示的交换机 Switch1 的命令行接口界面,从用户模式进入特权模式的过程与交换机 Switch0 相同。

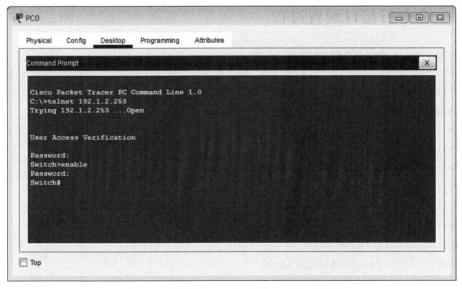

图 6.65 交换机 Switch1 的命令行接口界面

（5）启动 PC0 Telnet 登录路由器 Router 的过程，输入的管理地址为路由器 Router 其中一个接口的 IP 地址为 192.1.1.254，鉴别用户身份过程中分别输入在 AAA 服务器中统一定义的授权用户的用户名 aaa1 和口令 bbb1。成功登录后，出现如图 6.66 所示的路由器 Router 的命令行接口界面，从用户模式进入特权模式的过程与交换机 Switch0 相同。

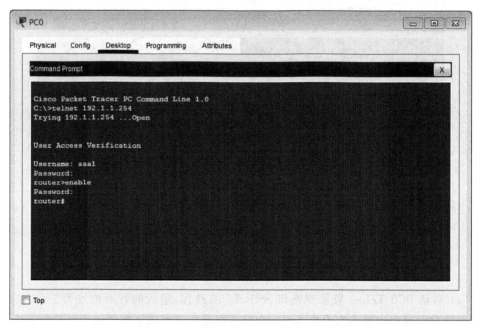

图 6.66　路由器 Router 的命令行接口界面

6.7.6　命令行接口配置过程

1. Switch0 命令行接口配置过程

```
Switch>enable
Switch#configure terminal
Switch(config)#interface vlan 1
Switch(config-if)#no shutdown
Switch(config-if)#ip address 192.1.1.253 255.255.255.0
Switch(config-if)#exit
Switch(config)#ip default-gateway 192.1.1.254
Switch(config)#username aaa2 password bbb2
Switch(config)#line vty 0 4
Switch(config-line)#login local
Switch(config-line)#exit
Switch(config)#enable password abcd
```

2. Switch1 命令行接口配置过程

```
Switch>enable
Switch#configure terminal
Switch(config)#interface vlan 1
Switch(config-if)#no shutdown
Switch(config-if)#ip address 192.1.2.253 255.255.255.0
Switch(config-if)#exit
Switch(config)#ip default-gateway 192.1.2.254
Switch(config)#line vty 0 4
Switch(config-line)#password dcba
Switch(config-line)#login
Switch(config-line)#exit
Switch(config)#enable password abcd
```

3. Router 命令行接口配置过程

```
Router>enable
Router#configure terminal
Router(config)#interface FastEthernet0/0
Router(config-if)#no shutdown
Router(config-if)#ip address 192.1.1.254 255.255.255.0
Router(config-if)#exit
Router(config)#interface FastEthernet0/1
Router(config-if)#no shutdown
Router(config-if)#ip address 192.1.2.254 255.255.255.0
Router(config-if)#exit
Router(config)#aaa new-model
Router(config)#aaa authentication login a1 group radius
Router(config)#line vty 0 4
Router(config-line)#login authentication a1
Router(config-line)#exit
Router(config)#radius-server host 192.1.2.1
Router(config)#radius-server key 123456
Router(config)#hostname router
router(config)#enable password abcd
```

4. 命令列表

交换机和路由器命令行接口配置过程中使用的命令及功能和参数说明如表 6.3 所示。

表 6.3 命令列表

命 令	功能和参数说明
line vty *line-number* [*ending-line-number*]	启动一组 Telnet 会话的配置过程，进入仿真终端配置模式，参数 *line-number* 是起始 Telnet 会话编号，参数 *ending-line-number* 是结束 Telnet 会话编号。如果没有设置参数 *ending-line-number*，只启动单个编号为 *line-number* 的 Telnet 会话的配置过程
login[**local**]	设置用于鉴别 Telnet 登录用户身份的机制，login 为口令鉴别机制，login local 为本地鉴别机制
login authentication [*list-name* | **default**]	使用由参数 *list-name* 为列表名的鉴别机制列表指定的鉴别机制或者默认鉴别机制作为鉴别 Telnet 登录用户身份的鉴别机制
password *password*	设置口令鉴别机制下用于鉴别 Telnet 登录用户身份的口令，参数 *password* 是设置的口令

6.8 应用层实验的启示和思政元素

第 7 章

网络安全实验

理解网络安全,需要了解网络攻击过程和网络安全技术。网络安全技术包括特定传输网络具有的安全技术(如以太网安全技术)、防火墙和入侵检测系统等。因此,网络安全实验主要包括网络攻击和防御实验、以太网安全实验、防火墙配置实验和入侵检测系统配置实验等。

7.1 RIP 路由项欺骗攻击实验

7.1.1 实验内容

构建如图 7.1 所示的由 3 个路由器互连 4 个网络而成的互联网,通过 RIP 生成终端 A 至终端 B 的 IP 传输路径,实现 IP 分组终端 A 至终端 B 的传输过程。然后在网络地址为 192.1.2.0/24 的以太网上接入入侵路由器,由入侵路由器伪造与网络 192.1.4.0/24 直接连接的路由项,用伪造的路由项改变终端 A 至终端 B 的 IP 传输路径,使得终端 A 传输给终端 B 的 IP 分组被路由器 R1 错误地转发给入侵路由器。

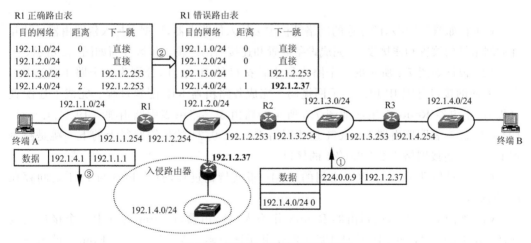

图 7.1 RIP 路由项欺骗攻击过程

7.1.2 实验目的

(1) 验证路由器 RIP 配置过程。
(2) 验证 RIP 生成动态路由项的过程。
(3) 验证 RIP 的安全缺陷。
(4) 验证利用 RIP 实施路由项欺骗攻击的过程。
(5) 验证入侵路由器截获 IP 分组的过程。

7.1.3 实验原理

构建如图 7.1 所示的由 3 个路由器互连 4 个网络而成的互联网，完成路由器 RIP 配置过程，路由器 R1 生成如图 7.1 所示的路由器 R1 正确路由表，路由表中的路由项<192.1.4.0/24,2,192.1.2.253>表明路由器 R1 通往网络 192.1.4.0/24 的传输路径上的下一跳是路由器 R2，以此保证终端 A 至终端 B 的 IP 传输路径是正确的。如果有入侵路由器接入网络 192.1.2.0/24，并发送了包含伪造的表示与网络 192.1.4.0/24 直接连接的路由项<192.1.4.0/24,0>的路由消息。使得连接在网络 192.1.2.0/24 上的路由器 R1 和 R2 都接收到该路由消息。如果路由器 R1 认可该路由消息，将通往网络 192.1.4.0/24 的传输路径上的下一跳由路由器 R2 改为入侵路由器。导致终端 A 至终端 B 的 IP 传输路径发生错误。

发生上述错误的根本原因在于，路由器 R1 没有对接收到的路由消息进行源端鉴别，即没有对发送路由消息的路由器的身份进行鉴别。如果每一个路由器只接收、处理授权路由器发送的路由消息，上述路由项欺骗攻击就能够防御。

7.1.4 实验步骤

(1) 在如图 7.1 所示的互连的网络结构中去掉入侵路由器，根据去掉入侵路由器后的互连的网络结构放置和连接设备，完成设备放置和连接后的逻辑工作区界面如图 7.2 所示。

(2) 根据如图 7.1 所示的 3 个路由器中各接口的 IP 地址，分别为 3 个路由器连接 4 个以太网的接口分配 IP 地址和子网掩码。完成各路由器 RIP 配置过程。完成上述配置过程后，路由器 Router1 生成如图 7.3 所示的路由表。路由表中路由项<192.1.4.0/24,192.1.2.253>表明路由器 Router1 通往网络 192.1.4.0/24 的传输路径上的下一跳是路由器 Router2 连接网络 192.1.2.0/24 的接口。

(3) 通过启动 PC0 与 PC1 之间的 ICMP 报文传输过程，验证 PC0 与 PC1 之间存在 IP 传输路径。

(4) 如图 7.4 所示，用路由器 Router 作为入侵路由器，Router 的其中一个接口连接网络 192.1.2.0/24，分配 IP 地址 192.1.2.37 和子网掩码 255.255.255.0。Router 的另一个接口分配 IP 地址 192.1.4.37 和子网掩码 255.255.255.0，以此将该接口伪造成与网络 192.

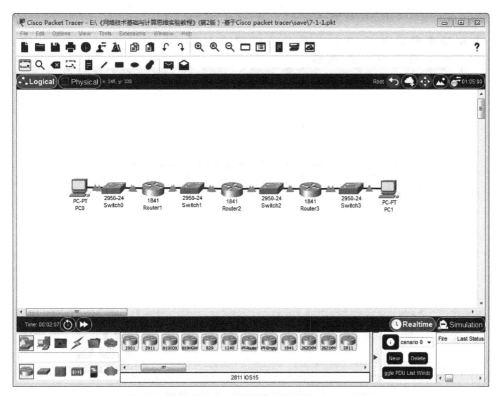

图 7.2 完成设备放置和连接后的逻辑工作区界面

图 7.3 路由器 Router1 的路由表

1.4.0/24 直接连接。完成路由器 Router RIP 配置过程,路由器 Router(入侵路由器)发送包含表明与网络 192.1.4.0/24 直接连接的路由项的路由消息。该路由消息将路由器 Router1 的路由表改变为如图 7.5 所示的错误的路由表,路由表中路由项<192.1.4.0/24,192.1.2.37>表明路由器 Router1 通往网络 192.1.4.0/24 的传输路径上的下一跳是路由器 Router(入侵路由器)连接网络 192.1.2.0/24 的接口。

(5)进入模拟操作模式,启动 PC0 至 PC1 的 IP 分组传输过程,发现路由器 Router1 将该 IP 分组转发给路由器 Router(入侵路由器),导致该 IP 分组无法到达 PC1。

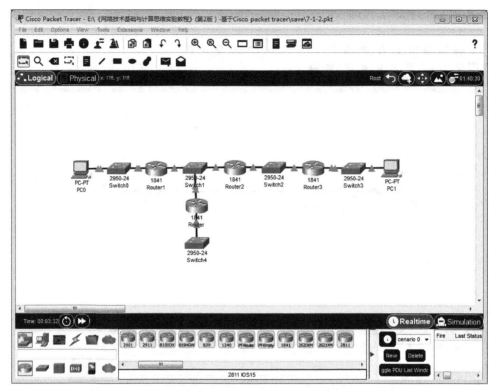

图 7.4 黑客终端接入网络后的互连的网络结构

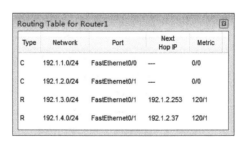

图 7.5 黑客终端发送伪造路由项后的路由器 Router1 的路由表

7.1.5 命令行接口配置过程

1. Router1 命令行接口配置过程

```
Router>enable
Router#configure terminal
Router(config)#interface FastEthernet0/0
Router(config-if)#no shutdown
Router(config-if)#ip address 192.1.1.254 255.255.255.0
Router(config-if)#exit
```

```
Router(config)#interface FastEthernet0/1
Router(config-if)#no shutdown
Router(config-if)#ip address 192.1.2.254 255.255.255.0
Router(config-if)#exit
Router(config)#router rip
Router(config-router)#network 192.1.1.0
Router(config-router)#network 192.1.2.0
Router(config-router)#exit
```

2. Router2 命令行接口配置过程

```
Router>enable
Router#configure terminal
Router(config)#interface FastEthernet0/0
Router(config-if)#no shutdown
Router(config-if)#ip address 192.1.2.253 255.255.255.0
Router(config-if)#exit
Router(config)#interface FastEthernet0/1
Router(config-if)#no shutdown
Router(config-if)#ip address 192.1.3.254 255.255.255.0
Router(config-if)#exit
Router(config)#router rip
Router(config-router)#network 192.1.2.0
Router(config-router)#network 192.1.3.0
Router(config-router)#exit
```

路由器 Router3 的命令行接口配置过程与路由器 Router1 和 Router2 相似,这里不再赘述。

3. Router 命令行接口配置过程

```
Router>enable
Router#configure terminal
Router(config)#interface FastEthernet0/0
Router(config-if)#no shutdown
Router(config-if)#ip address 192.1.2.37 255.255.255.0
Router(config-if)#exit
Router(config)#interface FastEthernet0/1
Router(config-if)#no shutdown
Router(config-if)#ip address 192.1.4.37 255.255.255.0
Router(config-if)#exit
Router(config)#router rip
Router(config-router)#network 192.1.2.0
Router(config-router)#network 192.1.4.0
Router(config-router)#exit
```

7.2 OSPF 路由项欺骗攻击和防御实验

防御路由项欺骗攻击的方法是实现路由消息源端鉴别，使得每一个路由器只接收和处理授权路由器发送的路由消息。确定路由消息是否是授权路由器发送的依据是，发送路由消息的路由器是否和接收路由消息的路由器拥有相同的共享密钥。Cisco Packet Tracer 不支持 RIP 路由消息源端鉴别功能，但支持 OSPF 路由消息源端鉴别功能，因此，通过完成 OSPF 路由项欺骗攻击和防御实验验证路由消息源端鉴别功能的配置过程。

7.2.1 实验内容

构建如图 7.6 所示的由 3 个路由器互连 4 个网络而成的互联网，通过 OSPF 生成终端 A 至终端 B 的 IP 传输路径，实现 IP 分组终端 A 至终端 B 的传输过程。然后在网络地址为 192.1.2.0/24 的以太网上接入入侵路由器，由入侵路由器伪造与网络 192.1.4.0/24 直接连接的路由项，用伪造的路由项改变终端 A 至终端 B 的 IP 传输路径，使得终端 A 传输给终端 B 的 IP 分组被路由器 R1 错误地转发给入侵路由器。

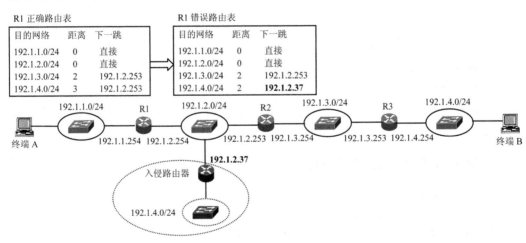

图 7.6 OSPF 路由项欺骗攻击和防御过程

启动路由器 R1、R2 和 R3 路由消息源端鉴别功能，要求路由器 R1、R2 和 R3 发送的路由消息携带消息鉴别码（Message Authentication Code，MAC），配置相应路由器接口之间的共享密钥。使得路由器 R1 不再接收和处理入侵路由器发送的路由消息。使得路由器 R1 的路由表恢复正常。

7.2.2 实验目的

（1）验证路由器 OSPF 配置过程。

(2) 验证 OSPF 建立动态路由项过程。
(3) 验证 OSPF 路由项欺骗攻击过程。
(4) 验证 OSPF 源端鉴别功能的配置过程。
(5) 验证 OSPF 防御路由项欺骗攻击的过程。

7.2.3 实验原理

路由项欺骗攻击和防御过程如图 7.6 所示,入侵路由器伪造了和网络 192.1.4.0/24 直接相连的链路状态信息,导致路由器 R1 通过 OSPF 生成的动态路由项发生错误,如图 7.6 中 R1 错误路由表所示。解决路由项欺骗攻击问题的关键有 3 点:一是对建立邻接关系的路由器的身份进行鉴别,只和授权路由器建立邻接关系;二是对相互交换的链路状态信息进行完整性检测,只接收和处理完整性检测通过的链路状态信息;三是通过链路状态信息中携带的序号确定该链路状态信息不是黑客截获后重放的链路状态信息。实现这一功能的基础是在相邻路由器中配置相同的共享密钥,相互交换的链路状态信息和 Hello 报文携带由共享密钥加密的序号和由共享密钥生成的消息鉴别码(MAC),通过消息鉴别码实现路由消息的源端鉴别和完整性检测,整个过程如图 7.7 所示。

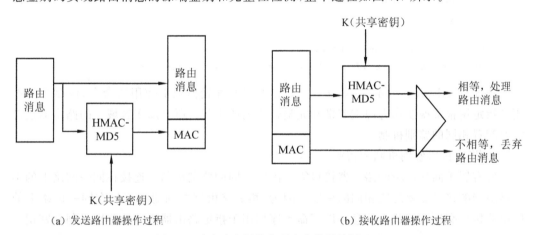

(a) 发送路由器操作过程　　　　　　　(b) 接收路由器操作过程

图 7.7　路由消息源端鉴别和完整性检测过程

7.2.4 关键命令说明

1. OSPF 配置过程

以下命令序列用于完成 OSPF 配置过程。

```
Router(config)#router ospf 11
Router(config-router)#network 192.1.1.0 0.0.0.255 area 1
Router(config-router)#network 192.1.2.0 0.0.0.255 area 1
Router(config-router)#exit
```

router ospf 11 是全局模式下使用的命令，该命令的作用有两个，一是启动进程编号为 11 的 OSPF 进程，二是进入 OSPF 配置模式。同一路由器中可以启动多个进程编号不同的 OSPF 进程，这些 OSPF 进程是相互独立的。

network 192.1.1.0 0.0.0.255 area 1 是 OSPF 配置模式下使用的命令，该命令的作用是指定参与创建 OSPF 动态路由项的路由器接口和路由器直接连接的网络。192.1.1.0 是 CIDR 地址块起始地址。0.0.0.255 是子网掩码 255.255.255.0 的反码，用于表明网络前缀位数是 24 位。路由器所有 IP 地址属于 CIDR 地址块 192.1.1.0/24 的接口参与 OSPF 创建动态路由项过程，这些接口将发送和接收 OSPF 路由消息。路由器直接连接的网络中所有网络地址属于 CIDR 地址块 192.1.1.0/24 的网络参与 OSPF 创建动态路由项过程，其他路由器将通过 OSPF 生成用于指明通往这些网络的传输路径的路由项。1 是区域编号，OSPF 可以把一个大的自治系统划分为多个区域，由主干区域将这些区域连接在一起。主干区域的编号固定为 0。

2. 源端鉴别与完整性检测功能配置过程

1）指定区域使用的鉴别机制

同一区域内的 OSPF 进程使用相同的鉴别机制，以下命令序列用于指定区域 1 内使用的鉴别机制。

```
Router(config)#router ospf 11
Router(config-router)#area 1 authentication message-digest
```

area 1 authentication message-digest 是 OSPF 配置模式下使用的命令，该命令的作用是指定用报文摘要作为源端鉴别和完整性检测的机制。所有属于区域 1 的路由器接口需要配置相同的鉴别机制。

2）指定接口鉴别机制和密钥

所有属于同一区域的路由器接口需要配置相同的鉴别机制。连接在同一网络上的不同路由器的接口需要配置相同的密钥。因为，相邻路由器之间通过连接在同一网络上的路由器接口交换链路状态信息。以下命令序列用于指定路由器接口的鉴别机制和密钥。

```
Router(config)#interface FastEthernet0/1
Router(config-if)#ip ospf authentication message-digest
Router(config-if)#ip ospf message-digest-key 1 md5 222222
Router(config-if)#exit
```

ip ospf authentication message-digest 是接口配置模式下使用的命令，该命令的作用有两个，一是确定对通过该接口发送的路由消息添加根据报文摘要鉴别机制生成的鉴别信息，二是确定对通过该接口接收到的路由消息根据报文摘要鉴别机制进行源端鉴别和完整性检测。

ip ospf message-digest-key 1 md5 222222 是接口配置模式下使用的命令，该命令的作用有两个，一是指定密钥编号为 1 的密钥是 222222，二是启用密钥编号为 1 的密钥 222222 作为报文摘要鉴别机制使用的密钥。1 是密钥编号，同一接口可以配置多个密钥，这些密钥用密钥编号区分,但同时只能启用一个密钥。两个相邻路由器中用于实现互连的两个接口必须配置相同的密钥,即两个接口配置的密钥编号相同的密钥必须相同。

7.2.5 实验步骤

(1) 在如图 7.6 所示的互连的网络结构中去掉入侵路由器,根据去掉入侵路由器后的互连的网络结构放置和连接设备,完成设备放置和连接后的逻辑工作区界面如图 7.8 所示。

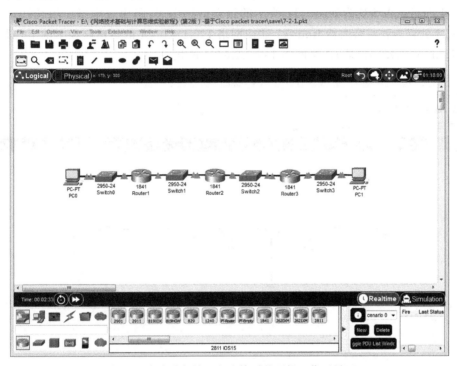

图 7.8 完成设备放置和连接后的逻辑工作区界面

(2) 根据如图 7.6 所示的各路由器接口的网络信息完成路由器接口 IP 地址和子网掩码配置过程。完成路由器 OSPF 配置过程。完成上述配置过程后,路由器 Router1 生成如图 7.9 所示的路由表。OSPF 创建的动态路由项＜192.1.4.0/24,192.1.2.253＞表明路由器 Router1 通往网络 192.1.4.0/24 的传输路径上的下一跳是路由器 Router2 连接网络 192.1.2.0/24 的接口。

Type	Network	Port	Next Hop IP	Metric
C	192.1.1.0/24	FastEthernet0/0	—	0/0
C	192.1.2.0/24	FastEthernet0/1	—	0/0
O	192.1.3.0/24	FastEthernet0/1	192.1.2.253	110/2
O	192.1.4.0/24	FastEthernet0/1	192.1.2.253	110/3

图 7.9 路由器 Router1 的路由表

(3) 通过启动 PC0 与 PC1 之间的 ICMP 报文传输过程,验证 PC0 与 PC1 之间存在 IP 传输路径。

(4) 如图 7.10 所示,用路由器 Router 作为入侵路由器,Router 的其中一个接口连接网络 192.1.2.0/24,分配 IP 地址 192.1.2.37 和子网掩码 255.255.255.0。Router 的另一个接口分配 IP 地址 192.1.4.37 和子网掩码 255.255.255.0,以此将该接口伪造成与网络 192.1.4.0/24 直接连接。完成路由器 Router OSPF 配置过程,路由器 Router(入侵路由器)发送包含表明与网络 192.1.4.0/24 直接连接的链路状态的路由消息。该路由消息将路由器 Router1 的路由表改变为如图 7.11 所示的错误的路由表,路由表中路由项＜192.1.4.0/24,192.1.2.37＞表明路由器 Router1 通往网络 192.1.4.0/24 的传输路径上的下一跳是路由器 Router(入侵路由器)连接网络 192.1.2.0/24 的接口。

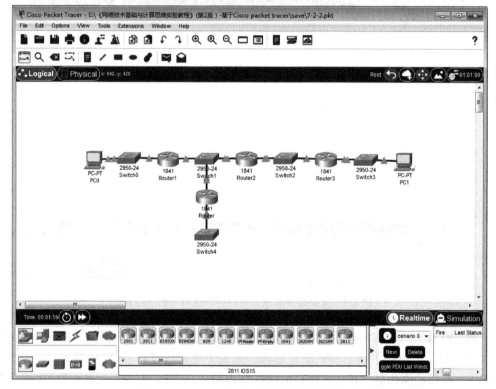

图 7.10 接入入侵路由器后的逻辑工作区界面

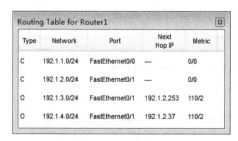

图 7.11 接入入侵路由器后的路由器 Router1 的路由表

（5）进入模拟操作模式，启动 PC0 至 PC1 的 IP 分组传输过程，发现路由器 Router1 将该 IP 分组转发给路由器 Router（入侵路由器），导致该 IP 分组无法到达 PC1。

（6）完成路由器 Router1、Router2 和 Router3 源端鉴别与完整性检测功能配置过程，为相邻路由器实现互连的接口配置相同的密钥。完成上述配置过程后，路由器 Router1 的路由表如图 7.12 所示。路由器 Router1 通往网络 192.1.4.0/24 的传输路径上的下一跳重新变为路由器 Router2 连接网络 192.1.2.0/24 的接口。

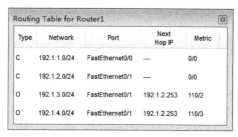

图 7.12　完成源端鉴别与完整性检测功能配置过程后的路由器 Router1 的路由表

7.2.6　命令行接口配置过程

1. Router1 命令行接口配置过程

1) 接口和 OSPF 配置过程

```
Router>enable
Router#configure terminal
Router(config)#interface FastEthernet0/0
Router(config-if)#no shutdown
Router(config-if)#ip address 192.1.1.254 255.255.255.0
Router(config-if)#exit
Router(config)#interface FastEthernet0/1
Router(config-if)#no shutdown
Router(config-if)#ip address 192.1.2.254 255.255.255.0
Router(config-if)#exit
Router(config)#router ospf 11
Router(config-router)#network 192.1.1.0 0.0.0.255 area 1
Router(config-router)#network 192.1.2.0 0.0.0.255 area 1
Router(config-router)#exit
```

2) 源端鉴别与完整性检测功能配置过程

```
Router(config)#router ospf 11
Router(config-router)#area 1 authentication message-digest
Router(config-router)#exit
Router(config)#interface FastEthernet0/1
```

```
Router(config-if)#ip ospf authentication message-digest
Router(config-if)#ip ospf message-digest-key 1 md5 222222
Router(config-if)#exit
```

2. Router2 命令行接口配置过程

1) 接口和 OSPF 配置过程

```
Router>enable
Router#configure terminal
Router(config)#interface FastEthernet0/0
Router(config-if)#no shutdown
Router(config-if)#ip address 192.1.2.253 255.255.255.0
Router(config-if)#exit
Router(config)#interface FastEthernet0/1
Router(config-if)#no shutdown
Router(config-if)#ip address 192.1.3.254 255.255.255.0
Router(config-if)#exit
Router(config)#router ospf 22
Router(config-router)#network 192.1.2.0 0.0.0.255 area 1
Router(config-router)#network 192.1.3.0 0.0.0.255 area 1
Router(config-router)#exit
```

2) 源端鉴别与完整性检测功能配置过程

```
Router(config)#router ospf 22
Router(config-router)#area 1 authentication message-digest
Router(config-router)#exit
Router(config)#interface FastEthernet0/0
Router(config-if)#ip ospf authentication message-digest
Router(config-if)#ip ospf message-digest-key 1 md5 222222
Router(config-if)#exit
Router(config)#interface FastEthernet0/1
Router(config-if)#ip ospf authentication message-digest
Router(config-if)#ip ospf message-digest-key 1 md5 333333
Router(config-if)#exit
```

Router3 的命令接口配置过程与 Router1 的命令行接口配置过程相似,这里不再赘述。

3. Router 命令行接口配置过程

```
Router>enable
Router#configure terminal
Router(config)#interface FastEthernet0/0
Router(config-if)#no shutdown
```

```
Router(config-if)#ip address 192.1.2.37 255.255.255.0
Router(config-if)#exit
Router(config)#interface FastEthernet0/1
Router(config-if)#no shutdown
Router(config-if)#ip address 192.1.4.37 255.255.255.0
Router(config-if)#exit
Router(config)#router ospf 77
Router(config-router)#network 192.1.2.0 0.0.0.255 area 1
Router(config-router)#network 192.1.4.0 0.0.0.255 area 1
Router(config-router)#exit
```

4. 命令列表

路由器命令行接口配置过程中使用的命令及功能和参数说明如表7.1所示。

表7.1 命令列表

命 令	功能和参数说明
router ospf *process-id*	一是启动以参数 *process-id* 为进程编号的 OSPF 进程，二是进入 OSPF 配置模式
network *ip-address wildcard-mask* area *area-id*	指定参与以参数 *area-id* 为区域编号的 OSPF 创建动态路由项过程的路由器接口和路由器直接连接的网络。参数 *ip-address* 是 CIDR 地址块的起始地址，参数 *wildcard-mask* 是子网掩码的反码，这两个参数确定 CIDR 地址块。所有 IP 地址属于该 CIDR 地址块的路由器接口和直接连接的网络中网络地址属于该 CIDR 地址块的网络参与区域编号为 *area-id* 的 OSPF 创建动态路由项的过程
area *area-id* authentication ［message-digest］	指定属于区域编号为 *area-id* 的路由器接口所采用的源端鉴别和完整性检测机制
ip ospf authentication ［message-digest ｜ null］	指定路由器接口所采用的源端鉴别和完整性检测机制，null 选项用于终止路由器接口已经启动的源端鉴别和完整性检测功能
ip ospf message-digest-key *key-id* md5 *key*	指定路由器接口基于报文摘要的源端鉴别和完整性检测机制下使用的密钥。参数 *key-id* 是密钥编号，参数 *key* 是密钥

7.3 DHCP 欺骗攻击与防御实验

7.3.1 实验内容

构建如图 7.13(a)所示的网络应用系统，完成 DHCP 服务器、DNS 服务器配置过程，使得终端 A 和终端 B 能够通过 DHCP 自动获取网络信息，并能够用完全合格的域名 www.a.com 访问 Web 服务器。

构建如图 7.13(b)所示的实施 DHCP 欺骗攻击的网络应用系统,使得终端 A 和终端 B 从伪造的 DHCP 服务器中获取网络信息,根据错误的本地域名服务器地址到伪造的 DNS 服务器中解析完全合格的域名 www.a.com,得到伪造的 Web 服务器的 IP 地址,导致用完全合格的域名 www.a.com 访问到伪造的 Web 服务器。

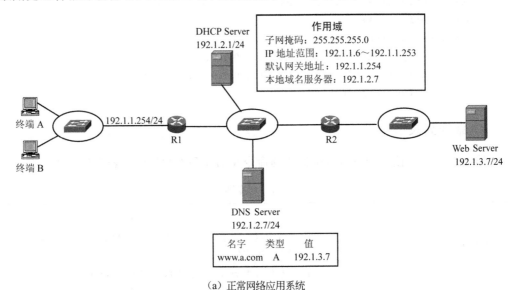

(a) 正常网络应用系统

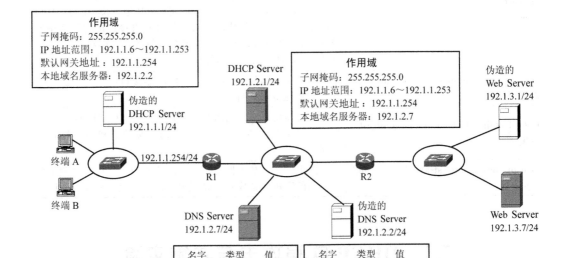

(b) 实施 DHCP 欺骗攻击的网络应用系统

图 7.13 DHCP 欺骗攻击与防御

完成交换机防御 DHCP 欺骗攻击功能的配置过程,使得终端 A 和终端 B 只能从 DHCP 服务器获取网络信息。

7.3.2 实验目的

(1) 验证 DHCP 服务器配置过程。
(2) 验证 DNS 服务器配置过程。
(3) 验证终端用完全合格的域名访问 Web 服务器的过程。
(4) 验证 DHCP 欺骗攻击过程。
(5) 验证钓鱼网站欺骗攻击过程。
(6) 验证交换机防御 DHCP 欺骗攻击功能的配置过程。

7.3.3 实验原理

终端通过 DHCP 自动获取的网络信息中包含本地域名服务器地址,对于如图 7.13 (a)所示的网络应用系统,DHCP 服务器中给出的本地域名服务器地址是 192.1.2.7。地址为 192.1.2.7 的域名服务器中与完全合格的域名 www.a.com 绑定的 Web 服务器的 IP 地址是 192.1.3.7。因此,终端可以用完全合格的域名 www.a.com 访问到 Web 服务器。

如图 7.13(b)所示,一旦终端连接的网络中接入伪造的 DHCP 服务器,终端很可能从伪造的 DHCP 服务器获取网络信息,得到伪造的域名服务器的 IP 地址 192.1.2.2,伪造的域名服务器中将完全合格的域名 www.a.com 与伪造的 Web 服务器的 IP 地址 192.1.3.1 绑定在一起,导致终端用完全合格的域名 www.a.com 访问到伪造的 Web 服务器。

如果交换机启动防御 DHCP 欺骗攻击的功能,只有连接在信任端口的 DHCP 服务器才能为终端提供自动配置网络信息的服务。因此,对于如图 7.13(b)所示的实施 DHCP 欺骗攻击的网络应用系统,连接终端的以太网中,如果只将连接路由器 R1 的交换机端口设置为信任端口,将其他交换机端口设置为非信任端口,使得终端只能接收由路由器 R1 转发的 DHCP 消息,导致终端只能获取 DHCP 服务器提供的网络信息。

7.3.4 关键命令说明

以下命令序列用于启动交换机防御 DHCP 欺骗攻击的功能。

```
Switch(config)#ip dhcp snooping
Switch(config)#ip dhcp snooping vlan 1
Switch(config)#interface FastEthernet0/3
Switch(config-if)#ip dhcp snooping trust
Switch(config-if)#exit
```

ip dhcp snooping 是全局模式下使用的命令,该命令的作用是启动 DHCP 侦听功能。DHCP 侦听功能包含两方面内容:一是通过分析经过交换机传输的 DHCP 消息,建立 DHCP 侦听信息库,侦听信息库中建立终端 MAC 地址、IP 地址与终端连接的交换机端口之间的绑定关系;二是确定只能从信任端口接收 DHCP 提供或确认消息。

ip dhcp snooping vlan 1 是全局模式下使用的命令,该命令的作用是在 VLAN 1 内启动 DHCP 侦听功能。一旦在 VLAN 1 内启动 DHCP 侦听功能,默认状态下,所有属于 VLAN 1 的交换机端口都成为非信任端口。必须通过配置,才能把属于 VLAN 1 的某个交换机端口设置为信任端口。值得强调的是,每一个 VLAN 必须单独启动 DHCP 侦听功能。

ip dhcp snooping trust 是接口配置模式下使用的命令,该命令的作用是将指定交换机端口(这里是端口 FastEthernet0/3)设置为信任端口。即允许指定交换机端口(这里是端口 FastEthernet0/3)接收 DHCP 提供或确认消息。

7.3.5 实验步骤

(1) 根据如图 7.13(a)所示的网络应用系统放置和连接设备,完成设备放置和连接后的逻辑工作区界面如图 7.14 所示。

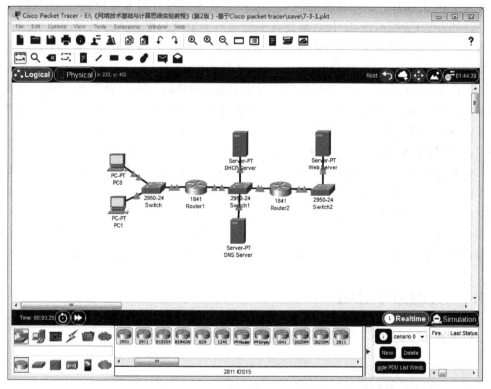

图 7.14 完成设备放置和连接后的逻辑工作区界面

(2) 完成路由器接口配置、路由器 RIP 配置及各服务器网络信息配置过程。

(3) 完成 DHCP 服务器配置过程,DHCP 服务器配置界面如图 7.15 所示。完成 DNS 服务器配置过程,DNS 服务器配置界面如图 7.16 所示。

(4) 启动 PC0 通过 DHCP 自动获取网络信息的过程,PC0 自动获取的网络信息如图 7.17 所示。启动 PC0 浏览器,在地址栏中输入完全合格的域名 www.a.com。PC0 访

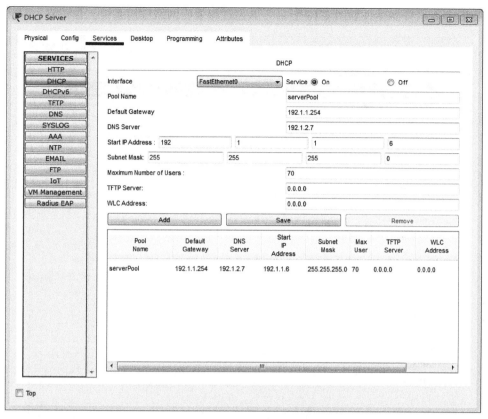

图 7.15　DHCP 服务器配置界面

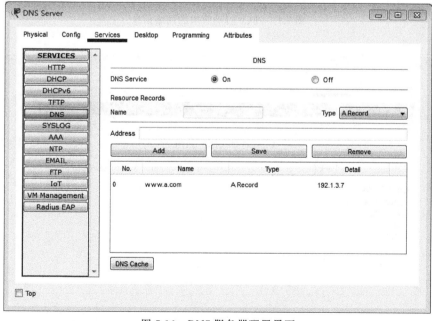

图 7.16　DNS 服务器配置界面

问到的 Web 服务器主页如图 7.18 所示。上述过程表明网络应用系统工作正常。

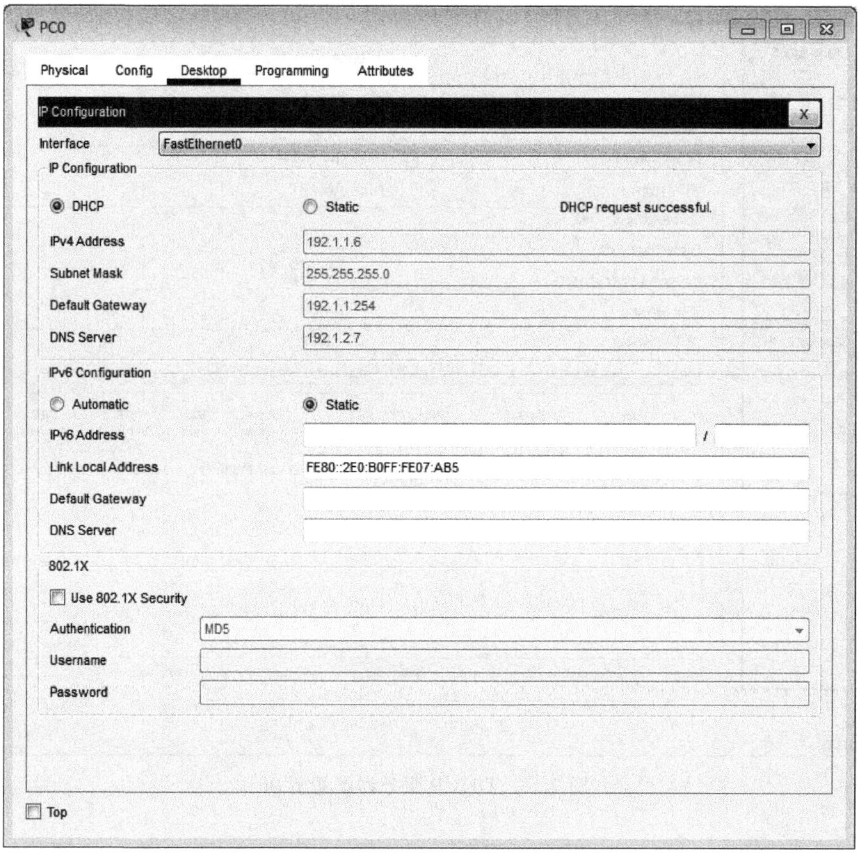

图 7.17　PC0 自动获取的网络信息

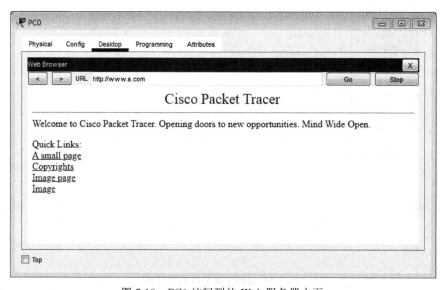

图 7.18　PC0 访问到的 Web 服务器主页

（5）在如图 7.13(a)所示的网络应用系统的基础上添加如图 7.13(b)所示的伪造的 DHCP 服务器、伪造的 DNS 服务器和伪造的 Web 服务器。添加 3 个伪造的服务器后的逻辑工作区界面如图 7.19 所示。伪造的 DHCP 服务器的配置界面如图 7.20 所示。与如图 7.15 所示的 DHCP 服务器配置界面不同的是，伪造的 DHCP 服务器指定的本地域名服务器地址是伪造的 DNS 服务器的 IP 地址 192.1.2.2。伪造的 DNS 服务器的配置界面如图 7.21 所示。与如图 7.16 所示的 DNS 服务器配置界面不同的是，伪造的 DNS 服务器将完全合格的域名 www.a.com 与伪造的 Web 服务器的 IP 地址 192.1.3.1 绑定在一起。

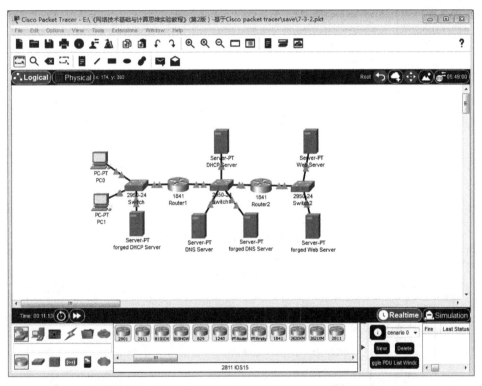

图 7.19　添加 3 个伪造的服务器后的逻辑工作区界面

（6）重新启动 PC0 通过 DHCP 自动获取网络信息的过程，PC0 自动获取的网络信息如图 7.22 所示，本地域名服务器地址是伪造的 DNS 服务器的 IP 地址 192.1.2.2。启动 PC0 的浏览器，地址栏中输入完全合格的域名 www.a.com。PC0 访问的 Web 服务器主页如图 7.23 所示，这是伪造的 Web 服务器的主页。黑客对网络应用系统成功实施了 DHCP 欺骗攻击过程。

（7）在交换机 Switch 中启动防御 DHCP 欺骗攻击的功能，只将交换机 Switch 连接路由器 Router1 的交换机端口 FastEthernet0/3 配置成信任端口，连接在 Switch 上的终端只能获得路由器 Router1 转发的 DHCP 提供或确认消息。再次启动 PC0 通过 DHCP 自动获取网络信息的过程，PC0 自动获取的网络信息与如图 7.17 所示的相同。值得强调的是，为了防御 DHCP 欺骗攻击，所有交换机只将实现交换机互连的端口、连接路由器的端口和连接 DHCP 服务器的端口配置成信任端口，将所有其他端口配置成非信任端口。

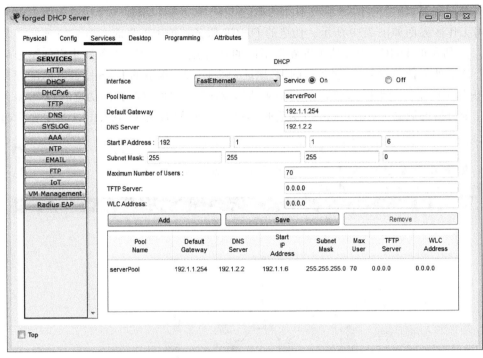

图 7.20 伪造的 DHCP 服务器的配置界面

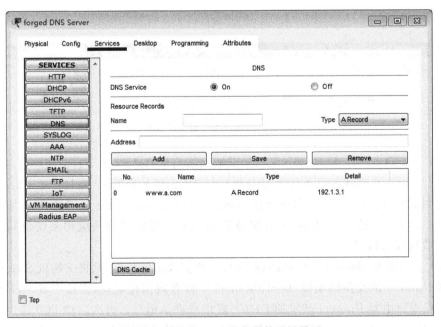

图 7.21 伪造的 DNS 服务器的配置界面

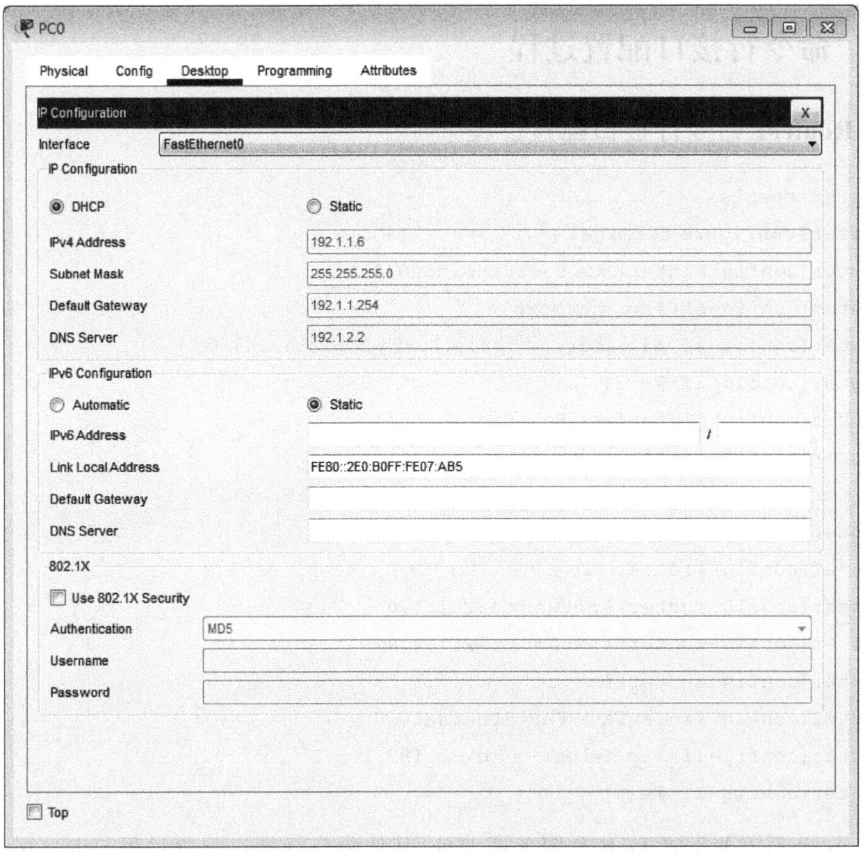

图 7.22　PC0 从伪造的 DHCP 服务器获取的网络信息

图 7.23　PC0 访问的伪造的 Web 服务器的主页

7.3.6 命令行接口配置过程

1. Router1 命令行接口配置过程

```
Router>enable
Router#configure terminal
Router(config)#interface FastEthernet0/0
Router(config-if)#no shutdown
Router(config-if)#ip address 192.1.1.254 255.255.255.0
Router(config-if)#exit
Router(config)#interface FastEthernet0/1
Router(config-if)#no shutdown
Router(config-if)#ip address 192.1.2.254 255.255.255.0
Router(config-if)#exit
Router(config)#router rip
Router(config-router)#network 192.1.1.0
Router(config-router)#network 192.1.2.0
Router(config-router)#exit
Router(config)#interface FastEthernet0/0
Router(config-if)#ip helper-address 192.1.2.1
Router(config-if)#exit
```

Router2 不需要配置 DHCP 服务器地址，其他命令行接口配置过程与 Router1 相似，这里不再赘述。

2. Switch 实现防御 DHCP 欺骗攻击功能的命令行接口配置过程

```
Switch>enable
Switch#configure terminal
Switch(config)#ip dhcp snooping
Switch(config)#ip dhcp snooping vlan 1
Switch(config)#interface FastEthernet0/3
Switch(config-if)#ip dhcp snooping trust
Switch(config-if)#exit
```

3. 命令列表

交换机命令行接口配置过程中使用的命令及功能和参数说明如表 7.2 所示。

表 7.2 命令列表

命　　令	功能和参数说明
ip dhcp snooping	启动 DHCP 侦听功能

命　　令	功能和参数说明
ip dhcp snooping vlan *vlan-range*	针对一个或一组 VLAN 启动 DHCP 侦听功能。参数 *vlan-range* 可以是单个 VLAN ID,或是多个用逗号分隔的 VLAN ID,或是一组连续的 VLAN ID
ip dhcp snooping trust	将交换机端口配置为信任端口

7.4　访问控制列表配置实验

7.4.1　实验内容

如图 7.24 所示,交换机端口 1 的访问控制列表中静态配置终端 A 的 MAC 地址,交换机其他端口不启动安全功能。将终端 C 接入交换机端口 2。先将终端 A 接入交换机端口 1,实现终端 A 与终端 C 之间的数据传输过程。再将终端 B 接入交换机端口 1,进行终端 B 与终端 C 之间的数据传输过程,发现交换机端口 1 自动关闭。重新开启交换机端口 1,再将终端 A 接入交换机端口 1,实现终端 A 与终端 C 之间的数据传输过程。

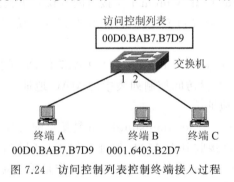

图 7.24　访问控制列表控制终端接入过程

7.4.2　实验目的

(1) 验证交换机端口静态配置访问控制列表的过程。
(2) 验证访问控制列表控制终端接入的过程。
(3) 验证关闭端口的重新开启过程。

7.4.3　实验原理

由于交换机端口 1 的访问控制列表中静态配置了终端 A 的 MAC 地址,当终端 A 接入交换机端口 1 且向交换机端口 1 发送 MAC 帧时,由于 MAC 帧的源 MAC 地址与访问控制列表中的 MAC 地址相同，交换机继续转发该 MAC 帧。当终端 B 接入交换机端口 1 且向交换机端口 1 发送 MAC 帧时，由于 MAC 帧的源 MAC 地址与访问控制列表中的 MAC 地址不同，交换机丢弃该 MAC 帧，并关闭交换机端口 1。需要通过特殊的命令序列才能重新开启交换机端口 1。

7.4.4 关键命令说明

以下命令序列用于完成交换机端口 FastEthernet0/1 的安全功能配置过程。

```
Switch(config)#interface FastEthernet0/1
Switch(config-if)#switchport mode access
Switch(config-if)#switchport port-security
Switch(config-if)#switchport port-security maximum 1
Switch(config-if)#switchport port-security mac-address 00D0.BAB7.B7D9
Switch(config-if)#switchport port-security violation shutdown
Switch(config-if)#exit
```

switchport port-security 是接口配置模式下使用的命令，该命令的作用是启动当前交换机端口（这里是端口 FastEthernet0/1）的安全功能。执行该命令前，交换机端口或者处于接入端口模式，或者处于共享端口模式。

switchport port-security maximum 1 是接口配置模式下使用的命令，该命令的作用是将当前交换机端口（这里是端口 FastEthernet0/1）对应的访问控制列表中的最大 MAC 地址数指定为 1。

switchport port-security mac-address 00D0.BAB7.B7D9 是接口配置模式下使用的命令，该命令的作用是静态配置访问控制列表中的 MAC 地址。00D0.BAB7.B7D9 是十六进制表示的 48 位 MAC 地址。

switchport port-security violation shutdown 是接口配置模式下使用的命令，该命令的作用是指定交换机端口接收到源 MAC 地址不属于访问控制列表中的 MAC 地址的 MAC 帧时所采取的动作。shutdown 表示采取的动作是关闭端口。重新开启关闭端口需要执行特殊的命令序列。

7.4.5 实验步骤

（1）完成 3 个终端 PC0、PC1 和 PC2 的网络信息配置过程。将 PC2 连接到交换机端口 FastEthernet0/2。完成交换机端口 FastEthernet0/1 安全功能配置过程，在访问控制列表中静态配置 PC0 的 MAC 地址。将 PC0 连接到交换机端口 FastEthernet0/1，完成设备放置和连接后的逻辑工作区界面如图 7.25 所示。

（2）启动 PC0 与 PC2 之间的 ICMP 报文交换过程。PC0 和 PC2 之间能够成功交换 ICMP 报文。

（3）删除 PC0 与交换机端口 FastEthernet0/1 之间的连接线，将 PC1 连接到交换机端口 FastEthernet0/1，完成设备连接后的逻辑工作区界面如图 7.26 所示。

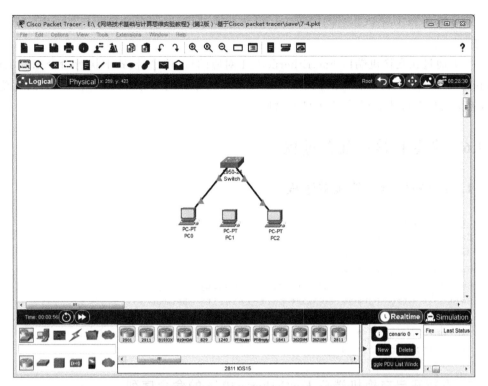

图 7.25　PC0 接入交换机端口 FastEthernet0/1 时的逻辑工作区界面

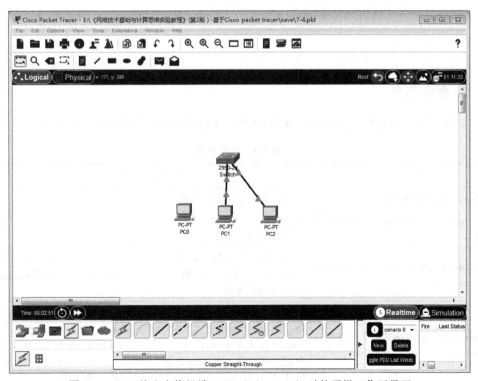

图 7.26　PC1 接入交换机端口 FastEthernet0/1 时的逻辑工作区界面

（4）启动 PC1 与 PC2 之间的 ICMP 报文交换过程，导致交换机端口 FastEthernet0/1 关闭。

（5）通过在交换机端口 FastEthernet0/1 对应的接口配置模式下执行命令 shutdown 和 no shutdown 重新开启交换机端口 FastEthernet0/1，但只有当 PC0 接入该交换机端口时，该交换机端口才能正常传输 MAC 帧。

7.4.6 命令行接口配置过程

1. 交换机安全功能配置过程

```
Switch>enable
Switch#configure terminal
Switch(config)#interface FastEthernet0/1
Switch(config-if)#switchport mode access
Switch(config-if)#switchport port-security
Switch(config-if)#switchport port-security maximum 1
Switch(config-if)#switchport port-security mac-address 00D0.BAB7.B7D9
Switch(config-if)#switchport port-security violation shutdown
Switch(config-if)#exit
```

2. 重新开启交换机端口 FastEthernet0/1 的命令序列

```
Switch(config)#interface FastEthernet0/1
Switch(config-if)#shutdown
Switch(config-if)#no shutdown
Switch(config-if)#exit
```

3. 命令列表

交换机命令行接口配置过程中使用的命令及功能和参数说明如表 7.3 所示。

表 7.3 命令列表

命　　令	功能和参数说明
switchport port-security	启动交换机端口安全功能
switchport port-security maximum *value*	设置访问控制列表中最大 MAC 地址数。参数 *value* 是最大 MAC 地址数
switchport port-security mac-address *mac-address*	静态配置访问控制列表中的 MAC 地址，MAC 地址数不能超过设置的最大 MAC 地址数。参数 *mac-address* 是十六进制表示的 48 位 MAC 地址
switchport port-security violation [protect ∣ restrict ∣ shutdown]	指定交换机接收到源 MAC 地址不属于访问控制列表中的 MAC 地址的 MAC 帧时所采取的动作。**protect** 只是丢弃该 MAC 帧。**restrict** 是丢弃该 MAC 帧，计数丢弃的 MAC 帧数量，并在日志中记录该事件。**shutdown** 是丢弃该 MAC 帧，计数丢弃的 MAC 帧数量，在日志中记录该事件，并关闭该交换机端口

7.5 安全端口配置实验

7.5.1 实验内容

如图 7.27 所示,交换机端口 1 设置为安全端口,自动将先学习到的两个 MAC 地址添加到访问控制列表中(即访问控制列表的最大 MAC 地址数为 2),交换机其他端口不启动安全功能。将终端 D 接入交换机端口 2。先将终端 A 接入交换机端口 1,实现终端 A 与终端 D 之间的数据传输过程,此时终端 A 的 MAC 地址自动添加到访问控制列表中。然后将终端 B 接入交换机端口 1,实现终端 B 与终端 D 之间的数据传输过程,此时终端 B 的 MAC 地址自动添加到访问控制列表中。添加两个 MAC 地址后的访问控制列表如图 7.27 所示。再将终端 C 接入交换机端口 1,进行终端 C 与终端 D 之间的数据传输过程,由于该 MAC 帧的源 MAC 地址不在访问控制列表中,且访问控制列表中的 MAC 地址数已经到达最大 MAC 地址数 2,交换机丢弃该 MAC 帧。如果再将终端 A 接入交换机端口 1,依然可以实现终端 A 与终端 D 之间的数据传输过程。

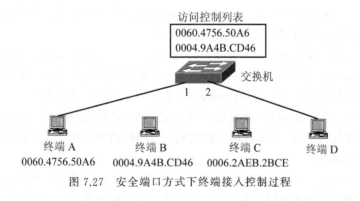

图 7.27 安全端口方式下终端接入控制过程

7.5.2 实验目的

(1) 验证交换机端口安全功能配置过程。
(2) 验证访问控制列表自动添加 MAC 地址的过程。
(3) 验证对违规接入终端采取的各种动作的含义。
(4) 验证安全端口方式下的终端接入控制过程。

7.5.3 实验原理

由于交换机端口 1 设置为安全端口,且将访问控制列表的最大 MAC 地址数设置为 2,因此,当分别将终端 A 和终端 B 接入交换机端口 1,且向交换机端口 1 发送 MAC 帧后,访问控制列表中已经添加终端 A 和终端 B 的 MAC 地址。当终端 C 接入交换机端口 1 且向交换机端口 1 发送 MAC 帧时,由于 MAC 帧的源 MAC 地址不属于访问控制列表中的 MAC 地址,且访问控制列表中的 MAC 地址数已经达到最大地址数 2,因此,交换机丢弃该 MAC 帧。

7.5.4 关键命令说明

1. 配置端口 FastEthernet0/1 安全功能的过程

以下命令序列用于配置交换机端口 FastEthernet0/1 的安全功能。

```
Switch(config)#interface FastEthernet0/1
Switch(config-if)#switchport mode access
Switch(config-if)#switchport port-security
Switch(config-if)#switchport port-security maximum 2
Switch(config-if)#switchport port-security mac-address sticky
Switch(config-if)#switchport port-security violation protect
Switch(config-if)#exit
```

switchport port-security maximum 2 是接口配置模式下使用的命令,该命令的作用是将访问控制列表的最大 MAC 地址数设置为 2。

switchport port-security mac-address sticky 是接口配置模式下使用的命令,该命令的作用是指定 sticky 作为访问控制列表中 MAC 地址的添加方式,这种添加方式自动将通过指定端口(这里是端口 FastEthernet0/1)接收到的 MAC 帧的源 MAC 地址添加到访问控制列表中,但添加的 MAC 地址数受设定的最大 MAC 地址数限制,因此,当设定的最大 MAC 地址数为 2 时,自动将最先接收到的 MAC 帧中的两个不同的源 MAC 地址添加到访问控制列表中。

switchport port-security violation protect 是接口配置模式下使用的命令,该命令的作用是指定交换机在接收到源 MAC 地址不属于访问控制列表中的 MAC 地址,且访问控制列表中的 MAC 地址数已经达到最大 MAC 地址数的 MAC 帧时所采取的动作,protect 表示采取的动作只是丢弃该 MAC 帧。

2. 显示访问控制列表中 MAC 地址的过程

```
Switch>enable
Switch#show port-security address
```

show port-security address 是特权模式下使用的命令,该命令的作用是显示访问控制列表中的 MAC 地址。

7.5.5 实验步骤

(1) 完成 4 个终端 PC0、PC1、PC2 和 PC3 的网络信息配置过程。将 PC3 连接到交换机端口 FastEthernet0/2。完成交换机端口 FastEthernet0/1 安全功能配置过程。首先将 PC0 连接到交换机端口 FastEthernet0/1。完成设备放置和连接后的逻辑工作区界面如图 7.28 所示。

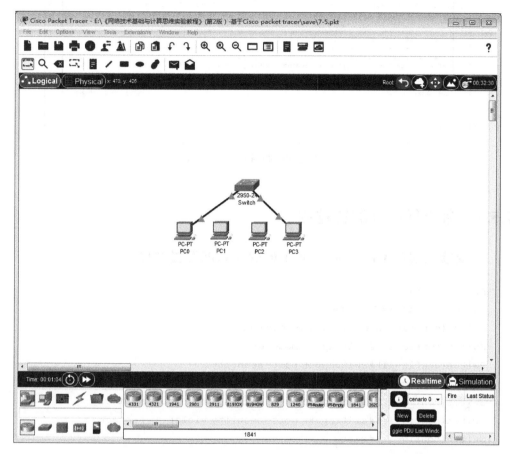

图 7.28   PC0 连接到交换机端口 FastEthernet0/1 后的逻辑工作区界面

（2）启动 PC0 与 PC3 之间的 ICMP 报文交换过程。PC0 和 PC3 之间能够成功交换 ICMP 报文。

（3）删除 PC0 与交换机端口 FastEthernet0/1 之间的连接线，将 PC1 连接到交换机端口 FastEthernet0/1，启动 PC1 与 PC3 之间的 ICMP 报文交换过程。PC1 和 PC3 之间能够成功交换 ICMP 报文。

（4）查看访问控制列表中的 MAC 地址，如图 7.29 所示，访问控制列表中已经存在 PC0 和 PC1 的 MAC 地址。

（5）再将 PC2 连接到交换机端口 FastEthernet0/1，启动 PC2 与 PC3 之间的 ICMP 报文交换过程。PC2 和 PC3 之间无法交换 ICMP 报文，但交换机端口 FastEthernet0/1 的工作状态没有发生变化。如果再次将 PC0 或 PC1 连接到交换机端口 FastEthernet0/1，依然能够与 PC3 成功交换 ICMP 报文。

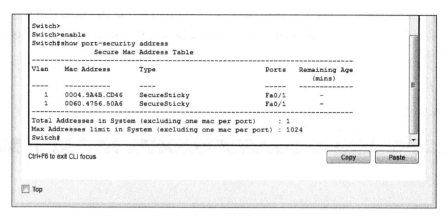

图 7.29　查看访问控制列表中 MAC 地址的过程

7.5.6　命令行接口配置过程

1. 交换机端口 FastEthernet0/1 的安全功能配置过程

```
Switch>enable
Switch#configure terminal
Switch(config)#interface FastEthernet0/1
Switch(config-if)#switchport mode access
Switch(config-if)#switchport port-security
Switch(config-if)#switchport port-security maximum 2
Switch(config-if)#switchport port-security mac-address sticky
Switch(config-if)#switchport port-security violation protect
Switch(config-if)#exit
```

2. 显示交换机访问控制列表中 MAC 地址的过程

```
Switch>enable
Switch#show port-security address
```

3. 命令列表

交换机命令行接口配置过程中使用的命令及功能和参数说明如表 7.4 所示。

表 7.4　命令列表

命令	功能和参数说明
switchport port-security mac-address sticky	将最先通过交换机端口学习到的 n 个 MAC 地址作为访问控制列表中的 MAC 地址。n 是访问控制列表的最大 MAC 地址数，由其他命令指定

7.6 终端和服务器防火墙配置实验

7.6.1 实验内容

终端和服务器带有防火墙,通过配置某个终端或服务器中防火墙的入规则,可以有效控制其他终端和服务器对该终端或服务器的访问过程。一般情况下,通过制定访问控制策略来限制其他终端和服务器对某个终端或服务器的访问过程,因此,需要将访问控制策略转换成入规则,通过对该终端或服务器配置入规则来实施访问控制策略。假定对于如图 7.30 所示的互连网络,制定以下访问控制策略。

1. 终端访问控制策略

终端访问控制策略如下。

不允许不属于同一网络的终端之间相互进行 ping 操作。

因此,对于终端 A,实施访问控制策略的入规则如表 7.5 所示。终端 C 的入规则与终端 A 相似。

表 7.5 终端 A 的入规则

序 号	源 IP 地址	协 议	动 作
1	192.1.2.2 或 192.1.2.3	ICMP	丢弃
2	any	IP	允许

规则 1 禁止源 IP 地址为终端 C 或终端 D 的 IP 地址,且净荷是 ICMP 报文的 IP 分组进入终端 A。

规则 2 允许除规则 1 禁止的 IP 分组以外的所有其他 IP 分组进入终端 A。

2. Web 服务器访问控制策略

Web 服务器访问控制策略如下。

对于和 Web 服务器不属于同一网络的终端,只允许这些终端用浏览器访问 Web 主页。

因此,对于 Web 服务器 1,实施访问控制策略的入规则如表 7.6 所示。Web 服务器 2 的入规则与 Web 服务器 1 相似。

表 7.6 Web 服务器 1 的入规则

序号	源 IP 地址	协议	源端口号	目的端口号	动作
1	192.1.2.2 或 192.1.2.3	TCP	any	80	允许
2	192.1.1.4 或 192.1.1.5	IP			允许
3	any	IP			丢弃

规则1允许源IP地址为终端C或终端D的IP地址,且净荷是目的端口号等于80的TCP报文的IP分组进入Web服务器1。

规则2允许源IP地址为终端A或终端B的IP地址的IP分组进入Web服务器1。

规则3禁止除规则1和规则2允许的IP分组以外的所有其他IP分组进入Web服务器1。

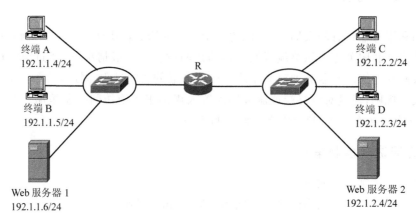

图7.30 互连的网络结构

7.6.2 实验目的

(1) 验证终端和服务器防火墙配置过程。
(2) 验证终端和服务器防火墙实施访问控制策略的过程。
(3) 验证终端和服务器防火墙入规则配置过程。

7.6.3 实验原理

配置规则的关键因素是指定IP地址范围,一般通过CIDR地址块或网络地址指定IP地址范围,如CIDR地址块192.1.1.0/28指定的IP地址范围为192.1.1.0~192.1.1.15,但CIDR地址块192.1.1.0/28中的IP地址192.1.1.0是网络地址,192.1.1.15是直接广播地址,这两个IP地址都不是可分配的IP地址。如果用CIDR地址块表示网络地址,子网掩码的位数一般不能大于31位。为了用CIDR地址块表示唯一的IP地址,如IP地址192.1.1.1,可以用该IP地址和32位子网掩码的组合来表示唯一的该IP地址,如192.1.1.1/32。

为了方便表示IP地址范围,防火墙引进反掩码,如IP地址范围192.1.1.0~192.1.1.15,可以用IP地址192.1.1.0和反掩码0.0.0.15表示。反掩码表示方式下,先将IP地址192.1.1.0和反掩码0.0.0.15进行"或"运算,得到运算结果192.1.1.15。给定某个IP地址,将该IP地址与反掩码0.0.0.15进行"或"运算,如果运算结果等于192.1.1.15,表示该IP地址属于用IP地址192.1.1.0和反掩码0.0.0.15表示的IP地址范围。如IP地址192.

1.1.7 与反掩码 0.0.0.15 进行"或"运算后得到的运算结果是 192.1.1.15，因此，IP 地址 192.1.1.7 属于用 IP 地址 192.1.1.0 和反掩码 0.0.0.15 表示的 IP 地址范围。

引入反掩码后，可以用 IP 地址 192.1.1.1 和反掩码 0.0.0.0 唯一指定 IP 地址 192.1.1.1。也可以用 IP 地址 192.1.2.2 和反掩码 0.0.0.1 指定 IP 地址 192.1.2.2 和 192.1.2.3，同样，可以用 IP 地址 192.1.1.4 和反掩码 0.0.0.1 指定 IP 地址 192.1.1.4 和 192.1.1.5。

7.6.4 实验步骤

（1）根据如图 7.30 所示的互连的网络结构放置和连接设备，完成设备放置和连接后的逻辑工作区界面如图 7.31 所示。完成路由器接口配置过程。完成各终端和服务器网络信息配置过程。保证终端之间、终端和服务器之间的连通性。

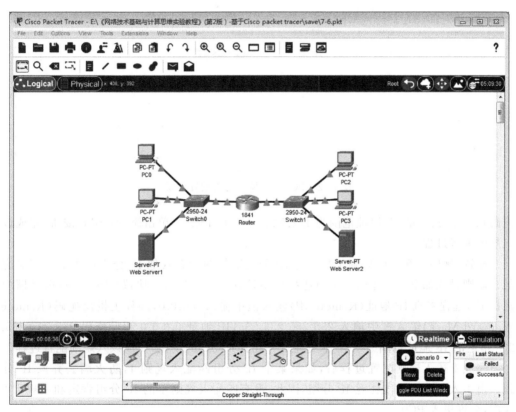

图 7.31 完成设备放置和连接后的逻辑工作区界面

（2）启动 PC0 桌面（Desktop）下的 IPv4 防火墙（IPv4 Firewall）实用程序，出现如图 7.32 所示的防火墙入规则（Inbound Rules）配置界面。

配置"规则 1 禁止源 IP 地址为 PC2 或 PC3 的 IP 地址，且净荷是 ICMP 报文的 IP 分组进入 PC0。"对应的入规则过程如下：动作（Action）选择框中选择拒绝（deny），协议（Protocol）选择框中选择 ICMP，远程主机 IP 地址（Remote IP）输入框中输入 192.1.2.2，远程主机反掩码（Remote Wildcard Mask）输入框中输入 0.0.0.1，IP 地址 192.1.2.2 和反

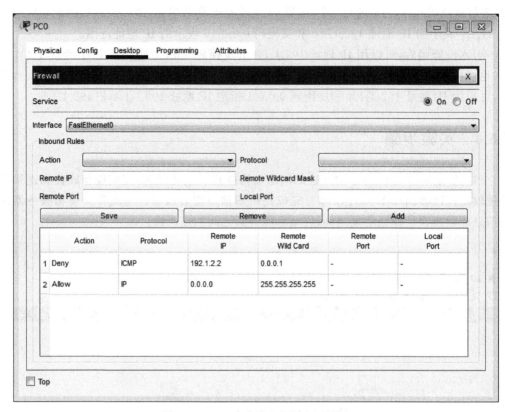

图 7.32 PC0 防火墙入规则配置界面

掩码 0.0.0.1 指定的 IP 地址范围为 192.1.2.2 和 192.1.2.3。单击添加(Add)按钮,完成该入规则配置过程。

配置"规则 2 允许除规则 1 禁止的 IP 分组以外的所有其他 IP 分组进入 PC0。"对应的入规则过程如下:动作(Action)选择框中选择允许(allow),协议(Protocol)选择框中选择 IP,远程主机 IP 地址(Remote IP)输入框中输入 0.0.0.0,远程主机反掩码(Remote Wildcard Mask)输入框中输入 255.255.255.255,IP 地址 0.0.0.0 和反掩码 255.255.255.255 指定的 IP 地址范围为所有 IP 地址。单击添加(Add)按钮,完成该入规则配置过程。

完成上述入规则配置过程后,如果某个 IP 分组匹配入规则 1,防火墙丢弃该 IP 分组。由于入规则 2 匹配任意 IP 分组,因此,没有匹配入规则 1 的 IP 分组肯定和入规则 2 匹配,允许进入 PC0。

(3) Web Server1 IPv4 防火墙入规则配置界面如图 7.33 所示。

配置"规则 1 允许源 IP 地址为 PC0 或 PC1 的 IP 地址的 IP 分组进入 Web 服务器 1。"对应的入规则过程如下:动作(Action)选择框中选择允许(allow),协议(Protocol)选择框中选择 IP,远程主机 IP 地址(Remote IP)输入框中输入 192.1.1.4,远程主机反掩码(Remote Wildcard Mask)输入框中输入 0.0.0.1,IP 地址 192.1.1.4 和反掩码 0.0.0.1 指定的 IP 地址范围为 192.1.1.4 和 192.1.1.5。

配置"规则 2 允许源 IP 地址为 PC2 或 PC3 的 IP 地址,且净荷是目的端口号等于 80

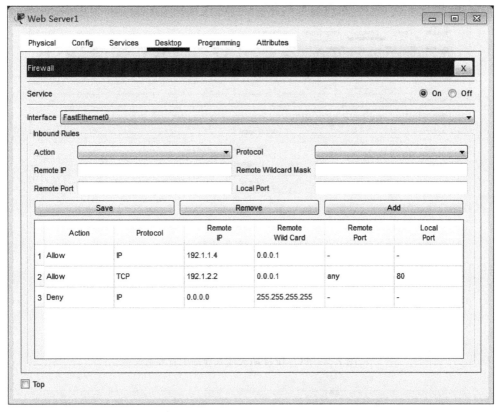

图 7.33　Web Server1 IPv4 防火墙入规则配置界面

的 TCP 报文的 IP 分组进入 Web 服务器 1。"对应的入规则过程如下：动作(Action)选择框中选择允许(allow)，协议(Protocol)选择框中选择 TCP，远程主机 IP 地址(Remote IP)输入框中输入 192.1.2.2，远程主机反掩码(Remote Wildcard Mask)输入框中输入 0.0.0.1，IP 地址 192.1.2.2 和反掩码 0.0.0.1 指定的 IP 地址范围为 192.1.2.2 和 192.1.2.3。远程主机端口号(Remote Port)输入框中输入 any，表示任意端口号。本地主机端口号(Local Port)输入框中输入 80，80 是 HTTP 协议对应的著名端口号。

配置"规则 3 禁止除规则 1 和规则 2 允许的 IP 分组以外的所有其他 IP 分组进入 Web 服务器 1。"对应的入规则如下：动作(Action)选择框中选择拒绝(deny)，协议(Protocol)选择框中选择 IP，远程主机 IP 地址(Remote IP)输入框中输入 0.0.0.0，远程主机反掩码(Remote Wildcard Mask)输入框中输入 255.255.255.255，IP 地址 0.0.0.0 和反掩码 255.255.255.255 指定的 IP 地址范围为所有 IP 地址。

完成上述入规则配置过程后，IP 分组中只有与入规则 1 或入规则 2 匹配的 IP 分组进入 Web Server1，其他所有 IP 分组都被丢弃。

(4) PC2 IPv4 防火墙入规则配置界面如图 7.34 所示。Web Server2 IPv4 防火墙入规则配置界面如图 7.35 所示。

第 7 章　网络安全实验

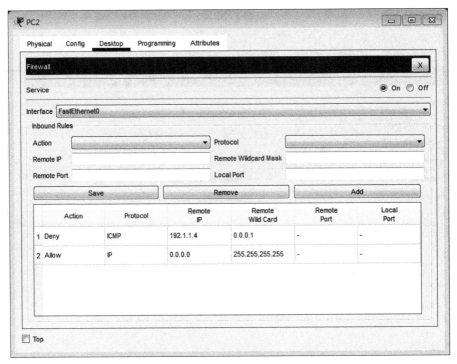

图 7.34　PC2 IPv4 防火墙入规则配置界面

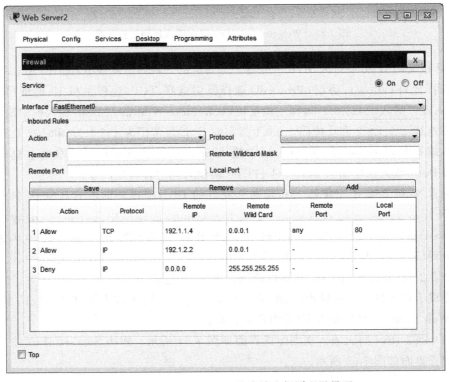

图 7.35　Web Server2 IPv4 防火墙入规则配置界面

7.6.5 命令行接口配置过程

Router 命令行接口配置过程如下。

```
Router>enable
Router#configure terminal
Router(config)#interface FastEthernet0/0
Router(config-if)#no shutdown
Router(config-if)#ip address 192.1.1.254 255.255.255.0
Router(config-if)#exit
Router(config)#interface FastEthernet0/1
Router(config-if)#no shutdown
Router(config-if)#ip address 192.1.2.254 255.255.255.0
Router(config-if)#exit
```

7.7 无状态分组过滤器配置实验

7.7.1 实验内容

互连的网络结构如图 7.36 所示,分别在路由器 R1 接口 1 输入方向和路由器 R2 接口 2 输入方向设置无状态分组过滤器,实现只允许终端 A 访问 Web 服务器,终端 B 访问 FTP 服务器,禁止其他一切网络间通信过程的访问控制策略。

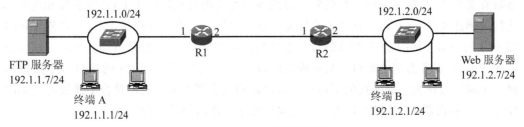

图 7.36 互连的网络结构

7.7.2 实验目的

(1) 验证无状态分组过滤器配置过程。
(2) 验证无状态分组过滤器实施访问控制策略的过程。
(3) 验证过滤规则设置原则和方法。
(4) 验证过滤规则作用过程。

7.7.3 实验原理

路由器 R1 接口 1 输入方向的过滤规则集如下。

① 协议类型＝TCP，源 IP 地址＝192.1.1.1/32，源端口号＝*，目的 IP 地址＝192.1.2.7/32，目的端口号＝80；正常转发。

② 协议类型＝TCP，源 IP 地址＝192.1.1.7/32，源端口号＝21，目的 IP 地址＝192.1.2.1/32，目的端口号＝*；正常转发。

③ 协议类型＝TCP，源 IP 地址＝192.1.1.7/32，源端口号＞1024，目的 IP 地址＝192.1.2.1/32，目的端口号＝*；正常转发。

④ 协议类型＝*，源 IP 地址＝any，目的 IP 地址＝any；丢弃。

路由器 R2 接口 2 输入方向的过滤规则集如下。

① 协议类型＝TCP，源 IP 地址＝192.1.2.1/32，源端口号＝*，目的 IP 地址＝192.1.1.7/32，目的端口号＝21；正常转发。

② 协议类型＝TCP，源 IP 地址＝192.1.2.1/32，源端口号＝*，目的 IP 地址＝192.1.1.7/32，目的端口号＞1024；正常转发。

③ 协议类型＝TCP，源 IP 地址＝192.1.2.7/32，源端口号＝80，目的 IP 地址＝192.1.1.1/32，目的端口号＝*；正常转发。

④ 协议类型＝*，源 IP 地址＝any，目的 IP 地址＝any；丢弃。

条件"协议类型＝*"是指 IP 分组首部中的协议字段值可以是任意值。"源端口号＝*"是指源端口号可以是任意值。

路由器 R1 接口 1 输入方向过滤规则①表明只允许与终端 A 以 HTTP 访问 Web 服务器有关的 TCP 报文继续正常转发。过滤规则②表明只允许属于 FTP 服务器和终端 B 之间控制连接的 TCP 报文继续正常转发。过滤规则③表明只允许属于 FTP 服务器和终端 B 之间数据连接的 TCP 报文继续正常转发。由于 FTP 服务器是被动打开的，因此，数据连接 FTP 服务器端的端口号是不确定的，FTP 服务器在大于 1024 的端口号中随机选择一个端口号作为数据连接的端口号。过滤规则④表明丢弃所有不符合上述过滤规则的 IP 分组。路由器 R2 接口 2 输入方向过滤规则集的作用与此相似。

7.7.4 关键命令说明

1. 配置无状态分组过滤器规则集

以下命令序列用于配置无状态分组过滤器规则集。规则配置顺序就是规则在规则集中的顺序。

```
Router(config)#access-list 101 permit tcp host 192.1.1.1 host 192.1.2.7 eq www
Router(config)#access-list 101 permit tcp host 192.1.1.7 eq ftp host 192.1.2.1
Router(config)#access-list 101 permit tcp host 192.1.1.7 gt 1024 host 192.1.2.1
```

```
Router(config)#access-list 101 deny ip any any
```

access-list 101 permit tcp host 192.1.1.1 host 192.1.2.7 eq www 是全局模式下使用的命令,该命令的作用是指定无状态分组过滤器规则集中的其中一个规则。101 是无状态分组过滤器编号,所有属于同一无状态分组过滤器规则集的规则有着相同的编号。该规则对应"①协议类型=TCP,源 IP 地址=192.1.1.1/32,源端口号=*,目的 IP 地址=192.1.2.7/32,目的端口号=80;正常转发。"。permit 是规则指定的动作,表示允许与该规则匹配的 IP 分组输入或输出。tcp 是 IP 分组首部中的协议类型,表示 IP 分组净荷是 TCP 报文。host 192.1.1.1,表示源 IP 地址是唯一的 IP 地址 192.1.1.1。host 192.1.1.1 可以用 IP 地址 192.1.1.1 和反掩码 0.0.0.0 表示。host 192.1.2.7 表示目的 IP 地址是唯一的 IP 地址 192.1.2.7,同样,host 192.1.2.7 也可以用 IP 地址 192.1.2.7 和反掩码 0.0.0.0 表示。eq 是操作符,表示等于,www 是 http 对应的著名端口号 80,目的 IP 地址后给出的端口号是目的端口号,因此,eq www 表示目的端口号等于 80。源 IP 地址后没有指定端口号,表示源端口号可以是任意值。与该规则匹配的 IP 分组是符合以下条件的 IP 分组:源 IP 地址等于 192.1.1.1,目的 IP 地址等于 192.1.2.7,IP 分组首部协议字段值等于 TCP,且净荷是目的端口号等于 80 的 TCP 报文。对与该规则匹配的 IP 分组实施的动作是允许输入或输出。与该命令等同的命令是,access-list 101 permit tcp 192.1.1.1 0.0.0.0 192.1.2.7 0.0.0.0 eq 80。该规则是规则集中的第一条规则。

access-list 101 permit tcp host 192.1.1.7 eq ftp host 192.1.2.1 指定的规则对应"②协议类型=TCP,源 IP 地址=192.1.1.7/32,源端口号=21,目的 IP 地址=192.1.2.1/32,目的端口号=*;正常转发。"。与该规则匹配的 IP 分组是符合以下条件的 IP 分组:源 IP 地址等于 192.1.1.7,目的 IP 地址等于 192.1.2.1,IP 分组首部协议字段值等于 TCP,且净荷是源端口号等于 21 的 TCP 报文。对与该规则匹配的 IP 分组实施的动作是允许输入或输出。该规则是规则集中的第二条规则。

access-list 101 permit tcp host 192.1.1.7 gt 1024 host 192.1.2.1 指定的规则对应"③协议类型=TCP,源 IP 地址=192.1.1.7/32,源端口号>1024,目的 IP 地址=192.1.2.1/32,目的端口号=*;正常转发。"。与该规则匹配的 IP 分组是符合以下条件的 IP 分组:源 IP 地址等于 192.1.1.7,目的 IP 地址等于 192.1.2.1,IP 分组首部协议字段值等于 TCP,且净荷是源端口号大于 1024 的 TCP 报文。对与该规则匹配的 IP 分组实施的动作是允许输入或输出。该规则是规则集中的第三条规则。

access-list 101 deny ip any any 指定的规则对应"④协议类型=*,源 IP 地址=any,目的 IP 地址=any;丢弃。"。*表示任意协议字段值,any 表示所有 IP 地址,因此,any 可以用 IP 地址 0.0.0.0 和反掩码 255.255.255.255 代替。所有 IP 分组都与该规则匹配。对与该规则匹配的 IP 分组实施的动作是丢弃。与该命令等同的命令是,access-list 101 deny ip 0.0.0.0 255.255.255.255 0.0.0.0 255.255.255.255。该规则是规则集中的第四条规则。

值得强调的是,IP 分组按照规则顺序逐个进行匹配,一旦与某个规则匹配,执行该规则指定的动作,不再匹配后续规则。

2. 将规则集作用到某个接口

```
Router(config)#interface FastEthernet0/0
Router(config-if)#ip access-group 101 in
Router(config-if)#exit
```

ip access-group 101 in 是接口配置模式下使用的命令,该命令的作用是将编号为 101 的无状态分组过滤器作用到路由器接口 FastEthernet0/0 输入方向,参数 101 是无状态分组过滤器编号,参数 in 表示输入方向。路由器接口输入输出方向以路由器为准,外部至路由器为输入,路由器至外部为输出。

7.7.5 实验步骤

(1) 根据如图 7.36 所示互连的网络结构放置和连接设备,完成设备放置和连接后的逻辑工作区界面如图 7.37 所示。完成路由器接口配置过程。完成路由器 RIP 配置过程。完成上述配置过程后的路由器 Router1 和 Router2 的路由表分别如图 7.38 和图 7.39 所示。完成各个终端和服务器网络信息配置过程。验证终端与终端之间、终端与服务器之间、服务器与服务器之间的连通性。

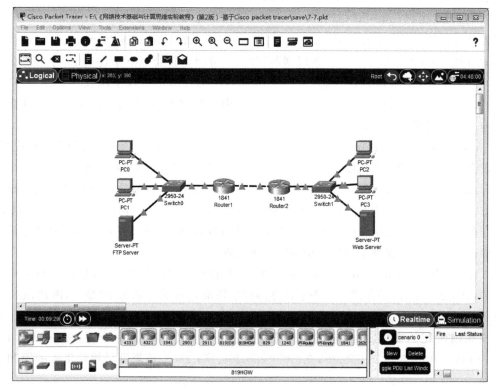

图 7.37 完成设备放置和连接后的逻辑工作区界面

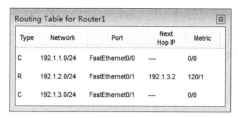

Routing Table for Router1

Type	Network	Port	Next Hop IP	Metric
C	192.1.1.0/24	FastEthernet0/0	---	0/0
R	192.1.2.0/24	FastEthernet0/1	192.1.3.2	120/1
C	192.1.3.0/24	FastEthernet0/1	---	0/0

图 7.38　Router1 的路由表

Routing Table for Router2

Type	Network	Port	Next Hop IP	Metric
R	192.1.1.0/24	FastEthernet0/0	192.1.3.1	120/1
C	192.1.2.0/24	FastEthernet0/1	---	0/0
C	192.1.3.0/24	FastEthernet0/0	---	0/0

图 7.39　Router2 的路由表

(2) 在路由器 Router1 上配置编号为 101 的无状态分组过滤器，并将其作用到路由器接口 FastEthernet0/0 输入方向。在路由器 Router2 上配置编号为 101 的无状态分组过滤器，并将其作用到路由器接口 FastEthernet0/1 输入方向。

(3) 验证不同网络的终端之间，服务器之间不能 ping 通。只允许 PC0 通过浏览器访问 Web 服务器，如图 7.40 所示。FTP 服务器配置界面如图 7.41 所示，创建两个用户名分别为 aaa 和 cisco 的授权用户，授权用户的访问权限是全部操作功能。PC2 访问 FTP 服务器的过程如图 7.42 所示。

图 7.40　PC0 访问 Web 服务器界面

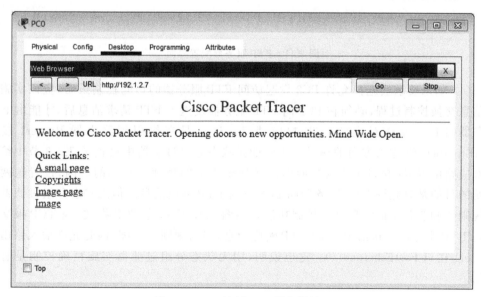

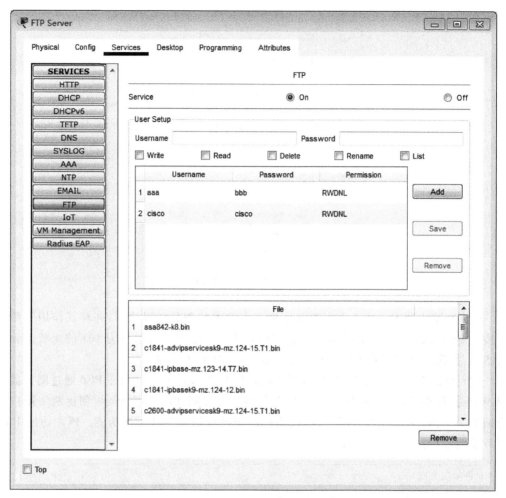

图 7.41　FTP 服务器配置界面

（4）如果要求实施只允许 PC2 发起访问 FTP 服务器的访问控制策略,应该实施以下信息交换控制过程,必须在 PC2 向 FTP 服务器发送了 FTP 请求消息后,才能由 FTP 服务器向 PC2 发送对应的 FTP 响应消息。这也是在作用到路由器 Router1 接口 FastEthernet0/0 输入方向的编号为 101 的无状态分组过滤器中设置了 7.3.3 节中给出的对应路由器 R1 接口 1 输入方向的过滤规则集中的规则②和③的原因,设置这两个规则的目的是只允许 FTP 服务器向 PC2 发送 FTP 响应消息。但无状态分组过滤器中的规则②和③并不能实现这一控制功能。如图 7.43 所示的 TCP 报文,该 TCP 报文并不是 FTP 服务器发送给 PC2 的 FTP 响应消息,但与规则③匹配,因此允许输入路由器 Router1 接口 FastEthernet0/0。这也说明,用无状态分组过滤器实施精确控制是有困难的。

图 7.42 PC2 访问 FTP 服务器过程

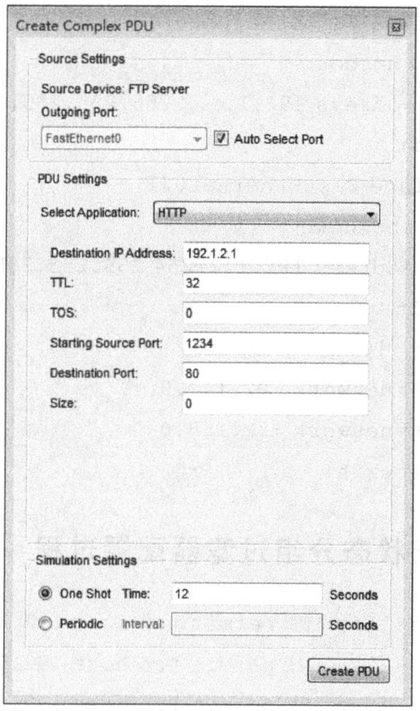

图 7.43 破坏访问控制策略的 TCP 报文

第 7 章 网络安全实验

7.7.6 命令行接口配置过程

1. 路由器 Router1 接口和 RIP 配置过程

```
Router>enable
Router#configure terminal
Router(config)#interface FastEthernet0/0
Router(config-if)#no shutdown
Router(config-if)#ip address 192.1.1.254 255.255.255.0
Router(config-if)#exit
Router(config)#interface FastEthernet0/1
Router(config-if)#no shutdown
Router(config-if)#ip address 192.1.3.1 255.255.255.0
Router(config-if)#exit
Router(config)#router rip
Router(config-router)#network 192.1.1.0
Router(config-router)#network 192.1.3.0
Router(config-router)#exit
```

2. 路由器 Router2 接口和 RIP 配置过程

```
Router>enable
Router#configure terminal
Router(config)#interface FastEthernet0/0
Router(config-if)#no shutdown
Router(config-if)#ip address 192.1.3.2 255.255.255.0
Router(config-if)#exit
Router(config)#interface FastEthernet0/1
Router(config-if)#no shutdown
Router(config-if)#ip address 192.1.2.254 255.255.255.0
Router(config-if)#exit
Router(config)#router rip
Router(config-router)#network 192.1.2.0
Router(config-router)#network 192.1.3.0
Router(config-router)#exit
```

3. 路由器 Router1 无状态分组过滤器配置过程

```
Router(config)#access-list 101 permit tcp host 192.1.1.1 host 192.1.2.7 eq www
Router(config)#access-list 101 permit tcp host 192.1.1.7 eq ftp host 192.1.2.1
Router(config)#access-list 101 permit tcp host 192.1.1.7 gt 1024 host 192.1.2.1
Router(config)#access-list 101 deny ip any any
```

```
Router(config)#interface FastEthernet0/0
Router(config-if)#ip access-group 101 in
Router(config-if)#exit
```

4. 路由器 Router2 无状态分组过滤器配置过程

```
Router(config)#access-list 101 permit tcp host 192.1.2.1 host 192.1.1.7 eq ftp
Router(config)#access-list 101 permit tcp host 192.1.2.1 host 192.1.1.7 gt 1024
Router(config)#access-list 101 permit tcp host 192.1.2.7 eq www host 192.1.1.1
Router(config)#access-list 101 deny ip any any
Router(config)#interface FastEthernet0/1
Router(config-if)#ip access-group 101 in
Router(config-if)#exit
```

5. 命令列表

路由器命令行接口配置过程中使用的命令及功能和参数说明如表 7.7 所示。

表 7.7 命令列表

命 令	功能和参数说明
access-list *access-list-number* {**deny**| **permit**} *protocol source source-wildcard destination destination-wildcard*	定义一条属于某个无状态分组过滤器的规则。这里的无状态分组过滤器是指扩展分组过滤器。参数 *access-list-number* 是扩展分组过滤器的编号，扩展分组过滤器的编号范围是 100～199。**deny** 和 **permit** 表示动作，其中 **deny** 是拒绝，**permit** 是允许。参数 *protocol* 指定 IP 分组首部的协议字段值，可选的协议类型有 TCP、UDP、ICMP 和表示任意值的 IP 等。参数 *source* 和 *source-wildcard* 指定源 IP 地址范围，其中参数 *source* 是 IP 地址，参数 *source-wildcard* 是反掩码，如 *source*＝192.1.2.2，*source-wildcard*＝0.0.0.1，表示源 IP 地址的范围是 192.1.2.2 和 192.1.2.3。如 *source*＝192.1.2.2，*source-wildcard*＝0.0.0.0，表示源 IP 地址范围是唯一的 IP 地址 192.1.2.2。这种情况下，可以用 host 192.1.2.2 代替。如 *source*＝0.0.0.0，*source-wildcard*＝255.255.255.255，表示源 IP 地址范围是所有 IP 地址。这种情况下，可以用 any 代替。参数 *destination* 和 *destination-wildcard* 指定目的 IP 地址范围，其中参数 *destination* 是 IP 地址，参数 *destination-wildcard* 是反掩码。参数 *destination* 和 *destination-wildcard* 指定目的 IP 地址范围的方式与参数 *source* 和 *source-wildcard* 指定源 IP 地址范围的方式相同

续表

命　　令	功能和参数说明
access-list *access-list-number* {**deny**| **permit**} **tcp** *source source-wildcard* [*operator* [*port*]] *destination destination-wildcard* [*operator* [*port*]]	协议字段值为 TCP 的规则定义命令。当协议字段值是 TCP 时，[*operator* [*port*]]用于指定端口号范围,参数 *operator* 是操作符,可选的操作有 lt(小于)、gt(大于)、eq(等于)、neq(不等于)和 range(范围)。参数 *port* 是端口号,lt 20,表示端口号范围是所有小于 20 的端口号。gt 1024,表示端口号范围是所有大于 1024 的端口号。紧跟源 IP 地址的 [*operator* [*port*]]用于指定源端口号范围,紧跟目的 IP 地址的 [*operator* [*port*]]用于指定目的端口号范围。不指定端口号范围,表示任意端口号。其他参数的含义与本表中的第一条命令相同
access-list *access-list-number* {**deny**| **permit**} **udp** *source source-wildcard* [*operator* [*port*]] *destination destination-wildcard* [*operator* [*port*]]	协议字段值为 UDP 的规则定义命令。其他参数的含义与本表中的第二条命令相同
ip access-group *access-list-number* {**in**| **out**}	将无状态分组过滤器作用到路由器接口输入或输出方向。参数 *access-list-number* 是无状态分组过滤器编号,**in** 表示输入方向,**out** 表示输出方向

7.8　有状态分组过滤器配置实验

7.8.1　实验内容

互连的网络结构如图 7.36 所示,分别在路由器 R1 接口 1 和路由器 R2 接口 2 设置有状态分组过滤器,实现只允许终端 A 访问 Web 服务器,终端 B 访问 FTP 服务器,禁止其他一切网络间通信过程的访问控制策略。

7.8.2　实验目的

(1) 验证有状态分组过滤器配置过程。
(2) 验证有状态分组过滤器实施访问控制策略的过程。
(3) 验证过滤规则设置原则和方法。
(4) 验证过滤规则作用过程。
(5) 验证基于会话的信息交换控制机制。

7.8.3　实验原理

路由器 R1 接口 1 输入方向的过滤规则集如下。

① 协议类型＝TCP,源 IP 地址＝192.1.1.1/32,源端口号＝*,目的 IP 地址＝192.1.2.7/32,目的端口号＝80;正常转发。

② 协议类型＝*,源 IP 地址＝any,目的 IP 地址＝any;丢弃。

路由器 R1 接口 1 输出方向的过滤规则集如下。

① 协议类型＝TCP,源 IP 地址＝192.1.2.1/32,源端口号＝*,目的 IP 地址＝192.1.1.7/32,目的端口号＝21;正常转发。

② 协议类型＝TCP,源 IP 地址＝192.1.2.1/32,源端口号＝*,目的 IP 地址＝192.1.1.7/32,目的端口号＞1024;正常转发。

③ 协议类型＝*,源 IP 地址＝any,目的 IP 地址＝any;丢弃。

与 7.7 节无状态分组过滤器配置实验不同,路由器 R1 接口 1 输入方向过滤器只允许与终端 A 发起访问 Web 服务器有关的 TCP 报文输入,禁止 FTP 服务器发送给终端 B 的响应报文输入。同样,路由器 R1 接口 1 输出方向过滤器只允许与终端 B 发起访问 FTP 服务器有关的 TCP 报文输出,禁止 Web 服务器发送给终端 A 的响应报文输出。

这是有状态分组过滤器不同于无状态分组过滤器的地方,对于终端 A 发起访问 Web 服务器的过程,只有在路由器 R1 接口 1 输入方向输入了终端 A 发送给 Web 服务器的请求消息后,路由器 R1 才自动在接口 1 输出方向设置允许该请求消息对应的响应消息输出的过滤规则。即输出方向允许 Web 服务器发送给终端 A 的 TCP 报文输出的前提有两个,一是输入方向输入了封装终端 A 发送给 Web 服务器的请求消息的 TCP 报文,且该 TCP 报文与规则①匹配。二是输出的 TCP 报文是封装 Web 服务器发送给终端 A 的响应消息的 TCP 报文。

对于终端 B 发起访问 FTP 服务器过程,只有在路由器 R1 接口 1 输出方向输出了终端 B 发送给 FTP 服务器的请求消息后,路由器 R1 才自动在接口 1 输入方向设置允许该请求消息对应的响应消息输入的过滤规则。

路由器 R2 接口 2 输入方向的过滤规则集如下。

① 协议类型＝TCP,源 IP 地址＝192.1.2.1/32,源端口号＝*,目的 IP 地址＝192.1.1.7/32,目的端口号＝21;正常转发。

② 协议类型＝TCP,源 IP 地址＝192.1.2.1/32,源端口号＝*,目的 IP 地址＝192.1.1.7/32,目的端口号＞1024;正常转发。

③ 协议类型＝*,源 IP 地址＝any,目的 IP 地址＝any;丢弃。

路由器 R2 接口 2 输出方向的过滤规则集如下。

① 协议类型＝TCP,源 IP 地址＝192.1.1.1/32,源端口号＝*,目的 IP 地址＝192.1.2.7/32,目的端口号＝80;正常转发。

② 协议类型＝*,源 IP 地址＝any,目的 IP 地址＝any;丢弃。

路由器 R2 接口 2 输入输出方向过滤规则集的配置原则与路由器 R1 接口 1 输入输出方向过滤规则集的配置原则相同。

除了在路由器接口输入输出方向配置分组过滤器,为了在一个方向通过请求消息后,在另一个方向自动添加允许该请求消息对应的响应消息通过的过滤规则,需要同步配置监测器,监测器用于监测某个方向通过的请求消息,并在监测到请求消息后,自动在相反方向添加允许该请求消息对应的响应消息通过的过滤器规则。

7.8.4 关键命令说明

1. 定义监测器过程

以下命令序列用于定义监测器。

```
Router(config)#ip inspect name a1 http
Router(config)#ip inspect name a1 tcp
Router(config)#ip inspect name a2 tcp
```

ip inspect name a1 http 是全局模式下使用的命令,该命令的作用是在名为 a1 的监测器中添加监测协议 HTTP。一旦监测协议 HTTP,只有在监测方向监测到 HTTP 请求消息通过后,才允许相反方向通过该 HTTP 请求消息对应的响应消息。

ip inspect name a1 tcp 是全局模式下使用的命令,该命令的作用是在名为 a1 的监测器中添加监测协议 TCP。一旦监测协议 TCP,只有在监测方向监测到请求建立 TCP 连接的请求消息通过后,才允许相反方向通过属于该 TCP 连接的 TCP 报文。TCP 连接由两端插口唯一标识,即由两端 IP 地址和两端端口号唯一标识。

名为 a1 的监测器中同时监测 HTTP 和 TCP,在这种情况下,虽然封装 HTTP 消息的是 TCP 报文,但由于 HTTP 是应用层协议,因此,接收到 TCP 报文后,首先根据 HTTP 实施监测过程,即如果 TCP 报文中封装的是 HTTP 响应消息,且没有在监测方向监测到对应的 HTTP 请求消息,这种情况下,即使该 TCP 报文属于已经监测到的某个 TCP 连接,路由器也不允许该 TCP 报文通过。

2. 将监测器作用到路由器接口

以下命令序列用于将监测器作用到路由器接口 FastEthernet0/0。

```
Router(config)#interface FastEthernet0/0
Router(config-if)#ip inspect a1 in
Router(config-if)#ip inspect a2 out
Router(config-if)#exit
```

ip inspect a1 in 是接口配置模式下使用的命令,该命令的作用是将名为 a1 的监测器作用到路由器接口 FastEthernet0/0 输入方向,in 表示输入方向。执行该命令后,如果路由器接口 FastEthernet0/0 输入方向允许通过 HTTP 请求消息或 TCP 请求报文,路由器接口 FastEthernet0/0 输出方向允许通过该 HTTP 请求消息对应的响应消息,或者属于该 TCP 请求报文请求建立的 TCP 连接的 TCP 报文。

路由器接口 FastEthernet0/0 输入方向通过设置的分组过滤器确定是否允许通过 HTTP 请求消息或 TCP 请求报文。但一旦在路由器接口 FastEthernet0/0 输入方向设置监测器,且监测器监测到允许通过的 HTTP 请求消息或 TCP 请求报文,则路由器接口 FastEthernet0/0 输出方向允许通过该 HTTP 请求消息对应的响应消息,或者属于该

TCP 请求报文请求建立的 TCP 连接的 TCP 报文。这种允许不受路由器接口 FastEthernet0/0 输出方向设置的分组过滤器的限制。

7.8.5　实验步骤

该实验与 7.7 节无状态分组过滤器配置实验相比，有以下不同。

1）设置的分组过滤器不同

以路由器 Router1 接口 FastEthernet0/0 为例，输入方向设置的分组过滤器只允许与终端 A 发起访问 Web 服务器有关的 TCP 报文通过，输出方向设置的分组过滤器只允许与终端 B 发起访问 FTP 服务器有关的 TCP 报文通过，即输入方向设置的分组过滤器是不允许 FTP 服务器向终端 B 发送 TCP 报文。同样，输出方向设置的分组过滤器是不允许 Web 服务器向终端 A 传输 TCP 报文。

2）输入输出方向设置监测器

以路由器 Router1 接口 FastEthernet0/0 为例，为了保证输入方向通过终端 A 发送给 Web 服务器的请求消息后，允许输出方向通过 Web 服务器发送给终端 A 的响应消息，需要在输入方向设置监测器，只有当监测器监测到输入方向设置的分组过滤器允许的终端 A 发送给 Web 服务器的请求消息后，允许输出方向输出 Web 服务器向终端 A 发送的响应消息。这种允许不受输出方向分组过滤器的限制。

3）更严格的管控

以路由器 Router1 接口 FastEthernet0/0 为例，由于输入方向设置的分组过滤器只允许终端 A 向 Web 服务器发送 TCP 报文，因此，在终端 B 向 FTP 服务器发送请求消息前，输入方向不允许输入 FTP 服务器发送给终端 B 的 TCP 报文，因此，如图 7.42 所示的 TCP 报文是不允许输入路由器 Router1 接口 FastEthernet0/0 的。如图 7.36 所示的网络只允许 PC0 通过浏览器访问 Web 服务器，PC2 通过 FTP 访问 FTP 服务器。

7.8.6　命令行接口配置过程

1. Router1 安全功能配置过程

```
Router(config)#access-list 101 permit tcp host 192.1.1.1 host 192.1.2.7 eq www
Router(config)#access-list 101 deny ip any any
Router(config)#access-list 102 permit tcp host 192.1.2.1 host 192.1.1.7 eq ftp
Router(config)#access-list 102 permit tcp host 192.1.2.1 host 192.1.1.7 gt 1024
Router(config)#access-list 102 deny ip any any
Router(config)#ip inspect name a1 http
Router(config)#ip inspect name a1 tcp
Router(config)#ip inspect name a2 tcp
Router(config)#interface FastEthernet0/0
Router(config-if)#ip access-group 101 in
Router(config-if)#ip access-group 102 out
```

```
Router(config-if)#ip inspect a1 in
Router(config-if)#ip inspect a2 out
Router(config-if)#exit
```

2. Router2 安全功能配置过程

```
Router(config)#access-list 101 permit tcp host 192.1.2.1 host 192.1.1.7 eq ftp
Router(config)#access-list 101 permit tcp host 192.1.2.1 host 192.1.1.7 gt 1024
Router(config)#access-list 101 deny ip any any
Router(config)#access-list 102 permit tcp host 192.1.1.1 host 192.1.2.7 eq www
Router(config)#access-list 102 deny ip any any
Router(config)#ip inspect name a1 http
Router(config)#ip inspect name a1 tcp
Router(config)#ip inspect name a2 tcp
Router(config)#interface FastEthernet0/1
Router(config-if)#ip access-group 101 in
Router(config-if)#ip access-group 102 out
Router(config-if)#ip inspect a1 out
Router(config-if)#ip inspect a2 in
Router(config-if)#exit
```

3. 命令列表

路由器命令行接口配置过程中使用的命令及功能和参数说明如表 7.8 所示。

表 7.8 命令列表

命令	功能和参数说明
ip inspect name *inspection-name* *protocol*	在以参数 *inspection-name* 为名字的监测器中添加需要监测的协议，参数 *protocol* 用于指定需要监测的协议，常见的协议有 TCP、UDP、ICMP、HTTP 等
ip inspect *inspection-name* {in| out}	将以参数 *inspection-name* 为名字的监测器作用到路由器接口的输入或输出方向，in 表示输入方向，out 表示输出方向

7.9 入侵检测系统配置实验

7.9.1 实验内容

互连的网络结构如图 7.44 所示，完成路由器 R 接口和终端的网络信息配置过程后，各终端之间是可以相互 ping 通的。

在路由器 R 接口 1 输出方向设置入侵检测规则，该规则要求，一旦检测到 ICMP ECHO 请求报文，丢弃该 ICMP ECHO 请求报文，并向日志服务器发送警告信息。启动该入侵检测规则后，如果终端 C 和 D 发起 ping 终端 A 和 B 的操作，ping 操作不仅无法完成，而且在日志服务器中记录警告信息。如果终端 A 和终端 B 发起 ping 终端 C 和 D 的操作，ping 操作是能够完成的。

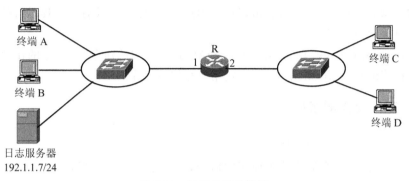

图 7.44　互连的网络结构

7.9.2　实验目的

（1）验证入侵检测系统配置过程
（2）验证入侵检测系统控制信息流传输过程的机制。
（3）验证基于特征库的入侵检测机制的工作过程。
（4）验证特征定义过程。

7.9.3　实验原理

Cisco 集成在路由器中的入侵检测系统(IDS)采用基于特征的入侵检测机制，首先需要加载特征库，特征库中包含用于标识各种入侵行为的信息流特征。一旦在某个路由器接口的输入或输出方向设置入侵检测机制，需要采集通过该接口输入或输出的信息流，然后与加载的特征库中的特征进行比较，如果该信息流与标识某种入侵行为的信息流特征匹配，对该信息流采取相关的动作。因此，特征库中与每一种入侵行为相关的信息有两部分，一是标识入侵行为的信息流特征，二是对具有入侵行为特征的信息流所采取的动作。

7.9.4　关键命令说明

1. 确定特征库存储位置

以下命令序列用于确定特征库存储位置。

```
Router#mkdir ipsdr
Create directory filename [ipsdr]? <Enter>
Created dir flash:ipsdr
```

```
Router#configure terminal
Router(config)#ip ips config location flash:ipsdr
```

mkdir ipsdr 是特权模式下使用的命令，该命令的作用是在闪存中创建一个用于存储特征库的目录。该命令执行后，会出现提示信息（命令序列中没有命令提示符的内容），需要按回车键确定目录名。

ip ips config location flash:ipsdr 是全局模式下使用的命令，该命令的作用是指定用于存储特征库的目录，flash:ipsdr 是指定用于存储特征库的目录。

2. 指定入侵检测规则

```
Router(config)#ip ips name a1
```

ip ips name a1 是全局模式下使用的命令，该命令的作用是指定名字为 a1 的入侵检测规则。在将该入侵检测规则作用到某个路由器接口的输入或输出方向前，路由器并不加载特征库。

3. 开启日志功能

以下命令序列完成 4 个功能。一是将事件记录在日志服务器中作为指定的事件通知方法。检测到与特征匹配的信息流称为事件。二是指定日志服务器的 IP 地址。由于指定的事件通知方法是将事件记录在日志服务器中，因此，需要指定日志服务器的 IP 地址。三是指定在日志信息中标记日期和时间，且将时间精确到毫秒。四是为了产生正确的日期和时间，调整路由器的时钟。

```
Router(config)#ip ips notify log
Router(config)#logging host 192.1.1.7
Router(config)#service timestamps log datetime msec
Router(config)#exit
Router#clock set 23:37:33 19 January 2022
```

ip ips notify log 是全局模式下使用的命令，该命令的作用是将事件记录在日志服务器中作为指定的事件通知方法，log 表明将事件记录在日志服务器中。

logging host 192.1.1.7 是全局模式下使用的命令，该命令的作用是指定 192.1.1.7 为日志服务器的 IP 地址。

service timestamps log datetime msec 是全局模式下使用的命令，该命令的作用是要求发送的日志信息中标记日期和时间，并要求将时间精确到毫秒。

clock set 23:37:33 19 January 2022 是特权模式下使用的命令，该命令的作用是将路由器时钟设置为 2022-01-19 23:37:33。

4. 配置每一类特征

以下命令序列完成两个功能，一是释放所有类别的特征库，二是指定需要加载的特征库类别。

```
Router(config)#ip ips signature-category
Router(config-ips-category)#category all
Router(config-ips-category-action)#retired true
Router(config-ips-category-action)#exit
Router(config-ips-category)#category ios_ips basic
Router(config-ips-category-action)#retired false
Router(config-ips-category-action)#exit
Router(config-ips-category)#exit
Do you want to accept these changes? [confirm] <Enter>
```

ip ips signature-category 是全局模式下使用的命令,该命令的作用是进入特征库分类配置模式。

category all 是特征库分类配置模式下使用的命令,该命令的作用有两个。一是指定所有类别特征库,all 表示所有类别特征库。二是进入指定类别特征库的动作配置模式。

retired true 是动作配置模式下使用的命令,该命令的作用是释放指定类别的特征库,这里的指定类别是所有类别。每一种类别特征库都比较庞大,如果加载所有类别的特征库,会引发内存紧张,因此,一般情况下只加载部分类别特征库。

category ios_ips basic 是特征库分类配置模式下使用的命令,该命令的作用有两个。一是指定特征库类别,ios_ips 是类别名,basic 是类别子名,即 ios_ips 类别中的 basic 子类别。二是进入指定类别特征库的动作配置模式。

retired false 是动作配置模式下使用的命令,该命令的作用是加载指定类别的特征库,这里的指定类别是 ios_ips 类别中的 basic 子类别。

退出特征库分类配置模式时,会出现提示信息,按 Enter 键予以确认。

5. 将规则作用到路由器接口上

```
Router(config)#interface FastEthernet0/0
Router(config-if)#ip ips a1 out
Router(config-if)#exit
```

ip ips a1 out 是接口配置模式下使用的命令,该命令的作用是将名为 a1 的入侵检测规则作用到路由器接口 FastEthernet0/0 的输出方向。out 表示输出方向。

6. 重新定义特征

以下命令序列完成两个功能,一是重新配置编号为 2004、子编号为 0 的特征的状态,二是重新配置发生事件时的动作。发生事件是指检测到与编号为 2004、子编号为 0 的特征匹配的信息流。

```
Router(config)#ip ips signature-definition
Router(config-sigdef)#signature 2004 0
Router(config-sigdef-sig)#status
Router(config-sigdef-sig-status)#retired false
Router(config-sigdef-sig-status)#enabled true
```

第 7 章 网络安全实验

```
Router(config-sigdef-sig-status)#exit
Router(config-sigdef-sig)#engine
Router(config-sigdef-sig-engine)#event-action deny-packet-inline
Router(config-sigdef-sig-engine)#event-action produce-alert
Router(config-sigdef-sig-engine)#exit
Router(config-sigdef-sig)#exit
Router(config-sigdef)#exit
Do you want to accept these changes? [confirm]   <Enter>
```

ip ips signature-definition 是全局模式下使用的命令，该命令的作用是进入特征定义模式。

signature 2004 0 是特征定义模式下使用的命令，该命令的作用有两个，一是指定编号为 2004、子编号为 0 的特征。二是进入该特征的定义模式，即指定特征定义模式。与编号为 2004、子编号为 0 的特征所匹配的报文是 ICMP ECHO 请求报文。

status 是指定特征定义模式下使用的命令，该命令的作用是进入指定特征状态配置模式。

retired false 是指定特征状态配置模式下使用的命令，该命令的作用是加载指定特征。

enabled true 是指定特征状态配置模式下使用的命令，该命令的作用是启动指定特征，启动指定特征是指用该特征匹配需要检测入侵行为的信息流。

engine 是指定特征定义模式下使用的命令，该命令的作用是进入指定特征引擎配置模式。

event-action deny-packet-inline 是指定特征引擎配置模式下使用的命令，该命令的作用是将在线丢弃作为对与指定特征匹配的信息流所采取的动作。

event-action produce-alert 是指定特征引擎配置模式下使用的命令，该命令的作用是将发送警告消息作为对与指定特征匹配的信息流所采取的动作。

退出特征定义模式时，会出现提示信息，按 Enter 键予以确认。

7.9.5 实验步骤

（1）根据如图 7.44 所示互连的网络结构放置和连接设备，完成设备放置和连接后的逻辑工作区界面如图 7.45 所示。完成路由器接口配置过程。根据路由器接口配置的信息完成各个终端、日志服务器（syslog Server）的网络信息配置过程。验证终端之间的连通性。

（2）完成路由器 Router 入侵检测系统配置过程。配置的入侵检测规则使得路由器 Router 接口 FastEthernet0/0 输出方向丢弃与编号为 2004、子编号为 0 的特征匹配的 ICMP ECHO 请求报文。

（3）验证 PC2 不能 ping 通 PC0，但 PC0 可以 ping 通 PC2。进行 PC2 ping PC0 的操作后，日志服务器将记录该事件，日志服务器记录的事件如图 7.46 所示。

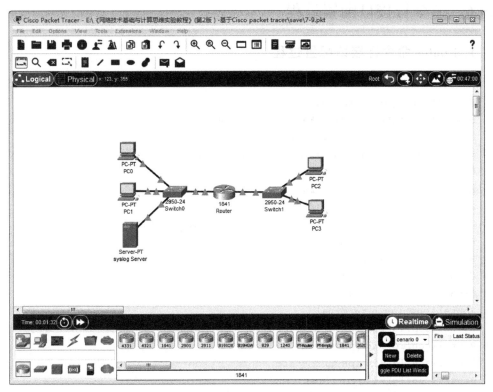

图 7.45 完成设备放置和连接后的逻辑工作区界面

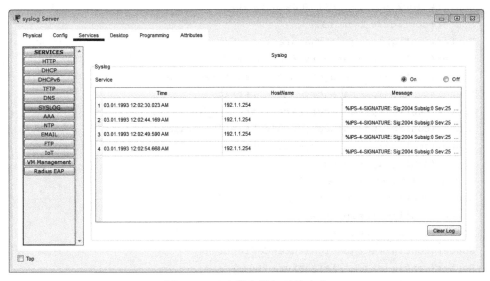

图 7.46 日志服务器记录的事件

7.9.6 命令行接口配置过程

1. Router 命令行接口配置过程

```
Router>enable
Router#configure terminal
Router(config)#interface FastEthernet0/0
Router(config-if)#no shutdown
Router(config-if)#ip address 192.1.1.254 255.255.255.0
Router(config-if)#exit
Router(config)#interface FastEthernet0/1
Router(config-if)#no shutdown
Router(config-if)#ip address 192.1.2.254 255.255.255.0
Router(config-if)#exit
Router#mkdir ipsdr
Create directory filename [ipsdr]?   <Enter>
Created dir flash:ipsdr
Router#configure terminal
Router(config)#ip ips config location flash:ipsdr
Router(config)#ip ips name a1
Router(config)#ip ips notify log
Router(config)#logging host 192.1.1.7
Router(config)#service timestamps log datetime msec
Router(config)#exit
Router#clock set 23:37:33 19 January 2022
Router#configure terminal
Router(config)#ip ips signature-category
Router(config-ips-category)#category all
Router(config-ips-category-action)#retired true
Router(config-ips-category-action)#exit
Router(config-ips-category)#category ios_ips basic
Router(config-ips-category-action)#retired false
Router(config-ips-category-action)#exit
Router(config-ips-category)#exit
Do you want to accept these changes? [confirm]   <Enter>
Router(config)#interface FastEthernet0/0
Router(config-if)#ip ips a1 out
Router(config-if)#exit
Router(config)#ip ips signature-definition
Router(config-sigdef)#signature 2004 0
Router(config-sigdef-sig)#status
Router(config-sigdef-sig-status)#retired false
Router(config-sigdef-sig-status)#enabled true
Router(config-sigdef-sig-status)#exit
```

```
Router(config-sigdef-sig)#engine
Router(config-sigdef-sig-engine)#event-action deny-packet-inline
Router(config-sigdef-sig-engine)#event-action produce-alert
Router(config-sigdef-sig-engine)#exit
Router(config-sigdef-sig)#exit
Router(config-sigdef)#exit
Do you want to accept these changes? [confirm]   <Enter>
```

2. 命令列表

路由器命令行接口配置过程中使用的命令及功能和参数说明如表 7.9 所示。

表 7.9 命令列表

命 令	功能和参数说明
mkdir *directory-name*	创建目录，参数 *directory-name* 是目录名
ip ips config location *url*	指定用于存放特征库的位置，参数 *url* 是用于指定位置的统一资源定位符，一般情况下，参数 *url* 是用于指定目录的路径，如 flash:ipsdr
ip ips name *ips-name* [list *acl*]	指定一个入侵检测规则，参数 *ips-name* 是规则名。可以指定一个分组过滤器，如果指定分组过滤器，则只对分组过滤器允许通过的信息流进行入侵检测。参数 *acl* 是分组过滤器编号
ip ips notify log	指定将发送警告消息给日志服务器作为事件通知方法
logging host *ip-address*	指定日志服务器的 IP 地址，参数 *ip-address* 是日志服务器的 IP 地址
ip ips signature-category	进入特征库分类配置模式
category *category* [*sub-category*]	指定某个类别特征库，参数 *category* 用于指定类别，如果存在子类别的话，用参数 *sub-category* 指定子类别。然后进入指定类别特征库的动作配置模式
retired{true|false}	false 表示加载指定类别特征库，true 表示释放指定类别特征库
ip ips *ips-name* {in|out}	将以参数 *ips-name* 为名字的入侵检测规则作用到路由器接口输入或输出方向。in 表示输入方向，out 表示输出方向
ip ips signature-definition	进入特征定义模式
signature *signature-id* [*subsignature-id*]	指定某个特征，参数 *signature-id* 是特征编号，如果存在子编号的话，用参数 *subsignature-id* 指定子编号，然后进入该特征的定义模式
enabled{true|false}	启动或关闭指定特征。true 表示启动，false 表示关闭
status	进入指定特征的状态配置模式
engine	进入指定特征的引擎配置模式
event-action *action*	指定发生事件时采取的动作。参数 *action* 用于指定动作。发生事件是指检测到与指定特征匹配的信息流

7.10 控制 Telnet 远程配置过程实验

7.10.1 实验内容

本实验在 6.7 节 Telnet 设备配置实验的基础上进行。如图 7.47 所示,由于用 Telnet 远程配置设备是一件风险很大的事情,因此,需要严格控制允许用 Telnet 远程配置设备的终端。通过在交换机 S1 设置访问控制,只允许终端 B 用 Telnet 远程配置交换机 S1,不允许其他终端用 Telnet 远程配置交换机 S1。

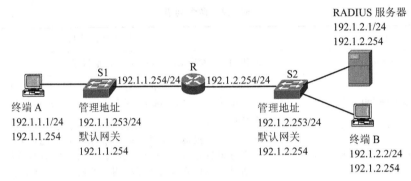

图 7.47 互连的网络结构

7.10.2 实验目的

(1) 验证用 Telnet 远程配置设备的过程。
(2) 验证本地鉴别机制。
(3) 验证对用 Telnet 远程配置设备的过程实施控制的方法。

7.10.3 实验原理

用 Telnet 远程配置设备的前提是,建立远程终端与设备之间的 Telnet 会话。如果在所有 Telnet 会话中设置分组过滤器,且分组过滤器只允许源 IP 地址是终端 B 的 IP 地址的 IP 分组进入 Telnet 会话,则只有终端 B 能够发起建立与设备之间的 Telnet 会话。

7.10.4 关键命令说明

1. 配置分组过滤器

```
Switch(config)#access-list 1 permit host 192.1.2.2
```

```
Switch(config)#access-list 1 deny any
```

access-list 1 permit host 192.1.2.2 是全局模式下使用的命令,该命令的作用是在编号为 1 的分组过滤器中添加一条规则,该规则只允许源 IP 地址为 192.1.2.2 的 IP 分组通过。编号 1~99 的分组过滤器是标准分组过滤器,标准分组过滤器只能限制源终端的 IP 地址。编号 100~199 是扩展分组过滤器,扩展分组过滤器可以限制源和目的终端的 IP 地址、源和目的端口号等。

access-list 1 deny any 是全局模式下使用的命令,该命令的作用是在编号为 1 的分组过滤器中添加一条规则,该规则拒绝全部 IP 分组。

2. 将分组过滤器作用到所有 Telnet 会话

```
Switch(config)#line vty 0 4
Switch(config-line)#access-class 1 in
Switch(config-line)#exit
```

access-class 1 in 是仿真终端配置模式下使用的命令,该命令的作用是只允许编号为 1 的分组过滤器允许通过的 IP 分组进入编号范围为 0~4 的 Telnet 会话。

7.10.5 实验步骤

(1) 在 6.7 节 Telnet 设备配置实验的基础上增加 PC1,增加 PC1 后的逻辑工作区界面如图 7.48 所示。完成 PC1 网络信息配置过程。

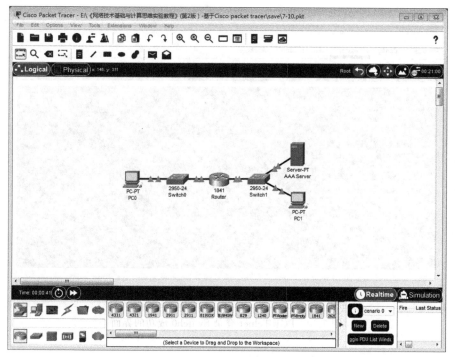

图 7.48 增加 PC1 后的逻辑工作区界面

（2）在交换机 Switch0 中完成与限制用 Telnet 远程配置设备的终端相关的配置过程，只允许 PC1 用 Telnet 远程配置 Switch0。启动 PC0 Telnet 登录 Switch0 的过程，登录失败，如图 7.49 所示。启动 PC1 Telnet 登录 Switch0 的过程，登录成功，如图 7.50 所示。

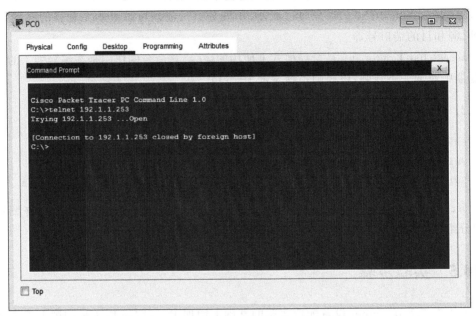

图 7.49　PC0 Telnet 登录 Switch0 失败的界面

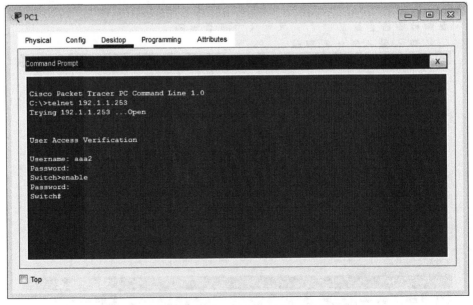

图 7.50　PC1 Telnet 登录 Switch0 成功的界面

7.10.6　命令行接口配置过程

1. Switch0 与限制用 Telnet 远程配置设备的终端相关的配置过程

```
Switch(config)#access-list 1 permit host 192.1.2.2
Switch(config)#access-list 1 deny any
Switch(config)#line vty 0 4
Switch(config-line)#access-class 1 in
Switch(config-line)#exit
```

2. 命令列表

Switch0 命令行接口配置过程中使用的命令及功能和参数说明如表 7.10 所示。

表 7.10　命令列表

命　令	功能和参数说明
access-list *access-list-number* {**deny** | **permit**} *source* [*source-wildcard*]	定义一条属于某个标准分组过滤器的规则。参数 *access-list-number* 是标准分组过滤器的编号,编号范围是 1~99。**deny** 和 **permit** 表示动作,其中 **deny** 是拒绝,**permit** 是允许。参数 *source* 和 *source-wildcard* 指定源 IP 地址范围,其中参数 *source* 是 IP 地址,参数 *source-wildcard* 是反掩码,如 *source* = 192.1.2.2, *source-wildcard* = 0.0.0.1,表示源 IP 地址范围是 192.1.2.2 和 192.1.2.3。如 *source* = 192.1.2.2, *source-wildcard* = 0.0.0.0,表示源 IP 地址范围是唯一的 IP 地址 192.1.2.2。这种情况下,可以用 host 192.1.2.2 代替。如 *source* = 0.0.0.0, *source-wildcard* = 255.255.255.255,表示源 IP 地址范围是所有 IP 地址。这种情况下,可以用 any 代替
access-class *access-list-number* {**in** | **out**}	将以参数 *access-list-number* 为编号的分组过滤器作用到 Telnet 会话的输入或输出方向,**in** 是输入方向,**out** 是输出方向

7.11　网络安全实验的启示和思政元素

第 8 章

校园网设计和实现过程

实际校园网设计和实现过程包括以下步骤,根据校园布局设计拓扑结构,完成设备选型和逻辑结构设计,完成布线和网络设备配置、调试过程等。本章假设一个校园布局,完成根据校园布局设计拓扑结构、设备选型和逻辑结构设计等,然后在 Cisco Packet Tracer 中完成校园网布线、网络设备配置和调试过程等。

8.1 校园布局和设计要求

假设一个简单的校园和校园内楼宇布局,完成各楼宇内终端和服务器之间的互连过程,引申出校园网设计和设备选型的一般原则。

8.1.1 校园布局

校园布局如图 8.1 所示,楼与楼之间距离为 1~2km。要求通过校园网实现分布在各楼中的终端和服务器之间的互连。为了简化起见,只要求将每一栋教室中的若干终端(包括移动终端)和主楼中的若干服务器连接到校园网上,不考虑主楼和办公楼中的终端。

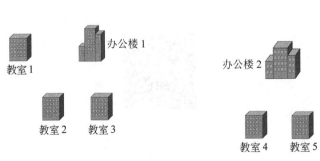

图 8.1 校园布局

8.1.2 网络拓扑结构

网络拓扑结构设计一是需要考虑布线系统的实施难度和成本,二是需要考虑放置和管理网络设备的方便性,三是需要考虑数据传输系统的设计要求。根据如图 8.1 所示的校园布局,设计出如图 8.2 所示的校园网拓扑结构。接入层设备放置在各教室和主楼,接入层设备的功能是连接教室中的固定终端、瘦 AP(Fit AP,FAP)和主楼中的服务器。汇聚层设备放置在两个办公楼中,汇聚层设备的功能有两个,一是连接核心层设备,二是连接分布在教室中的接入层设备。办公楼 1 中的汇聚层设备连接教室 1、教室 2 和教室 3 中的接入层设备。办公楼 2 中的汇聚层设备连接教室 4 和教室 5 的接入层设备。核心层设备放置在主楼中,核心层设备的功能也有两个,一是连接放置在办公楼 1 和办公楼 2 中的汇聚层设备,二是连接主楼中的接入层设备。

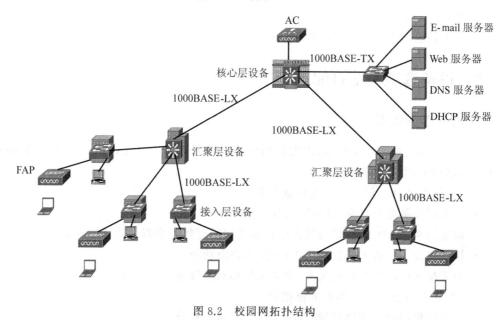

图 8.2 校园网拓扑结构

8.1.3 数据传输网络设计要求

- 全双工、100Mbps 链路连接固定终端;
- 全双工、100Mbps 链路连接 FAP;
- 全双工、100Mbps 链路连接接入控制器(Access Controller,AC);
- 全双工、100Mbps 链路连接服务器;
- 教室与办公楼之间提供全双工、1000Mbps 链路;
- 主楼与办公楼之间提供全双工、1000Mbps 链路;
- 主楼与连接服务器的交换机之间提供全双工、1000Mbps 链路;

- 允许跨教室划分 VLAN；
- 允许按照应用和安全等级为服务器分配 VLAN；
- 完成各 VLAN 的 IP 地址分配；
- 选择 RIP 作为路由协议；
- 按照安全系统要求建立端到端传输路径。

8.1.4 安全系统设计要求

实现如下访问控制策略。
① 允许教室中的固定终端通过对应的应用层协议访问服务器；
② 允许教室中老师携带的移动终端通过对应的应用层协议访问服务器；
③ 允许教室中学生携带的移动终端通过对应的应用层协议访问除 E-mail 服务器以外的其他服务器；
④ 禁止其他与服务器之间的通信过程。

8.1.5 设备选型和端口配置

1. 设备选型依据

接入层设备选择二层交换机，汇聚层和核心层设备选择三层交换机。连接移动终端的无线局域网采用 AC+FAP 结构。

接入层设备选择二层交换机的依据如下。
- 接入层设备需要具有 VLAN 划分功能；
- 固定终端、FAP、服务器与接入层设备之间需要提供全双工通信方式；
- 接入层设备一般不需要提供 VLAN 间路由功能；
- 由于接入层设备的量比较大，要求采用相对比较便宜的设备。

汇聚层设备选择三层交换机的依据如下。
- 需要汇聚层设备支持跨接入层设备的 VLAN 划分；
- 需要汇聚层设备实现 VLAN 间路由功能；
- 需要汇聚层设备实现资源访问控制功能；
- 需要汇聚层设备生成端到端 IP 传输路径。

核心层设备选择三层交换机的依据如下。
- 需要核心层设备实现 VLAN 间路由功能；
- 需要核心层设备具有高速转发 IP 分组的功能。

无线局域网采用 AC+FAP 结构的依据如下。
- 实现对 FAP 的集中配置和管理；
- FAP 可以即插即用。

2. 设备端口配置

根据如图 8.3 所示的连接方式,各交换机的设备类型和端口配置如表 8.1 所示。假设每一个教室中的接入层交换机连接 1 个固定终端和 1 个 FAP,根据数据传输网络设计要求,每一台接入层交换机需要提供两个 100BASE-TX 端口,用于连接 1 个固定终端和 1 个 FAP。需要提供 1 个 1000BASE-LX 端口,用于连接与办公楼之间的 1000Mbps 的光纤链路。

办公楼 1 中的汇聚层交换机需要提供 4 个 1000BASE-LX 端口,其中 3 个 1000BASE-LX 端口分别用于连接与教室 1、教室 2 和教室 3 之间的 1000Mbps 的光纤链路,另外 1 个 1000BASE-LX 端口用于连接与主楼之间的 1000Mbps 的光纤链路。

办公楼 2 中的汇聚层交换机需要提供 3 个 1000BASE-LX 端口,其中 2 个 1000BASE-LX 端口分别用于连接与教室 4 和教室 5 之间的 1000Mbps 的光纤链路,另外 1 个 1000BASE-LX 端口用于连接与主楼之间的 1000Mbps 的光纤链路。

主楼中的核心层交换机需要提供 2 个 1000BASE-LX 端口,分别连接与办公楼 1 和办公楼 2 之间的 1000Mbps 光纤链路。需要提供 1 个 1000BASE-TX 端口,用于连接与连接服务器的二层交换机之间的 1000Mbps 双绞线缆,另外 1 个 100BASE-TX 端口用于连接 AC。

表 8.1 设备类型和端口配置

设备名称	类型	100BASE-TX 端口	1000BASE-TX 端口	1000BASE-LX 端口
S1	二层交换机	2		1
S2	二层交换机	2		1
S3	二层交换机	2		1
S4	二层交换机	2		1
S5	二层交换机	2		1
S6	二层交换机	4	1	
S7	三层交换机			4
S8	三层交换机			3
S9	三层交换机	1	1	2

3. 设备端口与 VLAN 之间映射

设备端口与 VLAN 之间映射如图 8.3 所示,为了便于移动终端实现漫游,将所有教室中教师携带的移动终端分配给 VLAN 2,学生携带的移动终端分配给 VLAN 3。为了方便实现 AC+FAP 结构,将所有 FAP 和 AC 连接到同一个 VLAN 上,这里是 VLAN 1。教室中固定终端、FAP 与 VLAN 之间映射,各服务器与 VLAN 之间映射如图 8.3 所示。

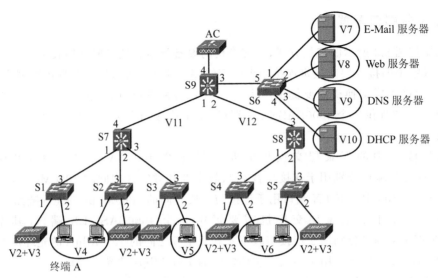

图 8.3 终端、FAP 与服务器连接方式

8.2 交换机 VLAN 划分过程

本节给出创建 VLAN 和为 VLAN 分配端口的原则,并根据这些原则给出各交换机的 VLAN 与端口映射表。

8.2.1 创建 VLAN 和 VLAN 端口配置原则

1. 三层交换机的二层交换功能

划分 VLAN 和实现 VLAN 内通信过程时,主要使用三层交换机的二层交换功能。因此,三层交换机的 VLAN 划分过程与二层交换机相同。

交换机 VLAN 划分过程必须保证属于同一 VLAN 的终端(包括移动终端)之间存在交换路径。确定某个交换机端口是属于单个 VLAN 的接入端口,还是被多个 VLAN 共享的共享端口的原则如下。

- 如果某个交换机端口只有属于同一 VLAN 的单条或多条交换路径经过,该交换机端口配置成属于该 VLAN 的接入端口。
- 如果某个交换机端口被属于不同 VLAN 的多条交换路径经过,该交换机端口配置成被这些 VLAN 共享的共享端口。

2. 三层交换机定义 IP 接口条件

如果需要在三层交换机中定义某个 VLAN 对应的 IP 接口,必须满足以下条件。

- 该三层交换机中创建了该 VLAN。

- 该三层交换机中有端口属于该 VLAN,属于该 VLAN 的端口可以是分配给该 VLAN 的接入端口,也可以是被该 VLAN 共享的共享端口。

8.2.2　VLAN 划分过程

基于上述创建 VLAN 和 VLAN 端口配置原则,各交换机的 VLAN 与交换机端口映射表分别如表 8.2～表 8.10 所示。

表 8.2　交换机 S1 VLAN 与交换机端口映射表

VLAN	接 入 端 口	共 享 端 口
VLAN 1		端口 1、端口 3
VLAN 2		端口 1、端口 3
VLAN 3		端口 1、端口 3
VLAN 4	端口 2	端口 3

表 8.3　交换机 S2 VLAN 与交换机端口映射表

VLAN	接 入 端 口	共 享 端 口
VLAN 1		端口 2、端口 3
VLAN 2		端口 2、端口 3
VLAN 3		端口 2、端口 3
VLAN 4	端口 1	端口 3

表 8.4　交换机 S3 VLAN 与交换机端口映射表

VLAN	接 入 端 口	共 享 端 口
VLAN 1		端口 1、端口 3
VLAN 2		端口 1、端口 3
VLAN 3		端口 1、端口 3
VLAN 5	端口 2	端口 3

表 8.5　交换机 S4 VLAN 与交换机端口映射表

VLAN	接 入 端 口	共 享 端 口
VLAN 1		端口 1、端口 3
VLAN 2		端口 1、端口 3
VLAN 3		端口 1、端口 3
VLAN 6	端口 2	端口 3

表 8.6　交换机 S5 VLAN 与交换机端口映射表

VLAN	接入端口	共享端口
VLAN 1		端口 2、端口 3
VLAN 2		端口 2、端口 3
VLAN 3		端口 2、端口 3
VLAN 6	端口 1	端口 3

表 8.7　交换机 S6 VLAN 与交换机端口映射表

VLAN	接入端口	共享端口
VLAN 7	端口 1	端口 5
VLAN 8	端口 2	端口 5
VLAN 9	端口 3	端口 5
VLAN 10	端口 4	端口 5

表 8.8　交换机 S7 VLAN 与交换机端口映射表

VLAN	接入端口	共享端口
VLAN 1		端口 1、端口 2、端口 3、端口 4
VLAN 2		端口 1、端口 2、端口 3、端口 4
VLAN 3		端口 1、端口 2、端口 3、端口 4
VLAN 4		端口 1、端口 2
VLAN 5		端口 3
VLAN 11		端口 4

表 8.9　交换机 S8 VLAN 与交换机端口映射表

VLAN	接入端口	共享端口
VLAN 1		端口 1、端口 2、端口 3
VLAN 2		端口 1、端口 2、端口 3
VLAN 3		端口 1、端口 2、端口 3
VLAN 6		端口 1、端口 2
VLAN 12		端口 3

表 8.10　交换机 S9 VLAN 与交换机端口映射表

VLAN	接入端口	共享端口
VLAN 1		端口 1、端口 2、端口 4

续表

VLAN	接入端口	共享端口
VLAN 2		端口1、端口2、端口4
VLAN 3		端口1、端口2、端口4
VLAN 7		端口3
VLAN 8		端口3
VLAN 9		端口3
VLAN 10		端口3
VLAN 11		端口1
VLAN 12		端口2

8.3 IP 接口定义过程和 RIP 配置过程

完成 IP 接口定义过程后,三层交换机中自动生成用于指明通往这些直接连接的网络的传输路径的直连路由项。完成 RIP 配置后,三层交换机生成用于指明通往校园网中所有网络的传输路径的完整路由表。

8.3.1 互连的网络结构和 IP 接口

1. 互连的网络结构

每一个 VLAN 等同于独立的以太网,多个 VLAN 互连的校园网是一个如图 8.4 所示的互连的网络结构。需要为每一个 VLAN 分配网络地址,同时,需要在三层交换机中定义 VLAN 对应的 IP 接口。在三层交换机 S7 中分别定义 VLAN 4、VLAN 5 和 VLAN 11 对应的 IP 接口,因此,三层交换机 S7 分别连接 VLAN 4、VLAN 5 和 VLAN 11。三层交换机 S8 中分别定义 VLAN 6 和 VLAN 12 对应的 IP 接口,因此,三层交换机 S8 分别连接 VLAN 6 和 VLAN 12。三层交换机 S9 中分别定义 VLAN 2、VLAN 3、VLAN 7、VLAN 8、VLAN 9、VLAN 10、VLAN 11 和 VLAN 12 对应的 IP 接口,因此,三层交换机 S9 分别连接 VLAN 2、VLAN 3、VLAN 7、VLAN 8、VLAN 9、VLAN 10、VLAN 11 和 VLAN 12。VLAN 11 用于实现三层交换机 S7 与 S9 之间互连。VLAN 12 用于实现三层交换机 S8 与 S9 之间互连。

2. IP 接口

分别为这些 IP 接口分配 IP 地址和子网掩码,为 IP 接口分配的 IP 地址和子网掩码同时也决定了该 IP 接口连接的 VLAN 的网络地址。在三层交换机 S7 中分别定义

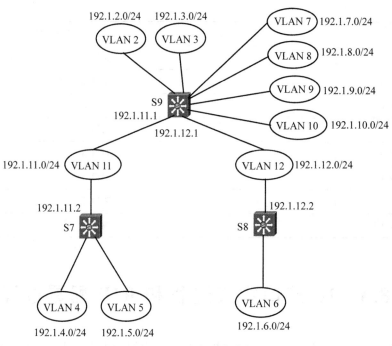

图 8.4　互连的网络结构

VLAN 4、VLAN 5 和 VLAN 11 对应的 IP 接口，分别为这些 IP 接口分配如表 8.11 所示的 IP 地址。在三层交换机 S8 中分别定义 VLAN 6 和 VLAN 12 对应的 IP 接口，分别为这些 IP 接口分配如表 8.11 所示的 IP 地址。在三层交换机 S9 中分别定义 VLAN 2、VLAN 3、VLAN 7、VLAN 8、VLAN 9、VLAN 10、VLAN 11 和 VLAN 12 对应的 IP 接口，分别为这些 IP 接口分配如表 8.11 所示的 IP 地址和子网掩码。三层交换机 S7 连接 VLAN 11 的 IP 接口分配的 IP 地址和三层交换机 S9 连接 VLAN 11 的 IP 接口分配的 IP 地址必须是网络号相同、主机号不同的 IP 地址。同样，三层交换机 S8 连接 VLAN 12 的 IP 接口分配的 IP 地址和三层交换机 S9 连接 VLAN 12 的 IP 接口分配的 IP 地址也必须是网络号相同、主机号不同的 IP 地址。

表 8.11　IP 接口分配的 IP 地址

设备名称	IP 接口	IP 地址	VLAN 对应的网络地址
S7	VLAN 4	192.1.4.254/24	192.1.4.0/24
S7	VLAN 5	192.1.5.254/24	192.1.5.0/24
S7	VLAN 11	192.1.11.2/24	192.1.11.0/24
S8	VLAN 6	192.1.6.254/24	192.1.6.0/24
S8	VLAN 12	192.1.12.2/24	192.1.12.0/24
S9	VLAN 2	192.1.2.254/24	192.1.2.0/24
S9	VLAN 3	192.1.3.254/24	192.1.3.0/24

续表

设备名称	IP接口	IP地址	VLAN对应的网络地址
S9	VLAN 7	192.1.7.254/24	192.1.7.0/24
S9	VLAN 8	192.1.8.254/24	192.1.8.0/24
S9	VLAN 9	192.1.9.254/24	192.1.9.0/24
S9	VLAN 10	192.1.10.254/24	192.1.10.0/24
S9	VLAN 11	192.1.11.1/24	192.1.11.0/24
S9	VLAN 12	192.1.12.1/24	192.1.12.0/24

8.3.2 RIP 配置过程

实现 VLAN 间通信过程时，三层交换机等同于路由器，因此，每一个三层交换机需要配置直接连接的网络中参与 RIP 创建动态路由项的网络。因此，对于三层交换机 S7，直接连接的网络中参与 RIP 创建动态路由项的网络有 192.1.4.0/24、192.1.5.0/24 和 192.1.11.0/24。对于三层交换机 S8，直接连接的网络中参与 RIP 创建动态路由项的网络有 192.1.6.0/24 和 192.1.12.0/24。对于三层交换机 S9，直接连接的网络中参与 RIP 创建动态路由项的网络有 192.1.2.0/24、192.1.3.0/24、192.1.7.0/24、192.1.8.0/24、192.1.9.0/24、192.1.10.0/24、192.1.11.0/24 和 192.1.12.0/24。

8.4 应用服务器配置过程

根据各服务器的网络信息完成 DHCP 服务器各作用域的配置过程和 DNS 服务器资源记录配置过程，并在 E-mail 服务器中创建信箱。

8.4.1 服务器网络信息配置过程

服务器基本信息如表 8.12 所示，首先完成各服务器网络信息配置过程。

表 8.12 服务器基本信息

服务器名称	IP 地 址	子网掩码	域 名
E-mail 服务器	192.1.7.7	255.255.255.0	mail.a.com
Web 服务器	192.1.8.7	255.255.255.0	www.a.com
DNS 服务器	192.1.9.7	255.255.255.0	
DHCP 服务器	192.1.10.7	255.255.255.0	

8.4.2　DHCP 服务器配置过程

连接在 VLAN 2～VLAN 6 上的终端可以通过 DHCP 自动从 DHCP 服务器获取网络信息，因此，需要在 DHCP 服务器中配置如表 8.13 所示的分别对应 VLAN 2～VLAN 6 的 5 个作用域，每一个作用域用连接对应 VLAN 的 IP 接口的 IP 地址唯一标识，该 IP 地址也是连接在对应 VLAN 上的终端的默认网关地址。作用域中的本地域名服务器地址是 DNS 服务器的 IP 地址 192.1.9.7。

由于 DHCP 服务器与连接在 VLAN 2～VLAN 6 上的终端不在同一个 VLAN，因此，三层交换机 S7 连接 VLAN 4 和 VLAN 5 的 IP 接口中需要定义 DHCP 服务器的 IP 地址 192.1.10.7。三层交换机 S8 连接 VLAN 6 的 IP 接口中需要定义 DHCP 服务器的 IP 地址 192.1.10.7。三层交换机 S9 连接 VLAN 2 和 VLAN 3 的 IP 接口中需要定义 DHCP 服务器的 IP 地址 192.1.10.7。

表 8.13　DHCP 服务器各作用域配置信息

作用域 1	
默认网关地址	192.1.2.254
本地域名服务器地址	192.1.9.7
子网掩码	255.255.255.0
IP 地址范围	192.1.2.1～192.1.2.253
作用域 2	
默认网关地址	192.1.3.254
本地域名服务器地址	192.1.9.7
子网掩码	255.255.255.0
IP 地址范围	192.1.3.1～192.1.3.253
作用域 3	
默认网关地址	192.1.4.254
本地域名服务器地址	192.1.9.7
子网掩码	255.255.255.0
IP 地址范围	192.1.4.1～192.1.4.253
作用域 4	
默认网关地址	192.1.5.254
本地域名服务器地址	192.1.9.7
子网掩码	255.255.255.0
IP 地址范围	192.1.5.1～192.1.5.253

续表

	作用域 5
默认网关地址	192.1.6.254
本地域名服务器地址	192.1.9.7
子网掩码	255.255.255.0
IP 地址范围	192.1.6.1～192.1.6.253

8.4.3 DNS 服务器配置过程

Web 服务器完全合格的域名为 www.a.com，E-mail 服务器完全合格的域名为 mail.a.com，因此，需要通过在 DNS 服务器中配置如表 8.14 所示的资源记录完成将完全合格的域名 www.a.com 和 mail.a.com 解析成 IP 地址的过程。

表 8.14 DNS 服务器配置的资源记录

名 字	类 型	值
mail.a.com	A	192.1.7.7
www.a.com	A	192.1.8.7

8.5 安全功能配置过程

安全功能配置过程用于实现如下访问控制策略。
① 允许教室中的固定终端通过对应的应用层协议访问服务器；
② 允许教室中老师携带的移动终端通过对应的应用层协议访问服务器；
③ 允许教室中学生携带的移动终端通过对应的应用层协议访问除 E-mail 服务器以外的其他服务器；
④ 禁止其他终端与服务器之间的通信过程。

8.5.1 保护 E-mail 服务器的分组过滤器配置过程

连接 VLAN 7 的 IP 接口的输出方向只允许输出与固定终端（连接在 VLAN 4、VLAN 5 和 VLAN 6 上）和教师携带的移动终端（连接在 VLAN 2 上）访问 E-mail 服务器有关的 TCP 报文，因此，配置以下规则集。
① 协议类型=TCP，源 IP 地址=192.1.2.0/24，源端口号=*，目的 IP 地址=192.1.7.7/32，目的端口号=110；正常转发。
② 协议类型=TCP，源 IP 地址=192.1.4.0/23，源端口号=*，目的 IP 地址=192.1.

7.7/32,目的端口号＝110;正常转发。

③ 协议类型＝TCP,源 IP 地址＝192.1.6.0/24,源端口号＝＊,目的 IP 地址＝192.1.7.7/32,目的端口号＝110;正常转发。

④ 协议类型＝TCP,源 IP 地址＝192.1.2.0/24,源端口号＝＊,目的 IP 地址＝192.1.7.7/32,目的端口号＝25;正常转发。

⑤ 协议类型＝TCP,源 IP 地址＝192.1.4.0/23,源端口号＝＊,目的 IP 地址＝192.1.7.7/32,目的端口号＝25;正常转发。

⑥ 协议类型＝TCP,源 IP 地址＝192.1.6.0/24,源端口号＝＊,目的 IP 地址＝192.1.7.7/32,目的端口号＝25;正常转发。

⑦ 协议类型＝＊,源 IP 地址＝any,目的 IP 地址＝any;丢弃。

端口号 110 是 POP3 对应的著名端口号,端口号 25 是 SMTP 对应的著名端口号。用 CIDR 地址块 192.1.4.0/23 涵盖 VLAN 4 和 VLAN 5 对应的网络地址 192.1.4.0/24 和 192.1.5.0/24。

8.5.2 保护 Web 服务器的分组过滤器配置过程

连接 VLAN 8 的 IP 接口的输出方向只允许输出与访问 Web 服务器有关的 TCP 报文,因此,配置以下规则集。

① 协议类型＝TCP,源 IP 地址＝any,源端口号＝＊,目的 IP 地址＝192.1.8.7/32,目的端口号＝80;正常转发。

② 协议类型＝＊,源 IP 地址＝any,目的 IP 地址＝any;丢弃。

端口号 80 是 HTTP 对应的著名端口号。

8.5.3 保护 DNS 服务器的分组过滤器配置过程

连接 VLAN 9 的 IP 接口的输出方向只允许输出与访问 DNS 服务器有关的 UDP 报文,因此,配置以下规则集。

① 协议类型＝UDP,源 IP 地址＝any,源端口号＝＊,目的 IP 地址＝192.1.9.7/32,目的端口号＝53;正常转发。

② 协议类型＝＊,源 IP 地址＝any,目的 IP 地址＝any;丢弃。

端口号 53 是 DNS 对应的著名端口号。

8.5.4 保护 DHCP 服务器的分组过滤器配置过程

连接 VLAN 10 的 IP 接口的输出方向只允许输出与访问 DHCP 服务器有关的 UDP 报文,因此,配置以下规则集。

① 协议类型＝UDP,源 IP 地址＝any,源端口号＝68,目的 IP 地址＝192.1.11.7/32,目的端口号＝67;正常转发。

② 协议类型＝*，源 IP 地址＝any，目的 IP 地址＝any；丢弃。

端口号 67 和 68 都是 DHCP 对应的著名端口号。

8.6 Cisco Packet Tracer 实现过程

可以通过 Cisco Packet Tracer 完成校园网设计、配置和调试过程。完成配置和调试过程后生成的配置文件可以导出，实际配置 Cisco 设备时，可以直接导入这些配置文件。因此，可以将 Cisco Packet Tracer 作为校园网设计方案的验证工具。

8.6.1 实验步骤

（1）根据如图 8.3 所示的互连的网络结构放置和连接设备，完成设备放置和连接后的逻辑工作区界面如图 8.5 所示。需要指出的是，由于 Cisco Packet Tracer 中的三层交换机不能配置 1000Base-LX 端口，因此，交换机之间互连统一使用 100BASE-TX 端口。

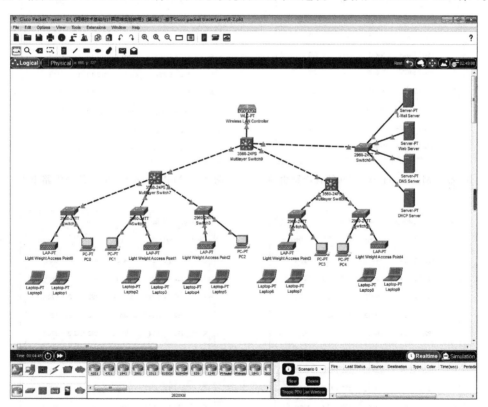

图 8.5 完成设备放置和连接后的逻辑工作区界面

（2）根据要求在各交换机上创建 VLAN，为 VLAN 分配交换机端口。在 3 个三层交换机中定义 IP 接口，完成 IP 接口定义后，三层交换机 Multilayer Switch7、Multilayer

Switch8 和 Multilayer Switch9 分别生成如图 8.6～图 8.8 所示的直连路由项。完成 3 个三层交换机的 RIP 配置过程，三层交换机 Multilayer Switch7、Multilayer Switch8 和 Multilayer Switch9 分别生成如图 8.9～图 8.11 所示的完整路由表。

图 8.6 Multilayer Switch7 的直连路由项

Type	Network	Port	Next Hop IP	Metric
C	192.1.4.0/24	Vlan4	---	0/0
C	192.1.5.0/24	Vlan5	---	0/0
C	192.1.11.0/24	Vlan11	---	0/0

图 8.7 Multilayer Switch8 的直连路由项

Type	Network	Port	Next Hop IP	Metric
C	192.1.6.0/24	Vlan6	---	0/0
C	192.1.12.0/24	Vlan12	---	0/0

图 8.8 Multilayer Switch9 的直连路由项

Type	Network	Port	Next Hop IP	Metric
C	192.1.2.0/24	Vlan2	---	0/0
C	192.1.3.0/24	Vlan3	---	0/0
C	192.1.7.0/24	Vlan7	---	0/0
C	192.1.8.0/24	Vlan8	---	0/0
C	192.1.9.0/24	Vlan9	---	0/0
C	192.1.10.0/24	Vlan10	---	0/0
C	192.1.11.0/24	Vlan11	---	0/0
C	192.1.12.0/24	Vlan12	---	0/0

图 8.9 Multilayer Switch7 的完整路由表

Type	Network	Port	Next Hop IP	Metric
R	192.1.2.0/24	Vlan11	192.1.11.1	120/1
R	192.1.3.0/24	Vlan11	192.1.11.1	120/1
C	192.1.4.0/24	Vlan4	---	0/0
C	192.1.5.0/24	Vlan5	---	0/0
R	192.1.6.0/24	Vlan11	192.1.11.1	120/2
R	192.1.7.0/24	Vlan11	192.1.11.1	120/1
R	192.1.8.0/24	Vlan11	192.1.11.1	120/1
R	192.1.9.0/24	Vlan11	192.1.11.1	120/1
R	192.1.10.0/24	Vlan11	192.1.11.1	120/1
C	192.1.11.0/24	Vlan11	---	0/0
R	192.1.12.0/24	Vlan11	192.1.11.1	120/1

图 8.10 Multilayer Switch8 的完整路由表

Type	Network	Port	Next Hop IP	Metric
R	192.1.2.0/24	Vlan12	192.1.12.1	120/1
R	192.1.3.0/24	Vlan12	192.1.12.1	120/1
R	192.1.4.0/24	Vlan12	192.1.12.1	120/2
R	192.1.5.0/24	Vlan12	192.1.12.1	120/2
C	192.1.6.0/24	Vlan6	---	0/0
R	192.1.7.0/24	Vlan12	192.1.12.1	120/1
R	192.1.8.0/24	Vlan12	192.1.12.1	120/1
R	192.1.9.0/24	Vlan12	192.1.12.1	120/1
R	192.1.10.0/24	Vlan12	192.1.12.1	120/1
R	192.1.11.0/24	Vlan12	192.1.12.1	120/1
C	192.1.12.0/24	Vlan12	---	0/0

图 8.11 Multilayer Switch9 的完整路由表

Type	Network	Port	Next Hop IP	Metric
C	192.1.2.0/24	Vlan2	---	0/0
C	192.1.3.0/24	Vlan3	---	0/0
R	192.1.4.0/24	Vlan11	192.1.11.2	120/1
R	192.1.5.0/24	Vlan11	192.1.11.2	120/1
R	192.1.6.0/24	Vlan12	192.1.12.2	120/1
C	192.1.7.0/24	Vlan7	---	0/0
C	192.1.8.0/24	Vlan8	---	0/0
C	192.1.9.0/24	Vlan9	---	0/0
C	192.1.10.0/24	Vlan10	---	0/0
C	192.1.11.0/24	Vlan11	---	0/0
C	192.1.12.0/24	Vlan12	---	0/0

（3）完成 WLC-PT 管理接口配置过程,配置界面如图 8.12 所示,WLC-PT 的管理接口成为 WLC-PT 与 LAP 之间 CAPWAP 隧道 WLC-PT 一端的接口。CAPWAP 隧道是指通过无线接入点控制和配置协议(Control And Provisioning of Wireless Access Points Protocol,CAPWAP)建立的 FAP 与 AC 之间的隧道。

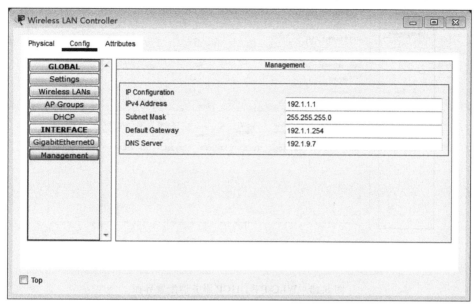

图 8.12　WLC-PT 管理接口配置界面

（4）完成 WLC-PT DHCP 服务器配置过程,配置界面如图 8.13 所示,该 DHCP 作用域用于为 LAP 分配网络信息,因此,IP 地址范围中的 IP 地址必须与 WLC-PT 管理接口的 IP 地址有着相同的网络地址。由于 LAP 和 WLC 属于同一个 VLAN——VLAN 1,LAP 通过在 VLAN 1 内组播发现请求消息发现 WLC,因此,DHCP 作用域中无须给出 WLC 的 IP 地址。

（5）完成 WLC-PT WLAN 配置过程。创建无线局域网 v2 和 v3。分别为 v2 和 v3 配置 SSID,指定加密鉴别机制和密钥。无线局域网 v2 的配置界面如图 8.14 所示。图 8.14 中的 VLAN 2 是 v2 绑定的 VLAN,因此,所有与无线局域网 v2 建立关联的终端都属于 VLAN 2。<Central switching,central authentication>表示由 WLC 完成 MAC 帧转发和接入控制过程。<Local switching,central authentication>表示由 LAP 完成 MAC 帧转发过程,由 WLC 完成接入控制过程。<Local switching,local authentication>表示由 LAP 完成 MAC 帧转发和接入控制过程。

（6）完成 WLC-PT WLAN 与 LAP 绑定过程。WLAN 与 LAP 绑定关系如图 8.15 所示,无线局域网 v2 和 v3 都与 Light Weight Access Point0～Light Weight Access Point4 绑定。某个 WLAN 与一组 LAP 绑定是指,WLC-PT 将有关该 WLAN 的配置推送到这一组 LAP,这一组 LAP 可以与有着和该 WLAN 相同配置的终端建立关联。

（7）完成各服务器网络信息配置过程。完成 DHCP 服务器各作用域配置过程,

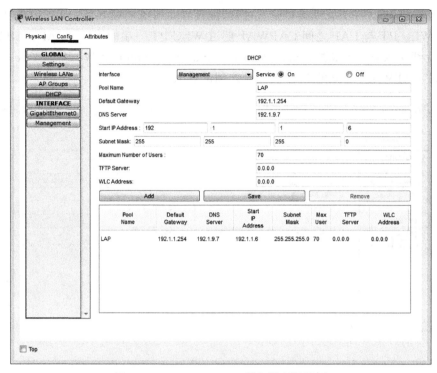

图 8.13　WLC-PT DHCP 服务器配置界面

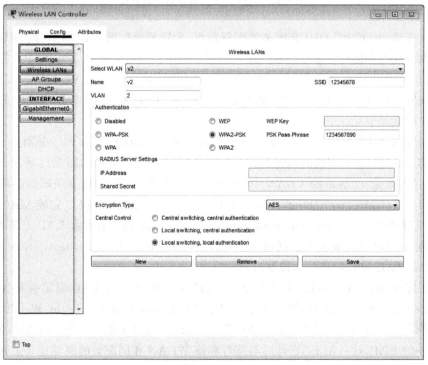

图 8.14　无线局域网 v2 配置界面

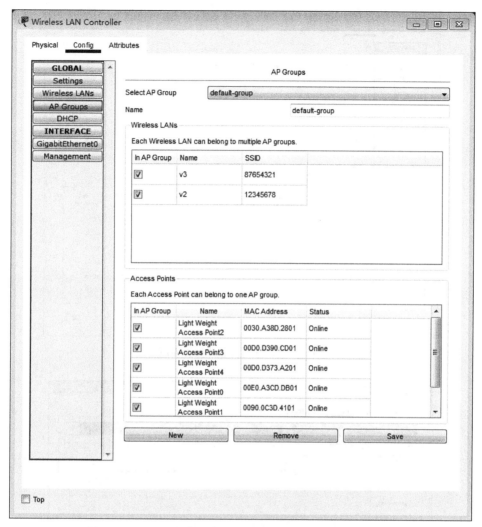

图 8.15　WLC-PT 建立 WLAN 与 LAP 之间绑定关系的界面

DHCP 服务器配置界面如图 8.16 所示。完成 DHCP 服务器配置过程后,终端可以通过 DHCP 自动获取网络信息,PC0 自动获取的网络信息如图 8.17 所示。

(8) 配置移动终端有关 WLAN 的信息,这些信息与该移动终端需要建立关联的 WLAN 一致。如 Laptop0 需要与无线局域网 v2 建立关联,配置的有关 WLAN 的信息如图 8.18 所示,与如图 8.14 所示的无线局域网 v2 的配置信息一致。Laptop0 与 LAP 建立关联后,自动获取与 VLAN 2 一致的网络信息,如图 8.19 所示。

(9) 完成 DNS 服务器配置过程,DNS 服务器配置界面如图 8.20 所示。完成 E-mail 服务器配置过程,E-mail 服务器配置界面如图 8.21 所示。完成 DNS 服务器配置过程后,终端可以用域名访问 Web 服务器,Laptop0 用域名访问 Web 服务器的界面如图 8.22 所示。

(10) 完成 DNS 服务器和 E-mail 服务器配置过程后,终端可以登录 E-mail 服务器,

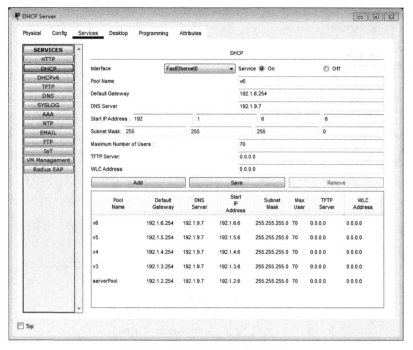

图 8.16 DHCP 服务器配置界面

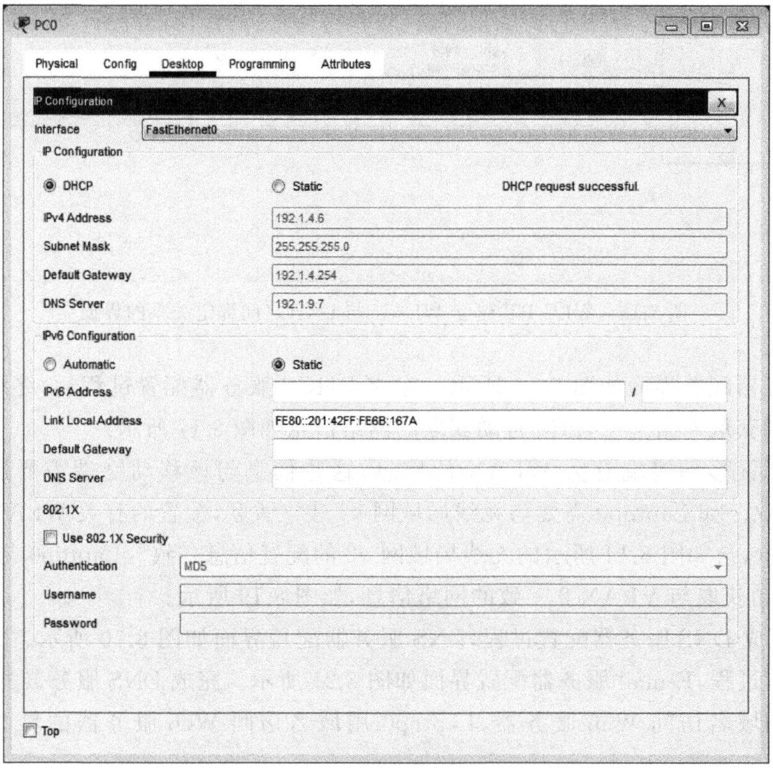

图 8.17 PC0 自动获取的网络信息

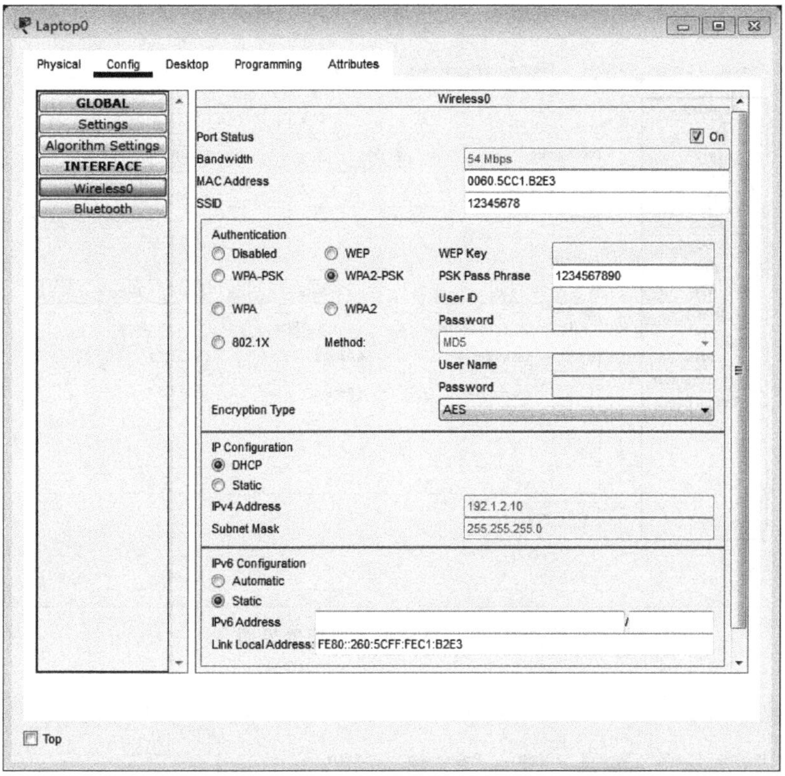

图 8.18　Laptop0 无线接口配置界面

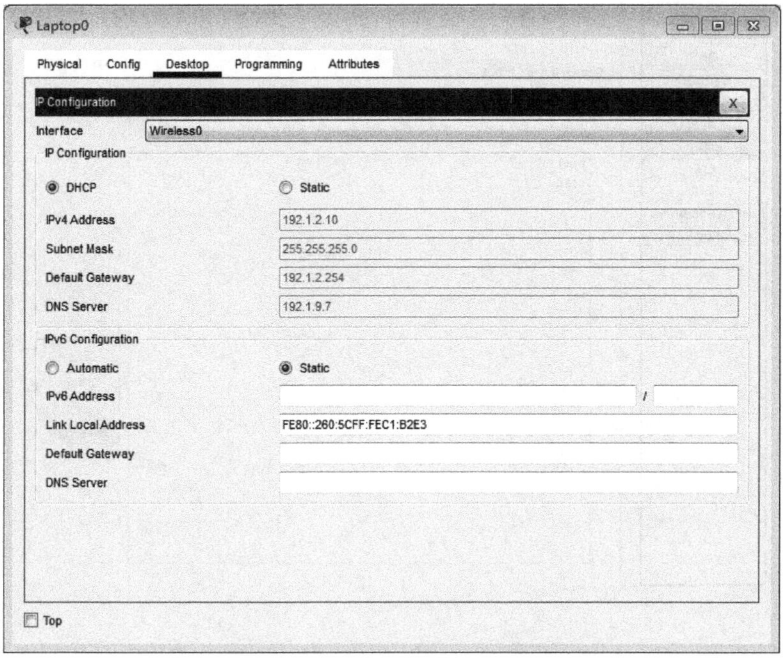

图 8.19　Laptop0 自动获取的网络信息

第 8 章　校园网设计和实现过程

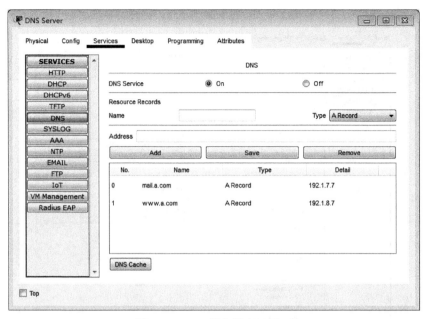

图 8.20　DNS 服务器配置界面

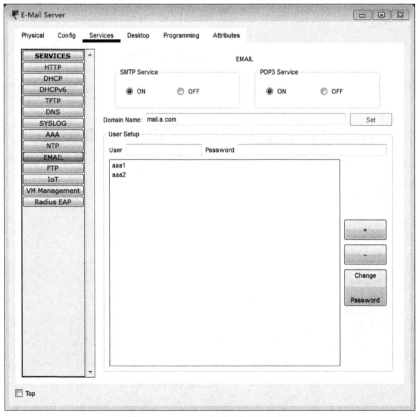

图 8.21　E-mail 服务器配置界面

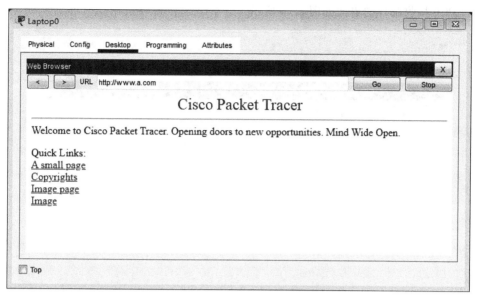

图 8.22　Laptop0 用域名访问 Web 服务器的界面

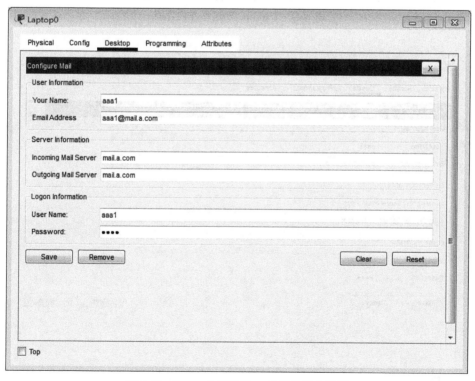

图 8.23　Laptop0 登录 E-mail 服务器的界面

通过 E-mail 服务器发送和接收邮件。Laptop0 登录 E-mail 服务器的界面如图 8.23 所示。Laptop0 发送邮件的界面如图 8.24 所示。PC0 登录 E-mail 服务器的界面如图 8.25

所示。PC0 接收邮件的界面如图 8.26 所示。

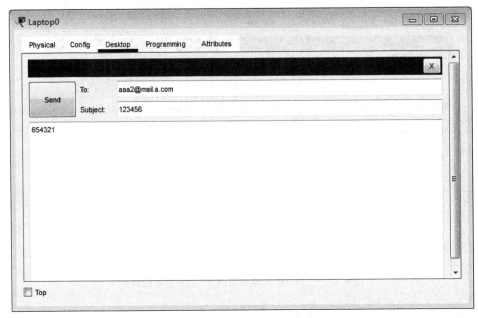

图 8.24　Laptop0 发送邮件的界面

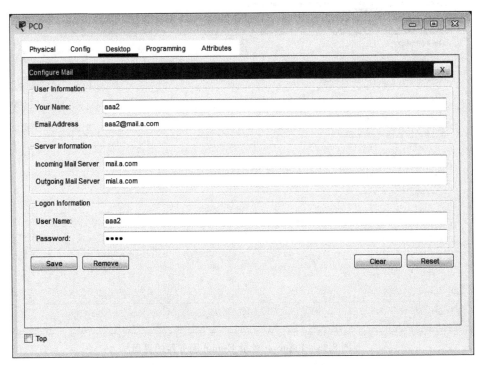

图 8.25　PC0 登录 E-mail 服务器的界面

(11) 在三层交换机 Multilayer Switch9 连接 VLAN 7、VLAN 8、VLAN 9 和 VLAN

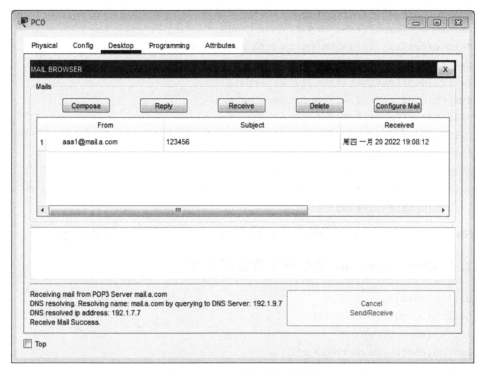

图 8.26　PC0 接收邮件的界面

10 的 IP 接口的输出方向配置无状态分组过滤器,只允许终端通过对应的应用层协议访问这些服务器,禁止连接到 VLAN 3 的终端访问 E-mail 服务器。完成无状态分组过滤器配置过程后,终端只能通过对应的应用层协议访问这些服务器,连接到 VLAN 3 的终端无法登录 E-mail 服务器。

8.6.2　命令行接口配置过程

1. Switch1 命令行接口配置过程

```
Switch>enable
Switch#configure terminal
Switch(config)#vlan 2
Switch(config-vlan)#name v2
Switch(config-vlan)#exit
Switch(config)#vlan 3
Switch(config-vlan)#name v3
Switch(config-vlan)#exit
Switch(config)#vlan 4
Switch(config-vlan)#name v4
Switch(config-vlan)#exit
```

```
Switch(config)#interface FastEthernet0/1
Switch(config-if)#switchport mode trunk
Switch(config-if)#switchport trunk allowed vlan 1-3
Switch(config-if)#exit
Switch(config)#interface FastEthernet0/2
Switch(config-if)#switchport mode access
Switch(config-if)#switchport access vlan 4
Switch(config-if)#exit
Switch(config)#interface FastEthernet0/3
Switch(config-if)#switchport mode trunk
Switch(config-if)#switchport trunk allowed vlan 1-4
Switch(config-if)#exit
```

Switch2～Switch6 命令行接口配置过程与 Switch1 相似，这里不再赘述。

2. Multilayer Switch7 命令行接口配置过程

```
Switch>enable
Switch#configure terminal
Switch(config)#vlan 2
Switch(config-vlan)#name v2
Switch(config-vlan)#exit
Switch(config)#vlan 3
Switch(config-vlan)#name v3
Switch(config-vlan)#exit
Switch(config)#vlan 4
Switch(config-vlan)#name v4
Switch(config-vlan)#exit
Switch(config)#vlan 5
Switch(config-vlan)#name v5
Switch(config-vlan)#exit
Switch(config)#vlan 11
Switch(config-vlan)#name v11
Switch(config-vlan)#exit
Switch(config)#interface FastEthernet0/1
Switch(config-if)#switchport trunk encapsulation dot1q
Switch(config-if)#switchport mode trunk
Switch(config-if)#switchport trunk allowed vlan 1-4
Switch(config-if)#exit
Switch(config)#interface FastEthernet0/2
Switch(config-if)#switchport trunk encapsulation dot1q
Switch(config-if)#switchport mode trunk
Switch(config-if)#switchport trunk allowed vlan 1-4
Switch(config-if)#exit
Switch(config)#interface FastEthernet0/3
```

```
Switch(config-if)#switchport trunk encapsulation dot1q
Switch(config-if)#switchport mode trunk
Switch(config-if)#switchport trunk allowed vlan 1,2,3,5
Switch(config-if)#exit
Switch(config)#interface FastEthernet0/4
Switch(config-if)#switchport trunk encapsulation dot1q
Switch(config-if)#switchport mode trunk
Switch(config-if)#switchport trunk allowed vlan 1,2,3,11
Switch(config-if)#exit
Switch(config)#interface vlan 4
Switch(config-if)#ip address 192.1.4.254 255.255.255.0
Switch(config-if)#exit
Switch(config)#interface vlan 5
Switch(config-if)#ip address 192.1.5.254 255.255.255.0
Switch(config-if)#exit
Switch(config)#interface vlan 11
Switch(config-if)#ip address 192.1.11.2 255.255.255.0
Switch(config-if)#exit
Switch(config)#ip routing
Switch(config)#router rip
Switch(config-router)#network 192.1.4.0
Switch(config-router)#network 192.1.5.0
Switch(config-router)#network 192.1.11.0
Switch(config-router)#exit
Switch(config)#interface vlan 4
Switch(config-if)#ip helper-address 192.1.10.7
Switch(config-if)#exit
Switch(config)#interface vlan 5
Switch(config-if)#ip helper-address 192.1.10.7
Switch(config-if)#exit
```

3. Multilayer Switch8 命令行接口配置过程

```
Switch>enable
Switch#configure terminal
Switch(config)#vlan 2
Switch(config-vlan)#name v2
Switch(config-vlan)#exit
Switch(config)#vlan 3
Switch(config-vlan)#name v3
Switch(config-vlan)#exit
Switch(config)#vlan 6
Switch(config-vlan)#name v6
Switch(config-vlan)#exit
```

```
Switch(config)#vlan 12
Switch(config-vlan)#name v12
Switch(config-vlan)#exit
Switch(config)#interface FastEthernet0/1
Switch(config-if)#switchport trunk encapsulation dot1q
Switch(config-if)#switchport mode trunk
Switch(config-if)#switchport trunk allowed vlan 1,2,3,6
Switch(config-if)#exit
Switch(config)#interface FastEthernet0/2
Switch(config-if)#switchport trunk encapsulation dot1q
Switch(config-if)#switchport mode trunk
Switch(config-if)#switchport trunk allowed vlan 1,2,3,6
Switch(config-if)#exit
Switch(config)#interface FastEthernet0/3
Switch(config-if)#switchport trunk encapsulation dot1q
Switch(config-if)#switchport mode trunk
Switch(config-if)#switchport trunk allowed vlan 1,2,3,12
Switch(config-if)#exit
Switch(config)#interface vlan 6
Switch(config-if)#ip address 192.1.6.254 255.255.255.0
Switch(config-if)#exit
Switch(config)#interface vlan 12
Switch(config-if)#ip address 192.1.12.2 255.255.255.0
Switch(config-if)#exit
Switch(config)#ip routing
Switch(config)#router rip
Switch(config-router)#network 192.1.6.0
Switch(config-router)#network 192.1.12.0
Switch(config-router)#exit
Switch(config)#interface vlan 6
Switch(config-if)#ip helper-address 192.1.10.7
Switch(config-if)#exit
```

4. Multilayer Switch9 命令行接口配置过程

```
Switch>enable
Switch#configure terminal
Switch(config)#vlan 2
Switch(config-vlan)#name v2
Switch(config-vlan)#exit
Switch(config)#vlan 3
Switch(config-vlan)#name v3
Switch(config-vlan)#exit
Switch(config)#vlan 7
```

```
Switch(config-vlan)#name v7
Switch(config-vlan)#exit
Switch(config)#vlan 8
Switch(config-vlan)#name v8
Switch(config-vlan)#exit
Switch(config)#vlan 9
Switch(config-vlan)#name v9
Switch(config-vlan)#exit
Switch(config)#vlan 10
Switch(config-vlan)#name v10
Switch(config-vlan)#exit
Switch(config)#vlan 11
Switch(config-vlan)#name v11
Switch(config-vlan)#exit
Switch(config)#vlan 12
Switch(config-vlan)#name v12
Switch(config-vlan)#exit
Switch(config)#interface FastEthernet0/1
Switch(config-if)#switchport trunk encapsulation dot1q
Switch(config-if)#switchport mode trunk
Switch(config-if)#switchport trunk allowed vlan 1,2,3,11
Switch(config-if)#exit
Switch(config)#interface FastEthernet0/2
Switch(config-if)#switchport trunk encapsulation dot1q
Switch(config-if)#switchport mode trunk
Switch(config-if)#switchport trunk allowed vlan 1,2,3,12
Switch(config-if)#exit
Switch(config)#interface FastEthernet0/3
Switch(config-if)#switchport trunk encapsulation dot1q
Switch(config-if)#switchport mode trunk
Switch(config-if)#switchport trunk allowed vlan 7-10
Switch(config-if)#exit
Switch(config)#interface FastEthernet0/4
Switch(config-if)#switchport trunk encapsulation dot1q
Switch(config-if)#switchport mode trunk
Switch(config-if)#switchport trunk allowed vlan 1-3
Switch(config-if)#exit
Switch(config)#interface vlan 2
Switch(config-if)#ip address 192.1.2.254 255.255.255.0
Switch(config-if)#exit
Switch(config)#interface vlan 3
Switch(config-if)#ip address 192.1.3.254 255.255.255.0
Switch(config-if)#exit
Switch(config)#interface vlan 7
```

```
Switch(config-if)#ip address 192.1.7.254 255.255.255.0
Switch(config-if)#exit
Switch(config)#interface vlan 8
Switch(config-if)#ip address 192.1.8.254 255.255.255.0
Switch(config-if)#exit
Switch(config)#interface vlan 9
Switch(config-if)#ip address 192.1.9.254 255.255.255.0
Switch(config-if)#exit
Switch(config)#interface vlan 10
Switch(config-if)#ip address 192.1.10.254 255.255.255.0
Switch(config-if)#exit
Switch(config)#interface vlan 11
Switch(config-if)#ip address 192.1.11.1 255.255.255.0
Switch(config-if)#exit
Switch(config)#interface vlan 12
Switch(config-if)#ip address 192.1.12.1 255.255.255.0
Switch(config-if)#exit
Switch(config)#ip routing
Switch(config)#router rip
Switch(config-router)#network 192.1.2.0
Switch(config-router)#network 192.1.3.0
Switch(config-router)#network 192.1.7.0
Switch(config-router)#network 192.1.8.0
Switch(config-router)#network 192.1.9.0
Switch(config-router)#network 192.1.10.0
Switch(config-router)#network 192.1.11.0
Switch(config-router)#network 192.1.12.0
Switch(config-router)#exit
Switch(config)#interface vlan 2
Switch(config-if)#ip helper-address 192.1.10.7
Switch(config-if)#exit
Switch(config)#interface vlan 3
Switch(config-if)#ip helper-address 192.1.10.7
Switch(config-if)#exit
Switch(config)#access-list 101 deny tcp 192.1.3.0 0.0.0.255 host 192.1.7.7 eq smtp
Switch(config)#access-list 101 deny tcp 192.1.3.0 0.0.0.255 host 192.1.7.7 eq pop3
Switch(config)#access-list 101 permit tcp any host 192.1.7.7 eq smtp
Switch(config)#access-list 101 permit tcp any host 192.1.7.7 eq pop3
Switch(config)#access-list 101 deny ip any any
Switch(config)#access-list 102 permit tcp any host 192.1.8.7 eq www
Switch(config)#access-list 102 deny ip any any
Switch(config)#access-list 103 permit udp any host 192.1.9.7 eq 53
```

```
Switch(config)#access-list 103 deny ip any any
Switch(config)#access-list 104 permit udp any eq 68 host 192.1.10.7 eq 67
Switch(config)#access-list 104 deny ip any any
Switch(config)#interface vlan 7
Switch(config-if)#ip access-group 101 out
Switch(config-if)#exit
Switch(config)#interface vlan 8
Switch(config-if)#ip access-group 102 out
Switch(config-if)#exit
Switch(config)#interface vlan 9
Switch(config-if)#ip access-group 103 out
Switch(config-if)#exit
Switch(config)#interface vlan 10
Switch(config-if)#ip access-group 104 out
Switch(config-if)#exit
```

8.7 校园网设计和实现过程的启示和思政元素

参 考 文 献

[1] 沈鑫剡.计算机网络安全[M].北京:清华大学出版社,2009.
[2] 沈鑫剡,等.计算机网络技术及应用[M].2版.北京:清华大学出版社,2010.
[3] 沈鑫剡.计算机网络[M].2版.北京:清华大学出版社,2010.
[4] 沈鑫剡,等.计算机网络技术及应用学习辅导和实验指南[M].北京:清华大学出版社,2011.
[5] 沈鑫剡,叶寒锋.计算机网络学习辅导与实验指南[M].北京:清华大学出版社,2011.
[6] 沈鑫剡,叶寒锋.计算机网络工程[M].2版.北京:清华大学出版社,2021.
[7] 沈鑫剡,等.计算机网络工程实验教程[M].北京:清华大学出版社,2013.
[8] 沈鑫剡,等.网络技术基础与计算思维[M].北京:清华大学出版社,2016.
[9] 沈鑫剡,等.网络技术基础与计算思维实验教程[M].北京:清华大学出版社,2016.
[10] 沈鑫剡,等.网络安全[M].北京:清华大学出版社,2017.
[11] 沈鑫剡,等.网络安全实验教程[M].北京:清华大学出版社,2017.
[12] 沈鑫剡,魏涛,邵发明,等.路由和交换技术[M].2版.北京:清华大学出版社,2018.
[13] 沈鑫剡,李兴德,魏涛,等.路由和交换技术实验及实训——基于Cisco Packet Tracer[M].2版.北京:清华大学出版社,2019.
[14] 沈鑫剡,俞海英,许继恒,等.路由和交换技术实验及实训——基于华为eNSP[M].2版.北京:清华大学出版社,2020.
[15] 沈鑫剡,等.网络技术基础与计算思维实验教程——基于华为eNSP[M].北京:清华大学出版社,2020.